Hendrik Willem van Loon

updated and introduced by
Robert Sullivan

The Story of
Mankind

U0307219

人类的故事

正式授权续写至 21 世纪

（100 周年典藏纪念版）

［美］亨德里克·威廉·房龙　著

［美］罗伯特·沙利文　续写　　胡允桓　译

中信出版集团 · 北京

图书在版编目（CIP）数据

人类的故事：正式授权续写至21世纪 /（美）房龙，
（美）沙利文著；胡允桓译. -- 北京：中信出版社，
2017.5（2017.9 重印）

书名原文：The Story of Mankind

ISBN 978-7-5086-5374-7

Ⅰ.①人… Ⅱ.①房… ②沙… ③胡… Ⅲ.①人类学
—通俗读物 ②世界史—通俗读物 Ⅳ.①Q98-49②K109

中国版本图书馆CIP数据核字〔2015〕第174609号

人类的故事：正式授权续写至21世纪

著　　者：〔美〕亨德里克·威廉·房龙　〔美〕罗伯特·沙利文
译　　者：胡允桓
出版发行：中信出版集团股份有限公司
　　　　　（北京市朝阳区惠新东街甲 4 号富盛大厦 2 座 邮编 100029）
承 印 者：北京诚信伟业印刷有限公司

开　　本：880mm×1230mm　1/32　　印　张：23.75　字　数：479千字
版　　次：2017年5月第1版　　　　　印　次：2017年9月第2次印刷
京权图字：01-2014-5672　　　　　　广告经营许可证：京朝工商广字第8087号
书　　号：ISBN 978-7-5086-5374-7
定　　价：98.00元

版权所有·侵权必究
如有印刷、装订问题，本公司负责调换。
服务热线：400-600-8099
投稿邮箱：author@citicpub.com

历史是时间在往昔岁月的无穷领域中筑起的强有力的经验之塔。

要想抵达这一古老架构的顶端，得以饱览全景，并非易事。那里没有电梯，但年轻的双脚是强壮的，足以担此重任。

新版说明

　　1972 年，在爱德华·普雷恩（Edward C. Prehn）博士、耶鲁大学保罗·西尔斯（Paul Sears）教授以及纽约大学埃德温·布鲁姆（Edwin Broome）教授等人的协助下，出版商增修了本书内容。在 1984 年以及 1999 年，耶鲁大学的约翰·梅里曼（John Merriman）教授续写了新的章节，亚当·西蒙（Adam Simon）为新增内容绘制了插图。在本次续写版中，罗伯特·沙利文（Robert Sullivan）增加了最新章节与新版序言。

献给

吉　米

爱丽丝说：“没有图片的书有什么用呢？”

目 录

原版序言

致汉斯和威廉：

我十二三岁的时候，一个引导我读书看画的叔叔，说好要带我去做一次让我永生难忘的考察：要我跟他去鹿特丹的圣劳伦斯老教堂，爬到塔楼的顶上去。

于是，在一个晴好的日子，一位教堂司事用一把像圣彼得[1]的钥匙那么大的钥匙，打开了那扇神秘的大门，他说："等会儿你们回来想出这道门，就拉一下铃。"他吃力地转动生了锈的旧合页门，把我们关进了一个让人体验新奇经历的世界，把我们与外面喧闹的街道一下子隔开了。

1　耶稣的十二门徒之一，负责掌管天国的大门。

　　我平生第一次面临这种境况：听得见的寂静。我们爬上一段楼梯之后，我对自然现象的有限认识中又添加了一个发现——黑暗原来是可以触知的。一根划亮的火柴为我们照亮了继续向上走的路。我们到了第二层，又到了第三层，就这样一层层走上去，我都数不清了，接着又上了一层，我们眼前突然大亮。这一层与教堂的屋顶一般高，被用作储藏室。多年前城里的好心人摒弃的、象征久远信仰的种种物品都被弃置在这里，上面积着厚厚一层的尘土。对我们的先人曾经意味着生死攸关的东西，在这里都被贬成了废品和垃圾。勤快的老鼠在雕像中间做了窝，始终警觉着的蜘蛛在一位仁慈的圣者伸开的两臂间干起了自己的营生。

　　我们又登上一层楼，才弄明白这里光亮的来源：装有沉重铁栅栏的巨大窗户敞开着，使这间位于高处的空房间成了上百只鸽子的栖息之地。风穿过铁栅栏吹进来，空气中响彻着莫名的、悦耳的音乐。那是来自我们脚下的城镇的喧嚣，但由于距离的关系而被净化了。载重车辆的隆隆声，马蹄踏地的嗒嗒声，吊车滑轮转动的吱吱声，以及各种各样代替人工劳作的蒸汽机安详的嘶嘶声——这些声响全都混成一片轻柔的窃窃私语，为鸽子微微颤动的咕咕叫声提供了美妙的背景音乐。

　　楼梯到这里已是终点，接替它的是梯子。我们爬上第一架梯子（那玩意儿又老又滑，让人只敢小心翼翼地用脚试探着往上爬），眼前是一个崭新的更大的奇迹：镇上的大钟。我看到了时间的心房。我听得见快速跳动的秒针那有力的脉搏——1秒——2秒——3秒，直到

60秒。这时，随着猛的一声颤音，所有的齿轮似乎都停止了，然而另一分钟又被从永恒中劈了下来。秒针紧接着再次响起——1秒——2秒——3秒……终于，在一声预告性的轰鸣之后，许多齿轮在我们的头上发出巨响，向世界宣告：正午时刻到了。

再往上爬一层就是塔楼顶了。那里有些小巧的钟和它们硕大的姐妹。居中的是一口大钟，我在午夜听到它宣布火灾或水灾时，曾经被震得耳聋心乱。而在孤寂的雄浑之中，那口大钟仿佛在回味过去它与鹿特丹的善良人们同喜共忧的600年岁月。大钟四周悬挂着的那些小家伙，就像旧式药店中整齐地摆放着的蓝瓶子似的。它们每周两次为前来赶集并聆听世事进程的乡下人奏响欢快的旋律。但是在一个角落里孤零零地与其他东西相隔绝的，是一口冰冷又阴沉的黑色洪钟，那便是发布死讯的丧钟。

这时四周又陷入黑暗之中，余下的梯子比我们刚才爬过的还要陡直和危险。我们突然间感受到宽广天地间的新鲜空气，原来我们已经来到了最高的眺望台。我们的头顶上便是蓝天，我们的脚下则是城市——一座小小的玩具似的镇子，人们像蚂蚁似的，匆忙地爬来爬去，每一个人都专注于自身的事务。在乱糟糟的石头建筑之外，是一片碧绿的旷野。

那是我第一次瞥见广袤的世界。

从那以后，只要有机会，我就会爬到塔楼顶上去自娱自乐。攀爬是件吃力的事，但仅有的体力消耗得到了充足的回报。

何况，我还深知我会取得什么回报。我会饱览大地和天空，我还会从我那好心肠的守护人朋友嘴里听到故事。他住在眺望台上一个不起眼的角落里的一个小棚屋里，负责照看那些钟，他简直就像是它们的父亲，他还负责发出火灾警报。但他也享受那些悠闲的时光，他会点起一只烟斗，冥想着他自己平和的心事。他在学校上学差不多是 50 年前的事了，而且他没有读过什么书，但他已经在楼顶上度过了许多个春秋，汲取了四周广阔天地的智慧。

他对历史了如指掌，对他来说，历史犹如鲜活的东西。"那儿，"他指着河流的一处弯道说，"那儿，我的孩子，你看到那些树了吗？那儿就是奥兰治亲王[1]挖断大坝，放水淹了土地，拯救了莱顿的地方。"有时他会给我讲古老的默兹河的典故，一直说到那条宽阔的大河不再是一个便利的港湾，而变成了一条美妙的大道，以及那条河如何承载德·鲁依特和特隆普[2]的舰队，开启了著名的最后一次航行，他们为了使海洋成为所有人自由航行的地方献身了。

然后就是那些小村庄，簇拥着守护人们的教堂——许多年前，那里一直是庇护他们的圣者的居所。远处，我们能够看到老教堂斜塔。在其高耸的拱顶之下，沉默者威廉[3]遭到了谋杀，也就在那里，格劳秀

---

1 奥兰治家族自 16 世纪起即为统治荷兰的家族，直至今日。历史上有两位奥兰治亲王均称威廉一世，前者在 16 世纪领导了反抗西班牙的起义，后者于 1815 年继位，此处似乎指前者。

2 均为 17 世纪荷兰著名海军将领，后者曾击败强大的西班牙舰队，后来在与英国争夺海上霸权时先胜后负，死于海战中。

3 沉默者威廉（1533—1584），1544～1584 年在位的奥兰治亲王威廉一世，领导荷兰反抗西班牙国王菲利普二世的统治，后被西班牙刺客谋杀。

斯[1]第一次学会了对拉丁文句式做语法分析。再往远处是又长又矮的豪达大教堂，那里曾经收养过一个孤儿，后来证明他的智慧比起许多皇帝的军队还要更有威力，他就是举世闻名的伊拉斯谟[2]。

最后收入眼底的是无垠的大海的银色海岸线，与之相对比的是我们下方的屋顶、烟囱、住宅、花园、医院、学校和铁路，那里就是我们的家园。但这座塔楼展示给我们的是旧家园的新风采。乱糟糟地混杂在一起的街道、市场、工厂，便成了人类能力与意志的最佳体现。而最好的是周围蕴含着辉煌历史的开阔景色，给予了我们新的鼓舞，让我们在回到日常工作时有勇气面对未来的问题。

历史是时间在往昔岁月的无穷领域中筑起的强有力的经验之塔。要想抵达这一古老架构的顶端，得以饱览全景，并非易事。那里没有电梯，但年轻的双脚是强壮的，足以担此重任。

我在这里交给你们这把开门的钥匙。

等你们回来之后，也就会理解我如此激情满怀的理由了。

亨德里克·威廉·房龙

1　雨果·格劳秀斯（1583—1645），荷兰的法学家和诗人，曾任荷兰省检察长，著有《战争与和平法》，确立了国际法的标准；诗集有《奇迹》《圣诗》等。
2　伊拉斯谟（1466？—1536），荷兰人文主义学者，北方文艺复兴运动的代表人物，奥斯定会神父，首次编订附有拉丁文译文的希腊文版《圣经·新约》，名著《愚人颂》为其传世之作。

新版序言

　　亨德里克·威廉·房龙身材魁梧，养着一条小狗，他认为这个世界的故事非常宏大，只有一部分人去探索是不够的。阅读他的著作，你会觉得他在写作的时候，常常把自己看作一列老式火车上的工程师，源源不断地将过往的故事和史实输送进人们的大脑里，以便进步的引擎得以加速前进。至少在他看来，敏锐地把握历史持续发展的脉搏，是我们前进的唯一途径。我猜测他在这方面的观念同他出生于1882年有关，那个时代，人们开始对历史进行专门化研究。

　　诚然，始终都有这样或者那样的专业分工。假如你生活在铁器时代的丹麦，你就会擅长冶炼、铸造工具或武器，而不太可能饲养家畜。然而，在19世纪80年代，一种名为"管理学"的科学，大步挺进了世界各国的工厂。随着"管理学"大展拳脚，活计不再仅仅是活计，而成为可以拆解成各种零部件的事情，如同将各种鸟和各类疾病分门别类一样。正是在那个时代，诞生了使工人们感到沮丧的装配生产线，继而"专门化"悄悄爬进了生活的各个领域，包括学术和（你手中的这本书最为关注的）历史在内。房龙的著作与那些专门化研究完全相反。他批评那些埋头于故纸堆的学者们"头脑狭隘"。他有时被称作"通识教育者"。历史学家小阿瑟·施莱辛格（Arthur Schlesinger Jr.）称赞房龙普及历史的做法，说他"在这个越来越专门化的时代，针对严肃的主题进行清楚易懂且吸引读者的写作，在一个文明的社会中，这种能力变得十分必要。"施莱辛格补充说，房龙是一位充满"激情"的人。

房龙并非没有做过专业研究。毕竟他系统学习过历史，那是与化学或者南极的地质学完全不同的领域。他在慕尼黑大学取得了历史学博士学位，在康奈尔大学和安提亚克学院开设过欧洲历史讲座。除了《人类的故事》，他还撰写过十余部其他作品，包括《荷兰王国的崛起》《伦勃朗的人生苦旅》以及1939年与格蕾丝·卡斯特格尼塔合作的《最后的行吟诗人：卡尔·迈克尔·贝尔曼，1740—1795》。诚如科内利斯·旻南在其2005年版的房龙传记中所述，写作《人类的故事》简直是一时兴起而作。当时，出版商贺瑞斯·里弗奈特决定把广受成年人喜爱的一种书籍类型——纲要（"outline"）——改写为儿童版，这类书包括查尔斯·比尔德和玛丽·比尔德的《美国文明的兴起》（1927），刘易斯·芒福德的《乌托邦的故事》（1922），以及威尔·杜兰特的《哲学的故事》(1926)。这些著作的写作初衷都很明确：如果使用一般人看得懂的语言，避免专业的表述，那么外行人也能理解专家和学者的著作。威尔·杜兰特是最受成年人欢迎的简明史纲的作者，他曾说过，房龙的作品既可以满足孩子，又可以满足为孩子购书的家长。"人类越来越不了解自己的故事了。"杜兰特说。

在知识更加专门化也更加普及的今天，只需要在电脑上敲几下（尽管世界上还有大约三分之一的人接触不到网络，何况那些上网的人也不一定知晓），就可以知道许多事情的真相，在这种环境下，我们应该如何阅读《人类的故事》呢？房龙这部作品里面有错误、有误解，肯定也与我们有隔阂。当我们回顾房龙的一生时，我们不难看到，他和当年生活在美国的许多人一样抱有某些偏见，例如对某些移民群体的反感。不过，总体来说，该书拥有一种自我改善的精神，对他自己，对读者，对人类的未来，都抱有希望。这一点似乎也符合房龙在20世纪40年代对世界的理解，当时他提出了"'同属感'这一共识"，在谈到富兰克林·罗斯福总统的"新政"时，他认为与其将"新政"看成一堆法律规章，不如将它视为"一种新的态度"。当他在纽约广播电台以及美国全国广播公司（NBC）做节目时，他也是这样讲的，他说"新政"是"为了人类的福祉"。他真的相信人类正在进步，甚至在纳粹进攻他的欧洲故乡（房龙出生在荷兰鹿特丹）时，也没有犹疑。"我们一定能够度过这场考验。"房龙对这个世界就是如此乐观。

房龙于1944年辞世——那是第二次世界大战结束的前一年，不过，当时希特勒已经流露出失败的迹象，而且众人都能预见战争即将结束。房龙似乎相信美国将成为统领世界走向美好未来的国家，尽管后来的发展并非那么顺利。人类的故事一如既往还是乱成一团。

另一方面，《人类的故事》这本书仍在不断完善。好几位作者尝试过续写，当然，没人想把房龙的精神加以现代化，他那种精神看起来是不会消失的。本书如今达到了这样一种境界，它像是一部代代相传的笔记，书上粘了蜘蛛网，每每又被人添上一层容易磨损的封皮；它在不同的人手中辗转时，还被加上了各种装饰。这本书需要读者花一些工夫，但是要求并不苛刻——不论在 1820 年，还是 1920 年，抑或有史以来，读书曾经需要的功夫，花在读这本书上都是足够的。历史在被人们关注或者深入考究时，终归是极其生动活泼的。探求事实，研究真相，对其深入钻研，从不同的视角进行观察与思考。切勿以为任何事物都是不容置疑的——其实只有少数事情如此，也不要畏惧密切观察此前并未看到的东西。1837 年，亨利·大卫·梭罗在马萨诸塞州一所中学任教时曾说过，"黑暗时代之所以黑暗，仅仅是因为我们对它一无所知。"

假如你在房龙写作《人类的故事》时去造访他，你就会在 1920 年来到曼哈顿的格林瑞治村巴罗街，你会爬上四级楼梯，看到他用打字机打出书稿，绘制所有的插图，脸上可能还带有童趣之情。对了，当我使用"童趣"这一字眼时，我的意思是说，他在绘制插图时，丝毫无意掩饰他当时的愉悦心情。成年人总是以为自己比儿童成熟，但是在我看来，他们实际上只是更擅长掩饰愉悦或者不快。

　　房龙出了名的喜欢用画笔表达他的快乐。他去世以后，讣告上称他是一位"笑的哲学家"。如果你只知道一件与电影版《人类的故事》有关的事情，那就应该是华纳兄弟在1957年拍摄这部电影时，列出的参演明星的长名单——文森特·普莱斯、罗纳德·考尔曼、海蒂·拉玛、丹尼斯·霍珀、阿格妮丝·摩尔海德和弗吉尼亚·梅奥——还要包括马克斯三兄弟，即格劳乔、哈勃、奇科。格劳乔·马克斯于1890年出生在纽约，同房龙一样，也是一位"笑的哲学家"——他在1933年拍的影片《鸭羹》是一部反战题材的电影。正是格劳乔说的："除了狗，书籍是人类最好的朋友。毕竟，我们无法读懂狗的内心世界。"

　　假如你在1920年探访房龙的公寓，你可能会看到他养的那条狗卧在他的书桌上，或许是在监视他探索世界历史的进度吧。而当《人类的故事》完稿时——仅仅用了两个月的时间——你会看到房龙欣喜地将书稿寄出，随后搬到俄亥俄州，在安提亚克学院教了一段时间的课，直到最后决定辞去那份工作。离开学校那一天，他在教室里留下了一张纸条，学生们来到之后，看到上面写的是："我想，跟好友告别并不需要花太长时间，"他说，"我希望，在这段共同度过的时光中，我们已经从彼此身上学到了许多，如今是时候说再见了。"

罗伯特·沙利文

于纽约布鲁克林，2013

搭建人类活动的舞台

我们生活在一个巨大问号的阴影之下。

我们是谁？

我们来自何方？

我们要去往哪里？

我们徐缓而坚忍地把这个问号推得越来越远，推到地平线之外的遥远的界线，我们希望能在那里得到我们的答案。

我们还没有走得很远。

我们依旧所知甚少，不过我们已经到达了那个点：我们得以相当精确地猜测出许多事情。

在本章中，我将根据我们最信得过的理念告诉你们，最初人类的活动舞台是如何搭建起来的。

　　如果我们用这一长度的线段表示我们星球上动物生命可能存在的时间，下面的短线则表明了人（或多少类人动物）在地球上生活的年代。

　　人是地球上最后出现的动物，却是率先将其头脑用于征服自然这一目的的物种。这就是我们要研究人类，而不是猫、狗、马或者任何其他动物的理由，尽管那些动物背后各自隐藏着非常有趣的发展历史。

　　混沌之初，我们赖以生存的地球曾经是——就我们目前所知——一个燃烧着的大球，是无边无际的宇宙空间中的一小朵烟云。在数百万年的进程中，地球表面逐渐燃烧殆尽，形成了一层薄薄的岩石。在暴雨不停地冲刷下，这些无生命的花岗岩磨损了，石粒和碎土落进了隐藏在氤氲的高耸峭壁间的山谷之中。

　　太阳终于穿透了云层，看到了这颗小小的星球上的一些小水洼如何汇聚、扩展成东西两半球上的庞大的海洋。

　　之后的某一天，出现了伟大的奇迹：一片死寂中诞生了生命。

　　第一个活细胞在海里出现了。

　　在几百万年的时间里，这种细胞漫无目的地随着水流漂游着。但

天空不停地下雨

是在漫长的时间里，它发展出了某种在荒凉的地球上更易于存活的习性。其中的一些细胞乐于待在湖泊池塘的黑暗的深处：它们在山顶上滑下来的泥状沉积物中扎下根，变成了植物。另一些细胞则四处活动，它们长出了像蝎子似的奇特的有节的腿，并且在海底的植物和形似水母的浅绿色物体之间爬行。还有一些覆盖着鳞片的细胞，依靠一种游泳式的运动，游来游去地寻找食物，逐渐繁衍成生存在海洋中的大量鱼类。

植物脱离了大海

与此同时，那些植物数量也大大增加，需要寻找新的栖息之所。海底已经没有更多的容身之地了。它们无奈地离开了海洋，在沼泽和山脚处堆积的泥土中安下新家。海潮一天两次用海水淹没它们。在其余的时间里，那些植物则充分利用它们并不舒适的环境，在包围着地球表面的稀薄空气中尽量存活。经过千百年的磨炼，它们学会了在空气中如同先前在水中那样自在地生存。它们的形体变得高大，成为灌木和树木。终于，它们学会了长出漂亮的花朵，吸引着忙碌的大黄蜂和鸟类，把这些植物的种子带到四面八方，直到整个地球都布满了绿洲，或者大树下面形成了浓荫。

而有些鱼类也开始离开海洋，它们学会了既用鳃又用肺呼吸。我们称之为两栖动物，意思是说，它们能够轻易地在陆地上和在水中生活。从你们脚下的小径上穿过的第一只青蛙，就能告诉你们这种两栖动物双重生存能力的全部乐趣。

这些动物一旦离开水域，就越来越适应陆地上的生活。有些变成了爬行动物（像蜥蜴那样在地面上爬行的动物），与昆虫共享森林中的寂静。它们在松软的土地上运动得更快，它们的腿部强壮了，体形变大了，最后全球都住满了这些大家伙（生物学手册把它们列在鱼龙、斑龙和雷龙的名下），它们体长达到十几米，若是和大象戏耍，那感觉就如同大猫和它的小猫咪在一起玩一样。

这些爬行动物家族的一些成员开始在高达数十米的树顶上生活。它们不再需要用来走路的腿，却需要在树枝间迅速地移动。于是它们便把一部分皮肤变成一种降落伞式的东西，可以在体侧和前肢的小趾间伸展，之后逐渐在这种薄翼"降落伞"上长出羽毛，尾部则变成了转向装置，得以在树间飞翔，演变成真正的鸟类。

随后，一件奇异的事发生了：这些庞大的爬行动物在短时间内全都灭亡了。我们不清楚原因。或许是由于气候的突然变化；或许是由于它们体形过大，既不能游泳，也不能走路或者爬行，它们眼睁睁地看着那些高大的蕨类植物和其他树木，却够不到，最后就饿死了。不管出于什么原因，长达百万年之久的巨型爬行动物的王国就此结束了。

这时地球开始被完全另类的动物所占据。它们是爬行动物的后代，却与其祖先截然不同，它们靠雌兽的乳房哺育幼崽，因此，现代科学称之为"哺乳动物"。它们褪去了鱼类的鳞片，也没有继承鸟类的羽毛，但周身长满了皮毛。不过，哺乳动物演变出了大大优于其他动物的习性。雌兽在体内孕育幼兽的卵，直到孵化成形，而当时的其他动物都是将其幼崽暴露在寒冷、酷热的危险环境之中，而且还可能受到野兽的袭击。哺乳动物长时间地看护它们的幼崽，在幼崽还没有强壮到能与敌人战斗时对其加以庇护。这样，哺乳动物的幼崽就得到了优越得多的存活机会，因为它们从雌兽那里学到了许多东西。如果你们观察过一只猫教会它的小猫咪如何照顾自己、如何自己洗脸、如何捕捉老鼠的话，你们就会明白了。

不过，有关哺乳类动物的事情，我无须赘言，因为你们已经十分了解了。你们的周围随处可见它们的踪影。它们是你们在街上和家里的日常伙伴，而且你们还可以在动物园的栏杆后面看到那些你们不太熟悉的哺乳动物的远亲。

现在我们就来到了一条岔路口：人类突然摆脱了那种浑浑噩噩、生死往复的无休止的进程，开始运用自己的理智来把握自己的命运。

有一种特殊的哺乳动物似乎在寻找食物和搭建住所的能力上超出了其余的动物。它们学会了用上肢抓住猎物，经过实践，便演变成了像手一样的爪。经过无数次尝试，它们学会了用后腿平衡全身。（这

人类的进化

种动作很难，尽管人类已经直立行走了上百万年，但每个儿童还得从头学起。）

这种动物半猿半猴，但比猿或猴都要优越，成为最成功的捕猎者，能够在各种地方生存。为了安全起见，它们通常集体行动。它们还学会了用奇怪的声音警告幼崽有危险临近，而经过数百万年之后，它们开始使用这种喉咙发出的声音达到交流的目的。

尽管让你们难以置信，这种动物却是最早的"类人"祖先。

我们的始祖

我们对最初的"真正"的人所知甚少。我们从未见过他们的形象。在远古地层的最深处，我们有时会发现他们的残骸。这些残骸埋在早已从地面上消失的其他动物的碎骨中间。人类学家（致力于将人类视为动物一员的研究学者）找到这些骨骼，能够相当精确地复原我们最早的祖先。

人类最遥远的祖先是十分丑陋、缺少魅力的哺乳动物。他们身材矮小，比如今的人类要小很多。烈日的曝晒和寒风的吹打使他们的皮肤呈深棕色。他们的头部、躯干的大部分和四肢都长满了粗而长的毛发。他们的手指细长有力，有点像猿猴的爪子。他们的前额低矮，下颚如同野兽，牙齿具备刀叉的功用。他们不穿衣服。除了隆隆作响的火山喷出的火焰，他们没见过火，火山一爆发，地面上便充满烟雾和

人类头骨的进化

岩浆。

他们住在潮湿阴暗的浩瀚森林之中，如同今日非洲的俾格米人。当他们感到饥饿难忍时，就用植物的叶和根果腹，或者取走愤怒的鸟类的蛋喂养自己的儿女。他们偶尔会在长时间的耐心追逐之后捕捉到一只麻雀、一条小野狗或者一只野兔。他们把这些动物一概生吞活剥，因为他们还没有发现熟肉的味道更美。

白天，这种原始人四处觅食。夜幕降临之后，他们就把妻儿藏进树洞或巨石背后，因为他们的周围到处都有猛兽，黑夜之中，这些野兽便出动为同伴和幼兽寻找食物，而人类正是它们的美食。那是一个弱肉强食的世界，由于充满了恐惧与灾难，生活毫无乐趣可言。

夏季，人们曝晒在烈日之下；冬天，他们的孩子则会在他们的怀中冻死。他们受伤之后（捕猎中总会折断骨头或扭伤脚踝），得不到照顾，便会悲惨地死去。

短粗线表示历史的延续

历史

大约6001年前，
开始了有记载的历史

真人终于出现了

在饥寒交迫和灾难中幸存

在千百万年间野兽挣扎着进化

人类的成长进程十分缓慢

我们的始祖出现时地球已有数百万年的历史

人类的进化

曲折的长线表示了史前时代

史前及历史

　　如同动物园中许多动物的奇特吼叫一样，早期的人类也喜欢叽叽喳喳地出声。就是说，他们没完没了地重复同样的没有含义的模糊发音，因为听着自己的声音很高兴。就这样，他们学会了在危险临近时用这种喉音警告同伴，他们发出某种短促的尖叫，表示"有一只老虎！"或者"来了五头大象！"随后别人回复他以咕哝声，意思是"我看见了"，或者"咱们跑开，躲起来吧"。这或许就是一切语言的开始。

　　但是正如我前面所说，我们对这些最初的情况了解极少。早期的人类没有工具，也不给自己盖房。他们生生死死，除了几块锁骨或头盖骨，没有留下任何生存的痕迹。这些碎骨告诉我们，在数千年之前，地球上居住着某种和其他动物十分不同的哺乳动物——他们可能进化于另一种我们所不知道的猿类，他们学会了用下肢走路，用前爪当手——他们极可能与恰好是我们直系祖先的那些动物有关。

　　我们所知甚少，余下的是一片混沌。

史前的人类

3

史前的人类自己动手制造东西。

早期的人类并不懂得时间的含义。他们没有生日、结婚纪念日或死亡时间的记录。但他们通常知晓季节的更替，因为他们注意到寒冬必然继之以暖春；而当果实成熟，野谷穗可以摘取时，他们则会进入炎夏；夏季结束时，突然刮起的阵风会吹落树叶，许多动物便做好了漫长冬眠的准备了。

就在这时，发生了非同寻常而且相当令人惊恐的事情，这些事情与天气有关。温暖的夏日迟迟不来。果实没有成熟。平常长满青草的山顶如今在厚重的积雪下深藏不露了。

随后的一天早晨，一伙与生活在附近的其他动物不同的野人，从高山上走下来四处游荡。他们佝偻着身子，样子很饥饿。他们发出难以听懂的声音，像是在说他们肚子饿了。但是他们找不到足够的食物供给原先住在那里的人和新来的人。从山上下来的人试图多待几天，于是发生了手（像爪子似的）脚并用的大战，一家一家的人被杀死了，余下的逃回到山坡上，在接下来的暴风雪中死去。

但是，住在森林里的人可吓坏了。这些日子以来，白天变短，夜间变冷，与往常大不一样了。

后来，在两座高山之间的一道缝隙中，出现了一小块发绿的冰块。冰块迅速变大。一股巨大的冰河倾泻下来。巨石被冲进山谷。伴随着惊天动地的轰鸣，夹杂着冰块、泥浆和石头的泥石流突然冲进林中人们的驻地，把尚在睡梦中的他们淹没了。上百年的大树被碾压成引火棍。随后就下起了雪。

雪一直下了好几个月。植物死光了，动物奔着南方的阳光逃去。人们背起子女，也跟着跑。但人不像野兽跑得那么快，不得不动脑子，否则只能迅速死掉。人们似乎更愿意动脑筋，他们总算逃过一劫，经过可怕的冰河期幸存了下来，那场灾难从四个不同的方面威胁着地球上所有人的生存。

首先，人必须穿上衣服，以免冻死。他们学会了挖洞，在洞上面

史前欧洲

盖上枝叶，用这种陷阱捕捉熊和土狼，用巨石将它们杀死后，用它们的毛皮为自己和家人做衣服。

然后就是住所问题。这事简单，许多动物都习惯于在黑洞中睡眠。人也学它们的样子，把动物从温暖的巢穴中赶走，据为己有。

即使如此，大多数人仍经不起酷寒，老人与幼童大批死亡。这时，一个聪明人想到了用火。他曾在外出狩猎时碰上了森林失火。他记得自己当时几乎被火焰烤死了。火一直被视作敌人，如今变成了朋友。他把一棵枯树拖进了洞里，用从着火的树林中取来的冒烟的树枝把它点燃。山洞一下子变成了暖和舒服的小屋。

后来的一天晚上，一只死鸡掉进了火堆，没来得及取出来就已经烤熟了。人们发现熟肉味道更好，于是他们从此抛弃了与别的动物相同的旧习惯，开始动手做熟食了。

数千年就这样过去了，只有头脑最机灵的人类活了下来。他们日夜都要与饥寒抗争，他们被迫发明了工具。他们学会了把石头磨成锋利的斧头，还学会了制造锤子。他们必须储藏大批食物以度过漫长的冬天。他们发现泥土可以制成碗、罐，并在阳光下晒干。这样，对人类有着毁灭性威胁的冰河时期却成了人类最伟大的导师，因为它迫使人类动起脑筋来。

象形文字

埃及人发明了书写艺术，有记载的历史开始了。

那些居住在欧洲广袤原野上的先民，很快学会了许多新事物。可以毫无疑问地说，经过一定的时间，他们肯定会放弃野蛮的生活方式，并且创建出自己的文明。可是，他们孤立隔绝的生活突然终止了。他们被别人发现了。

一名来自南方某个未知世界的旅行者，大胆地跨越大海和高山，一路来到了欧洲大陆的野蛮人中间。他是非洲人，他的家乡在埃及。

早在西方人还不知道叉子、车轮或住房为何物之前的数千年，尼罗河谷就已经进入高度文明的阶段了。因此，我们要把欧洲的先民留在他们的洞穴里，去拜访一下地中海的南岸和东岸，那里是人类文明最早的发祥地。

埃及人教给了我们许多东西。他们是出色的农夫，他们对灌溉一清二楚。他们建造庙宇，后来被希腊人效仿，庙宇如今成了礼拜教堂的最早模型。他们创立了一种历法，事实证明对测量时间十分有用，经过一些修正，一直沿用至今。而最重要的是，埃及人掌握了为后代保留话语的方法：他们发明了书写艺术。

我们对书籍报刊已经习以为常，始终觉得世人会读书写字是理所当然的。其实，书写作为一切发明中最重要的一项，其历史并不久远。没有书面文献，我们就会与猫狗无异：它们只能教会幼崽一些简单的事情，而且由于不会书写，就没办法利用前辈猫狗所取得的经验。

公元前 1 世纪的时候，罗马人来到埃及，发现河谷中到处都是奇特的小图画，似乎与该国的历史相关。但是罗马人对"外国的东西"了无兴趣，没有对希腊庙墙和宫墙，以及用纸莎草制作的无数纸张上的奇妙图画的本源予以探究。懂得使用这种神圣的图画艺术的最后一批埃及祭司已于多年前辞世。埃及丧失了主权，成为装满无人能识的历史文献的大仓库。人也罢，动物也罢，都不能从中得到现实用途。

1700 多年过去了，埃及依旧是一片神秘的土地。但在 1798 年，一位叫拿破仑的法国将军来到东非，准备对英属印度殖民地发动进攻。他没有越过尼罗河，打了败仗。然而，那次著名的法国远征却十分偶然地解决了古埃及绘图文字的问题。

一天，一名年轻的法国军官对位于罗塞塔河（尼罗河的一个河口）小要塞中的枯燥生活感到厌烦，便打算花上几小时到尼罗河三角洲的废墟中搜寻一番。嘿！他看到了一块令他大惑不解的石头。如同埃及的所有东西一样，那块石头上也满是小图。不过，那块黑色玄武岩与已经发现的别的东西不同：上面有三种铭文。其中一种是希腊文，是为人所知的。于是他推断："只要把希腊文本和埃及图画相比较，就会立刻揭示出全部秘密。"

这一念头听起来简单，但是却花了20多年的时间才把谜语解开。1802年，一位名叫商博良的法国教授着手比较那块著名的罗塞塔河石块上的希腊铭文和埃及铭文。1823年，他宣布已经破解了14种小图像的含义。不久他就因过劳而死，但埃及文字的主要原理已昭示天下。如今，我们对尼罗河谷的故事比对密西西比河的故事还要清楚，我们掌握着涵盖4 000年编年史的文字记录。

由于古代埃及的象形文字（"象形文字"一词原意为"圣典"）在历史上起着如此伟大的作用，其中几个文字的改进一直发展成我们自己的字母，因此我们理应对5 000年前用来保存口语，以便为后代所用的这一精妙系统略知一二。

我们都懂得什么是表意文字。美洲西部平原上的所有印第安故事都有一章用小图画形式书写的奇怪信息，记载着杀死了多少野牛，多少猎手出席了某次聚会。通常，弄懂这种信息的含义并不困难。

然而，古埃及文字并非表意文字。尼罗河流域的聪明人早已超越了那个阶段。他们的图画包含着指示对象以外的更多的含义。现在我就尽量给大家解释一下。

假如你是商博良，正在琢磨一叠莎草纸上画满的象形文字。你突然看到了一个男人握着一把锯的画面。"好极了，"你会说，"这当然指的是一个农夫出去伐树。"你随后又拿起另一张莎草纸，上面的图画讲述了一位82岁去世的女王的故事。在一个句子的中间出现了那个握锯人的图像。82岁高龄的女王是不会拿锯的。看来这幅画应该另有深意。那是什么意思呢？

那个法国人最终解开的正是这个谜。他发现埃及人是最先使用我们所说的"表音文字"的——就是用一种文字系统重现口头语言的"声音"（或"语音"），使我们只要借助几个点、线、勾就得以把我们的口头语言转换成书写形式。

我们再回到那个握锯的小人身上，待上片刻。"锯"（saw）这个词既是你在木匠作坊里看到的那种特定的工具，也是动词"看"（see）的过去式。

下面便是该词在数百年间演变的过程：起初它只表示那件特定的工具；后来，该意义消失，变成了一个动词的过去式；历经数百年之后，埃及文字中的这个词已经丧失了上述两种含义，而那幅图 就只表示一个字母，即"s"。一个短句将向你们表明我的意思。这里有一个假定用象形文字写出的现代英语句子。

指的是你脸上的两个圆圆的让你能看东西的眼睛（eye），或者指的是"我"（I），即正在说话的人。

指的是一种采蜜的蜜蜂（bee），或者代表"存在"的动词"是"（be）。同理，它可以是动词"成为"（be-come）或者"举止"（be-have）。在本例中，其后是，意思是"叶子"（leaf，复数 leaves），"离开"（leave），或者"欣然"（lieve）——这三个词发音相同。

第二次出现的前面已讲过。

最后是一幅的图，是长颈鹿。它是象形文字的源头——原始表意文字的一部分。

现在你就可以毫不吃力地读出这个句子了：

"我相信我看到了一头长颈鹿。"

（I believe I saw a giraffe.）

埃及人在发明了这一系统之后，经过了上千年的改进，终于能够写下想要表达的任何事情了，他们使用这种"表音文字"给朋友发送信息，记下生意账目，写下国家历史，让后人从过去的失误中获益。

5

尼罗河流域

文明起源于尼罗河流域。

人类的历史就是饥饿的生灵寻觅食物的记录。哪里有丰盛的食物，人们就奔向哪里建造家园。

尼罗河流域的名声早已传遍四方。人们从非洲腹地、阿拉伯沙漠和西亚来到埃及，分享那里的沃土。这些外来的人组成了一个新的族群，自称"雷米"，即"人群"，和我们有时称美洲为"上帝的领地"是一个道理。他们有充分的理由感谢命运把他们带到这块狭长的土地

尼罗河流域

上。每逢夏季，尼罗河谷就成了一片浅湖，河水退去之后，田地和牧场便淤积了厚厚一层最肥沃的土壤。

在埃及，一条"益河"造福了上百万的人口，足以供养有史以来最早的大城市中的众多居民。当然，并非全部可耕地都集中在河谷里。但是，（人们）借由小型水渠和戽斗组成的系统，将水从河面引到河岸顶部，再由一个更加精密的灌溉系统，将水分配到四处的农田。

当史前时期的人们要在一天的 24 小时之中花费 16 个小时为自己和部落成员搜寻食物的时候，埃及的城乡居民却拥有余暇。他们利用空闲时间为自己制造了许多仅供装饰却毫不实用的物品。

不仅如此，有一天，他们发现自己的头脑可以用来思考与吃饭、睡觉、为子女找寻住处无关的各种问题。埃及人开始面对并钻研许多奇怪的现象。星星从哪里来的？谁制造了骇人的雷声？谁使尼罗河水如此有规律地涨落，从而使他们可以根据汛期的出现与消退制定历法？他们自己——被疾病和死亡四处包围着，然而依然活得愉快，充满笑声的奇妙的渺小生物又是怎么回事？

他们提出许多这类问题，有些人站出来尽其所能做出答复。埃及人称这些人为"祭司"，祭司用他们的思想指导人们，在人群中享有极高的威望。他们学问高深，遂被委以文字记载的神圣重任。他们清楚，人们只想着眼前利益是不可取的，于是他们便把人们的注意力引向来世，届时亡灵将居住在西方的群山之外，向执掌生死和依照功过评判人们行为的大神奥赛里斯[1]汇报他的一生。事实上，祭司们对伊西斯[2]和奥赛里斯治下的来世描述得极其周详，使得埃及人开始认定，人生只是后世的一个短暂预备期，并把富饶的尼罗河奉献给死者安身。

奇怪的是，埃及人逐渐相信，若是不具备在今世赖以栖身的躯

1　古埃及主神之一。
2　古埃及神话生命与健康女神，奥赛里斯之妻。

修建金字塔

壳，他们的灵魂就无法进入奥赛里斯的冥界。因此，一个人死后，其
亲属当即将其尸体涂上防腐香料，经过几周的碱液浸泡之后，再填上
树脂。由于波斯人称树脂为"木米埃"（mumiai），防腐处理过的尸
体就叫作"木乃伊"（mummy）。尸体包裹在极长的、特制的亚麻布
之中，放置于专门准备的棺木之内，准备运往最终居所。不过，埃及
人的墓室倒是个地道的居所：尸体周围摆满了一件件家具和乐器（以
消磨等待的无聊时光），还有厨师、面包师和理发师的塑像（以便这

座黑暗家园的主人能够体面地得到食物，外出时不至于不修边幅）。

　　起初这些墓穴开凿在西部的山岩中，但随着埃及人向北迁徙，他们只好在沙漠中建造墓地了。荒漠中当然满是野兽，也不乏盗贼，它（他）们会闯入墓穴中打扰木乃伊或者窃取陪葬的珠宝。为防止这种亵渎行径，埃及人常在墓穴上筑起小石丘。这些小石丘体积渐大，因为富人比穷人修筑的石丘要高大，而且人们互相攀比，看谁垒的石丘最高。创纪录的是胡夫法老，希腊人称他为齐奥普斯，他生活的年代是公元前 2000 多年。他的石丘，希腊人叫作金字塔（Pyramid，因为埃及文中的"高"字是"pir-em-us"），足有 150 多米高。胡夫金字塔占地 5.29 万平方米，是基督教世界最大的建筑——圣彼得大教堂——占地面积的 3 倍多。

　　10 万余人忙碌了 20 年，从尼罗河对岸运来所需的石料，摆渡过河（他们如何做到这一点，我们尚不得而知），经过多次长途跋涉，穿越沙漠，最终将石料抬高到恰当的高度。胡夫法老金字塔的建筑师和工程师出色地完成了任务，通向石头巨物中心法老墓的狭窄过道，在四周数千吨石料的重压下始终没有走样。

6

埃及的故事

埃及的兴衰。

尼罗河是个好心的朋友，但偶尔也是个难对付的监工。这条河使居住在两岸的人们学会了团结合作的高尚艺术。人们依赖彼此开挖了水渠，修整了堤坝。于是他们学会了如何与邻居相处，这种互利的交往便自然而然地发展成了一种有组织的邦国。

后来，有一个人变得比他的大多数邻居更有权势，当上了大家的领袖，当垂涎他们领土的西亚人入侵这块富饶的河谷时，又成了众人的统帅。随着时间的流逝，他成为他们的国王，统治着从地中海到西部山区的全部领土。

但是，古埃及法老们（该词的意思是"住在大宅子里的人"）政治上的冒险，难以引起在田野中坚忍劳作的农夫们的兴致。只要他们没有被迫向国王交纳超额的赋税，他们就愿意像接受万能的奥赛里斯的神权一样，接受法老的统治。

当然，如果遇到外国侵略者掠夺他们的财产，情况就不一样了。经过 2 000 年的独立自主的生活后，一个叫作喜克索斯的野蛮的阿拉伯游牧部落攻占了埃及，在尼罗河谷当了 500 年的主人。他们极其不得人心，而且埃及人同样痛恨那些希伯来人——他们在沙漠中长途跋涉，来到歌珊地[1]，找到了安身立命之处，却充当了入侵的喜克索斯人的收税官和公务员，为虎作伥。

但在公元前 1700 年之后不久，底比斯人发动革命，经过长期斗争，喜克索斯人被驱逐出境，埃及重新获得了自由。

又过了 1000 年，亚述人征服了全部西亚，埃及成了萨达耶帕勒斯[2]帝国的一部分。公元前 7 世纪，埃及再次成为独立国家，服从在尼罗河三角洲塞易斯城定都的一位国王的统治。但是到了公元前 525 年，波斯国王冈比西斯占据了埃及，而在公元前 4 世纪，波斯被亚历山大大帝征服之后，埃及成了马其顿帝国的一个省份。当亚历山大的一位

1　据《圣经》所载，歌珊地为希伯来人出埃及之前所居住的下埃及的丰饶地区。
2　亚述国王，因骄奢淫逸而亡国。

将军自立为新埃及王并建立了托勒密王朝，在新兴的亚历山大港建都之后，埃及表面上算是又独立了。

最后，在公元前 39 年，罗马人到来了。埃及的最后一代女王克娄巴特拉竭尽全力保全祖国。她的迷人美貌对罗马的将军们来说，比十余个埃及军团还要危险。她曾两度成功地赢得了罗马征服者的心。[1]

但在公元前 30 年，恺撒的侄子和继承人奥古斯都在亚历山大港登陆。他没有像他已故的叔父那样迷恋这位可爱的女王。他摧毁了她的军队，却免她一死，以便带她凯旋，充当一件战利品。当克娄巴特拉听到这一安排后，便服毒自杀。埃及由此成为罗马的一个行省。

1　指先后成为恺撒的情人和安东尼的妻子。

7

美索不达米亚

美索不达米亚——东方文化的第二个中心。

我要引领你登上最高的金字塔的顶部，还要让你想象自己有鹰隼一般犀利的目光。远在荒漠的黄沙之外，在那遥远的地方，你会看到一片闪光的葱绿。那就是位于两河之间的谷地，是《圣经·旧约》中所说的乐园。这块神秘的土地被希腊人称作美索不达米亚——"两河之间的地区"。

美索不达米亚，古代世界的熔炉

　　那两条河分别叫作幼发拉底河（巴比伦称之为普拉图河）和底格里斯河（通称迪克拉特河）。两条河流源自诺亚觅得的休憩之地——亚美尼亚群山的积雪，之后缓缓流经南部平原，注入波斯湾泥泞的海滨。两河流域肥沃美丽，将西亚的不毛之地变成了富饶的家园。

　　尼罗河谷以其能提供食物的优越条件吸引人们。而两河流域也以同样的理由声名远扬。那是一处充满希望的福地，北方山区的居民和穿过南方沙漠漂泊而来的部落，都宣称这里是自己的家园，不准他人置喙。双方争斗不断，导致战火连绵。只有那些最为强壮、勇敢的人才有望在此幸存，并且使美索不达米亚成为一个强大民族的栖息之地，正是他们创造出在各方面堪与埃及文明媲美的同等重要的文明。

苏美尔人

苏美尔人在泥板上画出的楔形文字，
为我们叙述了闪米特人的大熔炉——
亚述和巴比伦王国的故事。

15 世纪是地理大发现的时期。哥伦布试图发现通往香料群岛的途径，却意外地踏上了新大陆。一名奥地利主教装备了一支探险队，准备一路向东寻找莫斯科大公的家乡，那次探险以彻底失败告终，直到下一代才有西欧人造访莫斯科。与此同时，一个名叫巴贝罗的威尼斯人勘察了西亚的废墟，他带回的报告称，他在设拉子（今伊朗境内）庙宇的石头上和无数泥板上，发现了镌刻着的最奇特的文字。

　　不过，当时欧洲正忙于许多其他的事情，直到18世纪末，第一批"楔形文字"（因外形呈楔子状而得名）才由一位名叫尼布尔的丹麦探险家带回欧洲。30年后，一位耐心的德国教师格罗特芬德破译了波斯五位国王名字的头四个字母：D、A、R和SH。又过了20年，一位名叫亨利·罗林森的英国军官在伊朗发现了贝希斯敦峭壁上的铭文，才为我们破解西亚的楔形文字提供了一把有用的钥匙。

　　与破译这些楔形文字的难度相比，商博良先前识别埃及象形文字一事就算容易的了。埃及人用的是图画，而美索不达米亚最早的居民苏美尔人想到了在泥板上勾画出他们的言辞，从而完全摒弃了图画，而采用了一种V形字母系统，与最初的象形文字鲜有联系。不妨举上几个例子加以说明。起初，"星"这个词用楔状物在泥砖上画成这样，不过，这个符号过于烦琐，不久，当"天空"的含义加进那个"星"的符号时，画面就简化为，可惜却更加含糊不清了。同理，一头"牛"从变成了，而一条"鱼"则从变成了。"太阳"原先是个平面的圆，后来变成了。如果我们今天要使用苏美尔人的刻画，就会把一条船变成。这种记下我们想法的文字系统看起来相当复杂，但在3 000多年里，一直被苏美尔人、巴比伦人、亚述人、波斯人以及强行进入这片肥沃河谷地带的所有不同的民族使用。

　　美索不达米亚的故事就是无休无止的征战。先是苏美尔人从北部来到这里，他们是住在山中的一个白人民族，他们习惯于在山顶上膜拜他们的天神。他们进入平原之后，就修筑一些人工小山，再在上面

巴别塔

建造他们的神坛。他们不懂得如何制造梯子，因此就围着塔修起盘桓的外廊。我们的工程师借用了这一概念，在大型火车站中，可以看到从一层通向另一层的上升的回廊。我们可能还从苏美尔人那里借用了其他概念，具体是什么就不得而知了。苏美尔人被后来进入这片肥沃河谷的其他族群全部同化了。不过，他们修建的塔仍然矗立在美索不达米亚的废墟中。犹太人流浪到巴比伦境内时曾经看到过这座塔，起了名字叫"巴别塔"。

公元前 4000 年时，苏美尔人进入了美索不达米亚，不久之后便被阿卡德人征服。阿卡德人是从阿拉伯沙漠来的许多部族之一，他们都说共同的语言，统称"闪米特人"，因为早年间人们相信他们是诺亚的三个儿子之一闪的直系后裔。1000 年之后，阿卡德人被迫臣服于阿摩利人，他们是另一支闪米特沙漠部落，其伟大的君王汉谟拉比在巴比伦圣城中为自己修建了一座宏伟的宫殿，并向其臣民颁布了一套法律，把巴比伦变成了古代治理得最好的帝国。后来便是赫梯人——在《圣经·旧约》中亦被提及——踏进了这片肥沃的河谷，并且毁掉了他们带不走的一切。他们进而被沙漠大神阿舒尔的信徒们击败。这些自称亚述人的阿舒尔的信徒，把尼尼微建成他们庞大而可畏的帝国的中心，该帝国征服了整个西亚和埃及，向无数臣服的部落征税。直到公元前 7 世纪末，另一支闪米特部族的迦勒底人重建巴比伦，使该城成为当时最重要的首都。他们最著名的国王尼布甲尼撒鼓励科学研究，我们现代的天文和数学知识都是以迦勒底人发现的最初原理为基础的。200 年后轮到了他们被亚历山大大帝推翻。亚历山大大帝把这片沃土——众多闪米特部落的老熔炉，变成了希腊的一个省。接踵而至的是罗马人，其后是土耳其人。而世界文明第二个中心美索不达米亚便沦为一片广袤的荒野，以其庞大的土丘向世人诉说着往昔的荣光。

尼尼微

巴比伦圣城

摩西

犹太人领袖摩西的故事。

公元前 2000 年期间，一支小得不起眼的闪米特游牧部落，离开了坐落在幼发拉底河口乌尔土地上的旧家园，试图在巴比伦国王统治下的领土上找到新的牧场。他们遭到王国士兵的驱赶，只好一路西行，寻找一小块未被占领的领地，以便搭起他们的帐篷。

这支游牧部落便是希伯来人，或者按照我们的叫法：犹太人。他们四处漂泊，历经多年的艰辛流浪，终于得以在埃及安身。他们在埃及人中间居住了 500 多年，当他们寄居的国家被掠夺成性的喜克索斯人强占之后（如前面埃及故事中所述），犹太人便投靠了这些外来的入侵者，为他们效劳，从而得以留在他们占据的牧场上不受侵扰。但经过一场长期的独立战争之后，埃及人终于把喜克索斯人逐出了尼罗河谷，而犹太人的不幸就此开始：他们被贬为普通奴隶，被迫成为修筑驿道和金字塔的苦工。由于边境被埃及士兵把守，想逃跑都难以成行。

经过多年的苦难之后，他们的悲惨命运才得到一个叫作摩西的犹太青年的拯救。摩西曾长期在沙漠中居住，学会了尊崇其祖先的淳朴美德：他们远离城市和城市生活，抗拒外来文化中轻松奢侈的生活的腐蚀。

摩西决心带领他的族人恢复对先辈生活方式的热衷。他成功地避开了追赶他的埃及军队，率领同胞进入西奈山脚下的平原中心。他曾在沙漠中长期独自生活，学会了敬畏雷电和暴风雨大神的威力：神统治着高高在上的天堂，牧民的生活、光明和呼吸全要仰赖于他。这位神是在西亚广受膜拜的许多神灵之一，叫作耶和华，经过摩西对世人的教谕，他便成了希伯来人唯一的主宰。

一天，摩西从犹太人的营地里失踪了。人们悄声议论，说他是带着两块粗糙的石板出走的。那天下午，一场黑压压的可怕的暴风雨降到山上，人们都无法看清那座山。可是等摩西回来时，看啊！那两块石板上竟然刻上了耶和华在炫目的闪电和震耳的雷鸣中对以色列人发表的讲

犹太人的漂泊

摩西看到了圣地

话。从那一刻起，耶和华便被所有的犹太人奉为他们命运的最高主宰，唯一的真神，他要他们遵从"十诫"的英明训谕，过神圣的日子。

他们按照摩西的要求，跟随他穿过沙漠继续行进。他们遵从他的指点，吃什么、喝什么、避免什么，以便在炎热的天气中保持健康。经过多年跋涉，他们终于来到了一片看起来繁荣的福地。那里叫作巴勒斯坦，意思是"皮利斯塔人"或"菲利斯坦人"之国——他们是在自己的岛屿上被逐后，沿海边定居的克里特人的一小支。不幸的是，巴勒斯坦这块陆地已被闪米特人的另一支——迦南人居住了。但犹太人强行进入河谷，兴建自己的城市，并在他们称作耶路撒冷，意即"和平之乡"的镇上修建了一座宏大的庙宇。

至于摩西，已不再是他的人民的领袖了。他获准从远处眺望巴勒斯坦的山脊，然后就永远闭上了他的眼睛。他曾经忠心耿耿地努力取悦耶和华。他不仅率领他的子民摆脱异族奴役进入新的家园，过上了自由独立的生活，而且还使犹太人在各民族中最先信奉唯一的神——上帝。

10

腓尼基人

腓尼基人是犹太人的近邻，也是闪米特人的一个部族，早年间即已定居在地中海沿岸。他们为自己营建了两座建有良好要塞的城镇：提尔和西顿。没过多久，他们就垄断了西部海边的贸易。他们的船只定期驶往希腊、意大利和西班牙，甚至冒险越过直布罗陀海峡，抵达锡利群岛去买锡矿。他们无论走到哪里都要为自己建起小型贸易站，称作"殖民地"。许多这种殖民地都是现代城市的发祥地，如加的斯

腓尼基商人

和马赛。

　　只要是有利可图的买卖，他们一概都做。他们从不顾忌良心。如果我们相信他们邻人的一切说法，那么他们就是不知道"诚实"与"正直"为何物的人。他们视装满的钱柜为所有优秀市民的最高理想。事实上，他们是毫无快乐可言的人，而且没有一个朋友。然而，他们却为所有后人提供了可能是最有价值的贡献：为我们创造了字母。

腓尼基人熟谙苏美尔人发明的书写艺术。但他们认为那些勾勾画画太笨拙，用起来浪费时间。他们是讲求实际的商人，不能把时间花在刻画两三个字母上。他们着手发明了一种新的书写体系，比旧体系优越许多。他们从埃及文字中借来几个象形图画，又简化了苏美尔人的楔形文字。他们废除了旧文字系统中好看的外观，注重书写的速度，他们把上千个不同图形压缩成 22 个简洁顺手的字母。

随着时间的推移，这种字母越过爱琴海进入希腊。希腊人加进了几个他们自己的字母，又把这种改进过的字母系统带到了意大利。罗马人又做了些修改，然后教给了西欧的野蛮人。那些野蛮人便是欧洲人的祖先。这也就是本书使用了起源于腓尼基人的字母，而不是古埃及人的象形文字或者苏美尔人的楔形文字的原因。

印欧人

印欧语族的波斯人征服了闪米特人和埃及人的世界。

　　埃及、巴比伦、亚述和腓尼基人的天下已经存在了差不多 3 000 多年，肥沃谷地中的古老民族走向衰颓。当一个新兴的生机勃勃的民族出现在地平线上的时候，那些古老民族注定要消亡。我们称这支新兴的民族为印欧人，因为他们不仅征服了欧洲，而且成了叫作英属印度的国家的统治者。

这些印欧人和闪米特人一样是白种人，但所用的语言不同，他们的语言被视为一切欧洲语言（除匈牙利语、芬兰语和西班牙北部的巴斯克方言之外）的共同祖先。

我们最初听到这个种族时，他们已经在里海岸边住了好几百年。但是有一天，他们打点起帐篷，动身寻找新的家园。他们其中的一部分人进入中亚的山区，在伊朗高原周围的高山中生活了许多世纪，故被称作雅利安人。另一部分人追随着落日的方向，占据了欧洲平原，这些人留到讲述希腊和罗马的故事时再说。

目前，我们先说说雅利安人。在其伟大导师查拉图斯特拉（或称琐罗亚斯德）的率领下，许多人离开了他们山中的家园，沿着湍急的印度河，朝着大海的方向前进。

其余的人情愿待在西亚的山中，在那里建立了米底亚人和波斯人的半独立的共同体，这两个民族的名称引自古希腊的历史书。在公元前7世纪，米底亚人建立了自己的王国，就叫作米底亚，但在一个叫作安善的部族首领居鲁士自封为波斯诸部的国王时被消灭。居鲁士发动了征讨之战，不久他和他的子嗣就成了整个西亚和埃及声名狼藉的君主。

事实上，这些印欧人的波斯人斗志旺盛地把他们的征战向西推进，不久便陷入严重的困境，与数百年前迁徙到欧洲并占据了希腊半岛和爱琴海的某些其他印欧人的部落发生了冲突。

"母亲"一词的故事

印欧语族人及其邻人

这些冲突导致了希腊和波斯之间三次著名的战争。战争期间,波斯的大流士王和薛西斯王[1]入侵了希腊半岛的北部。他们蹂躏了希腊的领土,竭力要在欧洲大陆得到一个立足点,但他们并未成功。事实证明雅典的海军是无敌的。希腊士兵切断了波斯军队的供给线,强迫亚洲来的统治者返回他们的基地。

这是古老的"教师"亚洲与其年轻有为的"学生"欧洲之间的首次对抗。本书余下的许多章节将讲述东西方的争斗如何延续到今天。

---

1 他们父子二人先后为古波斯国王,大流士在公元前 521～前 485 年在位,薛西斯在公元前
  485～前 465 年在位。

爱琴海

爱琴海人将古老的亚洲文明
传入了欧洲荒野。

　　海因里希·谢里曼还是小男孩的时候，他父亲就给他讲了特洛伊的故事。在他听过的故事中，他最喜欢这一个，便打定主意，一旦他长大到可以离家时，就要到希腊去"寻找特洛伊"。虽说他只是梅克伦堡村里的一个穷苦的乡下牧师的孩子，但他并没有因此而气馁。他知道他需要钱，便决定先凑一笔钱，然后再去进行考古发掘。事实上，他没过多久就弄到一大笔钱，一旦有了装备一支考察

特洛伊木马

队的足够款项，便立即前往小亚细亚半岛的西北角——他估计特洛
伊城应该坐落在那里。

　　在古老的小亚细亚半岛的那个突出部分，矗立着一座希腊农田的
高丘。据传，那便是特洛伊国王普里阿摩斯的故国。谢里曼学识渊博，
热情更高，他迫不及待地动手初步探测和挖掘。他满怀激情，进展极
快，挖出的壕沟直穿他所寻找的城市的中心，并引导他通向比荷马笔

这是谢里曼要寻找的
特洛伊城

这是他找到的城

荷马时代的城

爱琴海上的城

史前期的城

这是特洛伊山上的岩石

谢里曼挖掘搜寻特洛伊

下的特洛伊城至少还要早1000年的另一座地下城镇。这时，非常有趣的事情出现了。假如谢里曼只发现了几把磨光的石锤或者几件粗糙的陶器，没人会觉得奇怪。人们通常把发现这类物件和希腊人来到这一地区之前的史前居民联系到一起，然而，谢里曼发现的却是精致的小雕像、珍贵的珠宝和装饰着图案的不为希腊人所知的瓶子。他大胆假设，早在伟大的特洛伊之战之前足足1000年的时候，爱琴海沿岸就已经居住着一个神秘的民族，他们在许多方面都优于入侵他们的国家、摧毁或汲取他们文化的野蛮的希腊部落，以致这个神秘民族的本来面目被彻底湮灭了。事实证明他的推断是正确的。19世纪70年代后期，谢里曼造访了迈锡尼废墟，其古老程度连古罗马的旅游指南都对此惊叹不已。谢里曼再次在一道小型圈墙的平坦石板下发现了一处奇妙的宝藏，留下这些宝藏的正是那个神秘的民族：他们沿希腊海岸遍地修建城市，他们修建的城墙庞大、沉重又牢固，希腊人赞叹那是神一般的巨人泰坦的作品，那些巨人们在古老的神话时代曾与诸位山神合作。

仔细研究这些丰富的遗存之后，这个故事的浪漫色彩便会被抹掉。这些早期艺术品的制作者和这些牢固堡垒的建造者并不是魔法师，而是普通的水手和商人。他们当年就住在克里特岛和爱琴海的许多小岛上。他们是坚忍不拔的航海人，正是他们把爱琴海建成了高度文明的东方和发展缓慢的欧洲之间的货物交易中心。

在1000多年间，他们始终保持着艺术形式高度发展的岛国地位。

阿尔戈利斯的迈锡尼

爱琴海

事实上，位于克里特岛北海岸的最重要的城市克诺索斯在卫生和生活舒适方面，堪称始终保持着相当程度上的现代化。宫殿有相当完善的排水设施，住房都备有火炉，克诺索斯人是世界上最早每天使用当时不为人知的澡盆的民族。他们的王宫以其盘旋楼梯和大型的宴会厅而著称。王宫中贮存美酒、粮食和橄榄油的地窖规模之大，给第一批希腊访客留下了极深的印象，以致引发了关于"迷宫"的传闻；享有这一名称的建筑物具有错综复杂的通道，一旦关上前门，里面惊慌的人便无法找到出路。

但是，这一伟大的爱琴海帝国最终的结局以及造成其突然衰亡的原因，我却无从说起。

克里特人深谙书写艺术，但是迄今为止无人能够破解他们的铭文。因此，他们的历史也不为我们所知。我们只好依据爱琴海人遗留的废墟，重新构想他们的创举和业绩。这些废墟清楚地表明，爱琴海人的世界突然被来自北欧平原的文明不够发达的民族所征服。如果没有猜错的话，摧毁克里特人和爱琴海人文明的野蛮人，应该是那些刚刚占据了亚得里亚海和爱琴海之间的岩石半岛的某个游牧部落，也就是我们所知的希腊人。

从亚洲通往希腊的陆路通道

奥林匹斯山

特洛伊城

莱斯沃斯岛

希腊

爱琴海中充当桥梁的岛屿

斯科贝洛斯岛 斯基罗斯岛 锡拉岛 希俄斯岛

小亚细亚

第一道桥

埃维亚岛

萨莫斯岛

雅典

安特罗斯岛 提诺斯岛 米可诺斯岛 伊卡利亚岛

帕特莫斯岛

西沃斯岛 第二道桥

迈锡尼 梯林斯

基特诺斯岛

塞里福斯岛 帕罗斯岛 纳克索斯岛 顿纽萨岛

第三道桥

罗得岛

马果亚角

卡尔帕多斯岛

埃伊利亚岛

克里特岛 第四道桥

克诺索斯岛

通往埃及

欧亚之间由岛屿连成的通道

13

希腊

此时印欧语族的古希腊部落正在占领希腊。

金字塔历经千年之后开始显出衰颓的景象，巴比伦的贤王汉谟拉比也已去世了好几百年。这时，有一支规模不大的游牧部落离开故土，沿多瑙河南下，四下寻找着新鲜的牧场。他们以杜卡利翁和皮拉夫妻俩的儿子希伦（Hellen）之名自称为希伦人。根据古老的神话，在很多年以前，由于世人变得邪恶，为奥林匹斯山上居住的万能的神宙斯所厌，宙斯遂以大洪水毁灭了全体人类，夫妻俩是逃过那一场劫难的幸

希腊本土中的雅典城

存者。

对于那些早期的希伦人，我们一无所知。记述雅典衰亡的历史学家修昔底德，在描写他的最早祖先时说，他们"不值一谈"，这个说法大概不假。他们行为可憎，他们过着牲畜一般的生活，把敌人的尸体抛给野性十足的牧羊犬分食。他们对别人的权益毫不尊重，他们杀戮希腊半岛的原住民皮拉斯基人，盗取他们的庄稼，抢夺他们的牲畜，将他们的妻女当成奴隶，还编写了许许多多的赞歌，颂扬带领他们进入塞萨利和伯罗奔尼撒山脉的亚该亚部落的勇气。

阿哈伊亚人攻取爱琴海边的一座城市

他们在一处处的山巅上看到了爱琴海岸的成群牛羊，但是由于惧怕爱琴海战士的青铜长矛，深知不能指望用自己手中简陋的石斧取胜，就没有进攻。

在数个世纪的时间里，他们在山谷和山坡间漂泊。后来他们占领了这里所有的土地，不再四处迁徙了。

这是希腊文明的起始。希腊的农夫们在住处便能看到爱琴海畔的殖民地，终于在好奇心的驱使下去造访他们高傲的邻居了。他们发现，从定居在迈锡尼和梯林斯高大的石墙背后的人们那里，可以学到许多

克诺索斯的陷落

有用的东西。

　　他们是伶俐的学生。没过多久，他们就学会了使用爱琴海人从巴比伦和底比斯带回的奇妙的铁制武器。他们逐渐领悟了航海的奥秘，开始制造小型船只为己所用。

　　等到他们学会了爱琴海人能够教给他们的一切之后，便反目为仇，将"老师"赶回岛屿上。他们很快就进一步大胆出海，并征服了爱琴海人的所有城市，终于在公元前 15 世纪劫掠和蹂躏了克诺索斯。又过了 10 个世纪，初登历史舞台的希伦人成了希腊、爱琴海和小亚细亚半岛沿海一带的无可争议的统治者。特洛伊这座古老文明的最后一座伟大的商业堡垒在公元前 11 世纪被毁，欧洲历史就此郑重开始。

古希腊的城市

古希腊的城市实际是城邦。

　　我们现代人喜欢听"大"这个字眼。我们为自己属于世界上"最大的"国家，拥有"最大的"海军，出产"最大的"橙子和土豆而自豪，而且我们还乐于住在有"百万"人口的城市里，死后要葬在"全国最大的墓园"中。

　　古希腊人若是听到我们的说法，会不知所云。"持中庸于万事"乃是他们的生活理念，仅仅是庞大，他们会无动于衷。这种对中庸的挚爱并非用于特定场合的一句空话，而是影响希腊人从生到死整整一生的理念。这是他们文学的组成部分，并使他们建造了小巧精美的庙宇；也在男人的服饰中，在他们妻子的戒指和手镯上得到了体现。中庸之道还为走进剧场的人群所遵循，若是哪个剧作家敢于亵渎高尚趣味和美好感受的铁的律条，一定会被轰下台去。

古希腊人甚至在他们的政治家和最受欢迎的运动员中推崇这种品德。当一个有实力的赛跑者来到斯巴达，吹嘘他用一条腿站的时间比任何国人都长时，人们就会把他赶出城去，因为他所自豪的成就是任何笨人都能取胜于他的。

"那很好嘛，"你会说，"专注于中庸和完美无疑是一种伟大的品德，可是在古代，为什么只有希腊人才养成这种品德呢？"为了回答这个问题，我就专门谈谈古希腊人的生活方式。

埃及和美索不达米亚的人民，始终是住在遥远的阴暗宫殿里的统治者的"子民"，广大百姓是难以见到高高在上的神秘的统治者的。而古希腊人则不然，他们是100多个独立的小"城邦"里的"自由民"，最大的城邦里的人口也比一座现代大型村庄里的居民还要少。当住在乌尔的一个农夫说他是巴比伦人时，意思是说，他是向当时某个西亚的统治者纳贡的成百万人中的一个。但是当一个古希腊人骄傲地说，他是雅典人或者底比斯人时，他指的是一个小镇，那里既是他的家，也是他的国，那儿没有某个人做主，而是听凭市场上人们的意愿。

众神居住的奥林匹斯山

对于古希腊人而言，他的祖国就是他的出生地，就是他在卫城的危险岩石中玩捉迷藏度过童年的地方，就是他与成千的男孩女孩一同长大成人的地方，他对他们的小名熟悉得如同你熟悉你同学的外号一样。他的祖国就是他的父母安葬之处；就是在那座高大的城墙之内的小房子里，他的妻子儿女安居在那儿。那是一块不过一二百亩的遍布岩石的土地，却是他们活动的全部天地。你难道看不出来，这样的环境会对一个人的全部思想和言行产生影响吗？巴比伦、亚述和埃及的人民是一大群乌合之众，他们消失在群体之中。而古希腊人则始终与他的环境密切接触，从来都是一个人人相熟的小镇中的一员。他感觉得到他的聪慧的邻居在注视着他。无论他做什么，不管是写剧本、雕刻石像抑或编写歌曲，他都一直记着，他的努力定会受到家乡所有自由民的评判，因为他们个个都精通此道。这种认知要他追求完美，而他自幼便被教导的"完美"，离开中庸是达不到的。

在这样严格的"课堂"中，古希腊人在很多事情上成就卓越。他们创建了新的政府模式、新的文学体裁和新的艺术理想，使我们始终无法超越。就是在比现代城市四五个街区还要小的村落里，他们完成了这些奇迹。

看看终于发生了什么事情吧！

公元前4世纪，马其顿的亚历山大大帝征服了当时的世界。战争一停，他就决定将真正的希腊精神惠及于世。他将这种天赋从小城镇和小村落中带走，试图在他的新建帝国的广大领土上遍地开花结果。可惜，希腊人离开他们自己的庙宇等熟悉的景观，离开他们自己的弯街小巷中熟悉的声音和气味，马上就丧失了他们为自己城邦的荣誉劳作时，那种激励他们动手动脑的中庸之道所带来的愉悦和非凡的感受。他们成了低劣的工匠，只满足于二流作品。古希腊小城邦丧失其独立并入一个大国之日，就是古希腊精神灭亡之时。而且从那时起，再也没有复兴。

15

古希腊人的自治政府

古希腊人是最早尝试自治的艰辛的实验者。

　　起初，所有的希腊人一概贫富均等。每个人都拥有一定数量的牛羊，他的土屋就是他的堡垒，他可以随意来去。每当需要讨论事关公众的问题时，全体居民就聚集在市场。村中的一位长者被选作主席，其职责是保证每个人都有机会表达自己的观点。遇有战争，一个特别勇武和自信的村民就会被推举为指挥官，但战争危险一过，曾经自愿赋予他领导权的同一群人也同样有权剥夺他的职务。

不过，村庄逐渐发展为城市。有的人勤劳，有的人懒惰。一些人不走运，另一些人在与邻人交往中公然欺诈并聚敛起财富。结果，城里人不再由同样富足的人组成，相反，居民中有了一小批富人和一大批穷人。

还有一种变化。原先懂得率众获胜而被众人拥戴为指挥官的"领袖"或"君王"消失了。其地位被贵族取代——他们是一批随着时间的推移，占有了过多农场和土地的富人。

这些贵族比普通的自由民享有更多特权。他们能够在东地中海的市场上买到最好的武器。他们有许多闲暇可以练习格斗的技巧。他们住在牢固的宅邸里，还能够蓄养士兵为他们作战。他们彼此之间经常为争夺城市的统治权而吵个不休，获胜者便会取得一种凌驾于他人之上的王权来统治全城，直到他被另一个野心勃勃的贵族杀死或驱逐。

这种靠军队维护统治的国王被称作"暴君"，在公元前7世纪至前6世纪时，希腊的每一座城邦都在一段时间里被这样的暴君统治，顺便指出一点，其中的许多人都是出类拔萃的能人。但是从长远来看，这种事毕竟是难以容忍的。于是便有了进行改革的尝试，有记载的世界上第一个民主政府就由此产生。

早在公元前7世纪，雅典人便决定清洗一下政坛，让自由民大众在政府中享有当初爱琴海先人获准拥有的发言权。他们要一位名叫德拉古的人为他们制定了一系列法律，以保障穷人不受富人的逼迫。德拉古着手工作。可惜的是，他是个专门从事法律而大大脱离日常生活

庙宇

的人。在他的眼里，罪行就是罪行，待他完成制订律条后，雅典人发
现德拉古的法律过于严苛，无法实施。依照这一新体系的法理，处死
罪犯的绞索都不够用了，因为哪怕偷盗一个苹果都要被处以极刑。

　　雅典人四下寻找更为人道的改革者。他们终于找到了一个最能够
胜任的人。他名叫梭伦，出身于贵族之家，曾经周游世界，研究过许

一个希腊城邦

多外国的治国形式。梭伦经过对这一课题的仔细研究，给雅典人提出了一套符合希腊特色中美妙的中庸之道的法典。他尽力改进农人的条件而又不损害贵族的兴旺，因为贵族如同士兵，对国家做出了（或者确切地说，能够做出）重大奉献。为保护较贫穷的人群不受法官欺凌（法官总是选自贵族，因为他们可以不要津贴），梭伦制订了一项条款，允许蒙冤的市民向 30 名雅典同胞组成的陪审团申诉。

最重要的是，梭伦迫使普通自由民对城市事务产生直接、切身的兴趣。他们不再能够借口"噢，我今天太忙"或者"下雨了，我还是待在家里吧"而闭门不出。法律指望他们尽自己的本分：出席市政厅的会议，为城市的安全和繁荣克尽己责。

这种"平民"参政的理念通常算不上成功，空谈太多。谋求公职荣誉的对手，彼此之间仇恨与诋毁太多。但毕竟教导了希腊人民谋求独立和自决，这是非常好的事情。

16

古希腊人的生活

古希腊人是如何生活的。

你可能会问，若是古希腊人总是奔波于市场商讨国是，他们又如何能有时间照看他们的家庭和生意呢？我将在本章中为你作答。

每座希腊城邦都由一小部分生来自由的市民、大量的奴隶和零星的外邦人组成。但在一切政务中，希腊的民主政府只承认自由民这一组人群。

只在少有的短时间里（通常在战时，这时男人都投军了），希腊人才肯授权给他们称作"野蛮人"的外邦人。但这是例外。市民身份是个出身问题。你之所以是雅典人，是因为你的祖父和你的父亲在你之前就已经是雅典人了。然而，你身为商人或士兵，无论贡献多大，如果你的父母生来不是雅典人，你到死都是个"外邦人"。

因此，希腊的城邦只要不由国王或暴君统治，就由自由民治理，为自由民服务。要做到这一点，就要有一支人数五六倍于自由民的奴隶大军，他们所从事的工作，相当于我们现代人要养家糊口和付房租一样，是必须花费大部分时间和精力才能完成的事情。

奴隶们要担负全城的烹饪菜肴、烘烤面包和制作烛台的全部工作。他们做裁缝、木匠、首饰匠、学校教师和会计员，他们要照管店铺和手工作坊，使主人们得闲去参加公众会议，讨论战争与和平的问题，或者到剧场去观赏埃斯库罗斯[1]的新作，或者听取对欧里庇得斯[2]革命见解的讨论——他竟然敢对宙斯的无上权威表示怀疑。

事实上，古代雅典十分近似于一个现代俱乐部。所有天生的自由民都是世袭的成员，而一切奴隶则是世袭的仆从，他们随时听候主人的派遣。而且，作为该组织的成员，他们倒是挺开心的。

不过，我们谈及奴隶的时候，指的可不是你在《汤姆叔叔的小屋》一书中读到的那种人。确实，那些耕地的奴隶没有地位，毫无愉

1　埃斯库罗斯（公元前 525 ？—前 456），古希腊著名悲剧作家，《被缚的普罗米修斯》即其名篇。

2　欧里庇得斯（公元前 480—前 406），古希腊著名悲剧作家，对神质疑，作品有《美狄亚》《特洛伊妇女》等。

希腊社会

快的心情，但那些家道败落，只好受雇为佃农的普通自由民过的也是同样悲惨的生活。而在城里，许多奴隶反倒比贫苦的自由民还要富裕。对于一切事情都爱讲中庸之道的希腊人来说，他们并不喜欢后来在古罗马十分普遍的那种对待奴隶的方式——古罗马的奴隶无权利可言，如同现代工厂中的一部机器，而且稍有不慎，便会被主人抛给野兽。

古希腊人把奴隶制视作一种必要的体制，否则城市便不可能成为真正有教养的人的家园。奴隶还承担如今由商人和专业人员从事的工作。至于花费了母亲们许多时间，并且使父亲们下班回家十分心烦的家务活，古希腊人是不屑于去做的，他们深谙休闲的价值，通过生活在极其简朴的环境中把家务尽量减少到最低限度。

首先，他们的家十分朴素。哪怕是富有的贵族也只住在一种土坯陋室中，丝毫没有一个现代工人所希求的作为天生权利的舒适条件。古希腊人的家只是四面墙壁加一个屋顶。有一扇门通向大街，但是没有窗户。厨房、客厅和卧室围着一个有小喷泉、雕像和几株植物——看着明亮些——的院落。在不下雨或不太冷的日子里，全家人都睡在院子里。在院子的一个角落，由奴隶担任的厨师准备饭菜；在另一个角落，同样由奴隶担任的教师给孩子们教授希腊字母和乘法表；在又一个角落里，很少走出家门的主妇（因为已婚妇女过多出现在街道上被视为不妥）和她的女裁缝们（她们也是奴隶）一起修补她丈夫的外衣；紧靠大门的小办公室内，主人正在核查农场的监工（也是奴隶）刚刚给他送来的账簿。

正餐准备就绪时，全家人坐到一起，饭菜很简单，吃饭不必用很长时间。古希腊人似乎把吃饭看作无法避免的邪恶，而不是既能打发烦恼的时光、又最终能为人解忧的消遣。他们吃面包，喝葡萄酒，外加少量的肉和一些蔬菜。只在家中没有别的饮料时才喝水，因为他们认为水于健康无益。他们喜欢互相拜访，共同进餐，但我们概念中的宴会——造成人人饮食过度而有损身体的宴会，则为他们所厌恶。他们在餐桌边相聚，为的是享受边饮边谈的乐趣，但他们持节制之道，而鄙视酗酒的人。

餐厅中的简朴之风同样左右着他们对衣物的选择。他们喜欢干干净净，修饰一新，把胡须和头发修剪整齐，到体育馆去训练和游泳以保持身体强壮，但他们绝不追求色彩鲜艳、花色奇特的亚洲时尚。他们身穿白色长袍，要使自己看上去神气十足，就像现代意大利官员披着蓝色长斗篷一样。他们乐于看着妻子佩戴首饰，但他们认为炫耀财富（或妻子）是粗俗之举，而妇女每次出门，都尽量不引人瞩目。

简而言之，希腊人的生活不仅适度而且简朴。桌椅、书籍、住房和车马这类"东西"，势必耗费主人的大量时间，最终会使他成为这些东西的奴隶，因为他要费时去照看、打磨、擦拭和涂绘。古希腊人最重视的是"自由"，他们视身心自由胜过一切。为了维护自由，在精神上真正享有自由，他们把日常所需降到了最低限度。

17

古希腊的戏剧

最早的公共娱乐形式——戏剧的起源。

在历史早期阶段，希腊人就已开始搜集并叙述他们英勇的祖先把皮拉斯基人逐出希腊和摧毁特洛伊的诗歌。这些诗歌被当众吟诵，大家都去聆听。但几乎成为我们当今生活中一种必需的娱乐形式——戏剧，并非产自这些吟诵的英雄故事。戏剧有其奇特的源头，我要单列一章来加以叙述。

古希腊人一向热衷于游行。每年他们都郑重其事地列队游行，表示崇敬酒神狄俄尼索斯。由于在古希腊人人都饮葡萄酒（他们认为水只对游泳和航行有用），酒神就深入人心，就像一些国家敬重山泉之神一样。

由于人们相信酒神住在葡萄园里，与一群快乐的萨提尔（一种半人半羊的神怪）为伍，参加游行的群众通常都披上羊皮，并且发出雄山羊般的咩咩叫声。希腊语的山羊是"tragos"，而歌手则是"oidos"。像山羊一般咩咩歌唱的人于是就叫作"tragos-oidos"，即"山羊歌手"，正是这个奇怪的字眼演变成了如今的"tragedy"一词，即悲剧，意指一部悲惨结局的戏剧，犹如喜剧（确实意味某种"comos"，即欢喜的歌唱）是赋予喜庆结局的剧目名称一样。

可是你会问，那些戴着面具、踏着野山羊般的舞步、吵吵嚷嚷的合唱，怎么会演变成差不多2 000年间占领世界舞台的高雅的悲剧呢？

"山羊歌手"和哈姆雷特之间的联系实际上非常简单，我现在就来告诉你们。

起初，合唱十分逗趣，吸引了站在路边的大批观众，让他们开怀大笑。可是这种咩咩叫的唱法不久就令人厌烦了，古希腊人认为单调乏味是堪比丑恶和疾病的弊病。他们需要更有娱乐性的东西。这时来自阿提卡[1]伊卡里亚村的一位有创造力的青年诗人想出一个新主意，一举取得巨大成功。他让山羊合唱队中的一员站到队前，与走在队伍前

1　阿提卡：以雅典为中心并接受其统治的希腊东南部地区。

吹奏潘笛[1]的乐师领队交谈。那人获准出列。他在说话时，挥舞双臂做着姿势（就是说，他要"表演"，而其余的人只是站在一旁歌唱），他提出许多问题，乐队队长则依据事先由诗人写在一卷莎草纸上的答案来回答。

这种粗糙的事先安排好的交谈——对话——讲述的是狄俄尼索斯或是另一个神灵的故事，立即受到群众的欢迎。自此，每次酒神节的游行就有了"表演的场面"，并且，这种"表演"很快就被认为比游行和咩咩叫的唱法更重要了。

在所有"悲剧作家"中卓有成就的埃斯库罗斯，在其漫长的一生中写出了80多部剧作，还迈出了大胆的一步：使用两名"演员"而不是一名。一代人之后，索福克勒斯[2]把演员的人数增加到三个。当欧里庇得斯在公元前5世纪开始撰写他的恐怖悲剧时，获准让他所需要的演员尽数登场。而在阿里斯托芬[3]编写那些取笑众人、万事甚至奥林匹斯山上诸神的著名喜剧时，合唱队的角色降低到站在主要表演者的背后排成一行，俨然成了旁观者，只在前台的主角犯下违背神意的罪过时，唱上一句"这是个可怕的世界"。

这一新形式的戏剧娱乐要求有一个固定的场所，很快每一座希腊

---

1 潘笛：指潘神的牧笛。潘神是希腊神话中掌管山林之神，人身羊腿，爱好音乐舞蹈，擅长使用牧笛。

2 索福克勒斯（约公元前496—前405），古希腊三大悲剧作家之一，名篇为《俄狄浦斯王》。

3 阿里斯托芬（约公元前446—前385），古希腊喜剧作家，与苏格拉底和柏拉图为友，其喜剧《鸟》和《蛙》甚至嘲笑了神。

城邦就都有了一个剧场，是在附近山上开凿岩石建成的。观众坐在木制条凳上，面对一个宽敞的圆形演出区（我们现在的剧场正厅前排要付 33 美元得到一个座位）。在这个半圆形的舞台上，演员和合唱队各就各位。他们身后有一座帐篷，他们用泥巴做成的大面具遮住脸，面具表情按照演员应有的喜怒哀乐而制作。希腊文的"帐篷"一词是"skene"，故此我们称舞台布景装置为"scenery"。

悲剧一旦成了古希腊生活的一部分，人们就会认真对待，绝不会只到剧场图个散心解闷。上演一出新剧犹如选举一样成为重大事件，而一位有成就的剧作家所获得的荣誉，要超过刚刚取得显赫胜利凯旋的将军。

18

同波斯作战

古希腊人如何保卫欧洲，抵御亚洲人的入侵并将波斯人逐回爱琴海对岸。

古希腊人从爱琴海原住民——腓尼基人——的后人那里学会了经商之道。他们不仅效仿腓尼基人的模式建立了殖民地，而且改进了腓尼基的交易方法，更普遍地使用货币与外国顾客做生意。公元前 6 世纪，他们就在小亚细亚沿岸站稳了脚跟，并以极快的速度从腓尼基人手里抢走了生意。腓尼基人当然不痛快，但又无力冒险与希腊这个对手一战。他们静心坐等，而他们的等待不是徒劳的。

在上一章里，我向你们提及，一支规模不大的波斯游牧部落突然踏上征程，征服了西亚的大部分地区。波斯人很讲文明，不肯掠夺他们的新臣民，只要每年收取贡赋就满足。当他们抵达小亚细亚海滨时，坚持要吕底亚的希腊各殖民地承认波斯王是他们至高无上的君主，并按规定缴税。这时，希腊各殖民地便求救于宗主国，争执局面就此形成。

照实说来，波斯王视希腊各城邦为十分危险的政治实体，认为它们为理应向强大的波斯王俯首称臣的各族人民树立了坏榜样。

当然，古希腊人由于有爱琴海的深水作屏障，享有一定程度的安全感。可是这时他们的宿敌腓尼基人却站出来为波斯人出谋划策，助其一臂之力。如果波斯国王敢于出兵，腓尼基人就保证提供所需船只将他们运送到欧洲。这时是公元前492年，亚洲做好了摧毁欧洲新兴势力的准备。

波斯王的最后警告是，派使者到希腊去要求"土与水"作为他们臣服的信物。希腊人当即把使者抛入最近的井里，说道他们会在那里得到大量的"土与水"，这样一来当然就没有和平可言了。

但是奥林匹斯山上的诸神在俯视他们的子孙，当腓尼基人的船队载着波斯大军前往阿索斯山时，风神便鼓起腮帮猛吹劲风，吹得士兵们太阳穴的血管都要迸裂了，于是船队便被一阵可怕的飓风摧毁，波斯士兵全部葬身海底。

两年过后，更多的波斯人涌来。这一次，他们渡过了爱琴海并在马拉松附近登陆。雅典人一得到消息，马上就派出 10 000 人固守马拉

波斯舰队在阿托斯山附近被毁

松平原四周的山头。与此同时，他们差遣了一名长跑能手到斯巴达去求援。但斯巴达妒忌雅典的名声，拒不援手。其他的希腊城邦也追随斯巴达的做法，只有普拉提亚派出了一支援军。公元前490年9月12日，雅典的指挥官米太亚得将这支小部队投入防御波斯人的战场。希腊人冲破波斯人的箭阵，他们的长矛使得亚洲军队阵脚大乱，这些亚洲人从来没遭遇过这样一支敌军的抵抗。

当晚，雅典人看到焚烧船只的大火把夜空都映红了。他们焦急地等候着消息。终于在通向北方的大路上出现了一朵小小的尘云，那是

马拉松战役

那位擅长长跑的斐力庇第斯。他脚下踉跄，喘着粗气，眼看着就要接近生命的终点了。仅仅几天之前，他曾肩负使命从斯巴达求援未果而跑回。他迫不及待地要投入米太亚得的军前效力。当天早晨他参与了进攻，后来又自愿把胜利的喜讯报告给他所热爱的城市。人们看到他倒了下去，便冲上去扶住他。"我们胜利了。"他勉强说出这句话便死了，这光荣的牺牲为他赢得了所有人的爱戴。

至于波斯人，在这次失败之后又试图在雅典附近登陆，但他们发现海岸已严加防范，便退走了。希腊的国土再次和平了。

　　希腊人又等待了 8 年，这 8 年中他们并没有闲着。他们明白还会有一次最后的进攻，但在防备危险的最佳方案上意见不一。有些人想增加军队，另一些人说强大的舰队才是成功的保障。以主张扩军的阿里斯蒂底斯和力主加强海军的地米斯托克利为首的两派斗争激烈，但直到阿里斯蒂底斯被放逐之前，希腊人始终没做一件实事。这样，地米斯托克利就得以尽其所能造船，并将比雷埃夫斯建成强大的海军基地。

　　公元前 481 年，一支庞大的波斯军队在希腊北部的色萨利省出现。在此危急关头，希腊的伟大军事城邦斯巴达被推举为总指挥。然而斯巴达人只关心他们自己的国家是否遭到侵略，而对希腊北部的事务并不在意。他们忽视了进入希腊的各个隘口的防御工作。

　　由列奥尼达率领的一支规模不大的分遣队受命防卫连接色萨利与南方诸省的高山与大海间的狭路。列奥尼达执行了命令，他无比勇敢地战斗着，据守着隘口。但是一个熟悉梅里斯山路、名叫埃菲阿尔蒂斯的人引导一队波斯士兵穿山而过，得以从背后攻击列奥尼达。双方在温泉关（即德摩比勒隘口）附近展开了一场激战。入夜后，列奥尼达和他的忠诚战士倒在了敌人的尸首之上。

　　然而，温泉关还是失守了，大部分希腊领土落入波斯人手中。他们向雅典挺进，将守军逐出卫城，焚毁了城市。人们逃往萨拉米岛。眼看大势已去，但在公元前 480 年 9 月 20 日这一天，地米斯托克利迫使波斯舰队在萨拉米岛与大陆间狭窄的海峡内迎战，并在数小时之

温泉关

向雅典挺进的波斯军队主力

由一小支希腊部队
固守的温泉关

埃雄亚岛

由一名内奸带路的波斯军队翻山前进

温泉关战役

内摧毁了四分之三的波斯舰船。

这样一来，波斯人在温泉关的胜利便化为乌有了。薛西斯被迫后撤。但他却断言，翌年将带来最后的胜利。他率队到色萨利等待春天的到来。

不过，这时斯巴达人已经明白了眼前的严重态势。他们离开了横亘在科林斯地峡背后的安全屏障，在保萨尼亚斯的统率下，向波斯将军马铎尼斯发起攻势。来自 12 个不同城邦的 10 万希腊联军攻击了普拉提亚附近的 30 万敌军。希腊的重甲步兵又一次冲过了波斯人的箭

波斯人焚毁雅典

阵。波斯人又像在马拉松那样败退，这一次他们就一去不复返了。堪称奇异巧合的是，希腊军队在普拉提亚获胜的同一天，雅典舰船在小亚细亚米卡尔海角一带也摧毁了敌人的舰队。

亚欧之间的第一次冲突就此结束。雅典人笼罩在荣誉之下，斯巴达人也是英勇善战。若是这两个城邦能够达成一致，如果他们能够摒弃前嫌，他们就可以成为统一而强大的希腊的领袖。

可惜啊，他们却让胜利的激情时刻从指间溜走，机会一失，再未复得。

希腊

雅典与斯巴达对敌

为了希腊的领导权，雅典和斯巴达如何进行长期的灾难性的战争。

雅典和斯巴达都是希腊的城邦，他们的人民说着同样的语言，但在其他方面却彼此不同。雅典高踞于平原之上，享受着新鲜的海风，喜欢用一个快活的儿童的目光观望世界。而斯巴达却建在一条山谷底部，以环绕四周的群山为屏障，排斥外界的思想。雅典是个繁忙的商城；斯巴达则是座军营，其人民生来都是善战的士兵。雅典人喜欢坐在阳光中讨论诗歌或听取哲学家的至理名言；斯巴达人不曾写出一行可以视为文学的诗歌，但他们深谙格斗之术，崇尚作战，把全部人性都奉献给备战的理想。

这就难怪这些阴郁的斯巴达人心怀怨恨地看待雅典的成就了。在保卫共同家园的斗争中，雅典人培养出来的昂扬意气，如今付诸更加和平的追求上。卫城得到重建，建成了一座用作祭祀雅典娜女神的大理石圣坛。雅典民主的领袖伯里克利派人四处寻找著名的雕刻家、画家和科学家，以进一步美化该城，并培养雅典青年，使他们无愧于其家园。与此同时，他对斯巴达保持着警觉，在雅典和大海间构筑高墙，使雅典一时成为最牢固的堡垒。

两个希腊小城邦之间的一次不值一提的争吵导致了最后的冲突。雅典和斯巴达之间的战争持续了 30 年之久，以给雅典带来可怕的灾难而告终。

在战争的第 3 年，瘟疫侵袭了雅典。半数以上的居民，包括其伟大的领袖伯里克利，均染病身亡。瘟疫之后便是一段有悖民心的昏聩领导时期。一个名叫阿尔西比亚德的青年才俊赢得了大众的拥戴。他提议袭击西西里岛上的斯巴达殖民地叙拉古。远征军装备完毕，一切准备就绪，可阿尔西比亚德卷入了一场街头争斗，被迫出逃。接替他的将军是个庸才。他先损失了舰船，继而又损失了军队，少数逃生的雅典人被投入叙拉古的采石场做苦役，后来都死于饥饿。

这次远征丧失了雅典的全部青年，雅典厄运临头了。在长期被围之后，雅典于公元前 404 年 4 月投降。高墙被拆除，海军舰船被掠走。

雅典不再是繁荣时期四处征服的强大殖民帝国的核心了。但是，在其全盛时期，其自由民广为人知的求知探讨的美好意愿，并没有随着城垣和舰船的消失而消失。它不但依然存在，还变得愈发辉煌了。

雅典不再决定希腊国土的命运了。然而，雅典作为第一所大学的诞生地，对聪慧的人们头脑的影响，却开始远远超出了希腊的边境之外。

亚历山大大帝

马其顿人亚历山大缔造了一个希腊的世界帝国，他的雄心如何结束。

当亚该亚人离开他们的家园，沿多瑙河两岸寻找新的牧场时，曾在马其顿的群山下度过一段时间。从那时起，希腊就与北方这一国家的人民保持着或多或少的正式联系。马其顿人一方面也对希腊的状况加以注意和了解。

到了斯巴达和雅典为争夺希腊全境的领导权而进行的灾难性战争结束的时候，马其顿正被一位名叫菲利普的聪慧非凡的人统治着。他崇尚希腊在文学艺术上的精神，却鄙视希腊在政治事务上缺乏自我控制。这促使他发现：一个完美的民族把它的人力和金钱消耗在无益的争吵上。于是他就自命为全希腊的主人来解决这一困难，然后还要求他的新臣民和他一起远航波斯，借以作为对150年前薛西斯入侵希腊的报复。

不幸的是，菲利普在他进行这次准备充分的探险之前被谋杀了。为雅典复仇的重任便留给了菲利普的儿子亚历山大——全希腊最英明的教师亚里士多德的得意门生。

亚历山大于公元前334年春天告别欧洲。7年之后，他抵达印度。其间，他击溃了希腊商人的老对手腓尼基人。他征服了埃及，并被尼罗河谷的人民崇拜为法老的儿子和继承人。他打败了波斯的最后一位国君，推翻了波斯帝国。他下令重建巴比伦，他率军进入喜马拉雅山的腹地，将全世界变成了马其顿的行省和属国。这时他才停下脚步，宣布了更雄伟的计划。

新建的帝国应在希腊思维的影响下推行其方略。人民要学习希腊语，还必须住在按照希腊模式建造的城市里。亚历山大的士兵如今成了学校教师。昨日的军营变成了引进希腊文明的和平中心。效仿希腊的举止和习俗的社会新潮越来越高涨，这时候亚历山大却突染热病，公元前323年在巴比伦汉谟拉比王的旧日宫殿中辞世。

这时，希腊文化的潮水悄然退去，却在身后留下了一个更高文明的沃土，而亚历山大以他孩提般的抱负和愚蠢的虚荣，确实做出了最有价值的贡献。他的帝国也没在他死后久存。许多怀有野心的将领割据了领土。不过他们仍然效忠于结合了希腊和亚洲理念的四海之内皆兄弟的大同梦想。

他们的独立直到古罗马人将西亚和埃及纳入自己的版图才告结束。由部分希腊文明、部分波斯文明、部分埃及文明和巴比伦文明合成的古希腊文明的奇特遗产落入了罗马征服者的手中。在随后的几个世纪里，这一文化遗产牢固地左右了罗马帝国的世界，直至今日我们仍能够在我们的生活中感受到它的影响。

小结

这样，我们一直从我们高塔的顶部向东眺望。但是从此刻起，埃及和美索不达米亚的历史就要变得兴味索然，我应该带你们去观望一下西方的景色了。

在我们开始之前，先停下片刻，为自己清理一下我们已经看到的一切。

首先我给你们看了史前的人类——他们生活简陋，一举一动毫不吸引人。我对你们讲了，在五大洲的早期原野游荡的众多动物中，他们是最缺乏防御能力的，但由于具备了脑容量较大又善于动脑筋的长处，他们就站稳了脚跟。

随后便是冰河期和数百年的严寒，使生命在地球上难以为继，人类要存活下来，被迫加倍努力地开动脑筋。然而，既然"求生"是每个动物挣扎到最后一刻的要义，冰河期的人类就要竭尽全力地开动脑筋。这些吃苦耐劳的人类挨过了使许多凶猛野兽丧失生命的长期严寒，而当地球再次变得温暖和舒适之后，史前人类已经学会了许多事情，使他们大大优于周围不善动脑的邻居，从而远离了灭绝的危险——人类在地球上生存的最初 50 万年间，这一危险是十分严重的。

我给你们讲了我们这些最初的始祖正在艰难地缓缓前进时，突然之间，由于尚不清楚的原因，居住在尼罗河流域的人们却跑到了前面，几乎在一夜之间创立了第一个文明中心。

随后我指给你们看了美索不达米亚——"两河流域"，那是人类的第二座大学校。接着，我给你们讲了被称为希伦人的印欧人的一个部落，他们在数千年前离开了亚洲腹地，在公元前 7 世纪进入多石的希腊半岛，从那时起我们就把他们称作希腊人了。我还告诉你们，小小的希腊城市是真正的邦国，古老的埃及文明和亚洲文明在那里转化为某种全新的、极其高雅精致的文明，超出了以往的所有文明。

如果你看着地图，就会发现，这时文明已经画过一个半圆：始于埃及，经过美索不达米亚和爱琴海的岛屿西进，直到欧洲大陆。最初的 4 000 年，埃及人、巴比伦人、腓尼基人和一大批闪米特部落（请记住，犹太人不过是其中之一）高擎火炬，照亮了世界。这时他们把火炬交付到印欧人的一支——希腊人手中，希腊人又成了另一种印欧人的一个部族——罗马人的教师。与此同时，闪米特人则沿着北非海岸向西推进，成为地中海西半部的统治者，而地中海的东半部则成为希腊（或印欧人）的一块领地。

你们很快就会看到，这就导致了两个对立民族之间可怕的冲突，在他们的斗争中崛起了胜利者——罗马帝国。他们把埃及—美索不达米亚—希腊的文明进一步传播到欧洲大陆的每一个角落，成为构成我们现代社会的基础。

我深知这一切听起来过于错综复杂，但如果你掌握了这几个要点，历史的余下部分便会大大地简单明了了。地图将会澄清词句难以表达的问题。经过这短暂的中断之后，我们再回到我们的故事中去，叙述迦太基和罗马之间的著名战争。

罗马和迦太基

北非海岸闪米特人的殖民地迦太基和意大利西海岸的印欧语族人的城市罗马，为占据西地中海而战，以迦太基覆灭告终。

　　腓尼基人的那座不大的贸易站卡特—哈斯哈特坐落在一座小山上，俯瞰着分隔非洲和欧洲的一道140多千米宽的狭长水域——阿非利加海，这是一处理想的商贸中心，几乎无可挑剔。它迅猛崛起，迅速变得富有。公元前6世纪，巴比伦国王尼布甲尼撒摧毁了提尔之后，迦太基就中断了同其母国的一切关系，成为一个独立国——闪米特族在西方的一个重要的桥头堡。

不幸的是，这座城市保留了腓尼基人1000年来一贯保持的众多特色。这座城本身就是一座宽广的大商场，由一支强大的海军保卫着，对生活中大多数力求精美的事物无动于衷。该城及其周围的乡村，以及远处的殖民地，都由一小伙极有权势的富人统治着。希腊文中的"富"字是"ploutos"，希腊人称这类由"富人"掌权的政府为"plutocracy"。迦太基就是这样一个"富豪政权"，国家的真正权力落入十多个大船主、矿主和商人手中，他们在官署的密室中聚会，把他们共同的祖国视为一家商业公司，认为他们的祖国理应为他们出让可观的红利。不过，他们都是些视野开阔、精力充沛、工作勤奋的人。

随着时光的流逝，迦太基人对其周边的影响日益增长，大部分非洲海岸、西班牙全境和法兰西的某些地区全成了迦太基的领地，都要向这座强大的阿非利加海岸上的城市上缴贡赋和利润。

当然，这样一个富人掌权的政府终归是要接受群众的支配的。只要工作多、工资高，大多数居民就相当满意，就愿意接受那些比他们"强"的人的统治，而且不会提出难堪的问题。但是当港口上没有商船，熔炉内没有矿石，码头工和装卸工被迫失业时，人们就会怨气冲天，就会要求像旧日里迦太基还是自治共和国时期那样召开平民大会。

为防止这种情况的发生，富豪政权只好全力推进城里的生意，他们在差不多500年里成功地保持了贸易的快速增长。但从意大利西海岸传来某些谣言，使他们大为震惊。据说，台伯河畔的一个小村庄突然崛

迦太基

起，成为居住在意大利中心地带的全体拉丁部落的公认领袖。谣言还说，这座叫作罗马的村庄打算造船，同西西里和法兰西南部海岸通商。

迦太基岂能容忍这种竞争？迦太基的统治者认为，这个新兴的对手应被摧毁，以免失去他们在西地中海绝对的统治特权。对谣言进行了相应的调查之后，真相逐渐大白。

意大利的西海岸长期被文明所忽视。当全希腊优良的海港都面对东方，面对爱琴海的忙碌岛屿时，意大利的西海岸只好干看着地中海的乏味的浪涛。那是一片穷乡僻壤，因此外国商人绝少问津，而本地人得以在他们的山地和沼泽平原上过着不受干扰的生活。

对这片土地的第一次严重入侵来自北方。在不为人知的某一天，

科西嘉

罗马

撒丁

西班牙

西西里

罗马和迦太基势力
范围的冲突

迦太基

势力范围

某些印欧人的部落成功地越过了阿尔卑斯山脉向南推进，终于占据了著名的靴形意大利半岛的每个角落，四处布满了他们的村庄和羊群。对这些早期的征服者，我们一无所知，没有一个像荷马那样的诗人为它唱过赞歌。他们自述的罗马建城史写于那座小城成为帝国的中心之后的 800 年，而且只是神话却称不上是历史。罗慕路斯和雷慕斯越过了彼此的墙垣（我始终记不住谁翻越了谁的墙），读起来倒是蛮开心的，但作为罗马的奠基史就荒诞无稽了。如同上千座美国城市一样，罗马最初不过是一处便于做生意和买卖马匹的地方。它位于意大利中部平原的心脏地带，台伯河为其提供了直通大海的航路。贯穿南北的陆上通道在这里有一处常年可用的渡口。台伯河两岸的七座小山为居民提供了防御山民和海平线外敌侵扰的屏障。

山民叫萨宾人。他们是一伙举止粗野、掠夺成性的人。但他们十分落后，他们以石斧和木制的盾牌为武器，难以与罗马人的铜刀利刃为敌。另一侧的海上民族则是危险的对手。他们叫作伊特鲁里亚人，其历史至今仍是个谜。从来没人知晓他们来自何方，是什么人，是什么原因驱使他们离开原先的家园。我们在意大利海岸到处都可发现他们的城垣、墓地和水利工程的遗迹。我们对他们的铭文也不陌生，但是无人能够破译伊特鲁里亚的文字，他们那些文字迄今为止除了惹人烦恼，别无用途。

我们尽力做出的最大可能的猜测是：伊特鲁里亚人来自小亚细亚，由于故国中的大战或瘟疫，他们被迫出走，另觅新家。不管伊特鲁里亚人是什么来头，总之他们在历史上起过巨大的作用。他们将古老文明的"花粉"从东方传播到西方，教会了——据我们所知——北方的罗马人最初的建筑和街巷的理念，以及作战、艺术、烹饪、医药和天文方面的知识。

但是，恰如希腊人不喜欢他们的爱琴海教师一样，罗马人也痛恨他们的伊特鲁里亚师傅。当希腊商人发现了意大利的商业潜能，首批希腊商船抵达罗马时，罗马人立刻抓住时机，摆脱了伊特鲁里亚人。希腊人本为贸易而来，却留在罗马教导一切了。他们发现，住在罗马农村里叫作拉丁人的居民，特别愿意学习这些很有实用价值的东西。拉丁人很快就领悟到文字会产生巨大的利益，便模仿了希腊字母。他们也认识到度量衡和钱币在商业上的优越功用。终于，他们一股脑地吞下了希腊文明的"钓钩"、"渔线"和"渔坠"。

他们甚至把希腊的神祇迎进国内。罗马接受了宙斯，把他变成了朱庇特，别的神祇也随之到来。不过，罗马诸神丝毫不像他们的希腊血亲那样喜欢寻欢作乐——他们曾伴随希腊人走过历史和生活之路。罗马诸神都得执行政务。每个神祇都谨慎公允地各司其职，同时也一丝不苟地要求其崇拜者对他俯首帖耳。罗马人也十分恭谨地唯命是从了。然而罗马人与他们的诸神之间，从来没有像古希腊人与奥林匹斯山上居住的强大的众神那样，存在着热情的个人关系和动人的友情。

罗马人没有效仿希腊的政权形式，但由于他们与古希腊人同属印欧人，罗马早期的历史与雅典和其他希腊城邦相近。他们轻而易举地

Ⅰ 过河的渡口

Ⅱ 征税关卡和市场

Ⅲ 要塞控制大道

罗马城的崛起

抛弃了他们的国王，也就是古老部落酋长的后裔。不过，国王被逐出城后，罗马人当即迫不得已地控制了贵族的势力。经过许多世纪之后，他们才算建立起了一种让罗马的每一个自由民都有机会参与所在城镇政治的制度。

之后，罗马人就在政治上大大胜过了希腊。他们管理国家事务时不崇尚长篇大论的演讲。他们不像希腊人那样富于想象力，他们宁要"一两"的行动，而不要"一斤"的言辞。他们明白众议（自由民的会议叫作"plebs"）只不过是为空发议论开了浪费宝贵时间的方便之门。因此，他们把管理城市的实际工作交到"执政官"手中，再由一个元老院（因为"senex"一词意指老人）的长者政务会加以辅佐。遵照惯例，也是从实际出发，这些元老们选自贵族，但他们的权力受到严格限制。

罗马也曾一度经历了贫富之争，与当年雅典人不得不采用德拉古和梭伦的立法来解决矛盾一样。在罗马，这种冲突发生在公元前5世纪。结果，自由民获得了一部书面法典的支持，保障他们运用"护民官"体制对抗贵族法官的专制。护民官是由自由民选举产生的城市执法官。他们有权保护任何一个自由民抵制被视为不公的政府官员的作为。一个执政官有权处人以死刑，但如果该案未获完全赞同，护民官便可出面干预，救下那可怜人的性命。

当我使用"罗马"一词时，似乎指的是只有数千居民的小城。但罗马的实力却在其城墙外的农村地区。恰恰是在这些外围行省的政府中，罗马在初期就显示出作为宗主国的奇妙天赋。

在很早的时候，罗马一直是意大利中部唯一牢固设防的城市，但他们却为处于进攻威胁之下的其他拉丁部落提供了慷慨的庇护。周边的拉丁族就此认识到与这样一个强大的朋友建立紧密联盟的优越性，遂努力寻求一种攻守同盟的基础。其他各族，如埃及人、巴比伦人、腓尼基人，甚至希腊人，都曾坚持外人以"蛮族"身份签订归顺条约。罗马人却不这么做，他们给予"外人"成为共同体中合作伙伴的机会。

"你们要和我们联合，"他们说，"那好极了，来参加就是了。我们将把你们当作罗马的百分之百的公民来看待。作为对这种优待的回报，我们期待你们在需要时为我们的城市而战，因为她是我们大家的母亲。"

"外人"对这种慷慨赞赏不已，以忠心耿耿表示感激。

当年，一座希腊城市遭到攻击，外国居民就会尽快搬出。何必去保卫不过是个临时住处，只在付款时才被勉强接纳的寄寓之地呢？然而，当敌人兵临罗马城下时，所有拉丁人都蜂拥而去保卫罗马城。他们的母亲正面临危险嘛！哪怕他们住在城市的 100 多千米之外，甚至从来没见过圣山的城垣，罗马也是他们真正的"家"。

任何失败或灾难都无法改变这一情愫。公元前 4 世纪初，野蛮的高卢人武力闯入意大利。他们在阿利亚河附近打败了罗马军队，然后向城市挺进。他们夺取了罗马城，以为人们会来求和，他们空等了一场。没过多久，高卢人发现自己陷入敌对的居民之中，根本得不到给养。数月之后，饥饿逼迫他们撤退了。罗马平等对待"外人"的政策证明收效极大，它比先前更强大地屹立着。

有关罗马早期历史的这一简短的叙述向我们表明，罗马建立健全国家的理念，与体现在迦太基城镇中的古代世界的理念，是多么大相径庭。罗马人仰仗的是众多"平等公民"之间由衷的欣然合作。而迦太基人按照埃及和西亚模式，坚持要其臣民盲目地，也是不情愿地顺从，此举不能奏效时，便雇用职业士兵为其作战。

你们现在就明白了，迦太基何以必然会畏惧这样一个聪明的强敌，其富豪政权何以巴不得寻衅滋事，趁着这个危险的对手羽翼未丰时及早将其摧毁。

但是，作为精明商人的迦太基人，深知不可操之过急。他们向罗马人建议，两家的城市在地图上各画一圆，以圈内作为该城的势力范围，并承诺远离对方的圈圈。协议很快就达成了，又同样快地被撕毁了，因为双方都认为派遣军队到西西里去是明智之举，因为那里土地肥沃，政府腐败，令外来干涉者垂涎。

被称作第一次布匿战争的战事随之而起，一直打了24年。战斗在公海上进行。起初，经验老练的迦太基海军似是要击败新组建的罗马舰队。迦太基的战舰沿用其古老的战法，要么正面冲击，要么从侧面进攻，折断敌舰的船桨，把失控船舰上的水兵用箭矢或火弹杀死。但罗马的工程师发明了一种新型战船，上面搭载一个登船桥，步兵可跨桥猛攻敌船。这样一来，迦太基人的连胜便突然告终。米拉一役迦

罗马的快速战船

太基舰队遭到重创，他们被迫求和，西西里遂成为罗马的领地。

23年以后，事端再起。罗马为谋求铜矿，夺取了撒丁岛。迦太基为得到银矿而占领了整个西班牙南部。这一下迦太基就成了罗马的近邻。罗马对此十分恼火，便下令军队越过比利牛斯山，去监视迦太基的占领军。

敌对双方第二次交锋的舞台已然准备就绪。希腊的一处殖民地再次成为战争的借口。迦太基人包围了西班牙东海岸的萨贡图姆城。萨贡图姆人求助于罗马，罗马一如既往地甘愿支援。元老院允诺拉丁部队前往，但远征的准备却需要时间。就在这时萨贡图姆陷落并被毁，此举是直接违背罗马意愿的，元老院决定诉诸战争。一支罗马军队准备横渡阿非利加海，在迦太基本土上得到立脚点；另一支军队则阻止驻西班牙的迦太基占领军，以防其驰援本土。这是一个出色的计划，人人都期待着一场大胜，但是众神却另有打算。

公元前218年秋季，罗马部队准备进攻驻扎在西班牙的迦太基军队，他们从意大利开拔。人们正热切地期待着罗马军队轻而易举大获全胜的消息时，波河平原上却传起一个骇人的谣言。粗野的山民吓得嘴唇直抖，说出了他们目睹的事实：成千上万的棕色皮肤的人伴随着"像房子那么大"的陌生野兽，突然从格瑞安山口周围的白雪云朵中出现。数千年前，正是通过这条古道，巨人赫拉克勒斯驱赶着革律翁的牛群，从西班牙前往希腊。紧接着，一眼望不到头的、浑身泥水的难民长流来到了罗马城门跟前，带来了更加详尽的消息。哈米卡尔之子汉尼拔率领5万士兵、9000骑兵和37匹战象，已经越过了比利牛斯山脉。他在罗讷河畔打败了老西庇阿统率的罗马军队。虽然时值10月，路上积满冰雪，但汉尼拔仍带领着他的队伍安全地穿过了阿尔卑斯山脉的关口。随后，他与高卢军队会合，在第二支罗马军队渡过特雷比亚河之前，与高卢军队合力将罗马军队击溃，然后包围了连接罗马和阿尔卑斯山区行省的大道北端的普拉森西亚城。

元老院大为震惊，但一如既往地镇定自若、活力四射，他们一面封锁罗马军队连续溃败的消息，一面派出两支生力军抵挡入侵之敌。汉尼拔在特拉西美诺湖边的窄路上发起突袭，消灭了罗马军队的全体军官和大部分士兵。这一次，罗马居民一片惊慌，但元老院却镇静如常。他们又组织了第三支部队，授予费边大将指挥权，"采取必要手段保卫国家"。

费边深知他必须小心行事，以免全军覆没。他的部下都是未经训练的生手，是罗马硕果仅存的士兵了。他们不是汉尼拔久经征战的军队的对手。费边拒不接战，只是尾随着汉尼拔，毁掉敌军的所有食物供给，破坏道路，攻击小股敌军，用游击战术骚扰迦太基部队，使他们士气衰退。

可惜，这种战法不能使躲在罗马城墙之内暂时得到安全却又心怀恐惧的民众满意。他们需要"行动"，需要自己的军队采取而且要迅速采取某种行动。一个名叫瓦罗的人在城里四处游说，宣称自己要比那个动作迟缓的"拖拉者"老费边强过百倍，遂成为众望所归的英雄，在一片群众呼声中，瓦罗被任命为总司令。结果，公元前216年的坎尼一役中，罗马军队遭到了历史上最可怕的失败。7万多人成了牺牲品，汉尼拔遂成为全意大利之主。

汉尼拔从半岛的一端推进到另一端，自诩为人们"挣脱罗马枷锁的解救者"，并要求各行省都与他一道投入进攻主城的战事。此时，罗马又做出了明智的决定。除去卡普亚和叙拉古之外，罗马所有的城市都继续效忠罗马。那位"解救者"汉尼拔发现自己遭到那些装作与他为友的人们的反对。他远离故国，对此局势感到忧虑。他遣使返回迦太基，要求增派援军和新鲜的给养。唉，迦太基却无人无物可以给他。

罗马人因采用登船桥而成为海上霸主。汉尼拔必须全力自救。他

汉尼拔越过阿尔卑斯山

接连击败派来抵御他的罗马军队，但他自身的兵力也在锐减，而意大利农民也对这位自封的"解救者"敬而远之。

经过连续多年不间断的胜利之后，汉尼拔发现自己陷入了刚刚被征服的国家的包围之中。一时之间他似乎倒了霉。他的弟弟哈斯德鲁巴已经在西班牙打败了罗马军队，并已跨越阿尔卑斯山向汉尼拔驰援。他遣使到南方通知他的弟弟到来，并要其他部队在台伯河平原与他会师。不幸的是，使者落入罗马人之手，汉尼拔空等了一场，直到他弟弟的头颅被摆放在一个篮子里滚进了他的营帐，他才知道迦太基军队的最终命运。

由于哈斯德鲁巴这一障碍得以清除，年轻的帕布里乌斯·西庇阿（大西庇阿）轻而易举地重创西班牙。4 年后，罗马人已做好准备对迦太基发起最后一次进攻。汉尼拔应召回国，他渡过阿非利加海，试图组织力量保卫家乡。公元前 202 年，迦太基人在扎马一役中被击溃。汉尼拔逃到提尔，再从那里前往小亚细亚，想唤起叙利亚人和马其顿人反对罗马。但他的呼号收效甚微，而他在亚洲各强国之间的活动却给了罗马人以借口。罗马人把战火引入了东方的国土，吞并了爱琴海的大部分地区。

汉尼拔从一个城市逃往另一个城市，成了无家可归的难民，他终于认识到：他的雄心美梦就要结束了。他热爱的迦太基城在战争中成了废墟。迦太基被迫签订了可怕的和平条约，舰船沉没，并承诺不经罗马允许禁止发动战争，还被责令向罗马在未来无穷尽的岁月里赔偿

汉尼拔出征路线

汉尼拔之死

数以百万计的金币。生活的前景已经没有指望。公元前190年，汉尼拔服毒自杀。

40年后，罗马人对迦太基进行最后一次强攻。这块旧日腓尼基人殖民地的居民顽强抵抗新生共和国的强势达3年之久，最终迫于饥饿，只好投降。围城内幸存下来不多的男男女女被卖为奴隶。城市被付之一炬，大火整整持续了两个星期，把城中的仓库、宫殿以及大型军营化为灰烬。罗马人对烧成黑灰的废墟发出诅咒，然后班师回意大利享受胜利。

在随后的1000年里，地中海始终是欧洲的内海。不过，罗马帝国一旦遭到毁灭，亚洲会立即设法控制这块内陆海疆，在我给你们讲述穆罕默德的故事时，你们就会听到了。

罗马的崛起

罗马是如何诞生的。

罗马帝国的诞生纯属偶然。没有人事先策划，只是"出现"了而已。没有什么著名的将领、政客或者刺客奋臂而起，高呼："朋友们，罗马人，公民们，我们要建立一个帝国。随我来，咱们要协力征服从海格力斯之柱[1]到托鲁斯山脉的全部土地。"

1　海格力斯之柱，指的是直布罗陀海峡两岸耸立的海岬，与古希腊神话中的海神海格力斯有关。

罗马是如何诞生的

罗马造就过著名的将领、政客和刺客，罗马军队曾转战各地，但罗马帝国的出现并没有经过深思熟虑的计划。罗马人通常都是非常务实的公民，他们不喜欢治国理论。若是有人开口念诵"罗马帝国的路线是向东发展"等等，人们就会退离讲演的会所。周遭的环境迫使罗马人去夺取越来越多的土地，罗马人这样做并没有受到野心或贪婪的驱使，就他们的本性和意愿来说，他们只想做安守家园的农夫。但是一旦受到攻击，他们就会奋起保家卫国。若是敌人越海向遥远的国家求援，耐心的罗马人就会跋涉万里去击败那个危险的敌人，一旦这一目的达到，罗马人就会驻扎下来治理新征服的领土，以防那里落入游牧的蛮族手中，构成对罗马安全的威胁。这件事听起来相当复杂，但对当时的人来说又十分简单，你们很快就会明白了。

公元前203年，大西庇阿渡过阿非利加海，把战火带到非洲。此前迦太基已召回汉尼拔，但由于雇佣军支持不力，汉尼拔在扎马一带惨败。罗马人曾要他投降，但他潜逃出去向马其顿和叙利亚求援，这是上一章中我讲过的。

这两个国家是亚历山大帝国的残余，两国的统治者当时正在策划征讨埃及，他们指望由他们两国瓜分肥沃的尼罗河谷。埃及国王已经风闻此事，遂要求罗马驰援。战争舞台本来设置了一系列引人入胜的阴谋和反阴谋，可惜缺乏想象力的罗马人却在演出刚刚开始时就降下了大幕。他们的军团一举击溃了马其顿人沿用的古希腊的重步兵方阵。这一战役发生于公元前197年，地点在色萨利中部的西诺塞法拉，或称"狗头"平原。

罗马人遂挥师南下阿提卡,并通告希腊人,他们是来"从马其顿人的枷锁下解救希伦人"的。多年来处于半奴役地位的希腊人对外界事物一无所知,竟然以一种最不幸的方式来享用他们所获的自由。所有的小城邦又开始像辉煌的过去一样,彼此之间争吵不休。罗马人对这种民族内部的愚蠢斗嘴难以理解,更谈不上喜好,不过他们虽然心存厌烦,仍表现出极大的克制。但随着这种无休止的吵吵嚷嚷越来越令人厌恶,罗马人终于忍无可忍,便挺进希腊,烧光了科林斯(以"警示其他希腊人"),并派罗马总督进驻雅典,统治这一骚动的行省。就此,马其顿和希腊成了保护罗马东部边界的缓冲国。

与此同时,就在赫勒斯滂海峡(即达达尼尔海峡)对岸,坐落着叙利亚,那一片广大的国土由安条克三世统治。当他的上宾汉尼拔将军向他诉说入侵意大利并占有罗马城不费吹灰之力时,叙利亚王不禁跃跃欲试。

非洲的斗士,曾率军在扎马打败汉尼拔及其迦太基部队的西庇阿的弟弟卢修斯·西庇阿(小西庇阿),此时被派往小亚细亚。他于公元前 190 年在马格尼西亚附近摧毁了叙利亚国王的军队,安条克国王此后不久就被他的百姓用私刑处死。小亚细亚遂成为罗马的领地,小小的罗马城市共和国就此当上了地中海周遭大部分土地的领主。

正历山大帝国，布腊影响

巴比伦、迦勒底、波斯

2

爱琴海

3

埃及

1

布腊

4

罗马

公元前4000年至公元400年间相继出现的文明中心。

文明西渐

罗马帝国

罗马共和国在历经数世纪的动荡和变革后如何成为帝国。

　　罗马军队取得众多胜利后，在凯旋之日受到了隆重欢迎。可惜！这种突然到来的荣耀丝毫没有使这个国家更加幸福。恰恰相反，接连不断的战争使农夫们被迫去服苦役，农事荒废。国家还把极大的权力交给一任又一任的将军乃至他们的私交，使他们得以利用战争大肆掠夺。

　　旧时的罗马共和国曾以个人生活简朴而自豪，而新的共和国却以其祖辈时代通行的简陋外衣和崇高原则为耻。罗马成了一个由富人统治、为富人谋利的富人的国家。这就注定要遭到灾难性的败局。现在我就来讲给你们听。

在不足 150 年的时间里，罗马便成了堪称环地中海全部领土的霸主。在早期的历史中，战俘失去了人身自由，成为奴隶。罗马人郑重其事地看待战争，对被征服的敌人毫不留情。在迦太基陷落之后，那里的妇孺与他们自己的奴隶一起被当作奴隶售卖。当希腊、马其顿、西班牙和叙利亚顽固的住民胆敢反抗罗马政权时，同样的命运也在等待着他们。

2 000 年前，一个奴隶不过是一架机器。如今的富人把资金投入工厂，罗马的富人（元老、将军和发战争财的人）则投资土地和奴隶。他们在新征服的行省购买或强占土地，他们在最便宜的公开市场上购买奴隶。在公元前 3 世纪和前 2 世纪的大部分时间里，有大量的奴隶供应市场，结果，地主们役使奴隶，直到他们在田间倒地死去，然后再到最近的廉价市场去购买来自科林斯或迦太基战俘的奴隶。

现在我们来看看自由农民的命运吧。

他们对罗马尽职尽责，还毫无怨言地为它作战。但在 10 年、15 年或 20 年后回到家乡时，他们的土地上长满了荒草，家园也已被毁。不过他们都是坚强的男人，一心要重新开始生活。他们播种、耕耘，等候着收成。他们带着粮食，连同家畜来到市场后，却发现用奴隶经营土地的大地主们的产品，出价都比他们出的要低。他们竭力支撑了两三年，随后便绝望地放弃了。他们离开乡下来到最近的城里。他们在城里仍像在农村一样忍饥挨饿。遭受这种苦难的不止他们，成千上万无家无业的人与他们一样都有着相同的命运。他们在大城市郊区的肮脏棚屋里栖身，他们极容易染上可怕的疫病而死亡，他们愤懑到了极点。他们曾为国家战斗，到头来却落得如此下场。他们自然愿意听取那些煽动人心的演说家的演讲，这些食不果腹的人们聚在一起，很快就变成了威胁国家安全的力量。

可是那些新贵阶级却耸耸肩毫不在意。"我们有我们的军队和警察，"他们争辩说，"他们会让这些暴徒就范的。"说罢便躲进舒适别墅的高墙内，在庭院内养花种草，阅读他的希腊奴隶刚刚译成拉丁文的优美的《荷马史诗》。

不过，还有为数不多的家庭保持着对共和国无私奉献的旧有传统。大西庇阿的女儿科尼莉亚嫁给了一个姓格拉古的贵族。她生下两个儿子：提比略和盖约。他们长大成人后进入政界，试图实现某种急需的改革。一次调查表明，意大利半岛的大部分土地为 2 000 家贵族所有。被选为保民官的提比略·格拉古想为自由民出力，他恢复了限制地主拥有土地数量的两项古老的法律，以此复兴旧时占有小额土地的自由民阶级。新贵们称他是强盗和国家的敌人，街上发生了骚乱，一伙无赖受雇谋杀这位受大众拥戴的保民官。提比略·格拉古在走进公民大会会场之际遭到攻击，被殴打致死。10 年之后，他弟弟盖约试图抵制强大的特权阶级的意愿，从而试验一项国务改革。他通过了一项旨在帮助破产农夫的《贫民法》。事与愿违，该法最终使罗马的大

罗马

部分公民沦为职业乞丐。

他在帝国的边远地区设立殖民地，安置破产人民，可惜这些定居点未能吸引该去的人。不等盖约·格拉古做出更出轨的举动，他就被谋杀了，他的追随者也被处以死刑或流放。这两位最初的改革家都是贵族绅士，后来的两位改革家却是另一路人。他们是职业军人，一个叫马略，另一个叫苏拉，两人都拥有大批的追随者。

苏拉是地主的领袖，马略则是阿尔卑斯山脚下一次大战的胜利者，他消灭了条顿人和辛布里人，遂成为破产自由民公认的领袖。

就在公元前 88 年那年，罗马的元老院因来自亚洲的一些传闻而大为震惊。一位母家是希腊人的黑海沿岸某国的国王米特里达梯，很可能要建立第二个亚历山大帝国。他为称霸世界开始征战，首先杀害了住在小亚细亚的全部罗马公民，无论男女老幼。此举当然意味着战争。罗马元老院装备了一支军队出发去攻打这位本都国王，惩办他的罪行。可是委任谁当统帅呢？元老院说："苏拉吧，因为他是执政官。"百姓却说："马略吧，因为他当了 5 任护民官了，而且他还是为我们的权利说话的斗士。"

握有财产便拥有了法律的九成。苏拉当时实际上掌管着军队。他挥师东进，打败了米特里达梯，而马略则逃往非洲。他在那里一直等到苏拉已经渡海进入亚洲的消息传来，他便返回了意大利，纠集了一批心怀不满的乌合之众向罗马进军，率领他的专事拦路抢劫的强盗们进入该城，用 5 天 5 夜的时间杀光了元老院内与他为敌的一派，使自己获选为执政官。可是他因为半个月的过度激动，却一命呜呼了。

随后的 4 年是一片动荡。这时，苏拉在击败米特里达梯之后，宣布即将返回罗马，并清算他自己的几笔旧账。他说到做到。接连几周，他的士兵都忙着诛杀被怀疑是同情民主制的同胞。一天，他们抓到了一个时常出现在马略身边的青年。就在他们要绞死他时，有人出来干涉了："这小伙子还太年轻。"这句话救了他，他被释放了。小伙子名叫尤利乌斯·恺撒。后面我还会再讲到他。

至于苏拉，他成了"独裁者"，意思是全部罗马领地唯一和最高的统治者。他统治罗马 4 年，在他生命的最后一年，按照许多一生都在屠戮同胞的罗马人的习惯，他留在家中种菜，后来安详地死去。

可惜形势并没有好转，相反，倒是越来越糟。苏拉的挚友、同样身为将军的庞培，东征时时作乱的米特里达梯，他把那个精力充沛的君主逐入深山。米特里达梯深知，成为罗马人的俘虏会有何种命运等待着他，便服毒自尽了。随后，庞培恢复了罗马在叙利亚的权威，毁弃了耶路撒冷，荡平了整个西亚，一心想重振亚历山大大帝的神话，终于在公元前 62 年带着十几艘满载着战败的王公和将军的船只返回罗马。这些人被迫在这位声望极隆的罗马人凯旋的队伍中游街。庞培为他的城市掠夺到价值 4 000 万美元的战利品。

罗马的政务有必要交到一个强人的手中。仅仅几个月之前，这个城市几乎落入了一个名叫喀提林的一无所长的年轻贵族手中，他在赌博中输光了钱财，指望靠劫掠来捞回损失。一个叫西塞罗的热心公益的律师，发现了他的阴谋，警告了元老院，遂迫使喀提林外逃。不过还有一些怀着类似野心的其他年轻人，这里就无暇赘述了。

庞培组织了一个"三头同盟"负责政务。他自任该维持委员会的领袖。已经赢得了西班牙总督荣誉的盖乌斯·尤利乌斯·恺撒是三执政中的第二人。第三人是个名叫克拉苏的无足轻重的人物，他之所以被选中，是因为他极其富有，曾经成功地保障了军需供应。他不久便投入远征帕提亚的战事，在军中阵亡。

恺撒显然是三人中最能干的，此时他决定创建更多的军功来成为众望所归的英雄。他穿越阿尔卑斯山，征服了如今称作法兰西的地盘。随后，他在莱茵河上打造了一座牢固的木桥，去入侵野蛮的条顿人的地域。最后，他乘船进入英格兰。若是他没有被迫返回意大利，天晓得他还会征战到什么地方。他获悉庞培已被任命为终身独裁官，这当然也意味着恺撒要被置于"退休军官"的名单之中了，他对此心中不悦。他记得自己是以马略追随者的身份开始军事生涯的，便决心再给元老院及其独裁者一点颜色看。他渡过了分隔山南高卢行省与意大利的卢比孔河，所到之处被誉为"人民之友"而受到接待。恺撒不费吹灰之力便进入了罗马，庞培只好逃往希腊。恺撒穷追不舍，在法尔萨拉附近击溃庞培的追随者。庞培横渡地中海，逃入埃及，上岸之后便遭到奉年轻国王托勒密旨意实施的谋杀。数日之后，恺撒到来了。他发现自己落入了陷阱。埃及人和忠于庞培的罗马驻军联合进攻他的军营。

运气在恺撒一方。他一举纵火焚毁了埃及的舰队。着了火的舰船上的火星碰巧落到了位于岸边的著名的亚历山大港图书馆，将其烧为灰烬。恺撒随后攻击埃及军队，将敌军逐入尼罗河，淹死了托勒密，扶持托勒密的姐姐克娄巴特拉为女王的新政权。就在这时，他得到消息说，米特里达梯的子嗣法那西斯已经踏上来犯的征途。恺撒遂挥师北上，在一场持续 5 天的战役中击败了法那西斯，将胜利的消息送到

恺撒西征

罗马，用的就是他的那句名言"我来了，我看到了，我征服了。"然后恺撒返回埃及，疯狂地陷入与克娄巴特拉的爱恋之中。恺撒于公元前46年携克娄巴特拉返回罗马，执掌政权。他曾在赢得4场不同的战役之后，先后不止4次率队凯旋。

恺撒随后来到元老院，报告他的历险征战。心怀感激的元老院任命他担任10年的"独裁官"。谁料想这对他却是致命的一步。

新任的独裁官采取了认真的手段改革罗马的政权。他使自由民可以成为元老院成员。他像罗马早期历史上的做法一样，将公民权赋予

世界的尽头

荒野

沙漠

罗马帝国

庞大的罗马帝国

偏远地区的居民。他准许"外国人"对政府施加影响。他对某些贵族视为自己家族私有领地的边远省份的行政加以改革。简言之，他做了许多有利于大多数人的好事，却使他彻底失去了国内多数有权有势人士的拥戴。50名青年贵族组成了一个"拯救共和国"的阴谋集团。就在恺撒从埃及带回新历法的3月15日那天，在恺撒步入元老院的那一刻，他遭到了暗杀。罗马再次没有了主宰。

有两个人试图继续恺撒的光荣传统。一个是安东尼，恺撒先前的秘书；另一个是屋大维，恺撒的甥孙——恺撒土地的继承人。屋大维留在罗马，但是安东尼却去了埃及，守在他同样爱恋的克娄巴特拉的身旁，这简直成了罗马将军的痼疾。

他们两人之间的战争爆发了。在亚克兴角战役中，屋大维打败了安东尼。安东尼自杀身亡，克娄巴特拉孤身一人面对强敌。她使尽全身解数想征服屋大维，让他成为她的第三个罗马将军情人。当她看到这位十分骄傲的贵族对她无动于衷时，便自尽了，埃及成为罗马的一个行省。

屋大维呢，他既然是个非常聪慧的年轻人，就没有重蹈他那位著名的舅爷的覆辙。他清楚人们会对措辞不当的要求心生厌恶，因此他在回到罗马后，便十分谦恭地提出了要求：他不想当"独裁官"。他只要有个"可敬者"的称号便彻底满足了。但几年之后，元老院尊称他为"奥古斯都"——卓越的人——时，他并没有反对；又过了几年，街上的人称他"恺撒"，即皇帝，士兵们习惯于将他视为统帅，把他叫作元首或皇帝。共和国已经成为帝国，不过罗马的普通百姓几乎没有注意到这个事实。

公元 14 年，屋大维作为罗马人的绝对统治者，已经被充分确立为神圣崇拜的对象，这样至高无上的地位，此前只有神祇才能享有。而他的继承者都成了真正的"皇帝"——世界上空前的大帝国的绝对统治者。

说实在的，普通百姓对无政府和无秩序状态早已厌倦。他们不在乎谁来统治，只要新主子能够给他们机会安静地生活，街上没有永不止歇的吵闹声就成了。屋大维确保他的臣民过上了 40 年的太平日子。他无意扩大他的领土边界。在公元 9 年时，他曾策划过一次对西北方蛮荒地带的条顿人的入侵。结果，他的将军瓦卢斯和全体士兵都葬身在条顿森林里了。从那以后，罗马人再也不想教化这些野蛮人了。

他们把精力集中在内部改革的重大问题上，可惜为时已晚，成效甚微。200 年的变革和对外战争，一次次地让年轻一代中的佼佼者牺牲了性命，使自由民阶层遭到了灭顶之灾；由于引进了奴隶劳动，自由农无法与之竞争，城市变成了流亡农民中贫穷的不法之徒居住的蜂房，并且产生了一大批官僚——工资过低的小官吏被迫收受贿赂，以解家人的饥寒，而最糟不过的是让人们习惯了暴力、流血和在别人痛苦的灾难中野蛮地取乐。

表面上看来，公元 1 世纪时的罗马帝国是个雄伟的政治体，其面积之大，连先前的亚历山大帝国都只是它的一个次要行省。而在这荣耀之下，却生活着千百万疲惫不堪的穷人，如同在重石下面建穴的蚂蚁一样，终日吃苦受罪。他们为别人的利益而劳作，他们与田间的动物分食，他们住在牲畜棚里，最后无望地死去。

那是罗马建城后的第 753 年，盖乌斯·尤利乌斯·恺撒·屋大维·奥古斯都住在帕拉蒂尼山丘上的皇宫里，忙于处理他的帝国政务。

此时在遥远的叙利亚的一个叫伯利恒的小村庄里，木匠约瑟的妻子玛利亚在马槽里产下了一个小男孩。

这是个奇妙的世界。

不久，皇宫和马槽就在公开的斗争中遭遇了。

而马槽必将显现胜利之光。

25

拿撒勒的约书亚

拿撒勒的约书亚——希腊人称他为耶稣——的故事。

罗马 815 年，即公元 62 年的秋天，罗马医生埃斯科拉庇俄斯·卡尔蒂拉斯，给他远在叙利亚的罗马军队中的外甥写信道：

我亲爱的外甥：

数日之前，我应约去为一位叫保罗的病人看病。他原来是一名父母为犹太人的罗马公民，受过良好的教育，为人和蔼可亲。

据说，他来这里是因为卷进了一场官司，我们在东地中海的该撒利亚之类的行省法庭起诉他，说他是一个不断发表反对人民和法律的演讲的"野蛮又残暴"的家伙。可我却看出他是聪慧过人、诚实可靠的。

我的一位曾在小亚细亚驻军中服役的朋友告诉我，他曾在以弗所听说此人在传播信仰一个陌生的新神的教义。我问我的病人此事是否当真，他是否要人民起而反叛我们可敬的皇帝。保罗回答我说，他讲到的王国并不属于这个世界，接着又说了许多我听不懂的莫名其妙的话，可能是由于他在发烧吧。

他的人品给我留下了深刻的印象，可是听说几天前他在奥斯提亚大道上遇害了，我很难过，因此我才给你写这封信。你下次到耶路撒冷时，我要你打听一下我这位朋友保罗，以及貌似他的导师的那个奇特的犹太先知的事。我们的奴隶们对这位所谓的弥赛亚（救世主）越来越热衷，有些人还公开议论那个新的王国（不管是什么意思吧），以致被钉上了十字架。我愿意弄清这些谣言的真相。

爱你的舅舅

埃斯科拉庇俄斯·卡尔蒂拉斯

6个星期之后，那个在第七高卢步兵军团任上尉的外甥格拉迪尼斯·恩萨回信如下：

亲爱的舅舅：

我收到了您的来函，谨遵所嘱。

两周之前，我们的联队被派往耶路撒冷。100年来，那里多次发生变革，城市大多已不复存在。我们已在此停留了1个月，明天将开拔，前往佩特拉，该地的一些阿拉伯部落在闹事。我将利用今晚回答您的问题，不过请不要指望有详细报告。

我已访谈过此城中的多数老人，但没人能给我任何确切的消息。数日前一个小贩来到营地，我向他买了些橄榄，借机问他是否听说过那位著名的弥赛亚，那个年纪轻轻就被处死的人。他说他记得十分清楚，因为他父亲曾带他到各各他（城外的一座小山）去看那次行刑，好让他明白，犹太人民法律的敌人会有什么下场。他给了我一个叫约瑟的人的地址——那人是弥赛亚的朋友，并嘱咐我若想得知更多的情况，最好去见他。

今天上午我去拜访了约瑟。他年事已高，曾经是居住在一个淡水湖边的渔夫。他记忆清晰，我终于从他嘴里了解到在我出生以前的那些多事岁月中，所发生之事的确切说法。

当年我们伟大而光荣的皇帝提比略在位，一个叫本丢·彼拉多的军官担任犹大和撒玛利亚的总督。约瑟对这个彼拉多不

圣地

甚了解，他貌似是个正直的官员，在该省留下了美名。约瑟记不清是罗马建城 783 年还是 784 年（公元 30 或 31 年），彼拉多奉召赶到耶路撒冷，因为那里发生了骚乱。据说，有某个青年（拿撒勒木匠之子）正在策划一场反对罗马政府的革命。奇怪的是，我们一向消息灵通的情报官们似乎对此一无所知，他们调查后报告说，那木匠是个奉公守法的公民，没有理由控告他。可是，照约瑟的说法，犹太教的旧派领袖们却怒气冲冲。他们对那位青年广受贫苦希伯来人拥戴十分恼火。他们对彼拉多诉说，那个"拿撒勒人"公开宣称，无论是希腊人、罗马人，甚至非利士人，只要过的是体面和诚实的生活，就和终日研读古老的摩西法规的犹太人一样好。彼拉多似乎对这种说法觉得无所谓，但是当人群围住圣殿，威胁着要对耶稣施以私刑并杀死他的所有追随者的时候，他就决定把那木匠监禁起来，以保他一命。

彼拉多好像并不理解那场争论的真正本质。每当他要那些犹太祭司解释他们的不满时，他们只是一味叫嚷"异端"和"叛道"，激动万分。约瑟告诉我，彼拉多终于差人叫来约书亚（这是那个拿撒勒人的原名，但是我们境内的希腊人总是称他为耶稣）亲自盘问他。他们谈了好几个小时。彼拉多询问了据说他在加利利海边布道用的"危险的教义"，但耶稣回答说，他从来没有涉及政治，他对人们的肉体没有对人们的灵魂那样感兴趣。他愿意所有的人都把邻居看作兄弟，并爱戴唯一的上帝——他是一切生灵之父。

彼拉多似乎精通斯多噶[1]和其他希腊哲人的经典，看来他并没有在耶稣的言谈中发现什么煽动性的内容。按照给我提供信息的人的说法，彼拉多再一次想拯救这个仁慈先知的性命。他一再推迟行刑的时间。此时，被祭司们挑动的犹太人已经出奇地愤怒了。在此之前，耶路撒冷发生过多次骚乱，就近的罗马士兵为数很少。该撒利亚的罗马当局接到报告说，彼拉多已经"深受那个拿撒勒人的蛊惑"。请愿书撒遍全城，要求召回彼拉多，因为他成了皇帝的敌人。您知道，我们的总督都奉有严令，要避免和外国臣民公开决裂。为了防止国家陷入内战，彼拉多终于牺牲了他的囚犯约书亚，而约书亚表现得大义凛然，原谅了一切痛恨他的人。他在耶路撒冷暴民的嚎叫和嘲笑声中被钉上了十字架。

这就是约瑟老泪纵横地对我述说的内容。我离开时给了他一枚金币，但他谢绝了，并要我把钱送给比他更穷的人。我还问了他一些有关您的朋友保罗的事情，他对他了解不多。保罗似乎是个制作帐篷的人，他放弃了自己的职业，以便宣扬一个仁爱宽容的上帝的话语，这个上帝与犹太祭司一贯向我们灌输的耶和华迥然不同。后来，保罗好像到过小亚细亚和希腊的许

1　公元前4世纪创于雅典的哲学派别，主张禁欲主义。

多地方，他告诉奴隶们，他们都是一个仁爱父亲的孩子，幸福等待着不分贫富的一切人，只要他们努力过着诚实的生活并为受苦受难的人们做善事。

我希望我对您问题的答复令您满意。就国家的安全而论，依我看整个故事都无大碍。不过嘛，我们罗马人从来难以理解这个省份的人民。我很难过他们杀害了您的朋友保罗。但愿我早日归家。

您永远忠诚的外甥

格兰迪厄斯·恩萨

26

罗马的衰亡

古代历史书给出 476 年作为罗马灭亡的时间，因为在那一年，最后的皇帝被逐下宝座。但是，罗马既非一日建成，也是经过长时期才衰亡的。其过程缓慢而渐进，大多数罗马人并没有意识到他们的旧世界已经日暮途穷。他们抱怨日子不太平——为食物价高和工资过低而嘟嘟囔囔，他们诅咒奸商垄断了粮食、羊毛和金币。他们偶尔会起而反抗过于巧取豪夺的总督。但在最初四个世纪里，大多数人吃吃喝喝（只要口袋里有够花的钱）；率性地想恨就恨，想爱就爱；只要有免费的角斗士格斗，就去剧场观看；或者在大城市的贫民窟里忍饥挨饿，全然无视他们的帝国已经穷途末路，注定要消亡了。

他们怎么能够意识到危险临近了呢？罗马表面呈现出一派灿烂辉煌。铺设完好的大路连接着各省，帝国的警察尽职尽责，对拦路大盗毫不容情。边境戒备森严，防止占据着北欧不毛之地的蛮族部落入侵。全世界都在向显赫的罗马城进贡，一批栋梁之材日夜操劳，力图克服往昔的弊端，恢复早期共和时代比较幸福的景象。

但是，我在上一章中所说的国家衰败的潜在原因并没有根除，因此改革只能落空。

罗马自始至终都不过是古希腊时代雅典和科林斯那样的城邦。它可以控制意大利半岛，但要统治整个文明世界，在政治上却不可能长久。罗马青年在无止境的战争中死去。罗马农夫被长期的兵役和捐税压榨得破了产，他们要么沦为专职乞丐，要么为富有的地主所雇用，用劳动换取住宿和膳食，这些不幸的人就是"农奴"，既不是奴隶，也不是自由人，成为他们耕作的土地的一部分，同牛马及树木无异。

皇帝、政权成了一切。普通百姓则蜕变为一文不值的东西。至于奴隶们，他们听到了保罗的言谈，接受了拿撒勒那个卑微的木匠的道理。他们没有反抗他们的主人，相反，他们接受教导，变得驯顺，服从上司。但是他们已经对这个悲惨寓所的世界的所有事物失去了兴趣，宁可打那美好的仗[1]，以期进入天国。但是他们不肯为通过在安息人、努米底亚人和苏格兰人的土地上和外国作战而求荣的野心勃勃的皇帝去打仗。

这样，随着岁月的推移，局面就越来越糟了。最初，一些皇帝还保持着"领袖"的传统，授权原来的部族头人掌控自己的族人。但是

1　意为做上帝的忠仆，见《圣经·新约·提摩太后书》第 4 章第 1 节，保罗语。

第 2 和第 3 世纪的皇帝都是兵营皇帝，是职业军人，他们的存在全要仰仗他们的卫队，即所谓禁卫军的恩赐。他们在短期内接二连三地靠谋杀入主皇宫，然后很快又由富有得足以贿赂卫队再进行新一轮反叛的人将他们取而代之。

与此同时，蛮族正在敲击着北方边境的门户。由于不再有罗马本土的军队制止他们的进攻，罗马只好雇用外国雇佣军来对付入侵者。若是赶上外国雇佣军与他们的敌人居于同一血统，一投入战斗，这些雇佣军立即变得心慈手软。最后，经过试行，一些部落获准在帝国境内定居，其他部落也接踵而至。没过多久，这些部落就对拿走他们最后一文钱的贪婪的罗马收税官怨声载道了。由于境遇得不到改善，他们便挺进罗马，高声呼号，以便他们的要求能够得到倾听。

这就使得作为皇宫所在地的罗马不得安宁。君士坦丁大帝（323～337年在位）开始寻找新首都。他选定了欧亚之间的商业咽喉君士坦丁堡，将宫廷东迁。他死后，他的两个儿子为了更有效地管理，便将帝国平分：长子住在罗马，统治西部，次子留在君士坦丁堡，充任东部的国主。

到了 4 世纪，不速之客匈奴人到来了。这些神秘的亚洲骑兵已经盘踞北欧长达 200 多年，一直持续着他们的血腥行径，直到 451 年在法兰西马恩河畔沙隆才被打败。匈奴人一到多瑙河流域，就开始逼迫哥特人，而哥特人为了自保，只好入侵罗马。瓦伦斯皇帝试图抵御他们，却于 378 年在阿德里安堡附近阵亡。22 年之后，同一支西哥特人在他们的国王阿拉里克的率领下挥师西进，攻击罗马。他们并没有劫掠，只是毁掉了几座宫殿。随之到来的汪达尔人对该城的宝贵遗产就不那么敬重了。接着是勃艮第人，随后是东哥特人，然后是阿勒曼尼人，继而是法兰克人，入侵接连不断。罗马最后听凭于每一个能够纠集同伙的野心勃勃的拦路强盗恣意践踏。

公元 402 年，皇帝逃至坚固设防的海港拉文纳。475 年，日耳曼雇佣军一个名叫奥多亚塞的团长想在他们自己人中间瓜分意大利的农田，便温和而果断地将统治西罗马的最后一个皇帝罗慕路斯·奥古斯都路斯掀下了宝座，并宣称自己是罗马的统治者或行政长官。而东罗马的皇帝正为自己的事情忙得不可开交，便承认了他，奥多亚塞遂统治了西部各行省地区达 10 年之久。

数年之后，东哥特国王狄奥多里克攻进了这个新成立的国家，夺取了拉文纳，将奥多亚塞杀死在他的餐桌上，在西罗马的废墟上建立了一个哥特王国。这个王国并未持续很久。在 6 世纪时，一群由伦巴第人、萨克森人、斯拉夫人和阿瓦人拼凑起来的乌合之众，杀进了意大利，摧毁了哥特王国，建立了一个新的国家，定都帕维亚。

此时，这座帝都最终陷入了完全无人过问的绝境。古老的宫殿一再遭到劫掠。学校被烧为平地，教师饥饿至死，富人被逐出他们的别墅，里面住进了浑身多毛，散发腥臊的蛮族。大路毁弃荒废，老桥不见了踪影，商业陷于停顿。由埃及人、巴比伦人、希腊人和罗马人历经数千年的耐心和辛劳造就的文明产物，曾经远远超越其最早的先民最大胆的梦想，如今却要从西方大陆上消失了。

一座蛮族洗劫后的罗马城市

的确，远在东方的君士坦丁堡，作为一个帝国的中心又存在了上千年。但它难以算入欧洲大陆的范畴之内，它的兴趣在东方，而且开始忘记了自己的西方源头——拉丁语逐渐被希腊语所取代，拉丁字母被废弃，罗马法律由希腊文写就并由希腊法官加以解释。皇帝变成了亚洲的暴君，如同 3 000 年前尼罗河谷底比斯的埃及国王一样，皇帝受到天神般的崇拜。拜占庭教会的传教士们寻求新的活动场所时，他们走向东方，把拜占庭的文明带进了俄罗斯的蛮荒野地。

至于西方，此时已留给蛮族任其蹂躏。整整 12 代人期间，杀戮、战争、纵火、掠夺成了家常便饭。只有一件事拯救了欧洲，使之不致遭到彻底毁灭，不致退回到穴居人和残酷原始人的岁月。

那就是教会：在许多世纪中，一群卑微的男男女女都认定自己是拿撒勒那个木匠耶稣的信徒，他以自己的赴死使叙利亚边境一带的一座小城没有发生街头骚乱，从而使强大的罗马帝国免除一劫。

蛮族入侵

教会的兴起

罗马如何成为基督教世界的中心。

　　生活在帝国统治下的普通的有知识的罗马人，对其祖辈信奉的神祇并没有什么兴趣，他们一年之中只去几次教堂，也不过是随俗而已。他们耐心地观看一些人用庄严的游行欢庆宗教节日。他们认为，对大神朱庇特、智慧女神密涅瓦和海神尼普顿的崇拜简直是小儿科的把戏，是共和国草创时期的遗存，并非是掌握了斯多噶、伊壁鸠鲁及其他雅典哲学家论著的人合宜的研究课题。

这种态度使罗马人胸襟十分开阔。政府坚持要求所有人，包括罗马人、希腊人、巴比伦人、犹太人和外国人都必须对设在每一座庙堂内的皇帝形象公开表示敬意（就像在美国的邮局里都要悬挂美国总统肖像一样）。这不过是一种仪式，其中并无深意。一般地讲，每个人都可以尊崇他所喜欢的任何神祇，因此，罗马到处都建有供奉着埃及、非洲和亚洲神祇的形形色色的小庙和教堂。

当耶稣最早的一批门徒抵达罗马，传播他们"四海之内皆兄弟"的新教义时，并没有人反对。人们在街上驻足聆听。作为世界之都的罗马，总有满街的游方教士，宣讲各自的"神秘教义"。大多数自诩为传教士的人都求助于感官享乐——对追随他们选定的天神的信众承诺黄金般的回报和无穷尽的欢乐。街上的人们不久就注意到，这些所谓的基督徒（即基督或"涂膏油者"的信徒）说的完全是不同的语言。他们似乎对拥有钱财和富贵地位无动于衷，他们赞美贫穷、卑微和温顺的美好之处，其实这些并非是罗马成为世界霸主的品德。让处于荣光顶峰的人民听到这样的观点——他们在世俗世界上的成功并不一定能给他们带来持久的幸福，这样的"神秘教义"，无疑是相当有吸引力的。

何况，那些宣讲基督神秘教义的传教士还说起那些不听从上帝话的人将会有可怕的命运等待着他们。冒险一试，改变信仰，绝非明智之举。当然啦，罗马原有的神祇依然存在，可是他们拥有强大到足以保护自己并抵御从亚细亚传到欧罗巴的这一新神的力量吗？人们开始质疑了。他们返回身去继续听取关于这一新教义的进一步阐释。不久之后，他们开始与那些宣讲耶稣教义的男男女女会面，发现他们与一般的罗马教士大不相同。这些教士们个个穷极潦倒，但对奴隶和动物却大发善心。他们并不想获取财富，却把自己的所有散发给他人。他们这种无私生活的榜样，使许多罗马人抛弃了原有的宗教，加入了基督教的小团体，在私宅的后室或露天空地里集会。罗马的神庙则无人问津了。

这样年复一年地过去，基督徒的人数持续增长。他们选出长老或神父（希腊文原义为"长者"）保护小教堂的利益，任命主教为一省中所有教区的首脑。随保罗来罗马的彼得成为罗马首任主教。随后，他的继任者（被称作"父亲"或"爸爸"）就逐渐成了教皇。

教会成了帝国境内有权有势的机构。教义感召了对今世感到绝望的人，也吸引了许多在帝国政府中无法升迁的强者，使他们在拿撒勒导师的卑微追随者中发挥他们的领导才干。政府终于被迫正视基督教了。我前面已经提到，罗马帝国用不屑的态度来显示其宽容，它允许所有人以其自身的方式谋求救赎，但仍坚持不同教派要和平共处，遵从"自己存活，也让别人存活"的明智规则。

不过，基督教拒不接受任何妥协。他们公开宣称，他们的上帝，只有他们的上帝，才是天上与人间的真正主宰，其余的神祇都是骗人的。这对其他教派似是有失公允，警察对这种提法不予鼓励，但基督徒却坚持不渝。

修道院

新的困难很快就出现了。基督徒拒绝参加对皇帝表示敬意的仪式，还在应征入伍时拒绝被征召。罗马的行政长官威胁着要对他们予以惩处。基督徒却回答说，悲惨的现实世界只是通往极乐天国的前室，他们宁愿以身殉道。罗马人对这种言行感到困惑，有时会处死胆敢冒犯的人，但更多的时候罗马人并不置人于死地。在基督教发展初期，罗马人确曾对基督徒施用过私刑，但那都是一些暴徒的行径。他们对他们温顺的基督徒邻居罗织各种能够设想到的罪名（诸如杀害并吃掉婴儿、传播疫病、在国难当头时叛国），因为他们深知基督徒不会报复，便玩弄这种不会有危险的把戏。

此时，罗马仍旧不断遭受蛮族入侵之害，当军队败退时，基督教传教士便前去对野蛮的条顿人宣讲和平的福音。这些教士都是些不怕死的硬汉。他们讲到不知悔改的罪人的未来，令人置信不疑。条顿人大受震动，他们对罗马古城的智慧仍深存敬畏。那些传教士都是罗马人，他们讲的大概不会虚妄。基督教传教士不久就在条顿人和法兰克人的野蛮地区具有了权威。五六名教士的价值如同一个军团的士兵，先后几位皇帝逐渐认识到，基督教可能对他们大有用途。在一些行省里，基督徒被赋予了与仍然笃信旧神的人们同等的权利。这一巨变发生在4世纪后半叶。

君士坦丁（不知何故有时叫作君士坦丁大帝）当时在位。他是个骇人听闻的暴君，不过心慈手软的人在那个杀戮不断的年代原是无法指望幸存的。君士坦丁历经漫长的沧桑岁月，多次沉浮。一次，在他哥特人来了!

快要被敌人击败时,他想要试验一下人们纷纷议论的亚洲新上帝的权威。他许诺说,如果他在这场战役中取胜,他就皈依基督。他获得了胜利,便信服了基督教上帝的权威,让自己受洗。

从那时起,基督教会得到了官方认可,因而也大大加强了这一新的宗教信仰的地位。

但基督徒在全体民众中仍是极少数(不超过百分之五六),为了取胜,他们被迫拒绝一切妥协。原先的神祇一定要摧毁。热爱希腊智慧的朱利安皇帝,在短时间内曾保护了异教神祇,使之未遭进一步的毁弃。但在波斯的一场战役中,朱利安伤重而死,他的继任者朱维安使基督教重现辉煌。古老的庙堂逐一关闭。随后是查士丁尼继位,他在君士坦丁堡修建了圣索菲亚大教堂,并在雅典废止了由柏拉图创办的哲学学院。

人们曾经随心所欲地自由思考和梦想的古希腊世界就此终结。哲学家模糊不清的行为准则，在遭到野蛮无知的洪水泛滥之后，已经证明无法为生命的航船掌舵了。世界需要更积极明确的东西，基督教恰恰能够提供。

在一个一切都动荡不定的时代，基督教会如中流砥柱，巍然屹立，始终坚持它认定是神圣真理的原则。这种勇气赢得了大众的敬佩，在罗马帝国遭受困境时，教会得以安然度过。

当然，在基督教信仰的最后成功之中，也有某种幸运的成分。在狄奥多里克的罗马—哥特王国消亡后的公元5世纪，意大利较少受到外国侵略。在哥特人之后到来的伦巴第人、萨克森人和斯拉夫人，都是软弱和落后的部族。在那种局面下，罗马的主教们维系了他们城市的独立。分散在半岛各地的帝国残部，不久便承认罗马公爵（即主教）是他们政教合一的统治者。

舞台为一个强者的出场布置完毕。他名叫格里高利，于590年登台。他出身于古罗马的统治阶层，曾任罗马的"长官"，就是现在的市长。后来他当过僧侣和主教，最终违心地（因为他想做传教士，对英格兰的异教徒传道）被拉进圣彼得大教堂，受封为教皇。他仅仅统治了14年，但当他去世时，西欧的基督教世界已经正式认可了罗马的主教，即教皇，是全教会的领袖。

然而，这一权力并未伸展到东方。在君士坦丁堡，历任皇帝仍遵旧制承认奥古斯都和提比略的继任者同时兼任政府首脑和国教的大祭司。1453 年，东罗马帝国被土耳其人征服，君士坦丁堡陷落，最后一代罗马皇帝君士坦丁·帕里奥洛格斯在圣索菲亚大教堂的台阶上被杀。

在此之前几年，君士坦丁之弟托马斯之女佐伊嫁给了俄罗斯的伊凡三世。于是，莫斯科的历代大公就成了君士坦丁堡传统的继承人。古拜占庭的双头鹰（纪念罗马分成东西两部分的日子）就成了现代俄罗斯的纹章。原先只是俄罗斯首席贵族的沙皇，就打击了罗马皇帝高高在上的尊严，在他面前，全体臣民，无论地位高低，都成了无足轻重的奴仆。

沙皇的皇宫按照东罗马皇帝从亚洲和埃及引进的东方风格整饬一新，自诩堪与亚历山大大帝的宫殿媲美。由气息奄奄的拜占庭帝国遗赠给始料不及的世界的奇特传承，以极大的活力在广袤的俄罗斯平原上又延续了 6 个世纪。头戴君士坦丁堡双头鹰皇冠的末代沙皇尼古拉，可以说不久前才被杀害。遗体被抛进井里，他的子女无一幸免。旧日的一切君权和特权一概废除，教会的地位又被贬到君士坦丁时代以前在罗马的境地。

不过，为我们将在下一章看到的，当整个基督教世界受到一个赶骆驼的阿拉伯人的敌对教义带来的灭顶之灾的威胁时，西方基督教会的经历却截然不同。

穆罕默德

赶骆驼的艾哈迈德成为阿拉伯沙漠的先知，其追随者为了唯一的真主安拉的无上荣耀，几乎征服了整个已知世界。

自迦太基和汉尼拔之后，我们就再也没有谈到闪米特人。你一定记得，他们是如何充满描述古代世界的全部章节的。巴比伦人、亚述人、腓尼基人、犹太人、阿拉姆人和迦勒底人等等，他们都是闪米特人，曾经在三四千年内统治着西亚。他们先后被来自东方的印欧族波斯人和来自西方的印欧族希腊人征服。亚历山大大帝死后 100 年，闪米特人腓尼基的殖民地——迦太基，为争夺地中海的霸权，和印欧族的罗马人大战。迦太基战败灭亡后，罗马人称霸世界达800年。不过，到了7世纪时，另一支闪米特族人登上舞台，挑战西方的权势。他们便是阿拉伯人，是远古以来便在沙漠中游牧的爱好和平的牧人，他们从未流露出建立帝国的野心。

这时，他们听从了穆罕默德的召唤，跨上马背，在不到一个世纪的时间里，就已推进到欧洲的腹地，向惊恐的法兰西农民宣称"唯一的真主"安拉的荣耀，穆罕默德则是"唯一真主的先知"。

通常被称作穆罕默德（意为应该受赞美的人）的艾哈迈德，是阿卜杜拉和阿米娜的儿子，他的故事听起来就像《一千零一夜》中的一篇。他生于麦加，是个赶骆驼的人。他有一次听到天使吉卜利勒的话音，这些话后来写进书里，就叫《古兰经》。他担任商队领队一职，这使他走遍阿拉伯地域，经常和犹太商人或基督徒贸易商打交道。他逐渐认识到一神崇拜是一件十分好的事。当时他的阿拉伯同胞依旧像他们的祖先千百年前那样，敬重奇石和树干。在他们的圣城麦加保留着一座叫"卡巴"的方形小屋，里面是原始崇拜的偶像和形形色色的奇特东西。

穆罕默德决心要做阿拉伯人的摩西。他无法同时充当先知和赶骆驼的人，便娶了他的东家——富孀赫蒂彻，求得经济上的独立。随后他就告诉他在麦加的邻居，他是人们期盼已久的先知，是安拉派来拯救世界的人。邻人们捧腹大笑，当穆罕默德继续向他们说教时，他们被惹烦了，决定将他杀死。他们认为他是个疯子和害群之马，不该对

穆罕默德出逃

他留情。穆罕默德获悉这一阴谋，便带着他的忠实追随者阿布·巴克尔趁黑夜逃往麦地那。此事发生在 622 年，是伊斯兰教历史上最重要的日子，被称作"希而吉来"（伊斯兰教历元年）——迁徙之年。

穆罕默德在麦地那是个陌生人，比起在家乡人人都知道他不过是个赶骆驼的人来说，更容易宣称自己是先知。不久，他的身边就聚起了日益增多的追随者，或称穆斯林，他们接受伊斯兰教，成为"顺从神的意旨"的信徒，那是被穆罕默德赞为最高美德的称谓。他对麦地那的人民传教达 7 年之久。这时他有足够的实力发动战争，攻打当年蔑视他和他的神圣使命的旧邻人。他统率一支麦地那人组成的军队，穿越沙漠。他的信徒毫不费力地攻下麦加，轻而易举地说服别人相信穆罕默德是伟大的先知。

从那时起直到他去世那一年，穆罕默德在他从事的所有事情中都是幸运的。

伊斯兰教的成功有两个原因。首先，穆罕默德向他的信徒宣讲的教义十分简单。他们听到的教导只是说，必须爱戴世界的主宰安拉——以慈悲为怀的天神。他们必须诚实，听从父母。他们受到告诫，不准在与邻居交往中使诈，对贫病者要恭谨和仁善。最后，他们还不准饮烈酒，要节制饮食。教义就这么多了。伊斯兰没有看护羊群般的牧师，没有受教众供养的教士。伊斯兰教的教堂，即清真寺，不过是座石砌大厅，没有板凳与神像，仅供愿意去的信徒在里边阅读和讨论《古兰经》的篇章。一般的信徒都把教义记在心间，从来不觉得教规戒律是对自己的束缚。他们一天五次面朝圣城麦加，念诵简短的祷词。其余的时间，由安拉统治世界。

对人生抱这样的态度，使得每一个信徒感到相当满足：教义要求信徒内心平和，与世无争，这诚然是件大好事。

第二个原因解释了穆斯林与基督徒作战时取胜的原因。伊斯兰战士投身战斗是为了真正的信仰，因此勇往直前。先知许诺说，面对敌人躺下的人，会直接进入天国。这就使得人们宁可在战场上阵亡，而不愿意去忍受在这个世界上漫长而郁闷的生存。因此，穆斯林比起十字军有着极大的优势，因为基督徒时时畏惧黑暗的来世，便尽可能地享受今生。

穆罕默德把他的宗教殿堂安排妥当之后，就开始享有在众多阿拉伯部落中无可争议的统治者的权威。不过，成功靠的是在逆境中奋起的一批伟大人物的共同努力。因此他试图用一系列吸引富人的教规来赢得他们的好感。一个最初为沙漠中艰苦生存的放牧人设立的宗教，就逐渐演变得符合在城市市场中谋生的商人的需求了。这从其初始纲领来讲，是令人遗憾的变化，对伊斯兰的事业没有什么好处。至于先知本人，他继续宣扬安拉的真理，并制定新的戒规，直到632年6月7日患热病离世。

继任为伊斯兰哈里发（即领袖）的是他的岳父，早年曾与先知共患难的阿布·巴克尔。两年后，阿布·巴克尔故去，由奥玛尔接班。在不到10年的时间里，奥玛尔征服了埃及、波斯、腓尼基、叙利亚

十字架与新月之争

和巴勒斯坦，将大马士革定为第一个伊斯兰帝国的首都。

　　奥玛尔之后，由穆罕默德的女儿法蒂玛的丈夫阿里继承哈里发的职位，但在有关伊斯兰教义而爆发的一场争议中，阿里被害。他死后，哈里发的职位采用了世袭制，以宗教领袖起家的教徒首领成了庞大帝国的统治者。他们在幼发拉底河畔、靠近巴比伦城废墟的地方创建了一座新城，命名为巴格达，将阿拉伯牧马人组成骑兵团队，就此出发，为一切不信教的人们带去伊斯兰教的福音。在 700 年那一年，一位叫泰里克的阿拉伯将军跨过古老的海格力斯之柱，抵达欧洲一侧的高崖，他称之为直布尔—阿尔—泰里克，意为泰里克之山，也就是直布罗陀。

11 年后，他在赫雷斯·德拉弗龙特拉的战役中打败了西哥特的国王，伊斯兰大军随即沿汉尼拔的路线北上，穿过了比利牛斯山几个隘口。他们击溃了试图在波尔多一线阻止他们的阿奎塔尼亚大公，向巴黎进军。但在 732 年（先知穆罕默德死后第 100 年），他们在图尔和普瓦捷之间的一场战役中战败了。那一天，法兰克人的首领查理·马特（铁锤查理）拯救了欧洲，使之未被阿拉伯人征服。他将他们逐出法兰西，但阿拉伯人仍占据着西班牙，阿卜杜勒·拉赫曼建立的科尔多瓦哈里发国（又称后倭马亚王朝），成为中世纪欧洲最伟大的科学和艺术中心。

这个地区因来自摩洛哥的毛里塔尼亚人而被称作摩尔王国，它延续了 7 个世纪。在伊斯兰帝国的最后堡垒格拉纳达被收复之后，哥伦布才于 1492 年获得王室授权，开始其航海历程。不久，伊斯兰教又在对亚洲和非洲的新的征服中重振声威，今天全球的穆斯林与基督徒一样多。

29

查理大帝

法兰克国王查理曼如何加冕称帝，并试图重现世界帝国的旧梦。

　　普瓦捷战役拯救了欧洲，使之未受穆斯林的侵扰。但境内的敌人——罗马警察销声匿迹后出现的无望的无序状态——依然存在。确实，北部欧洲那些新近皈依基督教的部族对罗马教皇的权威深怀敬意，但可怜的教皇在远眺群山时却缺乏安全感。天晓得又会有什么新兴蛮族的马队准备翻越阿尔卑斯山，再次进犯罗马。这位世界上的精神领袖有必要——非常有必要——找到一个拳硬剑坚的同盟者，在教皇陛下处于危险时，挺身而出加以保护。

教皇不但是非常神圣的，也是非常务实的，于是便着手物色朋友，随即向罗马衰亡后占据了西北部欧洲的日耳曼各部中最有把握的一个部族发出建议。这支部族叫作法兰克人。他们最早的一个叫墨洛维的国王曾于451年的加泰罗尼亚战役中援助罗马，击败匈奴人。他的后裔墨洛温王朝的历代君主不断吞食罗马帝国的领土，到了486年，克洛维（"路易"的古法语）国王自认为已经强大到足以与罗马公然抗衡了。可惜他的子孙羸弱无能，把国务交给首相"宫相"或"宫廷管家"去处理。

矮子丕平是著名的查理·马特之子，他继承其父出任宫相，却不知道该如何处理当时的局面。他的国君笃信神学，对政治毫无兴趣。丕平向教皇求教，务实的教皇回答说："国家政权属于实际上掌权的人。"丕平心领神会。他说服了墨洛温王朝的末代君主希尔德里克三世进入修道院当僧侣，受到日耳曼各族首领拥戴，自立为王。但此举并没有使精明的丕平心满意足，他的欲望可要比蛮族首领大得多。他安排了一个盛大的典礼，由西北部欧洲的大主教卜尼法斯为他涂膏油，封他为"上帝恩赐的国王"。"上帝恩赐"一语轻易地溜进了加冕仪式，但把它轰出去却花费了差不多1500年的时间。

丕平对教会方面的如此厚爱表示由衷地感谢。他两次进军意大利，保卫教皇，反对他的敌人。他从伦巴第人手中夺取了拉文纳等几座城市，并奉献给了教皇陛下，教皇则把这几处新领土纳入所谓的教皇领地，这个教皇国直到作者著书半个世纪之前都是一个独立国。

丕平死后，罗马与亚琛、奈梅亨或因格尔海姆（法兰克国王不止一处正式居所，而是偕其大臣和廷僚四处流动办公）之间的关系日益亲密。最终，教皇和国王采取了一个对欧洲历史影响极其深远的步骤。

通称为查理大帝或查理曼的查理于 768 年继任为王。他征服了东日耳曼的萨克森土地，在北部欧洲大部地区遍修城镇和修道院，应阿卜杜勒·拉赫曼的某些敌人之请，他挥师进入西班牙，与摩尔人作战。但在比利牛斯山脉中，他遭到野蛮的巴斯克人的袭击，被迫撤退。就是在这一场合，布列塔尼侯爵罗兰，兑现了一名法兰克人首领在那早年间忠于他的国王的诺言：献出自己和忠诚的部下的生命，掩护王室军队安全撤退。

不过，在公元 8 世纪的最后 10 年中，查理曼只能全力投入南方事务。教皇利奥三世遭到一股罗马暴徒的劫持，并被弃于街头等死。一些好心人包扎了他的伤口，帮他逃进了查理曼的军营求援。一支法兰克军队迅速平息了骚乱，护持利奥返回拉特兰宫——自君士坦丁时代起，那里一直是教皇的居所。此事发生在 799 年的 12 月。第二年的圣诞节，留驻在罗马的查理曼出席了古老的圣彼得大教堂的礼拜活动。当他祈祷完毕，站起身时，教皇把一顶皇冠戴在了他头上，称他为罗马皇帝，并以数百年间未曾听闻的"奥古斯都"尊称向他欢呼。

北部欧洲再次成为罗马帝国的一部分，但其尊严却归属于一个能够勉强阅读却不会写字的日耳曼人的首领。不过他能征善战，在短时

间内维护了秩序，连与之对立的君士坦丁堡皇帝都给他写信，认可他
"亲爱的兄弟"。

不幸的是，这位辉煌一时的老人在 814 年去世了。他的几个子孙
为争得帝国的一份遗产而彼此征伐。加洛林王朝的土地先后两次被瓜
分：一次是在 843 年依据《凡尔登条约》，另一次是在 870 年依据默
兹河畔的《墨尔森条约》，后一项条约把整个法兰克王国一分为二。
秃头查理得到了西半部，包括称作高卢的旧罗马行省，那里居民的语
言已经彻底罗马化了。法兰克人很快就学会了说征服者的语言，这就
说明了在法兰西这样一块纯粹的日耳曼土地上，人们何以会说拉丁语
这一奇怪的事实。

另一个孙子得到了东半部，罗马人曾把那块地方称作日耳曼尼
亚，那里不宜人居，从来不属于旧帝国。奥古斯都·屋大维曾经试
图征服这块"远东"的地区，但他的罗马军团于公元 9 年在条顿森
林中被消灭，那里的人民从未受到较高的罗马文明的教化，他们讲
普通的日耳曼语。条顿语中"人民"一词是"thiot"。故此基督传
教士称日耳曼语为"普通方言"（"lingua theotisca"或者"lingua
teutisca"），后来"teutisca"一词演变成了"Deutsch"，遂有了"德
意志"（Deutschland）这一名称。

至于那顶著名的皇冠，不久就从加洛林王朝的继承人头上滑落，
滚回到了意大利平原，成了好几个小当权者的玩物，在血腥的战争中
被偷来偷去，经过或未经教皇准许就自己戴在了头上，随后又转到野

北欧人

这里居住着波兰人, 普鲁士人和其他野蛮的斯拉夫部落

弗里西亚

萨克森

北部边界线

洛林

图林根

法兰克尼亚

波希米亚

法兰西

神圣罗马帝国

北部边界线

士瓦本

通称奥地利

匈牙利

巴伐利亚

勃艮第

卡林西亚

伦巴第

克罗地亚

塞尔维亚

意大利王国

A.D. 900

神圣罗马帝国

山口

心更大的邻国手中。教皇再次受到敌人的重创，便向北方求援。这一次他没有求助于西法兰克王国的君主。他的使者跨越阿尔卑斯山，向萨克森公爵奥托面陈，奥托是公认的日耳曼各部落中最伟大的首领。

奥托和他的臣民同样钟爱意大利半岛的蓝天和欢乐且美丽的人民，于是匆忙赶来支援。教皇利奥八世为表示报答，封奥托为皇帝，查理曼旧王国的东半部就此便被称作"日耳曼民族的神圣罗马帝国"。

这一政治畸形儿总算维持了839年寿命。1801年，即托马斯·杰弗逊总统在任期间，它被随随便便地抛进了历史的垃圾堆。摧毁这一日耳曼帝国的是科西嘉一名公证人之子，他曾为法兰西共和国做出光辉业绩。他受他那著名的近卫军团的拥戴，成为欧洲的统治者，但他的欲望不仅于此。他差人请来教皇，让教皇站在旁边看着，这位拿破仑将军把帝国的皇冠戴到自己头上，自诩为查理大帝正统的继承人。历史如同人生，情况变化越大，反倒越要回归本原。

北欧人

10世纪的人们为什么祈求上帝保佑他们不受北欧人怒火的波及。

公元3世纪和4世纪时，中欧的日耳曼部族曾经突破罗马帝国的防御，以便劫掠罗马城，让自己住到肥沃的土地上。到了8世纪，轮到日耳曼人成为被掠夺的对象。他们当然不愿意遭此荼毒，尽管来犯之敌是他们的近亲——住在丹麦、瑞典和挪威的北欧人。

我们并不清楚是什么力量迫使这些坚忍的水手变成了海盗，然而他们一旦体会到海盗生涯的好处和乐趣，任凭谁也阻拦不住他们了。

北欧人来了

北欧人的故乡

他们常常突然降临到位于一个河口的法兰克人或者弗里斯兰人的和平村落，杀光所有的男人，劫走全部女人，然后乘他们的快速帆船远遁。当国王或皇帝的士兵赶到现场时，强盗已经跑掉，除了燃着余烬的废墟之外，已经一无所剩了。

在查理大帝死后的动乱时期，北欧人大肆活动。他们的船队袭击所有国家，他们的水手沿着荷兰、法兰西、英格兰和德意志各地的海岸线建立了小型的独立国家，他们甚至还发现了进入意大利的途径。北欧人非常机灵，他们很快就学会了讲他们治下的百姓的语言，还放弃了早期维京人（意为"海上之王"）好动、肮脏又残忍的不文明习惯。

北欧人前往俄罗斯

早在 10 世纪，一个名叫罗洛的维京人就曾不断袭扰法兰西沿海一带。法兰西国王由于无力抗拒这些北方强盗，就设法用行贿的办法劝诱他们"行善"。他提出，只要他们停止骚扰他的领土，他会将诺曼底省送给他们。罗洛接受了这笔交易，当上了"诺曼底公爵"。

但在诺曼底公爵子孙的血液中保有强烈的征服激情。他们的目光越过海峡，眺望离欧洲大陆仅有几小时路程的地方，能够看到英格兰的白色悬崖和绿地。可怜的英格兰经历了多么艰难的岁月啊，它沦为罗马殖民地达 200 年之久。罗马人走后，又被来自石勒苏益格的两支日耳曼部族盎格鲁人和撒克逊人征服。随后，丹麦人占领了它大部分的领土，建立了克努特王国。把丹麦人驱逐出去之后，到了 11 世纪

北欧人隔海眺望

初，另一个撒克逊国王"忏悔者"爱德华在位。但爱德华未能长寿，而且没有子嗣。这种局面有利于诺曼底野心勃勃的几代公爵。

爱德华于 1066 年去世。诺曼底的威廉渡过海峡，在黑斯廷斯战役中击败并杀死了当时已经即位的威塞克斯的哈洛德，自立为英格兰国王。

我在前面的章节中已经说过，在公元 800 年，一名日耳曼首领已经当上了罗马皇帝。如今在 1066 年，一个北欧海盗的孙子被承认为英格兰国王。

既然历史的真相如此有趣，可以愉悦身心，我们又何必去读神话故事呢？

北欧人的世界

封建制度

三面受敌的中欧如何成为一座军营，若无那些成为封建制度一部分的职业军人和行政官员，欧洲早就不复存在了。

下面来讲讲公元 1000 年时欧洲的状况。当时大多数人生活不幸，便欣然接受了世界末日已近来临的预言，蜂拥进入修道院，以便在最后审判日上帝可以见证到他们正在虔诚地尽责。

在一个没有记载的日子里，日耳曼部族离开了他们在亚洲的故土，向西迁徙进欧洲。他们人多势众，强行进入了罗马帝国。他们摧毁了伟大的西罗马帝国，而东罗马由于远离大迁徙的主要路线，得以苟延，勉强维持着罗马古老荣耀的传统。

在随后混乱的日子里（公元 6 和 7 世纪是真正的"黑暗时代"），日耳曼诸部族受劝接受了基督教，并承认罗马的主教为教皇，即世界的精神领袖。在公元 9 世纪，查里曼的组织天才复兴了罗马帝国，并将大部分西欧统一成单一的国家。在 10 世纪时，这个帝国四分五裂了。西部分出去成了一个独立的王国法兰西，东半部则称为德意志神圣罗马帝国，这个联邦的历代统治者当时妄称是恺撒和奥古斯都的直接继承人。

不幸的是，法兰西历任国王的权势并没有超出他们王城的城壕之外，而神圣罗马帝国的皇帝则受到强大的诸侯国在突发奇想或利益攸关时的轻蔑。

使广大民众雪上加霜的是，西欧的三角地带始终处于三面受敌的状态。南面住的是一贯构成威胁的穆斯林。西部沿海受到北欧人的劫掠。东部边界除去一小段喀尔巴阡山脉之外，几乎无法防御，时时受到匈奴人、匈牙利人、斯拉夫人和蒙古人的袭扰。

罗马的和平已是久远的过去，是一去不复返的"美好旧日"的梦幻。问题是"战斗抑或死亡"，人们自然愿意战斗。受环境所迫，欧洲成了一座军营，必然要求强有力的领导，皇帝和国王都鞭长莫及，边疆居民（公元 1000 年时大部分欧洲都属于边疆地带）只能自助。他们心甘情愿地服从派到边远地区司管辖之职的国王的代言人：只要他们能够抗拒敌人，保护自己。

中欧不久就布满了由公爵、伯爵、男爵或主教统治的许多小国，可以说是组成了作战单位。这些贵族们都发誓效忠于赐予他们"封地"（由此而有"封建"一词）的国王，并以为国王服役和纳贡作为回报。但当年的交通工具低劣，旅途缓慢。王室或皇家的行政官因此享有极大的自主权，在他们自己的省份里，他们拥有本应属于国王的大部分权利。

不过，如果你认为11世纪的人民反对这种形式的政府，可就错了。他们支持封建制度，因为那是行之有效而且必要的体制。他们的爵爷和主人通常住在耸立于峭立的山头或壕沟之间的石砌大宅中，但不出其臣民的视界。一遇到危险，他们就到爵爷的城堡去避难。因此，他们都住在离城堡尽可能近的地方，这也解释了许多欧洲城市都起始于封建堡垒。

而中世纪初期的骑士远不只职业军人的角色，他是那个时代的公务员，是他的居住区的法官，还是警长。他抓捕盗贼，保护流动商贩——11世纪时的商人。他照管水坝，防止乡村被淹（如同4 000年前尼罗河谷当初贵族的作为一样）。他鼓励四下流浪，讲述迁徙时期大战中的古代英雄故事的行吟诗人。此外，他还保护他领地内的教堂和修道院，尽管他不识字（当年认为这种事不够阳刚），却要雇用一批教士为他记账和登记领地内的婚姻与生死之事。

15世纪时，国王们再次强大到足以行使作为"涂了上帝膏油的人"的种种权力。这样，骑士们就失去了他们先前的独立性。他们沦为乡绅阶层，不再填补所需，很快就成了令人讨厌的人。但如若没有黑暗时代的"封建体制"，欧洲就会不复存在了。当年的恶劣骑士和如今的坏人一样多。但总的来说，12和13世纪的铁腕贵族们都是勤奋的地方行政长官，为社会进步做出极其有用的奉献。在那个时代，曾经照亮了世界的埃及、希腊、罗马的学识和艺术的高贵火炬已经十分微弱。假若没有贵族和他们的好友僧侣们，文明之火会全然熄灭，人类会被迫从穴居人遗留的地方重新起步。

32

骑士制度

中世纪的职业战士很自然地要为他们的共同利益和防御建立某种组织。出于这种严密组织之需，骑士制度应运而生。

我们对骑士制度的起源所知甚少。但随着该制度的发展，为世界提供了急需的东西——使当年的野蛮习惯得以淡化并且明确当时的行为规范，从而使历时 500 年黑暗时代的生活变得更有人情味。要使那些花费大部分时间与穆斯林、匈奴人和北欧人战斗的边疆粗汉接受文明教化绝非易事。他们时时出尔反尔，早晨还信誓旦旦地要慈悲为怀，没到晚上他们就会杀掉所有的囚徒。然而，进步从来就是漫长而不间断的努力的结果，最终，那些最肆无忌惮的骑士要么被迫服从于他的"阶级"的规范，要么自讨苦吃。

这些规范在欧洲的不同地区各不相同，但都十分强调"服务"和

"尽责"。中世纪把"服务"看得非常高尚美好。只要你是个好仆人，没有在工作中偷懒，做一名仆人就没有什么不光彩的。尽心尽力地忠于职守，在那个生活要仰仗许多令人不快的职责而效忠的时代，诚然是战士的首要美德。

因此，那个时代要求每个年轻的骑士宣誓做上帝和国王的忠仆。不仅如此，他还要承诺对需要帮助的人慷慨大度。他发誓要在个人举止上谦恭，绝不吹嘘个人的成就，而且要与受苦受难的人为友（穆斯林除外，那是见到就要杀的）。

这些誓言无非是用中世纪人们能够理解的语言表达出来的"十诫"，并在此基础上发展出了行为举止的复杂体系。骑士们尽力在生活中把游吟诗人讲述的亚瑟王的圆桌骑士和查理大帝的英雄们作为他们的榜样并加以效仿。他们希望能够证实自己和兰斯洛特一样勇敢，和罗兰一样忠诚。[1]他们行为自重，言语优雅，哪怕衣着褴褛，囊中羞涩，也要被人看作好骑士。

由此，骑士制度的规范便成了良好举止的学校，而举止风范则堪称社会机器运转的润滑油。骑士制度渐成礼仪，而封建城堡则成为外界穿戴什么、如何吃喝、怎样邀请女士跳舞等日常举止的楷模，种种细节的规定有助于使生活更有情趣，更为和谐。

如同人类的所有组织一样，骑士制度的用处一旦老化，就注定要

1　兰斯洛特和罗兰分别是亚瑟王和查理大帝传奇中的骑士。

消亡了。

我在下一章要讲述十字军。十字军东征之后，商贸活动得到极大的复兴。城市在一夜间拔地而起，城里人变得富有，开始聘请优秀教师，教师们很快就与骑士平起平坐了。火器的发明剥夺了重甲"骑士"先前的优越性，利用雇佣军参战使得指挥作战不可能像国际象棋比赛那样精准了。骑士成了多余之辈，由于他们为理想献身的精神不再有实用价值，他们便成了笑柄。据说，堂吉诃德便是真正骑士的最后一员。在他死后，他的宝剑和甲胄被出卖以偿还债务。

但是不知为何，那柄宝剑却先后落入一些人之手。华盛顿身处福奇谷[1]的绝望日子里就佩带过那柄宝剑。戈登在拒绝抛弃受他保护的人民，被围于喀土穆要塞，面对死亡时，那柄宝剑是他唯一的防御武器。[2]

虽然我不清楚，但那柄剑在赢得第一次世界大战中的不可估价的力量是有事实证明的。

---

1 福奇谷位于美国费城西北，1777 年独立战争时，华盛顿曾率部 11 000 人受困于此，有 3 000 人死于严寒与疫病。
2 戈登曾参与镇压我国的太平天国起义，文中是他死于苏丹的结局。

33

教皇与皇帝相争

中世纪人奇特的双重效忠及其如何导致了教皇和神圣罗马皇帝之间无休止的争吵。

我们难以理解过去年代的人们。你们每天都见得到自己的祖父，就是生活在不同理念、服饰和举止的世界里的神奇的人。我现在给你们讲的就是 25 代人之前的一些老爷爷们的故事，要是对本章没有多次反复阅读的话，我绝不指望你们能够理解我写的这些东西。

中世纪的普通百姓过着朴素而平淡的生活。哪怕他是个自由民，能够来去自由，也很少离开他居住的那片地方。那时没有印制成册的书籍，只有为数不多的手抄本。到处都有一些勤奋的僧侣教人读书、写字和算术。但是，科学、历史和地理都埋在希腊和罗马的废墟下了。

人们对过去的了解都来自传说和故事。这种父子相传的信息往往在细节上失真，但以惊人的准确性保存了历史的主要事实。时隔2 000年，印度的母亲仍然用"伊斯格达尔要来捉人"吓唬不听话的孩子，而伊斯格达尔不是别人，正是亚历山大大帝，他在公元前330年入侵了印度，但他的故事却流传至今。

中世纪早期的人们从来没见过一本罗马历史的教科书。如今每个三年级以下的小学生所熟知的许多事情，他们当年却一无所知。然而，对你们只是个名称的罗马帝国，对他们却是活生生的东西，他们感受得到。他们心甘情愿地承认教皇是他们的精神领袖，因为教皇住在罗马，代表着罗马的超级权势。当查理曼和后来的奥托大帝恢复了世界帝国的概念并创立了神圣罗马帝国之时，他们深为感激：世界终于恢复了其原有的样子。

但罗马传统有两个不同的继承人这一事实，使得中世纪城里人的忠诚左右为难。中世纪政治制度背后的理论简单又有说服力。世俗宗主——皇帝负责其臣民肉体上的福祉，而精神宗主——教皇则卫护他们的灵魂。

然而，这一制度在执行中却是一团糟。皇帝不可避免地要设法干预教会事务，而教皇反过来则要告诉皇帝如何治理他的领地。这样他们就互相指手画脚，用非常不顾礼仪的语言要对方管好自己的事情，其必然结果就是战争。

在那种情况下，老百姓怎么办呢？一个好的基督徒是既服从教皇又服从他的国王的。可是教皇和皇帝已经为敌，一个忠心耿耿的臣民应该如何同样遵守教徒的本分呢？

要给出正确的答案可是不易。当皇帝刚好精力充沛并有充分的财物组织一支军队时，自然就要越过阿尔卑斯山向罗马挺进，必要时把教皇围在他的皇宫内，迫使教皇遵从皇帝的旨意，否则就让他后果自负。

但更常有的事儿是，教皇更加强大。这样，皇帝或国王与他的全体臣民一起就会被逐出教会。这就意味着关闭所有的教堂，没人能够受洗，死者也得不到赦免——简言之，中世纪政府的半数职能就会终止了。

不仅如此，人们还因此解除了忠于其君主的誓言，并受到鼓动反叛其主子。可是，如果他们听从了远方教皇的这一规劝的话，就会被近旁的君主逮捕并处以绞刑，这当然同样令人不快。

确实，穷汉们身处困境。但更糟的是那些生活在 11 世纪后半叶的人们，那时候德意志皇帝亨利四世和教皇格里高利七世打了两轮，虽然无果而终，却在不到 50 年的时间里扰乱了欧洲和平。

11 世纪中期，出现过一次改革教会的强大运动。此前的教皇遴选始终是极不正规的。若是挑上一个中意的教士进入教廷，对神圣罗马皇帝会极其有利。故此皇帝时常在选举之时来到罗马，施加影响，以利于他们的某位朋友。

1059 年，这一做法有了改变。依据教皇尼古拉二世的敕谕，罗马城中及周围的主教和执事组成了一个所谓的枢机主教团，这一由显赫的教士们组成的团体被授予了选举未来教皇的独特权力。

1073 年，枢机主教团选出了一名出身于托斯卡纳一个普通人家、叫作希尔德布兰德的教士为教皇，称格里高利七世。他精力无限。他相信他的教廷的无上权力是建立在坚如磐石的信念和勇气之上的。在他看来，教皇不仅是基督教会的绝对领袖，也是世俗事务最高的上诉法院。教皇既然选拔了卑微的德意志亲王登上皇帝之尊，也就能够随意废黜他们。他能够否决由公爵、国王或者皇帝通过的任何法律，但要是他们胆敢对教皇的谕旨质疑，那就要当心点，因为无情的惩罚将会迅速到来。

格里高利七世向欧洲所有的宫廷派出使节，向各位君主宣布他的新法律，并要他们对其内容予以应有的重视。征服者威廉唯唯诺诺，但从 6 岁起就与其臣民争斗不休的亨利四世却无意屈从于教皇的意旨。他召集起德意志的主教团，指责格里高利犯尽了世间的所有罪行，然后以沃尔姆斯议会的名义把教皇废黜了。

教皇则以将亨利四世逐出教会作答，并要求德意志的王公们摒弃他们这个尸位的皇帝。德意志诸王公正巴不得摆脱亨利呢，便请求教皇莅临奥格斯堡，帮助他们另选新君。

格里高利离开罗马北上。亨利自然不是傻瓜，深知自己的皇位岌岌可危，便要不惜一切与教皇求和，而且要立即行动。在寒冬之中，

亨利四世在卡诺莎

他越过阿尔卑斯山，匆匆赶往教皇短暂的驻跸地卡诺莎城堡。从1077年1月25日到28日的漫长的3天里，亨利的打扮像个悔罪的朝圣者（在他的僧袍里面衬着暖和的毛衣），伺候在卡诺莎城堡的大门外。后来他获准进入，罪过也得到原宥。但亨利的忏悔为时不久，他一回到德国，就故伎重演。他再次被逐出教会。德意志主教团又一次废黜了格里高利。不过这一次亨利穿越阿尔卑斯山时，率领着一支大军，他包围了罗马，迫使格里高利逊位到萨勒诺，后来在放逐中死去。这初次的暴力冲突于事无补。亨利一回到德国，教皇与皇帝之间的斗争又继续下去了。

不久之后，霍亨施陶芬家族就夺取了德意志帝国皇帝的宝座，而且比其前任更加桀骜不驯。格里高利曾经宣称，教皇高于一切帝王，因为在最后审判之日他要对所有的羔羊负责，在上帝的心目中，一名国王只是一个忠实的牧人。

霍亨施陶芬家族的腓特烈，通常都称他"巴巴罗萨"即"红胡子"，反过来宣称，皇帝是"由上帝亲自"赐予他的前任的，而由于帝国包括意大利和罗马在内，他发动战争是要把这些"失去的领土"收归北方的国家。红胡子本人在第二次十字军东征中溺死于小亚细亚，但他的儿子腓特烈二世是个聪明盖世的青年，幼时他曾在西西里接触过伊斯兰文明，此时他继续东征。教皇咒骂他离经叛道，确实，腓特烈似乎对北方的粗俗的基督教世界、对粗鲁的德意志骑士、对阴险的意大利教士深恶痛绝。但他缄口不言，随十字军东征，并从异教徒手

城堡

中夺回了耶路撒冷，就此加冕为圣城之王。即使如此作为，也未能平息教皇的不满，他们竟然将他废黜，把他在意大利的领地赐给以圣路易著称的法王路易之弟——安茹的查理，这就导致了更多的战事。霍亨施陶芬王朝的末代皇帝康拉德四世之子康拉德五世试图重建王国，却被击败并在那不勒斯被斩首。但在 20 年之后，在西西里彻底失去民心的法国人，在所谓的西西里晚祷事件中全部遭到杀害，事情就是这样。

　　教皇和皇帝之间世代的争吵始终没有解决，但过了一段时间之后，敌对双方学会了不去干涉对方。

1273年，哈布斯堡的鲁道夫被选作皇帝，他没有跋涉到罗马去加冕。教皇也没有反对，反倒躲避着德意志，这就意味着和平。然而过去的200年时间本来可以用于整顿内部，却这样在无谓的战争中白白耗费了。

然而，这股邪风并非对所有人都不利。意大利的诸小城，经过小心谨慎地谋求平衡，在皇帝和教皇的夹缝中成功地增强了实力和独立性。当人们开始冲向圣地时，这些小城很好地解决了成千上万吵嚷着夺路而行的急切的朝圣者的输送问题，到十字军东征结束时，它们已经用黄金和砖块为自己建起了牢固的防线，开始以同样的不屑抵制教皇和皇帝了。

教会和国家彼此争斗不休，而中世纪的城市这个第三者得以从中渔利，拿着战利品一走了之。

34

十字军东征

当土耳其人占领了圣地，
亵渎了神圣的地域，严重
阻碍了东西方之间的贸易
时，形形色色的一切争吵
都被忘却了。欧洲投入了
十字军东征。

在 3 个世纪当中，除去西班牙和东罗马帝国这两处保卫欧洲的门户，基督徒和伊斯兰教徒一直和平相处。伊斯兰教徒在 7 世纪时征服了叙利亚，就此占有了圣地。但他们视耶稣为伟大的先知（不过不如穆罕默德那么伟大），而且没有干预想去君士坦丁大帝的母亲圣海伦娜在圣墓原址上修建的教堂朝圣的基督徒。但是在 11 世纪初期，来自亚洲原野的一支叫作塞尔柱人或奥斯曼土耳其人的突厥部族，成为西亚伊斯兰国家的主人，宽容时期就此结束。土耳其人从东罗马皇帝手中夺走了小亚细亚的全部土地，终止了东西方之间的贸易。

东罗马皇帝阿历克塞一世，一向与他西方的基督徒邻居少有往来，这时却吁求援助，指出威胁欧洲的危险应是土耳其人夺取君士坦丁堡的后果。

意大利诸城已在小亚细亚和巴勒斯坦海边建立了殖民地，出于害怕财产损失的心理，便传出了土耳其人残暴和基督徒受苦的可怕故事。全欧洲一时群情激昂。

教皇乌尔班二世是个来自兰斯的法国人，曾在格里高利七世受教的著名的克吕尼修道院就学，他认为行动的时机已到。当时，欧洲总的状况实在远不如人意：原始的耕作方法（从罗马时代起就没有改变）常常造成食物短缺，失业和饥饿的存在会引发不满和骚乱。西亚在过去曾养活了数以百万计的人口，是移民的绝佳目标。

因此，1095 年在法国克莱蒙的会议上，教皇站起身，描述了异教徒蹂躏圣地的可怕灾难，又生动地描绘了自从摩西时代那里便流淌着奶和蜜的景象，激励法兰西骑士以及全欧洲人民抛妻弃子，从土耳其人手中解放巴勒斯坦。

一股宗教狂潮席卷了欧洲大陆。一切理智都丧失了。男人会放下锤子和锯子，走出店铺，选取最近的路线前往东方杀害土耳其人。孩子们会离家"前往巴勒斯坦"，凭着他们的血气方刚和宗教虔诚，要可怕的土耳其人屈膝。这些热血汉子中足有九成始终未能看到圣地。

第一次十字军东征

他们没钱，被迫以乞讨或偷盗为生，因而危害了大路上的安全，遭到愤怒乡民的杀害。

第一批十字军是由半疯癫的隐士彼得和穷汉瓦尔特率领的一伙乌合之众，其中有真诚的基督徒、有欠债难还的破产户、有分文没有的贵族以及逃犯。他们出征异教徒，也杀害路上遇到的犹太人。他们只抵达了匈牙利，就全部被杀了。

这一经历给了教会一个教训：单靠热情是无法解放圣地的。组织工作和良好的意愿及勇气同样必要。于是，教会花费了一年时间训练和装备一支20万人的大军，将他们置于布永的戈弗雷、诺曼底公爵罗伯特、佛兰德斯伯爵罗伯特，以及一群久经战阵的贵族的指挥之下。

1096年第二批十字军开始了漫长的征程。在君士坦丁堡，骑士们向东罗马皇帝表示效忠。(如我已对你们所说,传统难以消失,虽说东罗马皇帝无钱又无势,但仍大受尊崇。)随后便渡海进入亚洲,杀死了所有落入他们手中的穆斯林,猛攻耶路撒冷,屠戮了伊斯兰居民,然后向圣墓进发,伴着虔敬和感激的泪水,发出赞美和感念之声。但土耳其人不久就因生力军的到来而得到加强。他们随后重克耶路撒冷,反过来杀尽了十字架的忠实追随者。

在随后的两个世纪里,又有7次十字军东征。十字军逐渐掌握了航海技术。陆路行军太烦闷,也太危险。他们更乐于越过阿尔卑斯山,到热那亚或威尼斯,乘船东行。热那亚人和威尼斯人把这种横渡地中海的客运看作有利可图的生意。他们要了高价船费,而当十字军(他们大多数人没有多少钱)交不起船费时,那些意大利的"奸商"就好心地答应他们"以工代费"。为了偿付从威尼斯到阿克的船费,十字军要为他的船东打仗。这样,威尼斯就在亚得里亚海岸和希腊境内大大地扩展了领土,连雅典都成了威尼斯的殖民地,还有塞浦路斯、克里特和罗得岛等岛屿。

然而,这一切于解决圣地问题却少有补益。在第一次热情消退之后,十字军的短途旅行成为每一个有教养的青年的文科教育的一部分,而且从来不缺赴巴勒斯坦服役的报名人。但旧日的狂热已经一去不复返。十字军开始东征时对穆斯林的深仇大恨和对东罗马及亚美尼亚基督徒的无比热爱,如今在心理上已彻底改变。他们越来越看不起拜占庭的希腊人,因为希腊人欺骗他们,时时出卖十字军的大业。他

十字军的世界

十字军夺取耶路撒冷

们也看不起亚美尼亚人和东地中海岛屿及沿岸的各族人，而且他们开始赞赏敌人那些经证明是慷慨公允的品德。

当然啦，这种想法是不能公开讲的。但当十字军返回家乡时，却喜欢模仿从异教敌人那里学到的行为举止，与之相比，西方的骑士通常不过是一帮乡野村夫。十字军还带回来不少新品种的食物，如桃子和菠菜，种到自家园子里，还可以卖钱。他们放弃了穿着沉重盔甲的

十字军的坟墓

陋习，改穿丝绸或棉布制作的飘洒的袍服，这种先知追随者的传统服装本来就是土耳其人的衣着。事实上，以惩治异教徒开始的十字军东征，却成了千百万欧洲青年接受文明教育的一门课了。

从军事和政治观点来看，十字军东征是一道败笔。耶路撒冷和诸多城市得而复失。在叙利亚、巴勒斯坦和小亚细亚曾建起了十多个小王国，但它们被土耳其重新征服。在耶路撒冷绝对属于土耳其所有的1244年之后，圣地的状况和1095年前毫无二致。

但欧洲却发生了巨变。西方人获准对东方的美丽、阳光和文明瞥上一眼。他们那些死气沉沉的城堡不再令他们中意。他们想过一种更开阔的生活。而无论教会还是政府都不会为他们提供这种生活。

他们在城市里找到了这种生活。

中世纪的城市

中世纪的人为什么会说「城里的空气是自由的空气」。

中世纪初期一直是一个拓荒和定居的时代。一个此前住在保卫罗马帝国东北边境的山林、沼泽的荒野之外的新崛起的民族，强行进入了西欧平原，占据了那里的大部分土地。他们像有史以来的所有开拓者一样，不肯安分度日，他们喜欢"不停地走动"。他们砍伐树木，并以同样的精力互相杀伐，他们中间没什么人愿意住到城里，他们坚持要"自由"，他们喜欢山边的新鲜空气充满他们的肺腑，同时赶着畜群穿过微风吹拂的草原。当他们对旧家不再喜欢时，就拔起帐篷杆，四处寻找新的冒险。

弱者难存。坚毅的战士和追随他们进入荒野的勇敢的妇女得以幸存，就这样他们被造就成了一个强悍的民族。他们对生活的优雅绝少在意。他们无暇抚琴赋诗，他们对讨论也不热衷。教士是村里"有学问的人"（在 13 世纪中期之前，一个能读书写字的非神职人被视为"柔弱"），理应解决一切没有实际价值的问题。与此同时，日耳曼的首领们、法兰克的男爵们、诺曼的公爵们，或者不管姓氏或头衔的人物，占有了自己的一份曾经属于伟大的罗马帝国的领地，在往昔辉煌的废墟上建立起自己心满意足的天地。

他们尽其所能掌管着城堡及其周围农村的事务，他们像弱者所能指望的那样对教会的戒律一丝不苟。他们对国王或皇帝忠心耿耿，与遥远又危险的君主和睦相处。简言之，他们竭力行事端正，对人公平，不为一己之私做出绝对不公的行为。

他们并不认为自己生活在理想的世界里。大多数人是"农奴"，也就是作为赖以生存的土地的一部分的佃农，他们的生活与牛羊无异，而且他们就住在牲畜棚里。他们的命运说不上好，也说不上坏。可是又能怎么样呢？统治中世纪天下的慈悲的天主无疑要把一切安排得尽善尽美。如果天主以其智慧决定世上应有骑士和农奴，教会的忠实信徒就没有责任去询问这种安排。因此，农奴并不抱怨，但当他们被过分役使时，便会像没有食物、没有棚层的牛羊一样死去，于是天

主只好匆匆采取一些措施来改善他们的条件。然而,如果世界的进程
要留给农奴和他的封建领主来推动的话,我们就会依照 12 世纪的传
统生活——用念咒语来制止牙痛,对要以"科学"来帮助我们的牙医
深怀轻蔑和痛恨之情,认为他们不是伊斯兰教的就是异教的,而且认
为他们是邪恶而无用的。

等你们长大后就会发现:许多人并不相信"进步",他们会用
我们时代某些人的恶行向你们证明,"世界并没有改变"。但我希望
你们对这种说法不要太在意。要知道,我们的祖先用了差不多 100
万年的时间才学会用下肢走路。又过了多少世纪他们动物式的咕哝
才发展成听得懂的语言。文字——为后世保存思想的艺术(没有文
字便不可能取得进步),在 4 000 年前才创造出来。把自然力转变
成人类驯服的仆人的念头,在你祖父的时代还是相当新颖的。故此,
在我看来,我们正在以前所未闻的速度进步着。或许我们已经过于
重视生活的物质享受的一面。不过,这会随着时间的进程而改变的,
到时候我们就会全力以赴地解决与健康、收入、管道及机械等无关
的问题了。

但千万不要对"美好的往昔"过分伤感。许多人只看到中世纪
留下来的壮丽的教堂和伟大的艺术作品,在把这些遗产与我们时代匆
忙、吵闹和充满难闻的卡车尾气的丑陋的文明相比时,总会对 1000
年前的城市感慨不已。但当时那些中世纪教堂周围遍布惨不忍睹的破
茅屋,与之相比,现在的出租公寓简直就像豪华宫殿了。确实,高

贵的兰斯洛特和那同样高贵、前去寻找圣杯的纯洁的青年英雄帕西法尔[1]，是不会为汽油的气味烦恼的。但那时候有农舍牛棚的各种怪味、扔到街上的腐败垃圾的异臭、主教宫殿四周猪圈的气味，以及穿着祖辈留下的衣帽、从来不知肥皂好处的不洗浴的人们的体味。我不想描绘一幅过于令人不快的图画。但是当你从古老记事中读到法兰西国王从他王宫的窗户向外眺望，被巴黎街道上拱土觅食的猪群臭气熏晕时，或是读到一篇古老的手稿中记述了一些流行疫病或天花的细节时，你就会开始理解"进步"可是比当今广告人所用的时髦的惊人之语意味更多的词语。

不，如若没有城市的存在，过去的 600 年是不会有进步的。因此，我要在这一章比其他章节多费些笔墨。在那些描写政治事件的章节中，用上三四页就可以了，本章之重要性，可不能压缩到那样的篇幅。

古代的埃及、巴比伦和叙利亚曾经是城市的天地，希腊就是一个城邦组成的国家，腓尼基的历史也就是西顿和提尔这两座城市的历史，罗马帝国仅仅是一座孤立城市的"内地"。文字、艺术、科学、天文、建筑、文学、戏剧——以及列不完的名目——全都是城市的产物。

在差不多 4 000 年的时间里，我们称作城镇的木架蜂房，一直是世界的工场。随后是民族大迁徙，罗马帝国被摧毁了，城市被夷为平地，欧洲再次变成了牧场和小农村。在黑暗时代里，文明的土壤被闲

1　均为亚瑟王的圆桌骑士。

置了。十字军为新的作物备下了土壤。到了收获的季节，果实却被自由城市的市民摘去了。

我曾经讲过带有厚实的石头围墙的城堡和修道院——那是骑士和教士的家园，捍卫着人们的身体和灵魂。你们已经看到一些手艺人（屠夫、面包师，偶尔还有一个做蜡烛的）如何住到城堡附近，供应城主之需，并在危险来临时寻求保护。有时候封建领主允许这些人用栅栏围起他们的住房，但他们的生存要仰仗城堡中有权势的领主的慈悲。领主四下走动时，他们便跪在他面前，吻他的手。

这时十字军来了，许多事情就改变了。大迁徙先前把人们从东北赶到西边，十字军又使数以百万计的人们从西边走到东南方的高度文明地区。他们发现，世界并不局限在他们小小的居住区的四面围墙之内。他们开始赞赏更好看的服饰、更舒适的住房、新颖的菜肴、神奇东方的产品。在他们回到老家之后，他们一心想要得到这些物品的供应。那些背货小贩——中世纪仅有的商人——在他们原有的商品中增加了这些货物，买上一辆车，雇上几名先前的十字军士兵当保镖，以免受这场国际大战之后出现的犯罪浪潮之灾，把生意做得规模更大，也更现代化。这样的经商谈何容易？每次进入另一位贵族的领地，都要交一次过路费和关税。但生意仍有利可图，商贩也就继续做下去。

不久，某些精力旺盛的商人就发现，他们长途贩运的货物可以在家中制造，于是就把住宅的一部分变成了作坊。他们不再当商人而是当上了制造人。他们不仅把产品出售给城堡中的老爷和修道院中的教士，也卖到周围的城镇。贵族和教士以他们农场上出产的鸡蛋和葡萄酒，以及当年用作白糖的蜂蜜来支付购得的产品。但远处城镇的居民则需用现金支付，于是制造人和商人手中开始有了自己的金币，从而完全改变了他们在中世纪早期的社会地位。

你们难以想象一个没有货币的世界。在当代社会中，一个人没有钱很难生存。一天到晚你带着一个装满金属币的钱袋"买路"。你需要一枚五分的镍币坐公交车，一美元吃饭，三分钱买晚报。但中世纪早期的许多人从生到死一辈子也没见过一枚硬币。希腊和罗马的金、银币埋在了他们城市的废墟下。罗马帝国之后的大迁徙时代，是个农业的世界。每个农夫种的粮食和养的牛羊，足够他一家食用。

中世纪的骑士都是乡绅，很少被迫用货币买东西。他的领地生产各种东西，供他的一家吃喝穿戴。住宅用砖来自附近的河岸，梁柱取自林地。需要从外地购买的货物是用以物易物的方式成交的，他们提供的货物是蜂蜜、鸡蛋和柴捆。

但是十字军一下子颠覆了原有农业生活的常规。若是希尔德斯海姆公爵要去圣地，他就要旅行几千公里的路程，为路费和住店付钱。在家时，他可以用自己农场的产品来支付。但他不可能带上几千个鸡蛋和一车火腿来满足威尼斯海运代理人和布伦纳隘口小店主的贪婪，他们都要求现金结账，公爵大人只好随身携带少量黄金上路。他到哪里去弄金子呢？他可以到古伦巴第人的后裔伦巴第人那里去借——他们已经成了职业放贷人。他们端坐在交换台（也就是通常说的银行）

后面，满心高兴地让大人阁下以其庄园作抵押，借出几百金币——万一大人阁下命丧土耳其人之手，还可得到补偿。

对借钱的一方来说，这是一宗风险交易。最终，伦巴第人不可避免地占有了庄园，而骑士们都破了产，只好受雇于更有权势也更精明的邻人当一名战士。

大人们也可以到城镇中犹太人被迫聚居的地区，他们在那里能够以50%到60%利息的高利贷借到钱。这同样是得不偿失的交易。难道就没有出路了吗？城堡周围小镇中的一些人据说有钱。他们看着年轻的老爷长大成人，他们的父辈曾经是好友，他们的要求合情合理。好吧。大人的文书，一个能写会算的教士，给最有名的商人送来一张纸条，要借一小笔款子。镇上人就在为附近教堂做圣餐杯的银匠作坊里聚会，商讨这件事。他们没法拒绝。要"利息"是没意义的。首先，要利息不符合大多数人的宗教本分，其次，付利息只能用农产品，而这种东西他们家中已经足够而且有余了。

"不过，"安详地坐在桌边度日的裁缝提议说，他也多少算是哲学家了，"假如我们让他做点什么来回报我们的贷款怎么样？我们都喜欢钓鱼，但我们这位大人不准我们在他的溪水中钓鱼。如果我们借给他100达克特[1]，让他给我们立个字据，允许我们在他所属的河里随便钓鱼作为回报，怎么样？这样，他拿到了他需要的100达克特，而我

1　当时在欧洲通行的金币名。

城堡和城市

们也可以钓鱼了，这不是两全其美吗？"

　　大人接受这一建议（得到 100 金币看似轻而易举）的那一天，他却签下了自己权势的死刑判决书。他的文书起草了协议，大人也画了押（因为他不会签自己的名字），便出发东征了。他两年后归来时已经穷困潦倒，镇上人正在城堡的池塘里钓鱼。这一排悠闲的垂钓人让大人极为恼火，他吩咐总管把那群人赶走。他们走开了，可是当晚便有一个商人的代表团造访了城堡。他们礼貌有加，他们祝贺大人阁下平安归来。他们为大人阁下由于钓鱼人而恼火表示歉意，但大人阁下可能还记得他本人曾经俯允此举，裁缝干脆出示了主人走后一直存在银匠保险柜中的协议。

大人阁下更加恼火了。可是他再次急需用钱。在意大利，他曾在某些文件上签署过，那些文件如今落在著名的银行家萨尔瓦斯特罗·德·美第奇之手。那些文件都是"商业期票"，从签订之日起两月到期。总额达340镑佛兰德斯金币。在这种情况下，高贵老爷的满腔怒火无法发泄。反之，他高傲的灵魂只好无奈地提出再借一笔小钱。商人们退下去商讨此事。

三天之后，他们回来，说了"同意"。他们能够在主人处于困境时助他一臂之力，只有高兴的份，但是作为出借340镑金币的回报，要再给他们一份书面担保（又是一条契约），让他们这些城里人可以靠一个由城里全体商人和自由民选出的他们自己的议会，掌管城里的事务而不受城堡方面的干涉。

大人怒气冲天，可他毕竟还需要钱啊。他只好同意，并且签署了契约。一星期后他反悔了。他召集起士兵，前往银匠的住宅，讨要那份文件，那可是他的狡猾的百姓乘人之危，哄骗得手的。他把文件拿走，一烧了之。市民们站在一旁，一语不发。但是，当下一次大人阁下需要为女儿的嫁妆付款时，却一分钱也借不到了。经过闯入银匠家中的那番小事，他的名誉便不被人看好了。他被迫吞下苦果，主动要做些补偿。在大人阁下拿到分期贷款的第一笔款项之前，市民们又一

钟楼

中世纪的城镇

火药

次提出了原来的契约条件，还要求增加一条全新的承诺，允许他们修建一座"市政厅"和一座牢固的塔楼。他们可以把全部契约存放在内，防火防盗，实际上是防止老爷及其武装扈从的进一步破坏。

这就是十字军东征后几个世纪中事情发生的概貌。那是一个缓慢的过程，权势就此逐渐从城堡转移到了城镇中。其中有一些战斗。一些裁缝和银匠遭到杀害，一些城堡被付之一炬。但这种情况并不常见。几乎难以觉察地，城镇变得越来越富，而封建领主却日益捉襟见肘。

为了维持自己的体面，贵族们只好一次又一次地以市民的自主权交换现金。城镇就此发达了。城市为逃跑的农奴提供了避难所，让他们在城墙里生活几年之后获得了自由。城市还逐渐成为周围农村中更精明强干的人的家园。他们为自己新得到的重要地位感到骄傲，在数世纪之前进行鸡蛋、绵羊、蜂蜜和食盐实物交易的旧市场周围，他们建起了教堂和公共建筑，在里面宣示自己的权力。他们要让子孙后代比他们享有更好的机遇。他们雇用教士到城里做教师，他们听到有人能在木板上绘画时，就资助他在他们的教堂和市政厅的墙壁上以《圣经》中的故事为题材作画。

与此同时，大人阁下在其城堡的凄风苦雨的厅堂中，观望着这一切繁荣景象的爆发，悔恨当初签署了第一份丧失主权和特权的契约。可是他无可奈何。那些拥有装满财宝的保险箱的市民冲他打着响指。他们是自由民，准备拥有经过十几代人流血流汗所获得的一切。

36

中世纪的自治政府

市民如何在国家的皇家议会中维护自己的发言权。

当年，人们还是四处漂泊的游牧民族时，所有人都是平等的，并且对全部落的福利和安全都负有责任。

但当他们定居下来，一些人变富，其余人变穷时，政府自然就落到那些不必为生计操劳，能够投身政治的人的手中。

我已经给你们讲过，在埃及、美索不达米亚、希腊和罗马，这种情况是如何发生的。秩序一经恢复，在西欧的日耳曼人当中，这种情况也就立刻照样发生了。西欧首先是由日耳曼民族的罗马帝国内的七八个最重要的国王选出来的皇帝来统治，他享有许多虚设的、但实际上很小的权力。这个帝国是由一批坐在摇摇欲坠的宝座上的国王统治着，日常政务则落入成千上万个小诸侯手中，他们的百姓都是农民或农奴。城市为数不多。而资产阶级几乎没有。但是在13世纪期间（间隔了几乎1000年之后），资产阶级即商人阶级，再次出现在历史舞台上，如我们在上一章所见，他们势力的崛起，意味着城堡主人影响的衰落。

在此之前，统治其国土的国王只关注贵族和主教的愿望。但由十字军东征而发展起来的新的商贸世界，迫使他承认资产阶级，否则他就会饱尝国库日益空虚之苦。国王陛下（按照他们隐藏于心的愿望）要是求教于那些好市民，还不如让他对他的猪、牛欣然从命呢。但他们自己却无可奈何。他们经过一番挣扎，只好吞下那镀金的苦果。

在英格兰，狮心王理查缺位时（他去过圣地，但他东征的大部分时间却消磨在一座奥地利的监狱里），国家政权委托给他的一个弟弟约翰，约翰打仗不如查理，在治国上也同样无能。约翰身为摄政王，一开始当政就丧失了诺曼底和法兰西境内的大部分领地。接着，他又和霍亨斯陶芬家族的公敌——教皇英诺森三世大吵一场。教皇像两个世纪前格里高利七世开除亨利四世教籍一样将他逐出教会。1213年，约翰只好屈辱求和，亦如亨利四世在1077年时的被迫所为。

约翰屡屡失败，却不气馁，依然故我地滥用王权，直到对他不满

民众主权观念的传播

的臣子拘禁了这位神权帝王，迫使他答应改恶从善，再也不干涉臣民们自古便有的权利为止。这一切都于 1215 年 6 月 15 日发生在泰晤士河上兰尼未德村附近的一座小岛上。约翰署名的文件称作《大宪章》，其内容没什么新颖之处，只是用简单明了的语句重申了国王的古老职责，并列举了臣子的特权，但对广大群众即农民的权利（如果还有的话）不屑一提，只对正在上升的商人阶级提供了某些保障。该宪章具有重大意义，因为它比此前的法令更确切地限定了王权。但它仍是一份不折不扣的中世纪文件。它并未涉及普通百姓，只是提到涉及臣子的产业时要予以保护以防暴君侵夺，恰如男爵的树林和畜群受到保护以免皇家林务官的觊觎一样。

然而，几年之后，我们就开始在国王陛下的议会上听到了迥异的论调。

约翰生来就是昏君，后来的表现更是如此，他曾庄严承诺要遵守《大宪章》，随后却逐一破坏了许多条款。所幸，他不久就死去了。继任的世子亨利三世被迫重新认可该宪章。此时，参与十字军东征的理查叔父耗费了国家的大笔钱财，国王只好设法寻求几笔贷款以偿付犹太放贷人的债务。担任国王咨政参议员的大地主和主教无法为他提供所需的金银。于是国王就下令征召几名城市代表出席他的大议会的例会。这些人便在 1265 年初次露面。他们只是作为财政专家列席会议，而不参与国务的一般讨论，不过在税收问题上可以例外地提出建议。

不过，这些"平民"代表逐渐参与了许多问题的磋商，贵族、主教和市民代表的会议发展成了一种定型的"议会"，该词来自法语，也就是人们在重大国务决定之前发表看法的地方。

但是这样一个拥有某些执行权的一般性的咨询机构，并非如大家所想的那样是英格兰人的首创，而由"国王及其议会"构成的政权形式也并不局限于英伦三岛，它在欧洲各地比比皆是。在一些国家，如法国，中世纪之后王权的急速增长将议会的影响减少到零。1302 年，市民代表获准进入法国议会，但时隔 5 个世纪之后，该议会才强大到足以维护资产阶级，即所谓第三等级的权利，并冲破王权。随后，他们弥补了失去的时间，在法国大革命期间废黜了国王、教士和贵族，使平民的代表成为国家的统治者。在西班牙，国王的议会早在 12 世纪上半叶就已对平民开放。在德意志帝国，一批重要城市获得"帝国城市"的头衔，其代表必须在帝国议会上持有发言权。

在瑞典，人民代表于 1359 年出席了国会的首届例会。在丹麦，古老的全国大会在 1314 年就建立了，尽管贵族时时将国王和人民撇开而独握国家大权，但市民代表从未被彻底剥夺掉他们的权利。

在斯堪的纳维亚国家，由代表管理政府的故事特别有趣。在冰岛，管理事务的全体自由地主的大会，从 9 世纪起就定期召开，并且持续了 1 000 多年。

在瑞士，不同行政区的自由民抵制一些邻近封建主的意图、捍卫他们的议会，取得了极大的成功。

瑞士自由的家园

菲利普二世放弃王权

　　最后，在低地国家荷兰，各公国及郡县的诸议会，早在 13 世纪就接纳了第三等级的代表。

　　在 16 世纪，许多这样的小省份起而反对国王，在"三级会议"的一次庄严会议上废除了国王陛下，将教士逐出会议，粉碎了贵族的权力，在新建的尼德兰七省联合共和国中执掌了全部政权。城镇议会的代表们在没有国王、没有主教、没有贵族的条件下，统治全国达 200 年之久。城市变得至高无上，出色的市民成为国家的统治者。

中世纪的世界

中世纪的人民如何看待他们身在其中的世界。

日期是生活所需最重要的发明。没有日期，我们就不知如何是好了；不过，我们如果不小心，日期就会捉弄我们。日期易于使历史过分精确。比如说，在我讲到中世纪人的概念时，我并不是说，在 476 年 12 月 31 日那一天，全欧洲的人突然异口同声地说："啊，如今罗马帝国已经寿终正寝，我们生活在中世纪了。多有趣啊！"

你们大概已经注意到，在查理大帝的法兰克宫廷里的人在习惯上、举止上及人生观上，仍然是罗马人。而另一方面，当你们长大成人时就会发现，当今世界上的一些人还没有跨越穴居人的阶段。时间和时代全都是叠加的，而前后相接的一代代人之间，在观念上也是一脉相承的。但我们有可能研究中世纪许许多多真正的代表人物的想法，然后给出一般人对人生所持的态度和对生活中很多难题的总体概念。

首先要记住，中世纪的人从来就没有认定自己生来就是可以随意来去，根据自己的能力、精力或运气确定个人命运的自由公民。恰恰相反，他们都认为自己是事物总体的一部分，皇帝也罢、农奴也罢、教皇也罢、异教徒也罢、英雄也罢、流氓也罢、富人也罢、穷人也罢、乞丐也罢、窃贼也罢，概莫能外。他们全都接受神圣的命定，从不置疑。在这方面，他们和拒不接受命运、始终想方设法改变自己的财经政治状况的现代人截然不同。

对于 13 世纪的男男女女而论，来世——美好欢乐的天堂和遭受折磨的地狱——可不是什么空话或神学的模糊说辞。那是个存在的事实，中世纪的市民和骑士花费了大部分时间为之进行准备。我们现代人以古希腊和罗马人的平和宁静看待没有虚度一生之后的高尚的死亡。经过 60 年的工作和努力，我们怀着一切都会美好的心情迎接长眠。

然而在中世纪，死神以其阴笑的头颅骨和嘎吱作响的骷髅，时时伴随着人们。他用令人毛骨悚然的琴声唤醒他的牺牲品，他坐在桌边和他们一起就餐，他从树木和灌木丛背后向携女友外出散步的人们狞笑。如果你们儿时听到的不是安徒生和格林的童话，而只是墓园和棺材以及骇人的疾病等令人毛发直立的故事，你们同样会整天生活在生命的最后时刻和可恶的世界末日的恐惧之中。这就是中世纪儿童世界的真实写照。他们走动在妖魔鬼怪的世界之中，只是偶尔得见天使。有时候，他们对未来的恐惧使他们的灵魂满是谦卑与虔敬，但有时也反过来影响他们，使他们残忍又伤感。他们攻下一座城池之后首先便要杀尽妇孺，然后两手带着无辜受害者的鲜血虔诚地迈步奔向圣地，他们会祈求仁慈的上天原宥他们的罪孽。不错，他们不仅要祈祷，还会流下痛苦的泪水，忏悔自己是最为恶毒的罪人。但第二天，他们又会毫不心慈手软地杀光一营的撒拉森人。

当然，十字军的成员是骑士，他们遵守的是多少不同于普通人的另一套行为准则。但是在这方面，普通人和他们的老爷毫无二致。他们和温驯的马匹一样，会轻易地受到一个影子或一张纸片的惊吓，虽说能够忠诚而出色地服役，但当他在狂热的想象之中看到一个鬼魂时，很可能会被吓跑，或是造成可怕的破坏。

然而，在评论这些好人时，我们应该明智地牢记他们生活在艰难困苦之中。他们其实是装出文明做派的野蛮人。查理曼和奥托大帝虽被叫作"罗马皇帝"，但他们生活在光荣的废墟之中，并没有享受到被他们的祖辈和父辈破坏殆尽的文明。他们一无所知，今天一个12岁的少年所知的所有事情，他们都会莫名其妙。他们只有一本书——《圣经》，他们在里面寻找一切知识。但《圣经》中促使人类历史向进步发展的部分是《新约》，它教导了我们博爱、仁慈和忍让这些重大的

中世纪

道德课题。要是当作天文学、动物学、植物学、几何学及一切其他科学的手册，这部历史悠久的典籍就完全靠不住了。在 12 世纪，第二本书加进了中世纪的书库，那是由公元前 4 世纪希腊哲学家亚里士多德编纂的囊括实用知识的大百科全书。基督教会何以甘心赋予亚历山大大帝的这位老师如此崇高的荣誉，却把古希腊其他的哲学家都诅咒为异端邪说，我确实不得而知。不过，继《圣经》之后，亚里士多德被承认为唯一可靠的教师，其作品被安全地放到了基督徒的手里。

他的著作经过曲折迂回的道路才进入欧洲。先是从希腊到了亚历山大港，随后便被 7 世纪时征服了埃及的穆斯林从希腊文译成了阿拉伯文。那些著作随着伊斯兰大军进入了西班牙，这位伟大的斯塔吉拉人（亚里士多德是马其顿的斯塔吉拉本地人）的哲学在科尔多瓦的摩尔人大学中讲授。之后，这部阿拉伯文的教科书被那些跨越比利牛斯山脉寻求自由教育的基督徒学生译成拉丁文，终于使这部名著几经辗转后的文本在西北欧的不同学校里讲授。具体过程虽不十分清晰，这反倒使之更加有趣了。

借助《圣经》和亚里士多德的著作，中世纪最聪慧的学者开始着手阐释天地间的万物及其与上帝所表达旨意之间的关系。这些聪明人，也就是所谓的经院学者，确实聪慧过人，可惜他们只从书本中获取知识，从来不去实际观察。如果他们要讲授鳕鱼或毛虫，就去翻阅《旧约》和《新约》及亚里士多德的著作，把书本中对这些问题的说法全盘告诉学生。他们根本不会去近旁的河里捉一条鳕鱼，也不会离开书斋就近到后院里抓上几条毛虫，看看这些动物，在本乡本土研究它们。即使像大阿尔伯特和托马斯·阿奎那这样的著名学者也不会追究一下巴勒斯坦的鳕鱼和马其顿的毛虫是不是与西欧本地的鳕鱼和毛虫没什么两样。

当偶尔有一个特别好奇的人如罗杰·培根出现在学者会议上,并开始用放大镜和好玩的小望远镜观察,而且当真把鲟鱼和毛虫拿到讲堂上,证明它们与《旧约》和亚里士多德所描述的情况有所不同时,那些学究们也会抬起他们尊贵的头,培根做得过分了。当他大胆提出1小时的实际观察,胜过10年研读亚里士多德时,以及提出那位著名的希腊人的作品尽管已做出贡献,可能还是未曾翻译出来反倒更好时,学者们便跑到警察那里举报:"此人对国家安全有危害。他要我们学习希腊文,以便阅读亚里士多德的原著。他为何对数百年来满足了我们忠诚的人民的拉丁-阿拉伯译文不满呢?他为何对鱼和昆虫的内脏如此好奇呢?他可能是一个恶毒的魔法师,一心想用他那黑色魔法颠覆现存的秩序。"他们这一番诉求十分奏效,使和平的卫道士大惊失色,他们在十多年里禁止培根写出一个字。他在恢复研究之后,便汲取了教训。他用一种奇特的符号著述,使他的同代人无法读懂。随着教会绝望地试图不准人们置疑宗教信条,以免导致怀疑和离经叛道的事态愈演愈烈时,培根的巧妙办法就逐渐通用了。

不过,这种做法并非出于陷人民于无知的险恶用心。当年促使教会搜寻异端的心理原是一番好意。他们坚定地相信,不,应该说他们明知,今生无非是为我们在另一个世界的真正生存做准备的。他们深信,过多的知识使人们不安,让他们的头脑充满危险的观点,以致怀疑,从而毁灭。一名中世纪的经院哲学家,如果看到他的某个学生偏离了《圣经》和亚里士多德启示的权威并独立地进行研究，他就会像一个充满爱心的母亲看到她的小孩走近火炉一样惴惴不安——她知道，如果让孩子去摸火炉，就会烫伤柔嫩的手指，因此她就会让他远离火炉，必要时甚至会采取强制手段。但她确实爱孩子，只要他听话，她就会尽力对他好。同理，中世纪人们灵魂的护卫者，一方面在涉及信仰的一切问题上十分严格，另一方面也日夜操劳为其信众提供尽可能多的服务。他们尽其所能伸出援助之手，而且当时的社会也显示了成千上万的善男信女的影响力，他们竭力使普通人的命运尚可忍受。

一个农奴就是一个农奴，其地位绝不会改变。但中世纪的仁慈上帝既然要农奴终身为奴，并将永生的灵魂赐予这些卑微的人，那么就要保护他们的权利，让他们从生到死都是好的基督徒。当农奴年老体弱不宜干活时，雇用他的封建领主就要照看他。因此，过着单调沉闷生活的农奴，并不必为明日的下场而忧心忡忡。他知道自己是"安全"的——不会被抛出就业的队伍，他会始终有一个屋顶遮身（或许是漏雨的，但终归有处存身），也会有食物果腹。

这种"稳定"和"安全"之感，在社会各阶层中都不缺失。在城里，商人和手工艺人成立了行会，确保其所有成员有稳定收入。行会并不鼓励胜过邻人的心高气盛，反倒经常给那些勉强维生的"懒汉"以保护，从而让他们在劳工阶层中普遍建立起一种有保障的知足之感，这在处处竞争的今天已不复存在了。中世纪深谙我们如今叫作"垄断"的危险，垄断，即一个富人把所有的粮食、肥皂或腌鲱鱼统统囤积起来，然后迫使世人以他的定价从他手中购买的行为。因此当局不鼓励批发贸易，并且调控价格，商人们只可按定价出售。

中世纪不喜欢竞争。当最后审判日触手可及，财富并非评判标准，好农奴可以进入天堂的金门而坏骑士要被打发到最深层的地狱中去受罚的时候，为什么要彼此竞争，使世界充满匆忙和对手，形成你推我搡的局面呢？

简言之，中世纪的人民要乖乖地放弃他们的一部分思想和行动的自由，以便可以在躯体和灵魂的贫乏之中享有更大的安全感。

而且除去极个别的例外，他们并不反对这一切。他们坚信，自己不过是这个星球上的过客，他们的此生是为更伟大、更重要的生活做准备的。他们故意背转身去，不肯面对一个充满了苦难、恶毒和不公的现世。他们拉下百叶窗，以免阳光可能分散他们阅读《启示录》的注意力，那一章《圣经》告诫他们说，上天的光芒将要照亮他们永恒的幸福。他们尽力闭上眼睛不去观看尘世上的大部分欢乐，以便可以享受不远的来世等候他们的欢乐。他们把生命当作一种必然的邪恶来接受，而把死亡当作荣光时日的起始来欢迎。

希腊人和罗马人从来不费神去构想未来，而是竭力在现世建起他们的天堂。他们成功地使不是奴隶的同胞尽享人生之乐。随后便是中世纪的另一极端：人们在最高的云层之外为自己建起天堂，而把现世变成了高贵与卑下、富有与贫穷、聪慧与愚钝的人们落泪的凡间。钟摆到时候就要向相反一方摆去，下一章我就会告诉你们了。

38

中世纪的贸易

十字军如何再次使地中海成为繁忙的商业中心，意大利半岛的城市如何变成了与亚非通商的大型集散地。

中世纪后期，意大利的城市最早取得了重要地位，其中有三个显而易见的原因。意大利半岛在很久以前就由罗马确立了其地位，比起欧洲其他的任何地方都拥有更多的道路、城镇和学校。

蛮族在意大利和其他地方同样肆意焚烧，但意大利有太多的东西，虽经摧毁，幸存的仍然不少。其次，教皇住在意大利，作为一个庞大的政治机器的首脑，教皇国拥有领土、农奴、建筑、森林和河

221

流，控制着法庭，教皇还时时收到大量金钱。付给教皇当局的必须是金银，教皇要的东西和威尼斯及热那亚的商人和船主所要的东西如出一辙。北部和西部的奶牛、鸡蛋、马匹以及其他农产品要换成现金才能偿还远处的罗马城的账款，这就使意大利成了金银相对较多的国家。最后，在十字军东征过程中，意大利各城市成为十字军的兵站，获利之巨难以想象。

十字军东征结束之后，这些意大利城市保留了东方物资集散地的地位，欧洲人在近东度过的时光已使他们离不开这些东方商品了。

在这些城市中，像威尼斯那样享有威名的并不多见。威尼斯是建在堤岸上的共和国，在 4 世纪蛮族入侵时，人们从欧洲大陆逃到这里。由于这里四面环海，居民就从事制盐业，中世纪时，盐因稀少而昂贵。在数百年间，威尼斯垄断了餐桌上这一不可或缺的食物（我说"不可或缺"，是因为人和羊一样，如不食用一定数量的盐，就会生病）。威尼斯人利用这种垄断增加了城市的实力。他们一度甚至敢于公然蔑视教皇的权势。城镇变得富有，就着手造船，用来从事与东方的贸易。在十字军东征期间，这些船就用来载人到圣地；当乘客无法用现金付船费时，就只好帮助威尼斯人在爱琴海岸、小亚细亚和埃及不断扩大他们的殖民地。

到了 14 世纪末，威尼斯的居民已达 20 万，它成为中世纪最大的城市。居民对一小伙商业家族私下操纵的政府毫无影响力。富有家族选举出一个元老院和一个总督（或公爵），但城市的实际统治者却是

地中海的贸易

223

著名的十人议会的成员——他们保存实力的手段是借助高度组织的秘密体系和职业杀手，他们监视一切市民，悄悄除掉可能对肆无忌惮地滥施高压政策的公安委员会的安全构成危险的人。

政府的另一个极端是一种非常惯于动荡的民主制，在佛罗伦萨便可见到。该城控制着从北部欧洲到罗马的干道，把靠这一有利的经济地位赚来的钱用于制造业。佛罗伦萨人想以雅典为榜样，贵族、教士和行会成员全都参与商议市政决策，这就导致了市民的骚乱。人们一直分裂成不同的政治派别，彼此间刻骨仇视，争斗不休，某一派一旦在议会中获胜，立即会把政敌流放，还没收对方的财产。经过几世纪的乱党统治，终于发生了不可避免的事情。一个有权势的家族自封为城市的君主，按照古希腊的"暴君"模式治理该城及周边的农村。这个家族叫作美第奇，其最早的族人是医生（拉丁文医生一词为"medicus"，故用作姓氏），但后来这家人成了银行家。结果他们的银行和当铺成了贸易的极其重要的中心。即使在今天，我们的美国当铺仍以三个金球作招牌，这正是强大的美第奇家族纹章的一部分。美第奇家族成了佛罗伦萨的君主，其女儿们嫁给法兰西的几代国王，埋葬这个家族成员遗体的坟墓堪比罗马恺撒的皇陵。

威尼斯的主要对手热那亚，在那里，商人专做非洲突尼斯和黑海沿岸粮仓的生意。之后是200多个其他大小不一的城市，每一座城市都是一个完美的商业单位，它们彼此竞争，怀着世仇，与相邻城市对手进行无休止的战斗。东方和非洲的产品一旦运进这些集散地，就要做好准备，转运到西方和北方。热那亚将货物由水路运往马赛，再从那里转运到罗讷河沿岸，进入法国北部和西部市场的各个城市。

威尼斯由陆路通往北部欧洲，这条穿越布伦纳山口的古道正是当年蛮族入侵意大利的门户。商品经过因斯布鲁克运到巴塞尔，从那里沿莱茵河而下到达北海和英格兰，或者到达奥格斯堡，那儿有既是银行家又是制造商，靠削减工人工资大发横财的富格尔家族，他们负责继续运货到纽伦堡、莱比锡、波罗的海诸城和维斯比——该城位于哥得兰岛上，负责供应波罗的海北部，并直接与诺夫哥罗德交易，这处俄罗斯古老的商业中心于 16 世纪中期被伊凡雷帝所毁。

欧洲西北部的各小城都有各自有趣的发迹故事。中世纪时人们要吃大量的鱼，那时有许多斋戒日是不准吃肉的，住得远离海洋和河流的人就只好吃鸡蛋或者什么也不吃。但早在 13 世纪，一个荷兰渔夫发现了一种加工鲱鱼的办法，这样就可以把鲱鱼运到远处了，北海的鲱鱼捕捞业于是变得十分重要。但是在 13 世纪的一段时间内，这种有用的小鱼由于自身的原因，从北海转移到了波罗的海，使那条内海沿岸的诸城得以开始赚钱。那时各国蜂拥来到波罗的海捕捞鲱鱼，而由于鲱鱼在一年之中只有数月可以捕捞（其余时间那种鱼要到深海中繁育大批后代），船只若不另谋出路，就会闲置很长时间。于是，闲置期间船只便用来运载俄国北部和中部的小麦到欧洲的南部和西部。船只返航时便从威尼斯和热那亚把香料、丝绸、地毯和东方毛毯运到布鲁日、汉堡和不来梅。

伟大的诺夫哥罗德

从这样简单的起点便发展成了重要的国际商贸体系：从布鲁日及根特这样的制造业城市（那里全能的行会同法国、英格兰的国王展开激战，并建起了使雇主和工匠两败俱伤的劳工专制体系）到俄国北部的诺夫哥罗德共和国。这座俄国强大的城市后来被怀疑一切商人的沙皇伊凡夺取，在不足一个月的时间里便屠戮了6万人，幸存者则沦为乞丐。

北方的商人们为保护自己，抵抗海盗和过度的关税及讨厌的法规，组织起了一个保护性联盟，叫作"汉萨同盟"，总部设于吕贝克，该同盟有一百多座城市自愿参加。该协会拥有一支自己的海军在海上游弋作战，当英格兰和丹麦国王干涉强大的汉萨同盟的商人的权利和特权时，他们还曾战而胜之。

我巴不得能有更多的篇幅给你们讲讲这段时期奇特贸易的绝妙故事。由于商旅要穿越高山，跨过深海，在危险中行进，因此他们的每一次旅程都是一次辉煌的历险。认真讲起来需要好几卷，在本书中就不可能这么做了。

如我所尽力说明的，中世纪是一个进步缓慢的时期。当权者相信"进步"是魔鬼的一项不讨人喜欢的发明，不应鼓励，而他们又恰恰占据着权势的宝座，因此便可轻而易举地把他们的意旨强加到驯顺的农奴和文盲的骑士身上。四下里不时有一些勇敢的灵魂铤而走险，跨进科学的禁地，但他们都遭遇了不幸，若能逃生或免除 20 年的牢狱之灾，那就要额手相庆了。

在 12 和 13 世纪，国际商贸的洪流如同尼罗河在古埃及曾经泛滥于其两岸一样冲刷着西欧，留下来的是繁荣的沉积沃土。繁荣意味着闲暇时间，而休闲使男男女女有机会去购买手稿，对文学、艺术和音乐产生兴趣。

于是，世界再次充满了神圣的好奇心，将人类从其至今仍不会说话的远亲——其他哺乳类动物中提升出来。而我在上一章中讲述了其崛起与发展的城市，则为这些敢于抛弃既成秩序狭窄圈子的勇气十足的先驱们提供了安全的庇护所。

他们着手工作了。他们打开了他们退隐的小书斋的窗户，一缕阳光射进了满是灰尘的房间，照出了在漫长的半黑暗岁月中结起的

汉莎船

蛛网。他们动手打扫房间。随后又清理花园。然后走进坍颓城墙外空旷的田野，说道："这是个美好的世界，住在里面真高兴。"

此时，中世纪行将结束，一个新世界开始了。

39

文艺复兴

人们再一次只因为活着而敢于高兴。他们试图挽救希腊与罗马古老又令人欣喜的文明，他们对自己的成就感到如此骄傲，将之称为「文艺复兴」，即文明的重生。

文艺复兴并非一场政治或宗教的运动，而是一种思想状态。

文艺复兴时期的人依旧是教会母亲的乖儿子，仍然是皇帝、国王和公爵的毫无怨言的臣民。

但他们的人生观已经变了。他们开始穿不同的衣服，说不同的语言，在不同的寓所中过着不同的生活。

他们不再把全部思想和精力集中在等待在天堂里享福这件事上。

他们努力在这个星球上建立乐园，而且，说实在的，他们取得了很大的成功。

我曾一再警告你们，在历史日期中存在着危险。人们总是过于呆板地看待日期。他们把中世纪看作一个黑暗和无知的时代。随着时钟嘀嗒嗒响，文艺复兴就开始了，城市和宫殿到处洋溢着迫切的求知欲望的明媚阳光。

事实上，根本不可能划上一条如此分明的界线。13世纪对于中世纪是最具决定性意义的，所有的历史学家对此都无异议。不过，那个时代是否仅仅是一个黑暗和停滞不前的时代呢？完全不是。人们十分活跃。伟大的国家正在奠基。大规模的商业中心正在拓展。新建的哥特式大教堂修长的尖顶高高耸立在城堡塔楼和市政厅的屋顶之上。世界各地都在运动。市政厅里那些靠近来获得的财富才刚刚意识到自己的力量的位高权重的绅士们，正与他们的封建领主拼命争夺更多的权力。刚刚明白"人多势众"的重要性的行会成员们正在和市政厅里那些位高权重的绅士们奋争。国王及其机警的谋士们正在这浑水摸鱼，而且还当真捉到了鳞光闪闪的鲈鱼，接着就当着那些惊慌失望的议员和行会兄弟的面大吃大喝起来。

为了给漫漫长夜增添活跃的景象，昏暗的街道已不再邀约政治经济问题的辩论，改由民谣歌手和游吟诗人讲述和演唱浪漫、冒险的英雄事迹和所有衷心倾情于美女的故事。与此同时，对缓慢的进步不再耐烦的青年人则成群地涌进大学，从而引发了新的故事。

中世纪是没有国与国的界限的。乍听起来似乎难以理解，且让我来解释给你们听。我们现代人都是有国家概念的。我们是美国人、英国人、法国人或意大利人，我们讲英语、法语或意大利语，去上英国、法国和意大利的大学——除非想读某一特定的学科，而那一门专业又在别处教授，我们才会学另一种语言，然后到慕尼黑或马德里或莫斯科去就读。但是13或14世纪的人们很少说自己是英国人、法国人或意大利人。他们说的是"我是谢菲尔德或者波尔多或者热那亚的公民"。因为他们都属于同一个教会，彼此间有一种手足情谊。而由于所有受过教育的人都能讲拉丁语，他们也就掌握了一种国际通用语，不存在当今欧洲已经形成的愚蠢的语言障碍（这种障碍使小民族在经济上不利）。就举伊拉斯谟的例子来说吧，这位宅心仁厚又乐观好笑的伟大教士，在16世纪撰写了他的著作。他本是荷兰一个小村庄的乡民。他用拉丁文写作，全世界都是他的读者。若是他活在今天，他大概会用荷兰文写作。这样的话，也就只有五六百万人读得懂他的书。为了让欧美其余地方的人都能够理解他的作品，他的出版商只好把他的著作译成20种不同的文字。这样就要耗费很多的钱，极有可能出版商就不会自找麻烦或者甘冒风险了。

600年前，这种事是不会发生的。大部分人都还很无知，根本就不会读书写字。但那些掌握了使用鹅毛笔这件困难艺术的人属于遍布欧洲大陆的一个采用通用文字的国际社会，那是没有国界，也没有语言或国籍的局限的。这一国际社会的堡垒便是大学。与如今的防御工事不同的是，这样的堡垒并不沿国界修建。只要有一位教师和几名学生凑到一起，就会建起大学。这又是中世纪和文艺复兴时期与我们当今时代的不同之处。如今，当一所新的大学兴办起来的时候，它几乎难以避免的进程如下：一些富人愿意为他生活其中的社区做些事情或者某个教派想建一所学校，让信教的儿童在规范的监督下接受教育，或者是一个政府需要医生、律师和教员。大学的兴建都有存在银行中的一大笔启动资金，这笔钱就用来建造校舍、实验室和宿舍。最后还要聘用专业教师，进行入学考试，大学就算走上正轨。

但是在中世纪，事情则完全不同。一个聪明人对自己说："我发现了一个伟大的真理。我要把我的知识传授给别人。"于是无论在什么时候和什么地点，只要能有一伙人要听他的课，他就开始传授，如同现在一个站在肥皂箱上的演讲人。如果他讲得津津有味，人们就会围拢来驻足聆听。如果他讲得枯燥乏味，人们就会耸耸肩，继续走他们的路。逐渐会有某些青年开始按时到来，聆听这位伟大教师的智慧语言。他们随身带来笔记本、一小瓶墨水及一支鹅毛笔，把认为重要的东西记录下来。有一天下雨了，教师和他的学生就退到一间空着的地下室或者那位"教授"的家中。那位饱学之士坐在椅子上，学生们则席地而坐。这就是大学的雏形。在中世纪，"大学"就是教授和学生的联合体，"教师"就是一切，他所就教的建筑物则可忽略不计。

我来用一个例子告诉你们9世纪发生的事。在那不勒斯附近的萨莱诺镇上，有一批出色的医生。他们吸引了渴望学习医学的人，在

中世纪的实验室

1817 年之前差不多 1000 年的时间里，如此形成的那所萨莱诺大学一直在教授公元前 5 世纪在古希腊行医的伟大的希腊医生希波克拉底的知识。

后来有一位来自布列塔尼的青年神父阿贝拉尔，他早在 12 世纪就开始在巴黎讲授神学和逻辑学。数以千计的热切青年蜂拥来到这座法兰西的城市听他授课。与他观点不同的别的教士也前来阐述他们自己的观点。不久巴黎就挤满了一大群吵嚷不休的英格兰人、日耳曼人和意大利人，以及来自瑞典和匈牙利的学生，于是在塞纳河的一座小岛的古老的大教堂周围就兴起了著名的巴黎大学。

在意大利的博洛尼亚，一个叫作格雷希恩的僧侣为那些必须通晓教会律法的人编写了一本教科书。年轻的教士和许多世俗青年就从欧洲各地来听格雷希恩讲解他的观点。为了保护自己不受城里地主、旅店主和房东老板娘的欺压，他们组织了一个联合体（或称大学），这就是博洛尼亚大学的缘起。

后来在巴黎大学出现了一场争论。我们不晓得其起因，但一群心怀不满的教师伙同他们的学生跨越了海峡，在泰晤士河上一个叫作牛津的小村庄里建起一个适宜的家园，著名的牛津大学就此形成。在1222年，博洛尼亚大学也照样分裂了。不满意的教师再次由他们的学生追随着转移到帕多瓦办学，使那里从此为拥有一所自己的大学而自豪。这样，从西班牙的巴利亚多利德到遥远的波兰的克拉科夫，从法兰西的普瓦捷到德意志的罗斯托克，兴建起一座又一座大学。

确实，当年那些早期的教授所教授的许多内容如今我们听起来都是十分荒谬的，因为我们已经听惯了数学中的对数和几何原理。不过，我想说明的要点是：中世纪，尤其是13世纪并非是一个完全停滞不前的世界。在年轻一代中间，存在着朝气和热情，而且在求知上会刨根问底，即使在提问时会不好意思。文艺复兴正是在这种骚动中形成的。

但是就在中世纪最后一场戏落幕之前，一个坚定的身影走上了舞

文艺复兴

台。对于此人，如果只知其姓名是不够的。这个人叫作但丁。他是阿
里基尔利家族在佛罗伦萨的一个律师的儿子，生于 1265 年。他在祖
居的城市中长大，当时乔托[1]正在圣十字教堂把阿西西的圣方济各的生
平画在墙上，但丁时常在上学的途中会被地上一摊摊的血迹吓坏，那

1　乔托（约 1266—1337），意大利佛罗伦萨画派的画家和建筑师，他突破了拜占庭的绘画艺
术，对彼时及后来的欧洲画坛影响巨大。

都是教皇的追随者归尔甫党徒和皇帝的支持者吉伯林党徒之间无休止的可怕斗殴留下的。

他长大成人之后，随父成为归尔甫教皇党人，恰如一个美国男孩会因其父亲便成为民主党或共和党一样。但过了几年之后，但丁看到，意大利若不由一个领袖统一起来的话，必然会成为上千个小城市之间乱糟糟的妒忌相争的牺牲品而灭亡。于是他成了吉伯林保皇党人。

他到阿尔卑斯山北去寻求帮助。他希望能有一个强势的皇帝来重建统一和秩序。天啊！他的希望落空了。1302 年吉伯林党被逐出佛罗伦萨。从那时起直到 1321 年死于拉文纳阴郁的废墟中，但丁始终无家可归，四处漂泊，依靠富有的施舍人餐桌上的面包过活。这些富人若非曾经对一个穷困潦倒的诗人发过这么一点善心的话，他们的名姓早就湮没在最深的历史沟渠中不为人知了。但丁在多年的流浪生涯中，深感要为自己和担任家乡政治领袖时的作为申辩。当年他曾在阿尔诺河岸边信步，希冀能瞥见心爱的比阿特丽斯·波提纳里——她在吉伯林党遭迫害的十多年前就已嫁作他人妇而且已经死去了。

他要干一番事业的雄心失败了。他曾忠心耿耿地为他出生的城镇服务，却在腐败的法庭上被起诉盗用公款并被判若是胆敢进入佛罗伦萨领地就以火刑处死。为了在自己的良心和同代人面前洗清自己，但丁便创作了一个想象中的世界，详述了他遭遇失败的环境，描写了贪欲和仇恨会令人无望，正是这种贪欲和仇恨，将他的美丽可爱的意大利变成了恶毒自私的暴君唯利是图的无情战场。

但丁

他讲述了在1300年前复活节的那个星期四，他如何在一座密林中迷了路，又在小路上为一只豹子、一头狮子和一只狼所阻拦。就在他感到绝望时，树林间出现了一个白色身影。那是罗马诗人和哲学家维吉尔受圣母玛利亚和比阿特丽斯之委派来怜悯他的，比阿特丽斯从高高的天堂上关注着她真正爱人的命运。维吉尔带领但丁走过炼狱，又走过地狱。越走越深的小路引领着他们一直来到最底下一层，撒旦本人站在那里，冻进了永恒的冰块，周围环绕着最可怕的罪人、叛徒和骗子，以及那些靠谎言和欺骗谋取了声名和成功的人。但是在他俩到达这一可怕的地点之前，但丁还遇到了在他可爱的城市历史上起过这样那样作用的人。皇帝和教皇，冲锋陷阵的骑士和怨声载道的高利贷者全都在场，注定要受永世的惩罚或者等待解救之日，届时他们将离开炼狱，进入天堂。

这是个离奇的故事。它是一本囊括13世纪的人全部所做所感所惧和所祈的手册。贯穿全书的是被佛罗伦萨流放的那个孤独的身影，他的行进始终伴随着他自己绝望的影子。

看啊！当死亡之门正对这位中世纪的诗人关闭时，生命之门却对注定要成为文艺复兴第一人的孩童开启了。他就是弗朗西斯科·彼特拉克——阿雷佐小镇上公证人的儿子。

弗朗西斯科的父亲和但丁属于同一政党。他同样遭到了放逐，因此彼特拉克便没有生在佛罗伦萨。他15岁时被送到法兰西的蒙彼利埃，期许他能操父业当一名律师。可是这男孩不想干这行，他痛恨法律。他想当一位学者和诗人——正因为这个念头胜过一切，他也就成功了，有坚强意愿的人总是如此。他长途旅行，在佛兰德斯、在莱茵河沿岸各修道院、在巴黎和列日，最终在罗马抄录手稿。而后到沃克吕兹的野山僻谷中隐居、研究和写作，不久就以韵文和学识闻名于世，巴黎大学和那不勒斯国王都请他去任教。在他奔赴新工作的途中，他不得不途经罗马。他由于编辑了几位渐被遗忘的罗马作者的著作而知名，当地人就决定授予他荣誉，在帝国古老的广场上，彼特拉克被戴上诗人的桂冠。

从那时起，他终身荣誉与赞扬不断。他写的东西都是人们最喜闻乐见的。大家已经厌倦了神学辩论。可怜的但丁只能在地狱中尽情遨游，但彼特拉克写的是爱情、自然和阳光，从不涉及前辈人似乎习以为常的阴郁东西。当彼特拉克来到一座城市时，人们万人空巷前来迎接，如同欢迎一位凯旋的英雄。若是他刚好带着他年轻的朋友，讲故事的薄伽丘，就会更受欢迎了。他们都是自己时代的人物，充满好奇心，愿意读各种书籍，在被人遗忘的发霉的图书馆里东翻西找，以期能够发掘出维吉尔、奥维德、卢克莱修或任何其他古代拉丁诗人的又一部手稿。他们是真诚善良的基督徒。他们当然是啦，人人都是嘛。但是没必要因为某一天会死去，就奄拉着长脸，穿着脏外衣。生活是美好的。人们就该享受幸福。你需要证明这一点吗？好啊。拿起一把铁锨往土里挖吧。你发现什么了？美丽的古代雕像、漂亮的古瓶、古代建筑的废墟。所有这一切都是空前伟大的帝国人民制作的。他们统治世界达 1000 年之久。他们强壮、富有、英俊。（只要看看奥古斯都大帝的半身像就成了！）当然，他们不是基督徒，也绝不能进天堂。他们充其量只能在炼狱中打发时光，但丁不是刚刚造访过他们嘛。

可是谁又在乎这些呢？生活在古罗马那样的世界里，对任何会有一死的凡人来说，已经与天堂无异了。何况，人生只有一次。让我们快快活活、高高兴兴地仅仅为了生存而享乐吧。

简言之，这就是开始充斥在许多意大利小城狭窄曲折的街巷中的精神。

你们都知道我们所说的"自行车热"或"汽车热"。有人发明了自行车。千百年来都只能缓慢而艰难地从一个地方到另一个地方步行的人们，如今看到靠飞快转动的车轮就能轻而易举地翻山越岭的前景，自然会被它冲昏了头。后来又有一位聪明的机械师造出了第一辆汽车。再也不需要蹬啊蹬的了。你只消坐在那里，用几滴汽油替你卖力就行了。这时人人都想有一辆汽车了。大家都在谈论劳斯莱斯、福特、汽化器、里程和耗油。勘探队员们深入不知名国度的腹地，指望能够发现新的油源。苏门答腊和刚果生长着可以为我们提供橡胶的森林。橡胶和石油身价剧增，人们为占有这样的资源而发动战争。全世界的人都成了"汽车爱好者"，连小孩子在学会说"爸爸""妈妈"之前都能说"汽车"了。

在 14 世纪，意大利人为新发现的地下埋藏的罗马世界的美丽而发狂。他们的热情不久就被全西欧的人民分享了。发现一部未知的手稿变成了市民度假的理由。写出一本语法书的人如同今天发明了一种新的火花塞一样大受欢迎。将时间和精力奉献给研究"人"或人类（而不是将时光耗费在劳而无功的神学探索上）的学者，即人文主义者，被视为比刚刚征服了所有食人生番岛屿的英雄还要愈加荣耀并应享有更高的尊崇。

就在这场知识剧变之中，发生了一件对研究古代哲人和作者十分有利的事件：土耳其人对欧洲发动了新的进攻。罗马帝国残存部分的首都君士坦丁堡，受到了极大的压力。1393 年，曼努埃尔·帕里奥洛格斯皇帝差遣伊曼努埃尔·赫里索罗拉斯赴西欧陈述古拜占庭帝国的绝望处境并要求援助，援军始终未曾派出。罗马天主教世界宁可看到希腊天主教世界等待这一邪恶异端的惩罚。但是不管西欧对拜占庭的命运多么不关心，他们仍对特洛伊战争之后 5 个世纪内，沿博斯普鲁斯海峡建立起来这座殖民城市的古希腊人兴趣有加。他们想学会希腊文，以便阅读亚里士多德、荷马及柏拉图的原著。他们渴望能学会希腊文，但他们既没有教科书，又没有语法书，也没有教师。佛罗伦萨的行政官们听说了赫里索罗拉斯到访一事，而该城的市民又处于"学习希腊文的狂热"之中。他愿意来教他们吗？他答应啦，瞧啊！第一位希腊文的教师向数以百计的热切青年教起希腊字母，这些学子一路行乞来到阿尔诺河畔的城市，住在马厩或脏黑的阁楼，只为学会动词"教"的变位，以便跻身索福克勒斯和荷马之间。

此时在大学，那些教授古老神学和旧日逻辑学，讲解《旧约》中隐藏的神秘故事，讨论亚里士多德著作的希腊—阿拉伯—西班牙—拉丁转译版中的奇特科学的老派经院教师们，怀着惊惧的心情在一旁观望。接着他们便动了气。这事太过分了：青年人撇下了正规大学的课堂，去听某个目光狂野的"人文主义者"讲解什么有关"文明再生"的异想天开的观念。

经院教师们就去当局抱怨了。但是人们不可能强按着马头要它饮水，也不可能强制不自愿的耳朵去听不感兴趣的东西。经院教师很快就站不住脚了。他们会偶尔取得短暂的胜利。他们与不肯看到别人享受对他们的灵魂来说是异己的快乐的那种狂热势力相联合了。在伟大的文艺复兴的中心佛罗伦萨，新旧秩序之间进行了一场恶战。一个对美恨之入骨的阴沉着脸的西班牙多明我会的僧侣成了中世纪卫道士的领袖。他进行了一场英勇的战斗。他在圣母百花大教堂的宽敞大厅里日复一日地狂喊上帝神圣愤怒的警告。他吼道："忏悔吧，忏悔你们心无上帝的邪念，忏悔你们对不神圣东西的享受吧！"他开始听到闪过天空的声音并看到冒火的宝剑。他向儿童布道，以免他们陷入导致他们父辈毁灭的过失。他组织童子军队伍，自封为上帝的先知，要竭诚为上帝服务。被他吓昏了头的人们，在一时的狂热之中，答应要为他们对美好和欢乐的罪恶爱好苦修赎罪。他们把他们的书籍、雕像和绘画全都搬到市场上，以神圣的歌曲和最不神圣的舞蹈，狂野地庆祝"虚荣的狂欢节"，而那位萨伏纳罗拉则把他的火炬抛到堆积成山的艺术珍品之上。

但是当灰烬冷却下来之后，人们开始醒悟到他们失去的东西。这次可怕的狂热使他们毁弃了他们曾经视为高于一切的东西。他们转而反对萨伏纳罗拉，把他投入监狱。他备受折磨，但他对自己的所作所为概不忏悔。他是一个真诚的人，他一心想过圣洁的生活。他曾心甘情愿地毁掉那些蓄意与他对立的人。只要他看到了邪恶，他就认为自己有责任将其消灭。在这位教会的忠心耿耿的儿子看来，热爱异教徒的书籍和美，就是一种邪恶。但他只是孤身一人，为一个已经逝去的时代孤军奋战。罗马的教皇始终没动过一根指头来拯救他。相反，当佛罗伦萨人把萨伏纳罗拉拖到绞刑架前，绞死他，并在暴民的一片欢呼嚎叫声中焚烧他的尸体时，教皇赞许了他那些"忠诚的佛罗伦萨人。"

这是个可悲的结局，但又是不可避免的。若是在 11 世纪，萨伏纳罗拉就会是一位伟人了。而在 15 世纪，他只是一个失败事业的领袖而已。好也罢，坏也罢，当教皇转而成为人文主义者，梵蒂冈变成罗马与希腊文物最重要的博物馆时，中世纪就寿终正寝了。

40

表现的时代

人们开始感到有必要把他们新发现的生活乐趣表达出来。他们以诗歌、雕塑、建筑、绘画和印制的书籍等形式展现他们的幸福生活。

1471 年，一位虔诚的老人辞世了。在他 91 岁的一生中，有 72 年都是在伊瑟河上古代荷兰汉萨同盟城市之一的兹沃勒镇附近、圣阿格尼斯山修道院隐蔽的围墙里面度过的。人们都称他托马斯兄弟，而由于他出生在肯彭村，人们又把他叫作托马斯·肯皮斯。他 12 岁的时候，就被送到德文特，那儿有一个由巴黎大学、科隆大学和布拉格大学的优秀毕业生、以游方教士著称的格哈特·格鲁特建立的共同生活兄弟会。会中纯朴的好兄弟都不是教士，他们试图过着耶稣早期门徒那样的简朴生活，操着普通的木匠、漆工和石匠的固定职业。他们办了一所出色的学校，让穷苦出身的应受教育的男孩子学习教会神父们的智慧。在这所学校里，小托马斯学会了拉丁文动词的变化和抄写手稿。之后他发下誓言，背上他那一小捆书籍，一路跋涉来到兹沃勒。随着一声叹息，他关上了大门，与对他没有吸引力的喧嚣世界隔绝了。

托马斯生活在一个动荡不安、瘟疫肆虐，人们会突然死亡的时代。在中欧的波希米亚，英格兰宗教改革者约翰·威克里夫的朋友和追随者，约翰·胡斯的忠实门徒们，以可怕的战争为他们敬爱的领袖之死复仇。胡斯曾得到康斯坦茨会议的承诺，只要他肯到瑞士向聚在那里讨论宗教改革的教皇、皇帝、23位枢机主教、33位大主教和主教、150名修道院院长和100多位亲王和公爵们阐述他的教义，就颁予他安全通行证，但也是这同一个会议，下令把他烧死在火刑柱上。

在西欧，法兰西为了把英格兰人逐出其国土，已经和英格兰打了100年仗，就在这时，由于贞德的出现，这个国家才幸运地得到了拯救，免除了彻底失败。这场战争刚刚结束，法兰西和勃艮第又彼此扼住喉咙，为争夺西欧霸主的地位，进行了一场生死之战。

在南欧，罗马的一位教皇祈求上天降祸于驻在法国南部阿维尼翁的另一位教皇，而后者也以牙还牙，施以同样的报复。在欧洲的最东端，土耳其正在摧毁罗马帝国的最后残余，俄国则进行了最后的征战，粉碎鞑靼主子的权势。

约翰·胡斯

但是这一切都不为退隐在安静的密室中的托马斯兄弟所闻。拥有自己的手稿和见解，他对此已经满足。他把对上帝的敬爱倾注到一本小书中，起名叫《效仿基督》。该书自问世以来，是除去《圣经》之外，翻译成各种文字最多的书，其阅读人数之广，也堪与《圣经》相比，它影响了无数人的生活。作者将其最高的生存理想表达为简单的愿望："他可以坐在一个小角落里，手捧一本小书，宁静地度过一天又一天。"

好心的托马斯兄弟代表了中世纪最纯洁的理想。在胜利的文艺复兴势力的四面包围之中，伴随着人文主义者高声宣布现代时代的到来，中世纪集聚起力量，做最后一次突围。修道院进行着改革。僧侣们放弃了财富和恶习。单纯、直爽和诚挚的他们，以自身无瑕和虔诚的生活为楷模，试图把人们带回到正直和对上帝意旨恭谨顺从的道路上。但这一切都是徒劳的。新世界从这些好人身边冲过去，静修的岁月已然逝去。伟大的"表现"时代业已开始。

请允许我在此时此地抱歉地说，我只好使用如此多的"大字眼"。我倒是满心希望我能够用一些单音节的普通用词来书写这段历史，可惜不成。不涉及斜边、三角形和长方体就没办法写出一本几何教材。除非你弄懂这些术语的意思，不然就别去碰数学。在历史中，而且在一切生活中，你不可避免地要学会许多陌生的来自拉丁文和希腊文的词语。何不从现在就开始呢？

当我说文艺复兴是一个表现的时代的时候，我的意思是：人们不再满足于正襟危坐，聆听皇帝或教皇训诫他们该想什么、该做什么。他们要做生活舞台上的演员。他们执意要"表现"他们个人的想法。如果一个人像佛罗伦萨人、历史学家尼科洛·马基雅维利一样对政治感兴趣的话，他就可以"表现"自己：在其著作中展现他自己对一个成功的国家和一个无能的君主的观点。如果，在另一种情况下，一个人喜欢绘画，他就可以在画幅中"表现"他对美丽的线条和可爱的色彩的热爱，绘画就使乔托、安杰利科修士、拉斐尔成了名。而在人们学会了珍惜那些表现了真正和持久的美的东西时，也造就了成千上万的普通用语。

如果这种对线条和色彩的热爱又同对机械和水利的兴趣结合起来，便会成就列奥纳多·达·芬奇，他画画，试验气球和飞行器，为伦巴第平原的沼泽排水，并以散文、绘画、雕塑和匠心独具的引擎，"表现"他对天地之间万物的喜爱与兴趣。当一个像米开朗琪罗那样具备巨大精力的人，发现画笔和调色板对他那双强壮的手过于轻柔时，他就会转向雕塑和建筑，把沉重的大理石凿出最奇妙的人像，为圣彼得大教堂绘出蓝图，把教会胜利的荣光最具体地"表现"出来。凡此种种，不一而足。

整个意大利（很快就遍及全欧洲）都充满了活力四射的男男女女，在尽其所能地为我们累积知识、美好和智慧的宝库添砖增瓦。在德国的美因茨城，约翰·古登堡发明了一种新的复制书籍的方法。他研究了旧有的木刻，完善了一种将软铅做的单独的字母排列起来，组成单

在1400年
一个人抄一本书要用一百天

在1500年

一万本书在一天里
印出来

手抄本和印刷本

大教堂

词和整页书的体系。事实上，在一场印刷术发明权的官司中，他损失了全部钱财，并死于贫困，但"表现"他的独特发明才能的活字印刷术，却在他身后长存。

不久之后，威尼斯的阿尔杜斯、巴黎的埃提安、安特卫普的普拉丁和巴塞尔的福洛本，就分别以古登堡《圣经》的哥特体字母、意大利斜体字母、希腊字母和希伯来字母印制他们精心编辑的古典作品，使之风靡于世。

随后，全世界都成了那些有话要讲的人的热心听众。知识只为少数有特权的人垄断的日子结束了。当哈勒姆的厄尔泽维尔开始印制他的廉价的普及版本之时，无知的最后借口从这个世界上消失了。亚里士多德和柏拉图，维吉尔和贺拉斯及普林尼等一切古代作家、哲学家和科学家，只要花上几枚小钱，就能成为人们的忠实朋友。人文主义使全人类在印刷的文字面前都自由平等了。

41

伟大的发现

既然人们冲破了中世纪狭窄的局限，他们就有了更多的漫游空间。欧洲的天地对他们的雄心来说过于狭小。伟大的航海时代到来了。

　　十字军东征是一门实实在在的旅行技艺课。但很少有人冒险超越从威尼斯到中东雅法这条用脚踏出的著名的道路。在 13 世纪，威尼斯商人波罗兄弟穿越了蒙古大沙漠，爬过月亮那么高的大山之后，循路来到中国强大的皇帝、元朝可汗的宫廷。他们兄弟俩中一人的儿子名叫马可，写了一本叙述他们冒险的书，前后包括了 20 余年的时段。瞠目结舌的世界凝视他对陌生的岛屿日本（意大利拼法为"Zipangu"）

的金塔的描述。许多人想东行，以便找到这片黄金的土地，发一笔横财。但路途遥遥又危险，他们只好作罢，守在家中。

当然，走海路总是可能的。但在中世纪，海路并不畅通，理由不胜枚举。首先，船只太小。麦哲伦历经多年才完成其环球航行的船只不过和今日的渡船一般大小。船载 20 至 50 人，他们住在矮得直不起腰的脏臭的舱房中，水手们只能吃制作低劣的食品，因为厨房设备简陋，而且天气稍有不适，就不能举火。中世纪人们已经知道如何腌鲱鱼和晒鱼干，但还没有罐头食品，而且只要一离岸，菜单上就从不见有新鲜蔬菜。淡水装在小桶里，不久就变得腐臭，喝起来还有烂木头和铁锈味，长有又滑又黏的生物。由于中世纪的人对细菌毫无概念（罗杰·培根，那位 13 世纪博学的僧侣，似曾怀疑有细菌存在，但他明智地缄口不言），他们时常饮用不洁净的水，有时全船人都会死于伤寒。事实上，最早的航海人在船上的死亡率高得吓人。1519 年离开塞维利亚跟随麦哲伦进行那次著名的环球航行的 200 名水手中，只有 18 人返航。迟至 17 世纪，西欧与东印度群岛的贸易十分活跃时，从阿姆斯特丹至巴达维亚再返回的航行中，40% 的死亡率并非不寻常。死者大都死于坏血病。这种病由缺乏新鲜蔬菜造成，影响到牙床，再使血液中毒，直至精力衰竭而死。

可以理解，在那种条件下，大海对人类的精英并没有吸引力。麦哲伦、哥伦布和瓦斯科·达·伽马这些著名的发现者，在航行中率领的水手几乎全部由囚犯、未来的杀人犯和失业的小偷组成。

马可·波罗

　　这些航海家诚然值得我们尊敬，他们以超凡的勇气面对着在这个养尊处优的世界上的我们难以想象的困难，从而完成了无望的使命。他们的船只漏水，装备笨重。从 13 世纪中期以来，他们拥有了从中国经阿拉伯和十字军传到欧洲的罗盘，可是他们糟糕的地图毫不准确。他们全凭上帝和猜测来确定航线。若是走运，可以在一年、两年或三年之后返回。否则，他们的白骨就会被遗弃在某个孤独的沙滩上。然而他们是真正的先驱。他们与命运打赌。人生于他们就是一次光荣的历险。当他们的目光看到一处新海岸的模糊轮廓或自天地初开以来就被遗忘的平静海洋时，他们的苦难、饥渴和痛苦顿时被抛却脑后。

　　我再次巴望我能把本书写到长达千页。早年发现的这一题目实在太迷人了。可惜，作为给人过去时代的真实概念的历史，如同伦勃朗笔下的蚀刻版画一样：要把动人的光线投射到某些有重大理由的最美好和最伟大的地方，让其余部分全都留在阴影中或只用几根线条来轻描淡写。在本章中，我只能提供最重大发现的简略说明。

要记住，14 和 15 世纪中一切航海活动都是要完成一件事情——寻找一条安全舒适的道路去中华帝国、去日本列岛、去那些生长香料的神秘岛屿——从十字军时代起，中世纪的人们喜欢上了香料，在冷藏技术出现之前的岁月里，鱼和肉变质极快，只有撒上胡椒或豆蔻才能进食。

威尼斯人和热那亚人曾是地中海的伟大航海家，但探索大西洋海岸的荣誉却归于葡萄牙人。西班牙和葡萄牙在与摩尔人入侵的长期抗争中培养起来爱国精神。这种精神一旦存在，就会很容易地导向新的渠道。13 世纪时，阿方索三世国王征服了西班牙半岛西南角的阿尔加维王国，将其纳入自己的版图。下一个世纪，葡萄牙人扭转了对伊斯兰教徒作战的局面，横渡直布罗陀海峡，占领了阿拉伯城市塔里法（阿拉伯原意为"存货清单"）对面的休达以及丹吉尔，丹吉尔遂成为阿尔加维王国非洲领地的首府。

他们做好准备，要开创其探险家的伟业了。

1415 年，以航海家亨利闻名的亨利亲王——他是葡萄牙王约翰一世和冈特的约翰（其故事可参阅莎士比亚剧作《理查二世》）之女菲利巴之子——着手准备对非洲西北部做系统探险。此前，那片酷热的

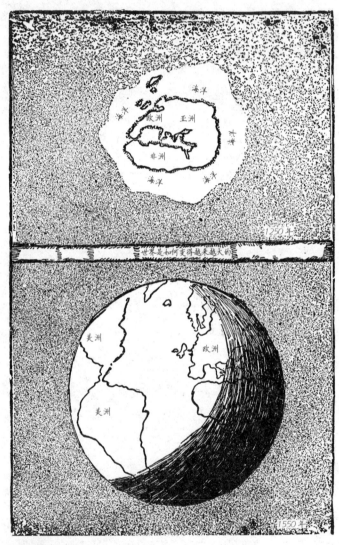

世界是如何变得越来越大的

世界是如何变大的

沙滩海岸曾有腓尼基人和北欧人造访过，那儿留给他们的印象是长毛的"野人"的家园。我们逐渐知道，所谓的"野人"其实是大猩猩。亨利亲王和他的船长们陆续发现了加那利群岛，重新发现了一个世纪之前一艘热那亚船到过的马德拉群岛，对先前为葡萄牙人和西班牙人模糊知道的亚速尔群岛进行了仔细测绘，还瞥见了非洲西海岸的塞内加尔河入海口——他们还以为是尼罗河的西口呢。最后，在15世纪中期，他们看到了佛得角或称绿角，以及佛得角群岛，那里差不多是非洲和巴西之间的中途了。

但是亨利没有把他的考察局限在海洋。他是基督骑士团的团长。该骑士团是十字军东征时圣殿骑士团在葡萄牙的继续。当年的圣殿骑士团于1312年被教皇克莱门特五世应法王美男子菲利普之请而取缔，菲利普又变本加厉，把他自己的圣殿骑士在火刑柱上烧死，窃取了他们的全部财产。亨利亲王利用其宗教骑士团领地上的岁收装备了几支远征队，对撒哈拉的腹地和几内亚海岸进行考察。

但他依旧是中世纪的后人，花费了大量时间，浪费了许多钱财去寻找传说中坐落在东方某地的一个庞大帝国的皇帝——神秘的基督教士"祭司王约翰"。有关这位陌生君主的传闻最初在12世纪中期就在欧洲流传。300年来，人们一直想找到"祭司王约翰"及其后代。亨利也参与其中。他死后30年，谜团终被揭开。

1486年，巴托罗缪·迪亚兹试图经水路找到祭司王约翰的国土，他到达了非洲的最南端。起初他称之为风暴角，因为那里的暴风使他无法继续向东航行，但里斯本的领航员们晓得这一发现对寻找去印度的水路的重要性，就把名称改为好望角。

一年之后，佩德罗·德·科维尔汉携带着美第奇家族的信用状，开始走陆路去完成相似的使命。他越过地中海，在离开埃及后，便向南进发。他抵达了亚丁，从那里跨越波斯湾的海域——从1800年之前亚历山大大帝的时代以来，还没有什么白人来过这里。他访问了印度沿岸的果阿和卡利卡特，听到不少关于月亮岛（马达加斯加）的新闻，据说该岛位于非洲和印度之间。随后他返回，悄悄进入了麦加和麦地那，再次穿过红海，于1490年发现了祭司王约翰的王国，原来他就是阿比西尼亚的黑人尼格斯（即国王），其祖上在4世纪时就信奉了基督教，比起基督教传教士循路抵达斯堪的纳维亚还要早700年。

多次的航行使葡萄牙的地理学家和地图绘制者坚信，由海路向东前往印度虽然可能，但绝非轻易之举。这时便引发了一场大辩论。有些人想由好望角继续向东探求。其他人则说："不，我们仍应向西穿过大西洋，然后就会到达中国。"

这里应该说明，那时的明智之士坚信，地球不是饼似的扁平，而是圆球形的。由公元2世纪时埃及伟大的地理学家克劳迪乌斯·托勒密提出并加以描绘的托勒密宇宙体系，虽在中世纪满足了人们的简单需要，但早已被文艺复兴时期的科学家所摒弃。他们接受了波兰数学家尼古拉·哥白尼的观点：他经研究确信，地球是围绕太阳旋转的许多球形行星之一。由于畏惧神圣的宗教法庭，他的这一发现在36年

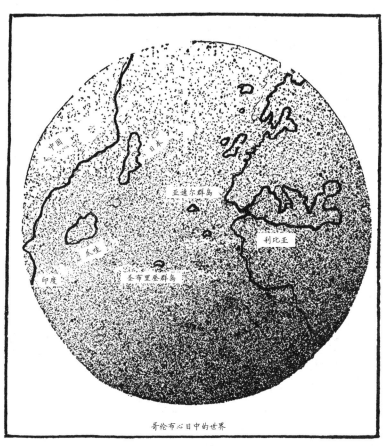

哥伦布心目中的世界

哥伦布的世界

间都没敢发表，直到他去世的 1543 年才刊印。那座神圣的教皇法庭
是在 13 世纪建立的，彼时法国和意大利的阿尔比和瓦尔多两个教派
都是虔诚的信徒，他们不相信私有财产，而宁愿过基督式的贫苦日
子。他们虽是温和的异端，一时间却威胁到罗马主教们的绝对权势。
不过，航海家普遍相信地球是圆的，如前所述，他们此刻正在争论东
行和西行海路各自的优越性。

在力主西行的人们当中，有一个叫克里斯托弗·哥伦布的热那亚
水手。他是一个羊毛商的儿子，似乎曾就读于帕维亚大学，专攻数学
和几何学。后来他继承父业，但不久就踏上了东地中海的希俄斯岛的
商途。之后便听说他航行到英格兰，至于是北上寻觅羊毛还是当了船
长，我们就不得而知了。1477 年 2 月，按照他自己的说法，哥伦布抵
达冰岛，但很可能他只到了法罗群岛，那里在 2 月间依旧寒冷，很容
易被误认为是冰岛。哥伦布在那里遇到了当年勇敢的北欧人的后裔，
其祖先在 10 世纪曾在格陵兰定居，还在 11 世纪时到过美洲，彼时雷
夫的船被海风吹到了"葡萄海岸"，即拉布拉多海岸。

谁也不晓得遥远的西部殖民地的情况如何。雷夫弟弟托尔斯坦
的遗孀后来的丈夫托尔芬·卡尔斯夫内于 1003 年建立的美洲殖民地，
由于爱斯基摩人的敌视，3 年后就终止了。至于格陵兰，从 1440 年
起，再也没听到那里的定居者的半点消息。极有可能，格陵兰人全都
死于黑死病，如同半数的挪威人死于该疾病一样。不过也有可能，有
关"在遥远的西方有一片广大土地"的传闻，依旧在法罗群岛和冰岛

的人们当中流传，而且哥伦布一定也听到了。他又从苏格兰群岛北部的渔民中搜集到进一步的消息，然后去了葡萄牙，在那里娶了航海家亨利亲王手下一位船长的女儿。

从1478年起，他就致力于寻求西行赴印度的航线。他将这样的航行计划呈给葡萄牙和西班牙的宫廷。葡萄牙人觉得他们已经独霸了东行航线，就对他的计划置之不理。在西班牙，阿拉贡的斐迪南同卡斯蒂尔的伊莎贝拉于1469年联姻，使两地合并而成一个西班牙王国，他们正忙于将摩尔人从其最后的堡垒格拉纳达逐出。他们要把每一枚比塞塔（西班牙货币单位）用在士兵身上，因而没有余钱用于冒险的开发。

这位勇敢的意大利人为其主张拼命力争，这是很少有人能做到的。但哥伦布的故事已经尽人皆知，毋庸赘述了。1492年1月2日，摩尔人放弃了格拉纳达。当年4月，哥伦布就与西班牙国王和王后签下契约。4月3日星期五，他率领3艘小船和88名水手自帕洛斯起航。水手中多是罪犯，参加探险队可获免刑。10月12日星期五子夜两点，哥伦布发现了陆地。1493年1月4日，哥伦布向拉·纳维达小城堡的44人挥手告别后（没人见到那些人是否活了下来），即返航了。2月中，他到达亚速尔群岛，那里的葡萄牙人威胁着要把他投入监狱。1493年3月15日，这位船队队长回到帕洛斯，随船带回了几个印第安人——因为他相信已经发现了印度外海的群岛，故把当地人称作印第安人。他匆匆赶往巴塞罗那，向其忠心的恩主报告，他已经成功地找到了通往中国和日本的金银的道路，奉献给最宽宏大量的国王和王后陛下使用。

可惜，哥伦布始终不明真相。在他去世之前的第四次航行踏上南美大陆时，他可能怀疑他的发现并不是那么回事。但他至死仍在坚信，在欧洲和亚洲之间，没有实在的大陆存在，而且他已经找到了直抵中国的航路。

与此同时，坚持走东路的葡萄牙人却更加幸运。1498 年，瓦斯科·达·伽马得以抵达马拉巴尔海岸，并载着一船香料安全返航。1502 年他重走该航线。然而向西航行的探险却极其令人失望。1497年和 1498 年卡波特家的约翰和塞巴斯蒂安曾试图发现通往日本的航路，可是除去 500 年前最初由北欧人看到的纽芬兰的石头和积雪的海岸之外，他们一无所获。佛罗伦萨人亚美利哥·维斯普奇成为西班牙的舵手长，探察了巴西海岸，并用自己的名字命名新大陆，但丝毫不见印度的踪影。

哥伦布死后 7 年的 1513 年，真相终于开始让欧洲的地理学家恍然大悟。华斯哥·努涅茨·德·巴尔沃亚穿过了巴拿马地峡，登上达里思著名的山峰，向下望去是一片汪洋，似乎暗示着另一片大洋的存在。

最后在 1519 年，一支由 5 艘西班牙小船组成的船队在葡萄牙航海家斐迪南·麦哲伦的率领下向西航行（东行航线由葡萄牙人绝对控制着，他们不准竞争，因此没有东行），寻找香料群岛（即今印尼的摩鹿加群岛）。麦哲伦横渡非洲和巴西之间的大西洋，然后南下。他来到巴塔戈尼亚（意为"大脚人的土地"）最南端和火地岛（此名称

伟大的发现，西半球

来自水手在夜间看到了火，说明那里有原住民居住）之间的狭窄航路。在差不多5周的时间里，麦哲伦的船队都处于横扫海峡的可怕的暴风雪袭击之中，他们随风漂流。水手中爆发了叛乱。麦哲伦以严厉手段加以镇压，将两名水手送上了岸，把他们留在那里悔罪。暴风终于平息了，海路变宽了，麦哲伦驶进了一片新的海洋。那里风平浪静，他就称之为太平洋。随后他继续向西前进。他在海上行进了98天，没有见到陆地。他的手下几乎因饥渴而死光，他们只好吃船上成群出没的老鼠，吃完老鼠之后又吃船帆的碎片来压下难忍的饥饿。

1521年3月，他们看到了陆地。麦哲伦称之为"小偷之岛"，因为那里的土人看见什么偷什么。随后他们继续向西前往香料群岛。

陆地又出现了，是一组孤独的岛屿。麦哲伦以他的君主查理五世之子菲利普二世的名字为之命名菲律宾群岛。菲利普二世后来在历史上留下了不愉快的记忆。起初，麦哲伦受到了很好的款待，但是当他用船上的大炮强迫当地人皈依基督教时，他和他的许多船长和水手都被杀了。侥幸逃生的人烧毁了剩下的3艘船中的1艘，继续航行。他们发现了摩鹿加群岛，即著名的香料群岛；他们看到了婆罗洲（加里曼丹），并且到达了蒂多雷岛。在那里，2艘船中的1艘漏水严重无法再用，于是那艘船连同船上的水手一起留了下来。在塞巴斯蒂安·德尔·卡诺的带领下，"维多利亚"号横越印度洋，没能看到澳大利亚的北岸（直到17世纪前半叶，荷兰的东印度公司的船队才发现了这块荒凉的平坦大地），又历经千难万险才回到西班牙。

伟大的发现，东半球

　　这次航行在所有的航行中最值得重视。该航行历时 3 年，耗费了
极大的人力财力才得以完成。不过由此确立了地球是圆的；由哥伦布
发现的新大陆并非印度之一部分，而是另一块隔绝的大陆。从那时起，
西班牙和葡萄牙就全力以赴地开发印度和美洲之间的贸易。为防止这
两个对手之间的武力冲突，唯一当选为最高圣职的公认的异教徒教皇
亚历山大六世只好以格林尼治以西 50° 处，将世界均分为两半，这就
是所谓的 1494 年教皇子午线。葡萄牙只准在该线以东建立自己的殖
民地，而西班牙则可在该线以西殖民。这就说明了，整个美洲大陆除
巴西之外都成了西班牙的属地，而全部东西印度群岛和非洲大部则是
葡萄牙的属地，直到蔑视教皇决定的英国和荷兰的殖民者在 17 至 18
世纪夺走这些殖民地为止。

　　当哥伦布的新发现的消息传到中世纪的"华尔街"——威尼斯
的利奥尔托岛时，引发了一阵惊恐。股票和债券下跌了 45 个百分点。
不久之后得知，原来哥伦布未能找到前往中国的航路，威尼斯的商人
才恢复了镇定。不过，达·伽马和麦哲伦的航行证明了向东经海路
前往印度的现实可能性。中世纪和文艺复兴时期两大贸易中心热那亚
和威尼斯的统治者们开始后悔他们没有听取哥伦布的忠言，但为时已
晚。他们的地中海成了一片内海。他们同印度和中国的陆路贸易萎缩
到不值一提的比例。意大利昔日的辉煌已经退去。大西洋成了新的商
贸中心，随之成为文明中心，一直持续至今。

　　从 5 000 年前的古代开始，文明的进步是多么奇特啊。当时尼罗

麦哲伦

河流域的居民开始用文字记载历史。从尼罗河到两河流域的美索不达米亚；然后转到克里特、希腊和罗马，遂使地中海成为贸易中心，沿这片内海的城市则是艺术、科学、哲学和知识的家园。16世纪时再次西移，使大西洋沿岸诸国成为地球的霸主。

有人说，世界大战和欧洲大国的自相残杀大大地削弱了大西洋的重要性。他们期待着文明穿越美洲大陆，在太平洋找到新居。但我对此表示怀疑。

西行航海伴随着船只体量的稳步加大和航海知识的不断拓展。尼罗河和幼发拉底河的平底船，被腓尼基人、爱琴海人、希腊人、迦太基人和罗马人的帆船所取代。这些帆船进而又被葡萄牙人和西班牙人

一个新世界

的横帆船所抛弃。而后横帆船则被英格兰人和荷兰人的满帆船逐出了
海洋。

　　不过现如今，文明不再依赖船只了。飞机已经并将继续取代帆船
和汽船的地位。文明的下个世纪将取决于飞机和水力的发展。海洋将
重新成为鱼儿的宁静家园，它们曾和人类最早的祖先在远古共享深海
居所。

42

佛祖和孔子

关于佛祖和孔子。

　　葡萄牙人和西班牙人的地理大发现，使西欧的基督徒与印度、中国的人民有了密切接触。他们当然知道基督教并非地球上的唯一宗教。还有伊斯兰教和北非的异教部族崇拜木柱、石头和枯树。但是在印度和中国，基督教征服者们遇到了从未听说过基督的千百万人，他们不愿听信基督，因为他们认为，自己国家中数千年历史的宗教，比来自西方的宗教强多了。本书既然是人类的故事，而并非仅仅是欧洲和西半球人的故事，那么就应该对两个文明略知一二，他们的教导和楷模至今还影响着我们在这座星球上大多数人的思想和行动。

在印度，佛祖被认作伟大的宗教导师。他的身世很有趣。他于公元前 6 世纪出生在望得见雄伟的喜马拉雅山脉之处，400 年前雅利安人的第一位伟大领袖琐罗亚斯德曾在这里向他的人民布道，要他们把人生视为善恶二神之间的持续争斗。佛祖之父是释迦族的强大首领净饭王；其母摩耶夫人是邻国的公主，少女时即出嫁。但远山之巅的月亮已经升起过许多次，她丈夫却仍然没有得到可以接替他的统治的子嗣。终于在她 50 岁的时候，她受孕了，她便出发赶在婴儿出生前回到娘家。

要回到她儿时生活的拘利族天臂城，需要经过漫长的旅途。一天夜晚，她在蓝毗尼花园阴凉的树下休憩，儿子就在那时诞生了，她为他取名叫悉达多，但人们都称他为佛，即"大彻大悟者"之意。

悉达多王子逐渐长成一位英俊的青年，在他 19 岁那一年，娶堂妹耶输陀罗为妻。随后的 10 年，他住在王宫的高墙之内，远离一切痛苦和不幸，等候继承王位，成为释迦族的国王。

但就在他 30 岁那一年，他乘车出宫，看到一个劳顿不堪的老人，其虚弱的四肢已无力支撑生活的重负。悉达多指着老人询问他的车夫阐陀，阐陀回答说，世上有许多穷人，多一个少一个无关大局。年轻的王子十分悲哀，但他一语未发便返回宫中，同父母妻子一起生活，想方设法高兴。没过多久，他又出宫去了。他的马车遇到了一个身染重病的人。悉达多问阐陀，这个人因何不幸，车夫回答说，世上有许多病人，对这种事既然无能为力，也就无关紧要了。年轻的王子听后十分悲伤，仍旧回到家人当中。

几个星期过去了。一天晚上，悉达多吩咐备下马车，到河中洗浴。突然，马被路边沟中仰卧着的一具死尸惊起。从来不被允许观看死尸的年轻王子吓了一跳，但阐陀叫他别去管这种小事。阐陀说，世上到处都有死人，这是生命的法则，万物皆有尽头，没有永恒的东西。坟墓等待着我们所有的人，逃也逃不掉的。

当晚悉达多回家时，有音乐迎接他。在他外出时，他妻子生下一子。人们兴高采烈，因为他们知道，如今王位又有了继承人。他们敲响许多鼓来庆贺。然而，悉达多并没有分享他们的欢乐。人生的帷幕已经拉开，他已懂得了人生的恐惧。死亡和受苦的景象像噩梦般追随着他。

入夜，明月当空。悉达多醒来，开始思考。如果找不到生存之谜的答案，他就再也高兴不起来了。他决定远离所有亲人去寻求答案。他轻轻走进妻儿的卧室告别。然后叫上他的忠仆阐陀，要他随他出去。

二人一起走进黑夜。一个人是要寻求灵魂的安宁，另一个则是热爱主人的忠仆。

悉达多多年流浪，游走在印度人民中间，此时印度正处于变革时期。他们的祖先，土生土长的印度人被好战的雅利安人（我们的远亲）轻易地征服了，之后雅利安人便成了千百万人的统治者和主人。为了

三大宗教

维护他们权势的宝座，他们把人们分成不同的等级，一种最严厉的
"种姓"制度便被强加于当地人。印欧征服者的后代属于最高的"种
姓"婆罗门，即武士和贵族阶级。其次是僧侣阶层刹帝利。再往下是
吠舍，农夫和商人。而古老的当地人被称为首陀罗，贱民，是轻贱遭
罪的奴隶阶级，永远无法改变。

甚至人们的宗教也与种姓有关。古老的印欧人在他们数千年的游
荡中，曾经有过许多奇怪的冒险，搜集成书后叫作《吠陀经》。书是
用梵文写就的，与欧洲大陆的各种语言，希腊语、拉丁语、俄语、德
语以及数十种语言紧密相关。三个高级种姓获准阅读这部神圣的经典。
然而，最低种姓的贱民是不许知道其内容的。贵族或僧侣种姓的人若
要教授一个贱民学习这部神圣的经卷，那就要大祸临头了！

因此，大多数印度人民生活在不幸之中。既然世上没有欢乐，就
要从别处寻找拯救人们于水火之中的救星。他们设法从来生得福的冥
想中获得一点点安慰。

众生的造物主梵天被印度人尊为生与死的最高主宰，被当作完美
的最高理想来崇拜。像梵天那样放弃对财富和权势的一切欲望，被认
定是人生最崇高的目标。神圣的思想被视为比神圣的行为更重要，许
多人前往荒郊野外，靠树叶活命，饿其体肤，以便用梵天的光辉、智
慧、至美至善的冥想养育自己的灵魂。

悉达多时时观察这些远离城乡的喧嚣、寻求真理的孤独的流浪
者，决心以他们为榜样。他剃光了头，把他的珠宝和一封告别书交由

始终忠实于他的阐陀带回家。年轻的王子只身进入荒野。

他的圣举美名很快就传遍山林。5 名青年来到他面前，求他准许他们聆听他智慧的词句。他答应他们只要肯追随他便可。他们同意了，他便带他们进山，在温迪亚丛山的孤峰中，他把自己所知的一切倾囊教授了 6 年。但在这一研习阶段结束时，他自觉仍离完美甚远。他所离开的世界仍在诱惑他。他这时要他的门徒离开他，然后坐在一棵老树的树根上，斋戒了 49 个昼夜。他最终得到了褒奖。在第 50 个黄昏，梵天亲自向他的忠仆显圣。从那时起，悉达多便被称作佛，被奉为下凡解救人们苦难命运的大彻大悟者。

佛在他后来的 45 年生活中，都在恒河峡谷中传授他简朴的教训：所有人都要谦恭温和。在公元前 488 年他圆寂了。他多年来深受千百万人的敬爱。他并非为单一的阶级传播他的教义。哪怕最底层的贱民都说自己是他的门徒。

然而，这并没有取悦贵族、僧侣和商人，他们极力破坏这一承认众生平等，为人提供来世（投胎转生）过上较好生活的信条。他们一有机会，就鼓励印度人民恢复古代婆罗门教斋戒和折磨有罪之身的信条。但是佛教是无法摧毁的，佛教徒慢慢地穿越喜马拉雅的山谷，走进了中国；他们又渡过黄海，将佛祖的智慧传播给日本人，让他们忠实地遵守佛祖的意旨，禁止使用武力。如今，信奉佛祖为师的人比过去更多，佛教徒的人数超过了基督徒和穆斯林之和。

至于中国古代圣人孔子的生平，是很简单的。他生于公元前 551

佛祖进入山中

年。当时中国还没有强大的中央政府，豪强盗匪横行乡里，肆意劫掠烧杀，中原地区饿殍遍野。

　　仁爱的孔子设法拯救他们。他是个非常平和的人，不相信暴虐的作用。他不主张施以新法以便造就新人。他深知，唯一可能的拯救来自内心的转变，于是就着手完成那似乎无望的、改变生活在东亚广大平原上的千百万同胞品格的任务。在伟大的道德领袖中，孔子几乎是唯一没有见过异象，没有宣称自己是神的使者，也是从来没宣称过自己受过神启的人。

他只是个和善而明理的人，宁可独自漫游。他不求闻达于天下，也不想让别人追随他或崇拜他。他使我们联想起古希腊的哲人，尤其是斯多噶派，他们相信为人正直、思想正派、不求褒奖，只求心存良知、灵魂宁静。

孔子虚怀若谷。他主动去求教于老子。老子是道家哲学体系的奠基人，也是一位精神领袖。道家思想只不过是"金律"[1]的早期中文版。

孔子对人不带憎恨。他传授自制的崇高美德。按照他的教导，一个真正品德高尚的人不该动怒，要顺应天命，正如圣贤所说，任何事情无论以哪种形式发生，总有其最好的意义。

起初他只有几名弟子，后来弟子们逐渐增多。公元前479年他逝世之前，当时的很多诸侯都自称是他的门徒。当基督在伯利恒降生时，儒家学说已经成为大多数中国人思想的组成部分，直至今日始终影响着他们的生活，尽管并不一定纯粹、正宗。大多数宗教随时代而改变。耶稣基督传扬谦恭温顺、与世无争，但在他被钉死在各各他山的十字架15个世纪之后，基督教的首脑们却花费数百万之资修建高耸的建筑，那些建筑与伯利恒孤独的马厩已经不可同日而语。

---

1 "金律"一说来自《圣经·新约·马太福音》，意思接近于"己所不欲，勿施于人"。

老子教人以金律，未出 300 年，无知的群众便将他视为凶恶的真神，把他智慧的真理埋葬在迷信的垃圾堆里，使中国百姓生活在一系列漫长的恐惧之中。

孔子向其弟子阐明孝敬父母的美德，他们不久就对追思父母比对关注子孙的幸福更感兴趣了。他们有意背对未来而尽力凝视茫茫往昔。敬祖成为明确的宗教仪式。为了不惊扰肥沃的山坡向阳面上的祖坟，他们宁可将稻谷种在土壤贫瘠的山坡背面，那里其实是很难长庄稼的。他们情愿忍饥挨饿，也不肯亵渎先冢。

与此同时，孔子的名言隽语却始终影响着东亚日益增多的亿万群众。儒教以其精明的观察和深邃的格言，给每一个中国人的心灵投射了一道哲学常识的色彩，影响其一生，不管他是蒸汽弥漫的地下室中的普通洗衣工，还是身居深宫高墙之内的一方王侯。

在 16 世纪，西方世界满怀热情但极不文明的基督徒，开始与东方古老的教义直面相对了。早期的西班牙人和葡萄牙人看着平和的佛像或者注目于孔子可敬的肖像时，丝毫不知该如何看待这些面带微笑、值得尊敬的遥远的先知。他们轻易地得出结论：这些莫名其妙的神灵不过是恶魔的化身，代表的是偶像崇拜和异教邪宗，不值得真正的基督信徒的尊敬。只要佛教和儒家的精神看似干扰了香料和丝绸的交易，欧洲人就用枪炮子弹来进攻"邪恶势力"。这种体制具有某种确定无疑的恶劣影响，留下了不快的敌意印象，对不久的将来毫无益处。

公元前 1300 年
摩西
犹太人的领袖

公元前 1000 年
琐罗亚斯德
雅利安人的领袖

公元前 600 年
佛祖
印度人的启示者

公元前 500 年
孔子
中国人的圣人

公元前 400 年
希腊的伟大哲人

公元 30 年
耶稣·基督

公元 622 年
穆罕默德

阿拉伯人的先知

伟大的道德领袖

宗教改革

人类的进步最好比作一个始终前后摆动的巨型钟摆。文艺复兴时期对宗教的冷漠和对文学艺术的热衷之后，便是对文学艺术的冷漠和对宗教改革的热衷。

你们当然听说过宗教改革，能够想到的应该是一伙为数不多但勇气十足的朝圣者，越过重洋去追求"宗教崇拜的自由"。不清楚在历史进程的哪一段时间，尤其是在我们这些信奉新教的国度，宗教改革逐渐代表了"思想自由"的概念。马丁·路德是这一进步的先锋式领袖人物。但是，当历史不仅是对我们光荣的祖先的一系列溢美之词，而是要用德意志历史学家兰克的话来说，我们要竭力发现"到底发生了"什么的时候，许多历史就会呈现出不同的面貌。

人类的生活中很少有什么事情是完全好或彻底坏的。很少有什么事情非黑即白。给出每一个历史事件好坏两方面的全面的真实记述，才是一位诚实的编年史家的职责所在。由于我们都有个人的好恶，要做到这一点是很难的。但我们应该尽力而为，做到尽量公允，而不要让自己的偏见影响过大。

就拿我自己来说吧，我成长在一个地道的新教国家的地道的新教中心，直到 25 岁，都始终没见过天主教徒。我刚遇到他们时，感到很不自在，甚至还有一点担心。我知道，在阿尔巴大公为了拯救皈依路德教派和加尔文异端教派的荷兰人时，曾对成千上万的人施以火刑、绞刑和肢解，那就是西班牙宗教法庭的故事。那些事仿佛就发生在前天，很可能还会再次发生。也许会有另一个圣巴托罗缪之夜[1]，小小的可怜的我会穿着睡衣被杀害，尸体会被抛出窗外，如同高贵的柯利尼将军[2]的遭遇一样。

多年之后，我已在一个天主教国家寓居数年。我发现那里的人民与我的同胞同样聪慧，而且要愉快、宽容得多。使我十分惊讶的是，我开始注意到，在回顾宗教改革时，还要看到天主教的一方，而且不该亚于新教的一方。

---

1 8月24日为圣巴托罗缪节，1572年当夜，天主教徒在巴黎、奥尔良及法国其他地方对胡格诺派教徒进行大屠杀。
2 柯利尼（1519—1572），法国将军和新教（胡格诺教派）领袖，后失宠于法王路易十五，死于圣巴托罗缪之夜的大屠杀。

当然，16 和 17 世纪的善良人们都是亲历过宗教改革的，他们不会这样看待问题。他们认为自己总是对的，而敌人总是错的。当时的问题就是谁执行绞刑抑或被处以绞刑的生死对立，双方都愿意行刑。这本是人之常情，不必指责。

当我们回顾 1500 年的世界时——那个年头便于记忆，我们看到，就是在那一年查理五世出生。中世纪的封建无序状态已让位于好几个高度统一的王国。其中最有权势的君主是伟大的查理五世，1500 年时他还是摇篮里的婴儿。他的外祖父是斐迪南，外祖母是伊莎贝拉；祖父则是哈布斯堡王族最后一个中世纪骑士马克西米利安，祖母是大胆查理的女儿玛丽。大胆查理是野心勃勃的勃艮第公爵，曾战胜法兰西，却被瑞士的独立农夫们所杀。查理这个孩子成了一大片领土的继承人，这些土地来自他的父母、双方的祖父母、叔叔舅舅、姑姑姨姨以及表亲，分布在德意志、奥地利、荷兰、比利时、意大利、西班牙，以及他们在亚洲、非洲和美洲的所有殖民地。也是奇怪的命运在嘲弄吧，他出生于冈特的一座佛兰德斯的城堡，恰好是德国人在最近一次占领比利时期间用作监牢的同一处地方。尽管查理身兼西班牙国王和德意志皇帝，接受的却是佛兰德斯人的教育。

由于其父已故（据说是被毒死的，但未被证实），其母又失去神志（她携带亡夫之棺遍游其领地），这孩子就留给他严厉的姑妈玛格丽特抚养。查理被迫统治德意志人、意大利人、西班牙人和上百个其他民族，却成长为佛兰德斯人和天主教的忠实儿子，但对宗教的不宽容心怀反感。他从孩童起直到成人，一直很懒散。然而当世界处于宗教狂热的骚动中时，命运却要他来治理。他时常奔波于马德里到因斯布鲁克，布鲁日到维也纳之间。他生性热爱平和宁静，却总是处在战争之中。我们看到，他在55岁的时候，怀着极度痛恨和厌倦的厌恶心理背弃了人类；3年之后，这个疲惫不堪和极其失望的老人辞世了。

查理皇帝的事情就讲到这里。作为世界上第二大势力的教会怎么样了呢？从中世纪初期，教会就发动征讨异教徒的战争，教导人们过虔诚和正直生活的好处，可是到此时，教会已发生巨变。首先，教会太富有了。教皇不再是一群贫困的教徒的牧师。他住在宏伟的宫殿里，身旁围着艺术家、音乐家和著名的文人。他的教堂和祈祷室挂满了新画的圣像，画上的圣者看上去更像希腊诸神，严格地说很没必要。教皇用于公务和艺术的时间分配得很不均衡，公务只占用了他百分之十的时间，其余百分之九十的时间都用在了观赏古罗马雕像、新发现的希腊古瓶、设计新的夏宫的蓝图，彩排一出新戏等事务上了。大主教和枢机主教们纷纷效仿教皇的做派，主教则尽力模仿大主教，只有乡村教士还忠于己责，他们保持着自己的高洁，远离邪恶的尘世和对美与乐的异端爱慕。他们也避开修道院，那里的僧侣似已忘记简朴与贫困的古训，大胆地过着快乐的生活，只要不招致太多的社会流言即可。

最后再说说普通百姓。他们的日子比先前好过多了。他们更兴旺了，住房也好了，孩子进了较好的学校，所在的城市比原先更美了，他们的火器与宿敌似可以相匹：那些豪强们几百年来对他们的生意课以重税。关于宗教改革的主角们，就说这么多吧。

现在让我们看一看文艺复兴对欧洲的作用，这样你就会理解，学术和艺术的复苏何以会继之以对宗教兴趣的复苏。文艺复兴起源于意大利。然后传到法兰西。在历经 500 年同摩尔人作战之后，西班牙人变得心胸狭窄，对一切宗教事务十分狂热，因此文艺复兴在那里不够成功。文艺复兴的圈子越扩越大，一旦越过阿尔卑斯山，就变了味。

北部欧洲的人生活在酷寒的天气中，对生活的看法与其南方邻人差别迥异。意大利人在明媚的天空下过着户外生活。他们容易开怀大笑，尽情歌唱，享受快活。德意志人、荷兰人、英国人和瑞典人的大部分时间都在室内度过，静听着雨点敲打着他们温馨的斗室里紧闭的窗子。他们不苟言笑。他们把一切都看得更加认真。他们时时意识到他们不朽的灵魂，不愿意取笑对于他们来说神圣的事物。文艺复兴的"人文主义"部分，书籍啦、研究古代作家啦、文法和教科书啦，倒是使他们兴致勃勃。至于意大利文艺复兴的主要成果之一的大力恢复古希腊和罗马的异教文明，则令他们谈虎色变。

然而，罗马教廷和枢机主教团几乎清一色的是意大利人，他们已经把教堂变成了欢乐俱乐部，人们在那里讨论艺术、音乐和戏剧，很少谈及宗教。这样，严肃的北方和更开化随意的南方之间的裂痕就变得越来越大，不过，似乎没人觉察到南北之间的裂痕会有威胁到教会的危险。

　　还有一些次要原因说明了宗教改革为什么发生在德意志而不在瑞典或英国。德意志人对罗马怀怨已久。皇帝和教皇间无休止的争论造成了他们相互间的深仇大恨。政权落在强势国王手中的其他欧洲国家，统治者往往能够保护其臣民免受贪婪的教士之欺。但在德意志，形同虚设的皇帝治下是一群不安分的小诸侯，善良的市民更直接地遭受主教和教士的摆布。这些高级教士竭力为文艺复兴时期历任教皇所嗜好的巨大教堂搜刮钱财。德意志人觉得自己在受骗，自然就心怀不满了。

　　再说，还有一个很少被提及的事实：德意志是印刷业的故乡。在北部欧洲，书价很便宜，《圣经》不再是由教士拥有和解释的神秘手抄本，它成为有父亲或儿子认识拉丁文的许多家庭的必备之书。全家人都开始阅读《圣经》，这可是违背教会规定的。人们发现，教士给他们讲的许多事情与《圣经》的原文有出入。这就引起了怀疑。人们开始提问。而当教士们回答不出时，问题往往就导致了大麻烦。

　　北方的人文主义者向教士开火，进攻就开始了。他们在内心深处还是十分尊崇教皇的，无意将攻击直接指向这位最神圣的人物。而那些深居于豪华的修道院高墙之内的懒惰又无知的僧侣便成了难得的猎物。

　　奇怪的是，这场战争的领袖，是教会的忠心耿耿的儿子。他原名是杰拉德·杰拉德佐，但人们都叫他伊拉斯谟。他本是生于荷兰鹿特丹的苦孩子，受教于托马斯·肯皮斯毕业的同一所德文特的拉丁学校。伊拉斯谟成为教士，在一座修道院住了一段时间。他四处游历，将见闻写成书。当他开始以撰写出版小册子（今天应称作时评作家）为业时，以《无名氏信函》为题匿名发表的系列书信，使全世界的人大为开心。这些信函以一种奇特的德式拉丁文打油诗揭露了中世纪后期僧侣普遍的愚蠢自大，让人联想起当代的五行打油诗。伊拉斯谟本人是个知识渊博的严肃学者，通晓拉丁文和希腊文，为我们提供了第一部可靠的《新约》文本：他把希腊原文加以订正，并译成拉丁文。他和古罗马诗人贺拉斯一样，相信什么也不能阻止我们"嘴边挂着微笑来阐明真理"。

1500 年，他在拜访英国的托马斯·莫尔爵士期间，用了几周时间写了一本趣味横生的小书《愚人颂》，他在书中使用了最为危险的武器——幽默，向僧侣及其盲从的追随者发起了进攻。该书成为 16 世纪的畅销作品，几乎被译成了所有的文字，并引起许多人的兴趣去重视伊拉斯谟的其他著作，在那些书中，他提倡对教会的许多弊端加以改革，并呼吁他的人文主义同伴在他带来基督教信仰重大新生的任务中助他一臂之力。

但这些出色的计划无果而终。伊拉斯谟太过理智和宽容，无法使大多数反对教会的人满意。他们在等待一个秉性更强的领袖。

这位领袖到来了，他就是马丁·路德。

路德是德意志北部的一个农民，头脑出众，勇气十足。他是个大学生，爱尔福特大学文学硕士，后来进入多明我会修道院。后来他当上维滕堡神学院的教授，开始向家乡萨克森那些不热衷宗教的村农讲

路德翻译《圣经》

解《圣经》。他闲暇时间很多，便用来研习《旧约》和《新约》的

原文，不久他便看出了基督原话和教皇及主教布道之间的天壤之别。

　　1511年他因公出差到了罗马。曾为子女之故为己敛财的波吉亚家

族的亚历山大六世此时已经去世。他的继任尤利乌斯虽然人品无可挑

剔，却把大部分时间用于作战和营建，使得这位一丝不苟的德意志神

学家觉得他没有虔诚敬神。路德大失所望地返回维滕堡。但是更糟的

事情还在后面。

按照尤利乌斯教皇托付给他的无辜的继任者的遗愿而修建的宏伟的圣彼得大教堂，刚建到一半就需要修复了。亚历山大六世把教皇的金库花了个精光。1513 年继任的利奥十世已经濒临破产。他求助于增加现金的老办法，开始出售"赎罪券"。赎罪券就是一张羊皮纸，罪人花上一笔钱就可获准减少在炼狱中涤罪的时间。按照中世纪晚期的信条，这本是天经地义的。既然教会有权让真正悔罪的人在死前得到原宥，当然也就有权通过向圣者代为祈祷，缩短其灵魂在阴暗的炼狱里涤罪的时间。

不幸的是，这些赎罪券必须花钱来买。不过这倒是一条增收的捷径，何况穷得买不起赎罪券的人，还可以免费得到。

1517 年，萨克森领地上出售赎罪券的独有权被授予了一个名叫约翰·特茨尔的多明我会僧侣。约翰修士原是个强卖的推销员。说实在的，他也过于心急了。他的生意经激怒了这个小小公国的虔诚的居民，而实心眼的路德更是在一怒之下做出了莽撞之举。1517 年 10 月 31 日，他来到宫廷教堂，在门上贴出了一张写有九十五条论纲（或论点）的纸，攻讦出售赎罪券之事。纸条是用拉丁文写的。路德本来无意掀起一次骚乱。他不是革命者，他反对的是销售赎罪券的机制，他想让他的教授同仁知道他对此事的看法。这仍是教士和教授界的一件私事，并没有呼吁世俗界的激愤。

不幸的是，此刻正当全世界都开始关注宗教事务之时，根本不可能平心静气地讨论什么而不引发思想骚乱。不出两个月，全欧洲都在议论这位萨克森僧侣的《九十五条论纲》了。人人都要表明立场。每个神学界的无名之辈都要表明自己的观点。教廷当局开始受到惊动。他们命令这位维滕堡的教授前往罗马说明他的行为。路德清醒地记起胡斯的遭遇。他待在德意志，横遭开除教籍之罚。路德当着支持他的民众之面烧毁了教皇的训谕，从那时起，他和教皇之间便失和了。

路德虽然无意，却成了一支心怀不满的基督徒大军的领袖。德意志的爱国者乌尔里希·冯·胡滕赶来保护他。维滕堡、爱尔福特和莱比锡等地的大学生要保护他，以免当局囚禁他。萨克森选帝候多次向这位热血青年申明：只要路德待在萨克森的土地上，就不会受到加害。

这一切都发生在1520年。查理五世已年届20岁，作为半个世界的统治者，他被迫要与教皇和睦相处。他便颁旨要在莱茵河上的沃尔姆斯城召开一次大会，令路德出席并陈述他的越轨行为。此时已成为德意志民族英雄的路德毅然前往。他拒绝收回他写出或说出的哪怕一个字。他的良知只受上帝言词的支配。他为他的良知而生，也会为他的良知而死。

沃尔姆斯大会经过相应的审议，宣布路德是神与人面前的不法之徒，禁止一切德意志人为他提供食宿，也不准阅读这个怯懦的异端分子写下的书中的任何一个字。但这位伟大的改革家并无危险。在德意志北部的大多数人看来，这纸敕令是最不公平、最无公正可言的东西。为了更安全起见，路德被藏在萨克森领主所居的瓦特堡城堡之内。他在那里将全部《圣经》译成德文，以示对教皇权威的轻蔑，从此全体德意志人民得以用自己的语言阅读和了解上帝的意旨。

到此为止，宗教改革已不再是精神和宗教之事。那些憎恨现代教堂之美的人借此动荡之机，进攻和毁掉了他们因为不懂而不喜欢的建筑。潦倒的骑士们试图夺取属于修道院的领地来弥补以往的损失。心怀不满的王公们趁皇帝不在之机增强了自己的势力。饥饿的农民追随疯疯癫癫的鼓动者，以当年十字军的狂热，借机进攻主人的城堡，烧杀掠夺。

一场名副其实的骚乱在整个帝国爆发。一些王公成了新教徒（Protestants，其原意为追随路德的"抗议"者），并迫害他们信奉天主教的臣民。另一些天主教徒，则把新教徒臣民送上绞架。1526年的斯派尔大会试图以"臣民应与其王公信奉同一教派"的命令解决这一难题。这就使德意志成了一个布满了上千个彼此敌对的小诸侯国的棋盘，造成了一种妨碍正常的政治进展达数百年的局面。

1546年2月，路德去世，被安葬在29年前他公开反对出售赎罪券的那座教堂内。没过30年，文艺复兴那个无视宗教的嬉笑怒骂的世界已经转化成了宗教改革的争吵不休的天地。教皇治下的全球精神帝国突然终结，整个西欧变成一片战场，新教徒和天主教徒为了某些神学教义的更大发扬而彼此厮杀。而那些神学教义对今人来说，无异于远古的伊特鲁里亚人神秘的铭文。

44

宗教战争

宗教大论战的时代。

16 世纪和 17 世纪是宗教论战的时代。

你们注意一下就会发现，周围所有的人几乎都一直在"谈经济"，或者讨论与公众生活有关的工资、工时和罢工等问题，因为这是我们自己的时代所关注的主要话题。

在 1600 年或 1650 年，可怜的小孩子的境况要更糟。他们除去"宗教"以外听不到别的，他们的头脑里充满了"命定论""变体论"[1]"自由意志"和上百个别的古怪字眼，表述无论天主教还是新教都有的含混不清的"真正信仰"。孩子们按照父母的期望，受洗为天主教徒、路德教派、加尔文教派、茨温利教派或再浸礼教派。他们学习路德编订的《教义问答手册》，由加尔文撰写的《基督教教规》中的神学知识，或者默诵以英文出版的《公祷书》中的三十九条信条，并且听大人教导说，只有这些才代表"真正信仰"。

孩子们听说了英格兰那位多次结婚的国王亨利八世将教会财产全部攫为己有，还自命为英格兰教会的最高首脑，并僭越了罗马教皇任命主教和教士的一贯权力。孩子们一听到有人提起神圣的宗教法庭及其土牢和许多刑室就做噩梦。他们还听说同样骇人的故事，讲述一群荷兰新教暴徒如何抓到十多个手无寸铁的老教士，把他们送上了绞架，只是为了杀害那些承认持不同宗教信仰的人而取乐。不幸的是，对立的两个教派势均力敌，否则他们的斗争早就结束了。结果斗争拖了8代人，而且变得十分复杂。我只能讲给你们最重要的部分，而且建议你们找一本宗教改革史的书（这种书很多）读读其余的情况。

新教的伟大改革运动之后，便是教会深层的彻底改革。那些仅是业余人士的人文主义者和希腊罗马古董商的教皇们从公众眼前消失了，代之以严肃认真的人，他们每天花费20个小时管理由他们经手

---

1 "圣餐变体论"指圣体礼所用的饼和葡萄酒在礼仪过程中变成基督的身体和血，但外观并无变化。

的神圣的教务。

修道院中漫长而又不那么光彩的好日子寿终正寝了。修士和修女们被迫日出而作、研习长老的遗著、照看病人、安慰垂死者。神圣的宗教法庭日夜警视着，没有危险性的教义才准予印刷和传播。到这里总会习惯地提到可怜的伽利略，他由于有失谨慎地讲起他用他那好玩的小望远镜观察到的天空，并叨咕了一些有关天体运行的观念，与教会的官方观点唱了反调，就被囚禁起来。但是说句对教皇、教士和宗教法庭的公道话，应该指出，新教也和天主教不差分毫地与科学和医学为敌，把那些对事物本身进行深入研究的人视为人类最危险的敌人，表现出同样的无知和狭隘。

而加尔文这位伟大的法国宗教改革家和日内瓦政治和精神上的霸主，不但在法国当局要绞死米格尔·塞尔韦特（西班牙的神学家和医生，以作为第一位伟大的解剖学家维萨里的助手而闻名）时为虎作伥，而且当塞尔韦特已经成功地从法国监狱出逃到日内瓦之后，加尔文再次把这个聪明人投入监狱，经过漫长的审判之后，以异端之罪而将他烧死在火刑柱上，置他的科学家的声名于不顾。

事情就这样继续着。我们在这一题目上没有什么可靠的统计资料，但总的说来，新教徒对这一争端比天主教徒更早地感到了厌倦，而且，由于宗教信仰而被烧死、绞死、杀头的大部分诚挚的男男女女，都成了既有权势又极其残酷的罗马教廷的牺牲品。

至于"宽容"这个词（你们长大之后请记住），它出现的年代并

宗教法庭

不久远，连我们所谓的"当代世界"的人，也只是在与他们无关的事情上才讲宽容。他们会对一名非洲原住民表示宽容，不去管他当了佛教徒还是穆斯林，因为那两种教徒对他们毫无意义。但若是听说他们的邻居原是共和党人，相信高度保护的关税，如今加入了社会党，想要废除一切关税法，他们就不再宽容，而且会加以指责，所使用的语言和 17 世纪一名善良的天主教徒（或新教徒）在听说他们平素敬爱的好友已经成为可怕异端新教（或天主教）的牺牲品时所使用的言辞是一样的。

"异端邪说"直到不久之前还被视为一种疾病。如今，我们看到一个人无视身体清洁和家庭卫生，使他本人和孩子处于伤寒或其他可预防的疾病的危险之中，我们会报告卫生局，那里的官员就请警察协助将这位危及全社区安全的病人带走。在 16 和 17 世纪，一个公开怀疑新教或天主教创建的基本教义的异教徒，无论是男是女，都会被看作比伤寒病人更可怕的威胁。伤寒可能（十分可能）会毁灭肉体，但按照他们的看法，异教徒却可能毁灭不朽的灵魂。因此，一切善良和理智的公民都有责任向警方报告既定秩序的敌人，没有这样做的人就如同发现邻居患了霍乱或天花却没有报告就近的医生一样，应予责罚。

在未来的岁月中，你们会听到很多有关预防医学的问题。预防医学指的就是，我们的医生不必等到病人生病再去救治。相反，他们研究人们完全健康时的状况及其生活条件，通过消除垃圾、指导他们的饮食和应避免的问题，提供个人卫生的一些简明观念，来消除各种可能的致病因素。他们还会进一步做到：走进学校，教会孩子如何使用牙刷和预防感冒。

我已经设法向你们表明，16 世纪人们把身体疾病看得没有威胁灵

魂的疾病那么重要，因此他们组成了一套精神预防医学的体制。一个
孩子刚一长到能够拼写第一个单词的年龄，就要教他真正的（而且是
"唯一真正的"）信仰教规。这倒间接地成为欧洲人普遍进步的一件好
事。在新教国家中，学校很快就星罗棋布了。他们使用了大量宝贵的
时间阐释教义，但除去神学之外，他们也教授别的东西。他们鼓励读
书，从而对印刷业的繁荣兴旺也起到了促进作用。

但天主教徒们并未落后。他们也把许多时间和关注投入教育。在
这方面，教会在新建的耶稣会教规中找到了难以估价的朋友和同盟。
这一出众组织的奠基人是一名西班牙士兵，他在经历了一番不圣洁的
冒险生涯之后，皈依了宗教，他认为自己应该为教会服务，就像以往
的许多罪人一样，他们由救世军指出了他们生路的过错，而后便将余
生奉献给支援和抚慰不幸的人的使命。

这个西班牙人名叫伊纳爵·罗耀拉。他出生于发现美洲的前一年。
他受了伤，落下终身跛腿的残疾。他在医院治疗时，看到了圣母及圣
子显圣，要他放弃他先前生活中的邪恶。他决心去朝觐圣地，完成十
字军的使命。但他在到达耶路撒冷之后，明白自己不可能实现那一使
命，便返回西方，投入了对抗路德异端的战斗。

1534年，他在巴黎的索邦就读。他和另外7名学生一起成立了一
个兄弟会。这8个人相互保证，他们要过圣洁的生活，他们不谋求财
富，但要力争正义，而且要全身心地奉献给教会。几年之后，这个小
小的兄弟会发展成一个常规组织，而且以耶稣会的名义得到了教皇保

罗三世的认可。

罗耀拉曾经当过兵。他相信纪律，而绝对服从上级命令成为耶稣会巨大成功的一个主因。他们特别推崇教育。他们先要教师受到全面的教育，然后才准许他们去对哪怕一个学生说教。他们和他们的学生住在一起，参加他们的游戏，对学生柔情关怀。结果，他们培养出了新一代忠实的天主教徒，像中世纪早期的人们一样认真履行教会的职守。

然而，精明的耶稣会并没有将他们的全部精力放在教育穷人身上。他们进入宫廷，担任未来的皇帝和国王的私人教师。其意义将在我要讲的三十年战争中看到。但在那场可怕的宗教狂热最终爆发之前，已经发生了许多别的事情。

查理五世死后，德国和奥地利留给了他的弟弟斐迪南，而他的其余属地——西班牙、荷兰、西印度群岛和美洲——则归于他的儿子菲利普。菲利普是查理与其表妹、葡萄牙公主之子。这种近亲联姻的孩子容易精神不正常。菲利普的儿子，不幸的唐·卡洛斯是个疯子，后经其父同意，被杀身亡。菲利普虽然不是疯子，但他对教会的热情已近乎宗教狂。他相信上天指定他成为人类的一个救世主。因此，不管是谁顽固地拒绝陛下的观念，都会被宣布为人类的敌人，要彻底消灭，以免该人的坏榜样腐蚀了他的虔诚的邻人的灵魂。

西班牙诚然是个豪富之国，新大陆的金银全都流进了卡斯蒂利亚和阿拉贡的宝库，但西班牙却患有一种奇特的经济症。西班牙的农民都是勤劳的人，妇女更是如此。而西班牙上层阶级一向极端轻视任何形式的劳动，只肯在陆、海军中服役或出任公职。至于摩尔人，都是些兢兢业业的艺匠，却早已被逐出了这个国家。结果，西班牙这座世界的珍宝箱，由于其全部钱财都拿到国外换取本国人不予生产的小麦和其他生活必需品，反倒成了穷国。

菲利普这位 16 世纪时最强大国家的统治者，就要依靠在繁忙的商业基地荷兰征收的赋税作为岁入。但那些佛兰德斯人和荷兰人全都笃信路德和加尔文教义，他们从其教堂中清除了所有的雕像和圣像，还通告教皇，他们不再奉他为牧师，而打算追随他们自己的良知和新近翻译的《圣经》的指令行事。

这就将国王置于十分尴尬的境地。他不能容忍他的荷兰臣民的异端行为，但又需要他们的金钱。若是他允许他们成为新教徒，不采取措施拯救他们的灵魂，就会在上帝面前失职；而若是教皇派宗教法庭到荷兰，将他的臣民在火刑柱上烧死，他就会失去大部分收入。

作为一个优柔寡断的人，他犹豫了很长时间。他试图软硬兼施，恩威并重。荷兰人仍冥顽不化，依旧唱着他们的圣歌，聆听他们的路德和加尔文教教牧师布道。菲利普于绝望之中派出他的"铁人"阿尔巴公爵去让这些死硬的罪人服输。阿尔巴一上来先将那些没有在他到来之前机灵出逃的领袖们斩首。就在法国的新教领袖于可怕的圣巴托罗缪之夜全部遇难的同一个 1572 年，阿尔巴攻取了好几座荷兰城市，屠杀了那里的居民，以儆他人。翌年，他包围了荷兰的制造中心莱顿。

圣巴托罗缪之夜

与此同时，尼德兰北部的七个小省已组成自卫联盟，即所谓的
"乌得勒支联盟"，并公认曾任查理五世私人秘书的德国王子、奥兰
治的威廉为他们军队的首脑和以"海上乞丐"著称的海盗司令。为了
保护莱顿，威廉挖断了防护堤，形成一个浅水的内海，借助由敞舱驳
船、平底驳船奇形怪状地装备起来的海军，又摇桨、推拉并举地穿过
泥滩，围护在城墙周围，来解救该城。

这是无坚不摧的西班牙国王的军队第一次惨遭可耻的失败。如同

挖断防护堤解救莱顿城

后来日俄战争中日军的沈阳胜利震惊了我们这一代人一样，莱顿之战使全世界瞠目结舌。新教势力勇气大增，而菲利普则想出新的招数来征服他的反叛的臣民。他雇用了一个缺心眼的狂热分子去暗杀了奥兰治的威廉，但领袖之死并没有使七省屈服，相反倒使他们同仇敌忾。1581年，七省代表在海牙召开各级大会，最庄严地宣告断绝与"邪恶的菲利普国王"的关系，并由自己承担此前一直授予"上帝恩赐的国王"行使的主权。

"沉默者"威廉遇害

　　这是为政治自由而进行的伟大的斗争史中十分重要的事件。这一步远比以签署《大宪章》告终的贵族起义迈得还要大。这些善良的自由民说："在国王及其臣民之间有一种默契：双方既要履行一定的奉献，也要承认一定的职责。若是一方背约，另一方则有权认为合约已经终止。"英王乔治三世的美洲臣民于1776年得出了类似的结论，但他们与其宗主国之间有5 000公里的大洋相隔，而七省的各级大会是在听着西班牙的炮声，而且是在时时担心西班牙舰队报复的情况下，无敌舰队来了！

做出他们的决定的，就是说，万一失败，他们就要等着慢慢死去。

　　有关一支神秘的西班牙舰队准备征服荷英两国的传闻，在信奉新教的伊丽莎白女王继任信奉天主教的"血腥玛丽"登基成为女王时已成为老生常谈。多年来，处于海上的水手一直都在谈论此事。在16世纪80年代，谣言成真。根据到过里斯本的领航员们的说法，西班牙和葡萄牙的一切船坞都在造船。而在尼德兰南部，在比利时，帕尔玛公爵正在集结一支庞大的远征军，一俟舰队抵达，就要乘船从奥斯坦德马上开赴伦敦和阿姆斯特丹。

1586年，无敌舰队起航驶向北方，但佛兰德斯沿岸的港口已被荷兰舰队封锁，而英伦海峡又有英国人守卫，习惯了南方较平静海域的西班牙人不知在暴风频吹的荒凉的北方气候中如何航行。无敌舰队一旦遭遇敌舰和风暴的袭击会发生什么情况不用我来赘述。只有几艘船绕过爱尔兰岛逃回，报告了失败的惨剧，其余的船只被一举歼灭，沉在了北海的海底。

逆转是公平的。不列颠和荷兰的新教徒们如今把战火带进了敌人的领土。在16世纪末，豪特曼借助一个为葡萄牙人效力的荷兰人林斯科顿所写的小册子，终于发现了去印度的航路。结果，荷属东印度公司成立了，针对葡萄牙和西班牙在亚非两洲的殖民地进行的一系列战争全面打响了。

正是在征服殖民地的早期阶段，荷兰法庭上出现了一场奇异的诉讼。早在17世纪，一个名叫范·海姆斯凯尔克的荷兰船长由于率领了一支试图发现一条通往印度东北方路线的探险队而闻名，他在新地岛的冰封海岸上度过了一个严冬，又在马六甲海峡俘获了一艘葡萄牙船。大家记得，教皇曾把世界均分成两半，分别给了西班牙人和葡萄牙人。葡萄牙人很自然地认为东印度群岛周围从那时起便是他们的产业，而此时他们并没有同荷兰七省联盟作战，遂宣称，一艘荷兰私人贸易船的船长无权进入他们的地盘并窃取他们的船只。他们就此打起了官司。荷属东印度公司的董事们聘用了一位聪明的青年律师，名

哈得逊之死

叫德·格鲁特或格劳秀斯，为此案辩护。他做出惊人的抗辩，认为大洋是所有人自由来往的地方。在岸边大炮的射程之外，海洋就是，或者按照格劳秀斯的说法，就应该是所有国家的所有船只自由和开放的航路。这一惊人的学说第一次在法庭上公开宣布。它遭到了其他各国航海人的反对。为了同格劳秀斯著名的"自由海洋"或"公开海域"的抗辩针锋相对，英国人约翰·塞尔登写出了他那篇论述"领海"或"封闭海域"的论文，认为一个主权国家的自然权力包括其周围海域，应视其为领土之一部分。我在此提及此事是因为这个问题迄今未有定论，在上一场世界大战中这一问题也曾引发了各种各样的复杂而棘手的事端。

现在回到西班牙人同荷兰人及英格兰人之间的战事，不到20年，印度、东印度群岛、好望角、锡兰及中国海岸乃至日本，这些最有价值的地方都已落入新教徒手中。1621年一家西印度公司成立了，随后征服了巴西，并在北美建立了叫作新阿姆斯特丹的要塞，地点就在1609年亨利·哈得逊发现的那条河的入海口。

这些新殖民地使英格兰和荷兰共和国富裕到有钱雇用外国士兵在陆地作战，他们自己则抽出身来进行商贸活动。对他们而言，新教的反叛意味着独立和繁荣。但在欧洲许多其他的地方却意味着连绵不断的恐怖。与之相比，上一次战争简直是主日学校善良的男孩们的一次和睦的出游了。

爆发于1618年而以1648年著名的《威斯特伐利亚和约》宣告结束的三十年战争纯属一个世纪以来不断增加的宗教仇恨所致。如前所说，这是一场可怕的战争。大家你打我我打你，直到各方都精疲力竭，再也打不下去时才算结束。

在不到一代人的时间里，战争使中欧的许多地方变成了一片荒野，饥饿的农民为了一匹死马的尸体与更饥饿的狼争斗。德国全国乡镇的六分之五毁于战火。德国西部的帕拉丁领地曾经28次遭抢。一个1800万人口的国家减到了400万人口。

敌对几乎随着哈布斯堡王朝的费迪南二世被选为皇帝而一触即发。他是由耶稣会精心培养出来的最为顺从和虔诚的信徒。他年轻时即立誓要从他的领土上消除一切教派和异端，他也一直为此竭尽全力。在他当选的前两天，他的主要对手腓特烈，本是英王詹姆斯一世

的女婿和新教的帕拉丁选帝侯，已经当上了波希米亚国王，直接违反
了费迪南的意愿。

哈布斯堡的军队当即挺进波希米亚。年轻的国王无望地寻求援军
助他抵抗劲敌。荷兰共和国倒是愿意援手，但自身正陷入与哈布斯堡
王族的西班牙军队的苦战，无能为力。英格兰的斯图亚特王朝更是热
衷于在国内加强自己的绝对权力，而不肯在遥远的波希米亚花费财力
和人力进行无望的冒险。经过数月的战斗之后，帕拉丁选帝侯被逐，
其领地转给了巴伐利亚的天主教王族。这是那场大战的起始。

随后，哈布斯堡的大军在蒂利和华伦斯坦的统率下，一路打过德
国的新教地区，直抵波罗的海沿岸。一个信奉天主教的邻居对丹麦的
新教国王意味着严重危险。克里斯蒂安四世试图在敌人过于强大之前
以攻为守。丹麦军队进入德国境内却吃了败仗。华伦斯坦乘胜追击，
锐不可当，丹麦被迫求和。这时只有一座波罗的海的沿岸城镇依然留
在新教徒手中，就是施特拉尔松德。

1630 年初夏瑞典瓦萨王朝的古斯塔夫·阿道夫国王在该城登陆。
他曾因抗俄卫国而出名，这位新教君主野心无边，一心要把瑞典变成
北方大帝国的中心。古斯塔夫·阿道夫受到欧洲各新教君主的拥戴，
被奉为路德教派的救世主。他击败了刚刚在马格德堡屠杀新教居民的
蒂利。他的军队随后便长途进军，穿越德国腹地，试图抵达哈布斯堡
王朝在意大利的领地。由于后方受到天主教徒的威胁，他突然调头，
在吕岑一役中大败哈布斯堡的主力。不幸的是，这位瑞典国王因一时

与他的军队走散而阵亡，但哈布斯堡王朝的势力亦已崩溃。

费迪南生性多疑，当即对自己的臣下不信任了。在他的唆使下，他的总司令华伦斯坦遭到谋杀。统治法国的信奉天主教的波旁王朝，痛恨他们的哈布斯堡对手，听到这一消息后，便与新教的瑞典联盟。路易十三的军队入侵德国东部，法国的都伦和康代伙同瑞典将军班奈和威玛，以烧杀劫掠哈布斯堡的财富而声名狼藉。这使瑞典人名利双收，招致丹麦人萌生妒意。新教徒的丹麦人于是宣布对天主教法国的盟友——新教的瑞典开战，而法国的政治领袖黎塞留枢机主教刚刚剥夺了胡格诺派（法国的新教徒）由 1598 年的《南特敕令》保障的公开礼拜的权利。

经过反复遭遇，这场战争到 1648 年以《威斯特伐利亚和约》宣告结束时，什么问题都没解决。天主教势力仍然信奉天主教，而新教势力依旧忠于路德、加尔文和茨温利的信条。瑞士及荷兰被承认为独立的共和国。法国保有了梅斯、图尔、凡尔登，以及阿尔萨斯之一部分。神圣罗马帝国依旧稻草人似的存在着，没有人，没有钱，没有希望，也没有了勇气。

三十年战争取得的唯一成就是反面教训，它使天主教徒和新教徒双方都不再想打仗，于是他们都与对方和平相处了。然而，这并不意味着宗教感情及神学敌对就此平息。相反，天主教和新教间的争吵虽然结束了，但不同的新教各派之争仍然和原先一样互不相让。在荷兰，对命定论真正本质（这一含糊的神学观点在你们的曾祖一辈人中却极

三十年战争

1648 年的阿姆斯特丹

端重要）的分歧引起的争吵，以将奥登巴内费尔特的约翰砍头而告终。这位约翰可是荷兰的政治家，在荷兰独立的最初 20 年为其成功做出了成绩，他还是该国印度贸易公司的伟大组织天才呢。在英格兰，这种宿怨导致了国内战争。

不过，在我讲解这场引发欧洲第一个被依法处决的国王的争论之前，我要先讲一讲英格兰此前的历史。在本书中，我只想谈及影响到当今世界形势的历史事件。如果我未提及某些国家，倒不是因为我自己私下的好恶。我巴不得叙述挪威、瑞典、塞尔维亚和中国的种种事件。但这些国家对欧洲在 16 和 17 世纪的发展无足轻重。因此我愿以礼貌和敬意深鞠一躬而不去谈论这些国家。然而，英格兰却地位不同。那座小岛上的人民在过去 500 年间的作为在世界的各个角落都影响到历史的进程。没有对英格兰历史背景的适当知识，就无法理解你在报纸上读到的东西。因此，你有必要了解在其余的欧洲大陆国家还处在专制君主的统治之下时，英格兰如何推进了立宪政府的政治形态。

英国革命

『君权神授』与虽非神授却更加合理的『议会权力』之争，如何以查尔斯一世国王的灾难告终。

最早探索西北欧的恺撒，曾经在公元前 55 年横渡英吉利海峡并征服了英格兰。之后的 4 个世纪期间，英格兰一直是罗马的一个行省。但是当蛮族开始威胁罗马时，驻军奉命从前方调回，以保卫祖国，不列颠被弃置于既无政府又无保护的状态。

北日耳曼饥饿的撒克逊人一听到这一消息，当即渡过北海，在这座繁荣的岛屿上安家落户。他们建立了许多独立的盎格鲁-撒克逊王国（这一命名是因先前的入侵者，盎格鲁或英格兰人和撒克逊人），但这些小国彼此间始终争吵不休，没有一个国王强大到领袖群雄。在500多年当中，麦西亚、诺森伯里亚、威塞克斯、苏塞克斯、肯特和东英吉利，或者不管叫什么国名吧，都暴露在斯堪的纳维亚形形色色的海盗的攻击之下，最终在11世纪，英格兰同挪威及北德意志成为克努特大帝治下的丹麦大帝国之一部分，连最后的一丝独立痕迹都消失不见了。

其间，丹麦人被驱逐了出去，但英格兰刚获自由，就第4次被征服了。这些新敌人是北欧另一支部族的后裔，他们早在10世纪就曾入侵法兰西，建立了诺曼底公国。其公爵威廉长期隔海觊觎，终于在1066年10月跨过海峡。在那一年10月14日的黑斯廷斯一役中，他击溃了盎格鲁-撒克逊诸王中的最后一个威塞克斯的哈罗德王的弱旅，自立为英格兰王。但无论是威廉本人，抑或是安茹和金雀花王朝的继承人，都没有视英格兰为真正的家乡。在他们眼中，不列颠岛无非是他们在欧洲大陆承袭的大片土地之一部分——一种居住着相当落后的民族的殖民地，他们要把自己的语言和文明强加给那里。然而，英格兰这块"殖民地"却逐渐超越了他们的诺曼底"宗主国"。与此同时，法兰西一代代的国王却在竭力摆脱事实上已经是法兰西王朝的不听话的臣属——强大的诺曼-英格兰近邻。经过百年战争，法国人民在名叫贞德的年轻姑娘的领导下，才把"外国人"逐出国土。贞德本人却在1430年的贡比涅战争中被勃艮第人俘虏，又被出卖给英格兰士兵，被当作巫婆烧死。不过英格兰人始终没在大陆上得到立足点，他们的国王终于得以把全部时间用于自己的不列颠领土。由于这个岛国的封建贵族一直陷于像中世纪的麻疹和天花一样流行的莫名其妙的世仇争斗中，而且大部分原有的土地所有人在所谓的"玫瑰战争"中丧生，国王便轻易地借机加强了王权。到 15 世纪末，英格兰已经成为高度中央集权的国家，其国王是都铎王朝的亨利七世，当时著名的法院"星法院"[1] 以极端严厉的手段镇压了幸存的贵族恢复其对中央政府原有影响的意图，让人回想起来就会谈虎色变。

1509 年亨利七世由其子亨利八世继位，从那时起，英格兰历史有了新的重要进展，不再是中世纪的岛国，而成为现代的国家。

亨利对宗教并不热衷。他满心高兴地利用他多次离婚中的一次引发的与教皇的私下分歧，宣布脱离罗马独立，使英格兰教会成为第一个"国教"，即世俗的统治者，同时行使其臣民的精神首脑的职责。1534 年的这一和平改革不仅使都铎王朝得到了长期遭受许多路德派鼓吹者攻讦的英国教士的拥护，而且通过没收修道院的原有财产而加强了王权。与此同时，亨利还受到商人和匠人的拥戴，作为与欧洲其余各国被又宽又深的海峡相隔的孤岛上繁荣又自豪的居民，他们对一切"舶来品"深恶痛绝，根本不愿有一个意大利的主教来统治他们诚挚的不列颠灵魂。

---

1 设于威斯特敏斯特宫中，以滥刑专断著称。

英国民族

百年战争

1547 年亨利去世。他将王位留给了年仅 10 岁的幼子。小王子的监护人们都倾向于时兴的路德教义，竭力促成新教事业。可是小王子没长到 16 岁便夭折了，他姐姐玛丽继位，即西班牙国王菲利普二世之妻。她将新"国教"的主教们处以火刑，在别的方面也效尤其西班牙夫君。

所幸她在 1558 年就死了。继承王位的是亨利八世的女儿伊丽莎白。她母亲是安·博林——亨利八世先后 6 位王妃中的第 2 个，因失宠而被斩首。伊丽莎白曾遭监禁，只是由于教皇说情才被释放，她对天主教和西班牙的一切都不共戴天。她像她父亲一样对宗教事务漠不关心，还继承了他对人的精明判断。她将其在位的 45 年用来加强王权和增加欢乐的英伦岛的岁入和财富。这样她就得到了聚在她周围的许多能臣的支持，使伊丽莎白治下成为一个重要时期，值得你细加研究。

不过，伊丽莎白并没感到王位坐得十分安稳。她有一个十分危险的对手玛丽。玛丽属斯图亚特王朝，其母是法兰西的一名女公爵，其父是苏格兰人。她本人是法王弗朗索瓦二世的遗孀，即策划圣巴托罗缪大屠杀的美第奇家族的凯瑟琳的儿媳，她的幼子后来成为英格兰斯图亚特王朝的第一任国王。她是个热忱的天主教徒，与一切与伊丽莎白为敌的人倾心结交。她政治上无能，却用凶残手段惩罚她的信奉加尔文教的臣民，因而引起苏格兰境内的革命，她被迫逃亡到英格兰的国土上避难。她在英格兰居留了 18 年，没有一天不在阴谋反对收留她的伊丽莎白，终使英国女王听从她信任的廷臣的忠告，"将那个苏格兰女王斩首"。

那颗头颅便在1587年被"砍掉",结果引发了一场与西班牙的战争。如前所述,英荷联合海军打败了菲利普的无敌舰队,这一场海上大战本想摧毁反天主教的两大领袖的势力,却演变成了一次有利可图的商业冒险。

因为经过多年的迟疑不决,此时英格兰人和荷兰人终于认为时机已到,可以闯入西印度群岛和美洲,为挣扎于西班牙人手中的新教兄弟一雪前耻。英格兰人曾是哥伦布最早的追随者。英格兰船队在威尼斯领航员乔万尼·卡波特的率领下,于1496年首先发现和开发了北美大陆。拉布拉多和纽芬兰作为殖民地无足轻重。但纽芬兰沿岸对英格兰捕鱼船队却是丰厚的奖励。一年之后的1497年,那位卡波特又开发了佛罗里达。

随后是亨利七世和亨利八世无暇他顾的年月,他们没钱进行国外开拓,但到了伊丽莎白在位时,国家太平,玛丽·斯图亚特入监,水手们可以对家人无后顾之忧地离岸远航。还在伊丽莎白年幼之时,威洛比就曾冒险驶过北角,他的一名船长理查德·钱塞勒更是一路向东以寻求通往印度的水路,结果抵达了俄国的阿尔汉格尔斯克,与遥远的莫斯科帝国神秘的统治者建立了外交和商务关系。在伊丽莎白统治的最初几年里,许多人都沿这条航道东进。为"合股公司"工作的商人冒险家们为贸易公司打下了基础,这些公司在之后的几个世纪里成为殖民地的管理机构。他们既有外交人员的身份、又有海盗的行径——大胆孤注一掷,在船舱中塞进各色货物的走私者,将人贩和商

约翰及塞巴斯蒂安·卡波特看到了纽芬兰的海岸

伊丽莎白时代的舞台

贩集于一身的人，眼中只有挣钱。伊丽莎白时代的水手们把英格兰国旗和女王的声名传遍世界各地。与此同时，在英格兰国内，威廉·莎士比亚的戏剧让女王陛下赏心悦目，英格兰的智囊们在女王改变亨利八世的封建传统，缔造现代国家的努力中与她密切合作。

1603 年老女王在 70 岁高龄时辞世。继承王位的是她的侄子：她祖父亨利七世的重孙，她的对手和敌人玛丽·斯图亚特之子，称为詹姆斯一世。上帝保佑，他成为逃避了欧洲大陆各对手命运的国家的统治者：当欧洲各国的新教徒和天主教徒互相杀戮，徒劳地试图消灭异己，建立只尊奉自己教义的一统天下之时，英格兰却避开了路德和罗耀拉的极端，悠闲地和平"改革"了。从而为这个岛国在即将到来的争夺殖民地之战中赢得了巨大的先机，确保了英国在国际事务中的领导地位直至今日。连斯图亚特的灾难性冒险也未能停止这一正常发展。

继承都铎王朝的斯图亚特王朝，在英格兰是"外来户"。他们似乎并没有赞同或理解这一事实。本地的都铎王室能够盗取一匹马，但"外来的"斯图亚特王族连窥视一眼马缰都会引起公众的普遍不满。老女王可以随心所欲地统治她的天下。而且，总的说来，她所采取的政策总意味着诚实或诡诈的不列颠商人的腰包能装进钱。于是女王也就总能赢得她感恩戴德的人民的全力支持。而为了女王陛下强大而成功的外交政策衍生出的日后利益，随着议会的权力和特许而得到的些许自由，也就可以高高兴兴地忽略了。

表面上看，詹姆斯国王还在执行同样的政策，但他缺乏其伟大的前任非常鲜明的个人热情。外贸仍然受到鼓励。天主教徒没有取得什么自由。但是，当西班牙对英格兰做出取悦的笑容以求建立双方的和平关系时，詹姆斯也以微笑回报。大多数英格兰人对此并不喜欢，但谁让詹姆斯是他们的国王呢，他们也就保持沉默了。

不久又有了其他的摩擦因素。詹姆斯国王及 1625 年继承他王位的儿子查理一世，父子二人都坚信"君权神授"的原则，毫不顾及臣民的愿望，只照自己认定合适的想法来治理国家。这种观点并不新颖。教皇们从多方面来说都曾经是罗马皇帝（或者更确切地说，是统一全部已知世界的罗马帝国理想）的继承人，始终自认为而且被公认为"基督在人世间的代理人"。既然上帝认为应该如此，也就没人质疑上帝统治世界的这种权利。其自然的结果便是：没人敢于怀疑神圣的"副摄政"随意行事并要求公众顺从的特权，因为这位人间帝王是宇宙绝对统治者的直接代表，而且只对全能的上帝负责。

当路德的宗教改革获得成功之时，原先属于罗马教皇的那些权力被欧洲许多改信新教的君主们接了过去。他们作为自己国家或王朝的教会的首脑，同样坚持自己在国土范围内是"基督的副摄政"。人民并没有质疑他们的统治者采取这样一个做法。他们接受了，就像我们今天接受了对我们来说似乎是唯一合理和公正的政府形式的代议制制度一样。因此，认定路德或加尔文教派造成了对詹姆斯国王反复高叫他的"神授权力"特别激烈的情绪，是不公平的。纯粹的英格兰人不相信国王的神授权力应该是另有道理。

最初公开否认君权"神授"的呼声是在 1581 年的荷兰，当时的国民议会废除了他们的合法国王西班牙的菲利普二世。他们宣布："国王违约，因此国王如同任何别的不忠的仆人一样被免职了。"从那时起，有关国王要对其臣民负责的特殊理念就被传播到北海沿岸的许多其他欧洲国家。他们处于一种十分有利的地位。他们富有。而穷人都在中欧的内地，任凭国王近卫军的摆布，没法讨论会立即将他们投入最近的一座城堡最深的地牢的问题。但是荷兰和英格兰的商人却握有维持陆海大军所必需的资金，懂得如何把握"信誉"这一无所不能的武器，所以没有这种担忧。他们肯于运用自己那笔管用的钱财的"神授权力"来对抗哈布斯堡、波旁或斯图亚特王朝的"神授君权"。他们深知，他们的荷兰盾和英国先令能够击败国王的唯一武器——笨拙的封建军队。他们在别人只有忍气吞声或冒绞刑危险之时，可以大胆行动。

当斯图亚特王朝宣称他们要毫不顾忌责任地随心所欲，从而惹恼了英格兰人民时，英格兰的资产阶级便用下议院构成他们反对滥用王权的第一道防线。国王拒不低头并且吩咐议会不要多管闲事。之后的 11 年间，查理一世大权独揽。他强征大多数人认为不合法的赋税，把不列颠王国当作他的乡下领地来治理。他有能臣相助，应该说他坚定自信。

本来查理是肯定能得到他的忠心耿耿的苏格兰臣民的支持的，不幸的是，他却卷入了一场与苏格兰长老会教派的争执。迫于急需一笔现金，查理尽管于心不甘，也终于不得已再次召开议会。议会于 1640 年 4 月召开，会上一片混乱，数周之后便不欢而散。11 月又召集新的议会。这次比上次更不顺利。议员们心里清楚，"神授君权治国"还是"议会治国"应该一劳永逸地斗出个结果来了。他们在枢密大臣的问题上攻讦国王，并处死了其中的 6 名大臣。他们宣布，不经他们认可，议会不得解散。最终在 1641 年 12 月 1 日，他们向国王呈递了一份《大抗议书》，详细诉说了人民对其统治者的种种怨愤。

查理指望在乡村地区获得对他政策的一些支持，便于 1642 年 1 月离开伦敦。国王和议会双方各组织了一支军队，准备为自己的绝对权力公开作战。在这一对抗中，英格兰最强大的宗教势力叫作清教徒（他们是英格兰国教的教徒，曾努力将其教义达到最大程度的净化），他们很快就奔赴前线。由奥利弗·克伦威尔指挥的"铁骑军"军团，以其铁的纪律和对其目的的神圣性的无比信念，当即成为反对派全军的楷模。查理两次战败。1645 年的纳西比战役后，他逃往苏格兰，而苏格兰人则把他出卖给英格兰人。

随后是个以阴谋互斗的阶段，苏格兰长老会教派的信众更以起义反对英格兰的清教徒。1648 年 8 月，在普雷斯敦的 3 天激战之后，克伦威尔结束了这第二次国内战争并夺取了爱丁堡。此时，他那些厌倦了继续谈判，不愿把时间浪费在宗教争议上的士兵，决定自行其是。他们把不同意他们清教观念的人全部逐出议会。于是，由余下的老议员组成的"残余国会"宣告国王犯下叛国罪。上院拒绝出席法庭，便指定一个特别法庭并宣判国王死刑。1649 年 1 月 30 日，查理国王平静地从白厅的一个窗户走上断头台。那一天，那个君主国的臣民通过他们自选的代表，第一次处决了一个不明白自己在现代国家中的地位的统治者。

查理死后的那一时期统称奥利弗·克伦威尔时代。起初，英格兰的这位不合法的独裁者在1653年被正式指定为护国公。他统治了5年。他利用这一时期继续执行伊丽莎白的政策。西班牙再次成为英格兰的头号公敌，而对西班牙人的战争就成了全国的神圣之举。

英格兰的商业和商人的利益被置于百业之首，新教徒本质上最严格的教义被毫不通融地保持了下来。在维护英格兰的海外地位上，克伦威尔是成功的。不过，他作为社会改革家，却极其失败。世界由众多的人民组成，他们难有相同的想法。从长远来说，这似乎是一个十分明智的准则。一个由全体居民中的某个单一成分组成又只为他们谋利的政府是不大可能存在下去的。新教徒在试图纠正滥用王权时，堪称一支办好事的主力，但作为英格兰的绝对统治者就令人难以容忍了。

克伦威尔于1658年去世之际，倒是斯图亚特王朝轻易复辟之时。事实上，发现新教徒温和的桎梏和查理王的专制同样难以忍受的人民把他们当作"救世主"来欢迎。只要斯图亚特王室甘心忘却他们伤心的父辈神授的君权，而且承认议会的最高权力，人民便承诺做效忠的顺民。

两代人都设法使这一新的安置得到成功。但斯图亚特王室显然没有汲取教训，无法放弃他们的劣性。1660年回国的查理二世倒是和蔼可亲，却是个无能之辈。他懒散成性，苟且偷安，屡屡靠说谎侥幸成功，得以逃避了他和臣民之间矛盾的公开爆发。他运用1662年的《统一法案》，将一切不信奉国教的教士逐出其教区，打破了清教教士的权势。他又运用1664年所谓的《秘密集会法案》，妄图阻止不信奉国教者出席宗教集会，并以流放到西印度群岛相威胁。这种做法与昔日里的"君权神授"看来何其相似，人们开始流露出众所周知的积怨，议会又突然经历了为国王提供经费的困难。

　　查理既然从不情愿的议会那里拿不到钱，就悄悄从邻居和表亲法王路易手中借贷。他出卖了他的新教同盟者，换取了每年20万英镑，还窃笑议会是可怜的傻瓜。

　　经济上的独立突然让国王对自己的力量增强了信心。他在多年的流放中，寄寓于他的天主教徒亲戚中间，暗中喜欢上了他们的教派。说不定他还能把英格兰带回罗马呢！他颁布了一项免罪令，暂缓执行反对天主教徒和非国教徒的旧法令。这件事就发生在据说查理的弟弟詹姆斯改宗天主教之时。这一切都令人生疑。人们开始担心这是教皇的什么可怕的阴谋。一种新的惴惴不安进入了这个国家。大多数人想防止另一场国内战争的爆发。对他们来说，王室的压迫和一位信奉天主教的国王——唉，哪怕是神授君权呢——也强似国人之间的一场新厮杀。不过，另一些人却不那么大度，就是那些担惊受怕的不信国教的人，他们对自己的信仰坚定不移。带头的是好几位大贵族，他们不想看到绝对王权的旧时代复辟。

　　在差不多10年的时间里，辉格党（由资产阶级组成，这一可笑的名称源于 1640 年一伙苏格兰的辉格莫，即赶马人，在一名长老会教士的率领下进军爱丁堡，反对国王）和托利党（源于针对爱尔兰保皇派的称呼，现用于国王的支持者）彼此对立，但双方都不想带来危机。他们宽让查理在病榻上平静地死去，还允许天主教徒詹姆斯二世于 1685 年接替兄弟继位。但是詹姆斯继以外国式的"常规军"并由天主教徒的法国人指挥威胁到国人之后，又于 1688 年颁布了第二道免罪声明，还下令在所有的国教教堂宣读，这样他就稍稍越过了那条敏感的界限，那是只有最受拥戴的君主在极其特殊的条件下才能超越的。7 名主教拒不遵从圣旨，被指控为"煽动性诽谤罪"，并被送上法庭。但陪审团宣布他们"无罪"，从而大受公众赞同。

在这一不幸时刻，詹姆斯（在其第二次婚姻中迎娶了天主教的摩德纳埃斯特家族的玛丽亚）有了王子。这就意味着，王位要归一个天主教的男孩而不是新教的公主玛丽和安妮。人们又一次心中生疑：摩德纳的玛丽亚已过生育年龄！这完全是一场阴谋！一个来历不明的婴儿由某个耶稣会的教士带进宫廷，以便使英格兰能有一个天主教徒的君主，如此这般。眼看着一场国内战争又要爆发了。这时，辉格和托利两党的 7 位知名人士写信要求詹姆斯长女玛丽的丈夫、荷兰共和国的首脑威廉三世来英，接手虽然合法却全无人气的君主，治理这个国家。

1688 年 11 月 15 日，威廉在托贝上岸。由于他不想让他的岳父成为殉道者，就助其安抵法国。1689 年 1 月 22 日，新王召开议会。那一年的 2 月 13 日，他和王后玛丽宣布为英格兰的联合君主，国家得到拯救，仍为新教主政。

已经不再是国王的咨议机构的议会，借机掌握了更多的权力。1628年那份旧的《权利请愿书》又从档案馆中被遗忘的角落里翻了出来。第二次更严苛的《权利法案》要求英格兰君主必须是英国国教教徒；并进一步声明，国王无权中止法律或允准某些享有特权的公民违背某些法律；还规定"不经议会同意，不得任意征税，不得建立军队"。这样，英格兰就在1689年获得了任何其他欧洲国家闻所未闻的相当程度的自由。

不过，入主英格兰的威廉并不仅仅由于他采取的伟大的自由施政而被载入史册，他在生前，还创建了一种"责任"内阁制。当然，没有一个国王是靠孤家寡人来统治的，他需要一批信得过的咨议人员。都铎王朝就曾有由贵族和教士组成的大咨议团。这一机构后来由于过于膨胀，便压缩成小型的"枢密院"。随着时间的推移，又演变成枢密官在宫中一内室中与国王会面的惯例，由此称为"内阁枢密院"。不久之后就有了"内阁"这一称谓。

威廉如同大多数他的前任君主一样，从所有的党派中挑选他的咨议。但随着议会权力的加强，他发现辉格党人在下院中占多数时不可能由托利党人协助执政。因此便撤销了内阁中的托利党人而完全由辉格党人组成。几年之后，辉格党在下院失势，国王为便利起见，不得不寻求占主导地位的托利党人的支持。威廉在其去世的1702年之前，一直忙于与法王路易作战，无暇顾及英格兰的政务，一切重大事务实际上都交由内阁处理。当威廉的妻妹安妮于 1702 年继位时,这种状况仍在持续。她在 1714 年过世时(不幸的是,她的 17 个子女都先她而死),王位由詹姆斯一世之孙女索菲的儿子、汉诺威王朝的乔治一世继承。

这位有些土气的国王从未学过一个英文单词,他完全陷入了英格兰政治格局的迷宫之中。他把一切事情都交付给内阁,连内阁的会议都不参加,因为他连一句话也听不懂,只有心烦。这样,内阁主政便形成了治理英格兰和苏格兰的惯例(苏格兰国会于 1707 年并入英格兰国会),而无须去麻烦国王,而国王也乐得在欧洲大陆上度过大部分时间。

在乔治一世和乔治二世在位期间,相继由辉格党的大人物(其中的罗伯特·沃波尔曾主政达 21 年之久)组阁。其领袖终于被承认为官方领导人:不仅在掌实权的内阁中,也在议会多数派政党中领袖群雄。乔治三世试图亲自主政,不想让他的内阁染指实际工作,却造成了灾难性的后果,也就此再未重蹈覆辙。从 18 世纪早期以来,英格兰始终采用由各行其责的政府部门执掌国务的代议制。

说实在的,这一政府并不代表社会各阶级。不足十二分之一的人才有选举权,但它却是现代代议制政府的基础。这种体制平和有序地从国王手中接管了权力,置于人数日益增长又受拥戴的代表手中,虽说没给英国带来太平盛世,却使国家免受欧洲大陆各国在 18 和 19 世纪饱经灾难的革命爆发的影响。

势力均衡

另一方面，在法国，『君权神授』却煊赫一时，统治者的不甘寂寞只是在新出现的『势力均衡』法则面前才有所收敛。

作为与上一章的对照，现在讲一下当英格兰人为其自由而战时，法国发生的事情。在恰当的国家、恰当的时刻有一个恰当的人选，这种巧合在历史上实属罕见。就法国而论，路易十四实现了这一巧合，但别的欧洲国家会因没有他而更加高兴。

这位年轻的国王应召继位的国家是当年人口最多也是最为辉煌的法国。路易登基之时，恰逢马扎然和黎塞留这两位伟大的枢机主教刚刚把古老的法兰西王国打造成17世纪最强大的中央集权国家。路易本人是个能力出众的人。我们这些20世纪的人依旧处于"太阳王"光辉时代的记忆的包围之中。我们的社交生活是基于路易宫廷中完美的举止和优雅的语言之上的。在国际和外交关系中，法语依旧是聚会上的官方语言，因为两个世纪之前，这种语言就达到了词句优雅、表达精到的水准，非其他语言可以媲美。路易王的剧院仍在教育我们，使我们只恨难以企及。在其治下，法兰西学院（为黎塞留所创）在学术界所占地位使其他国家以效仿为荣。我们可以把这一清单列成几页。我们现在的菜单仍用法文印绝非偶然。美味佳肴的烹饪艺术是文明的最高展示，最初也是由这位伟大的君主奉献的。路易十四的时代灿烂优雅，至今仍为我们的楷模。

不幸的是，这幅明亮的图画中还有不那么振奋人心的另一面。境外的光荣往往意味着国内的悲惨，法国亦非例外。路易十四于1643年继父登基，他逝世于1715年，就是说，法国政府在一人之手足足有72年，几乎经历了两代人。

充分掌握"一人专权"的概念是有好处的。在许多国家一系列的王朝中，建立我们称作"开明专制"的高效独裁这一特定政体的，路易堪称第一位。他并不喜欢扮演身为君主却把政务变成身心愉悦的野餐那种角色。在那个启蒙时代，许多国王都比其臣民要辛苦。比起别人，他们更加起早贪黑，把"神授职责"看得和"神授君权"同样重要，只是不会因君权独揽而不和臣下商议。

　　当然，国王不可能事必躬亲。他身边需有几位助手和参议，一两位将军，一些外事专家，一些聪明的财经人士，照他的旨意行事。但这些高官也只能仰仗君王才能有所作为。他们不是独立的存在。对人民群众来说，君主神圣的个人本身就代表着他们国家的政府。祖国的荣耀也就是一个王朝的荣耀。这和我们美国的理想完全是背道而驰的。法国就是属于波旁王朝，由其统治并为其利益服务的。

　　这一体制的弊端是显而易见的。国王逐渐成为一切。大众化作乌有。年长而能干的贵族渐渐被迫放弃了他们在省政府中先前占有的名额。一名小小的皇家官僚，此时手指上染着墨水，正坐在远离巴黎的政府大楼里泛绿的窗后，从事着 100 年前属于封建爵爷的工作。而封建爵爷被剥夺了所有工作，迁进巴黎，在宫廷中恣意享乐。没过多久，他的领地就开始患上叫作"地主缺位所有制"的十分危险的经济病症。不出一代人的时间，精明强干的封建官员就成了凡尔赛宫中举止优雅却一无所能的闲人。

　　路易 10 岁时，《威斯特伐利亚和约》[1] 签订，作为三十年战争的结果，哈布斯堡王朝失去了在欧洲的支配地位。一个心怀大志的人不可避免地要利用这一时机为自己的王朝赢得原先属于哈布斯堡王朝的种种荣誉。1660 年，路易迎娶了西班牙公主玛丽亚·特蕾莎。不久之后，其岳父、西班牙哈布斯堡王族半痴的国王菲利普四世去世。路易马上

1　1648 年 10 月 24 日由神圣罗马帝国、法国、瑞典及新教各国签订，宣告三十年战争结束。

宣布西属尼德兰（即比利时）是其妻的部分嫁妆。这样一笔不义之财会给欧洲和平带来灾难并对新教诸国的安全造成威胁。在荷兰七省联合共和国的外务大臣扬·德维特的倡导下，瑞典、英国与荷兰于1664年签约，结成了第一个伟大的国际联盟，可是不久就散伙了。路易用金钱和许愿收买了英王查理及瑞典议院。荷兰遭盟友出卖，落了个孤军奋战的下场。1672年法国入侵低地国家，直捣其腹地。防护堤再次被掘断，法国的"太阳王"在荷兰的泥滩内落脚。1678年签署的《尼姆威根和约》无济于事，只是导致了另一场战争。

1689至1697年的第二次入侵战争以《里斯维克和约》告终，依旧未能满足路易的欲望——获得欧洲事务的支配地位。他的旧敌扬·德维特被荷兰暴民所杀，但他的继任威廉三世（上一章中曾提及）遏制了路易要使法国统治欧洲的努力。

西班牙王位继承大战始于1701年，此时西班牙哈布斯堡王朝最后一位国王查理二世刚刚去世不久，结束于1713年的《乌得勒支和约》，同样未解决任何问题，却毁掉了路易的国库。法国人在陆地上节节获胜，但英荷海军却使法国人最后胜利的希望付诸东流。而且，长期的斗争催生了国际政治的新的基本准则：从那时起，单独一个国家即使一时统治全欧或全球也就不再可能了。

这就是所谓的"势力均衡"。虽然未形成法律条文，却在300年间为各国像对自然法则一样恪守不渝。这一理念的首创者力主：处于民族发展中的欧洲，只有在全欧诸多利益冲突的绝对均衡中才能存

势力均衡

在；绝不允许哪一个国家或哪一个王朝在任何时候控制他国。在三十
年战争期间，哈布斯堡王朝就是实施这一准则的牺牲品，而且是不自
觉的牺牲品。在那场战争中，这一问题笼罩在宗教之争的云光中，使
人无法看清那一场伟大冲突的主要倾向。但从那时起，我们开始认识
到，严酷的经济因素及预测如何在国际大事中压倒一切。我们发现，
一种有摆弄计算尺和现金出纳机嗜好的新型政治家正在崛起。扬·德
维特就是他们中第一位成功的开拓者。威廉三世则是第一位伟大的学
生。而名声显赫的路易十四却成了第一个自觉的牺牲品。从那之后，
也不乏其后继者。

47

俄国的崛起

神秘的莫斯科公国突然跃上欧洲政治大舞台的故事。

大家都知道，哥伦布在 1492 年发现了美洲。那年初，一个叫舒纳普斯的蒂罗尔人[1]，为蒂罗尔主教率领一支科学考察队，还带着对他充满溢美之词的几封介绍信，出发前往莫斯科城。他未能成功。因为在他抵达仿佛存在于欧洲最东端的浩瀚的莫斯科公国的边境时，

1　住在奥地利之西、意大利以北的阿尔卑斯山中该地区的人。

就遭拒返回了：外国人一概不准入内。于是舒纳普斯就去访问了异教徒土耳其的君士坦丁堡，以便了解些情况在考察返回时向他的教士东家汇报。

61 年之后，理查德·钱塞勒一心想找到去往印度的东北通道，却被一阵暴风吹进了白海，到达了德维纳河口，发现了莫斯科公国的村庄霍尔莫戈里，那里距 1584 年建立的阿尔汉格尔斯克只有数小时的路程。这一次，这些外国访客应邀来到莫斯科，并被引见给大公。他们去后签下了俄国和西方世界的首次商约，然后回到英格兰。其他国家迅速步其后尘，这片神秘土地的一些情况开始为人所知。

从地理上说，俄罗斯是一片广袤的平原。低矮的乌拉尔山构不成拒敌的屏障。河流宽而浅，是理想的游牧之地。

罗马帝国从建立到强盛再到消亡之际，早已离开中亚家园的斯拉夫民族正漫无目的地游荡于德涅斯特和第聂伯两河之间的森林和平原之间。希腊人曾一度遇到这些斯拉夫人，而 3 和 4 世纪时的一些旅行家也提及过他们。不然的话，他们也会和 1800 年时内华达的印第安人一样鲜为人知。

不幸的是，一条便利的商道纵贯该国，惊扰了这些原始民族的宁静。那就是从北部欧洲到君士坦丁堡的主路。那条路沿波罗的海直抵涅瓦河，然后穿过拉多加湖，沿沃尔霍夫河南下，再通过伊尔门湖，溯洛瓦季河而上，而后是条不长的陆上联运线，进入第聂伯河，沿河而下进入黑海。

北欧人很早就知道了这条通道。在 9 世纪时，他们开始在北俄罗斯定居，恰如其他的北欧人在德意志和法兰西奠定了独立国家的基础一样。但在 862 年，北欧人的三兄弟横渡波罗的海，建了三个小王朝。三兄弟之中只有一个叫鲁立克的活了多年，他占有了其他两兄弟的领土，在这第一个北欧人来到的 20 年后，以基辅为首都的一个斯拉夫国家建立了。

从基辅到黑海距离不远。不久，存在一个有组织的斯拉夫国家的消息就传到了君士坦丁堡。这就意味着热心的基督教传教士又有了一块新地盘。拜占庭的僧侣沿第聂伯河一路北上，不久就抵达俄罗斯的腹地。他们发现人们崇拜的是据说住在树林、河流和山洞中的奇特的神。于是教士们给人们讲耶稣的故事。他们没有来自罗马的传教士与之相争。罗马教士正忙于教导异教的条顿人，无暇顾及远方的斯拉夫人。于是俄罗斯就接受了拜占庭的宗教、字母和最初的建筑和艺术观念，而由于拜占庭帝国（东罗马帝国的余脉）早已十分东方化，丧失了许多欧洲特色，俄罗斯也就深受其影响。

从政治上说，这些俄罗斯大平原上的新国家发展不佳。北欧人习惯于在所有的儿子间平分全部遗产。一个小国刚刚建立就分成了八九个子国，然后又会把领土分给人数进一步增加的后代。这些相互竞争的小国必然争论不休。当年就是这样混乱无序。当东方地平线上冒起火光，人们才知道受到一支野蛮的亚洲部族入侵的威胁。这些分散的小国完全无力抵抗这一可怕的敌人。

这里住着野蛮的芬兰人

拉多加湖

这里住着北欧人

涅瓦河

沃尔霍夫河

黑海

诺夫哥罗德

伊尔门湖

拉瓦特河

陆地通道

都纳河

莫斯科

顿河

东征大道

华沙

基辅

第聂伯河

这里住着波兰人

拜占庭或君士坦丁堡

亚速海

黑海

俄罗斯

俄罗斯的起源

1224 年发生了第一次蒙古人的大入侵，已经征服了中国、布哈拉、塔什干和土耳其斯坦的成吉思汗的游牧民族，在西方第一次露面。斯拉夫军队在卡尔卡河一带惨败，俄罗斯便任凭蒙古人践踏了。他们来得快，去得快。不过，13 年后的 1237 年，他们又回来了。没到 5 年，他们就征服了俄罗斯大平原的各个角落。直到 1380 年莫斯科大公德米特里·顿斯科依在库利科沃平原上将其击退为止，蒙古人一直是俄罗斯人的主宰。

总之，俄罗斯人用了两个世纪才摆脱了这一桎梏。这一桎梏是最难以容忍的进犯，使斯拉夫农民沦为悲惨的奴隶，剥夺了广大人民的一切荣誉感和独立性。饥饿、凄惨、虐待和凌辱，成了人们生活中的家常便饭。直到每一个俄罗斯人，无论是农民还是贵族，都像丧家之犬一样干活，经常挨打，致使他们精神崩溃，不经获准，连摇尾乞怜都不敢了。

他们无路可逃。蒙古可汗的骑兵运动迅速，而且毫不留情。一望无际的草原无法越过，没机会逃进安全的邻国。人们只好默默忍受，听凭主人施刑，不然就有生命危险。当然，欧洲可能出面干预，但彼时欧洲正忙于自己的事：在教皇、皇帝镇压一派又一派异端之间彼此争斗。因此欧洲便置斯拉夫于不顾，迫使他们自我拯救。

俄罗斯的救世主是早期北欧统治者建立的众多小国中的一个。该国位于俄罗斯大平原的腹地，其首都莫斯科位于莫斯科河畔的一座陡山上。这个小公国凭借必要时向蒙古人奉承取悦，在安全范围内又稍事反抗，终于在 14 世纪中期成为新的民族领袖。应该记住，蒙古人在政治建设上完全是无能之辈，他们只知破坏。他们的主要目的是征服新领土以获得财源。为了得到赋税形式的收入，就必须允许某些旧有的政治机构苟延下来。这样，有许多小城镇靠大汗的恩典得以保存，担起收税人的工作，为蒙古人的财库掠夺邻邦。

莫斯科公国仰仗四邻而富足，终于强大到足以铤而走险，公然反抗其蒙古主子了。起义成功之后，莫斯科公国作为俄罗斯独立事业领袖的声望，使莫斯科自然成为一切仍然相信斯拉夫民族美好前景的人的中心。1453 年，土耳其人夺取了君士坦丁堡。10 年之后，在伊凡三世治下，莫斯科告知西方世界：斯拉夫国家对已经灭亡的拜占庭帝国和在君士坦丁堡延续的罗马帝国的传统享有实质上和精神上的继承权。下一代的莫斯科大公伊凡雷帝已经强盛到采用恺撒的头衔称作沙皇，要求西欧列强承认。

1598 年，随着费奥多尔一世去世，原先由北欧人鲁立克的后裔建立的古老的莫斯科公国王朝寿终正寝。之后的 7 年中，一个有一半蒙古血统的鲍里斯·戈特诺夫继任沙皇。就是在这一时期，俄罗斯广大群众的未来命运被决定了。这个帝国广有土地却囊中羞涩。既无贸易，又无工厂。为数不多的城市不过是肮脏的村落。它是一个由强势的中央政府和大量的文盲农民构成的国家。该国政府混杂着斯拉夫、北欧、拜占庭和蒙古的影响，除去国家利益之外，对一切都拒不承认。为保卫国家就需要一支军队。要收税来供养士兵，就需要文官。要支付这么多官员的薪俸，就需要土地。在从东到西的广阔田野上，有足够的商品资源。但该国的国土上没有一些劳动力耕地、养牛，就毫无价值。因此，原先游牧的农民的权利就一项又一项地被剥夺，直到最后，17世纪的头一年，他们才正式成为新居住土地的一部分。俄国农民不再是自由人。他们成为农奴，而且直到 1861 年才得到解放，他们的命运曾经那么凄惨，以致难以存活。

在 17 世纪，这个新兴国家随着领土迅速扩展到西伯利亚，已经成长为欧洲其余国家不得小觑的力量。1613 年鲍里斯·戈特诺夫逝世后，俄国贵族选出一个自己人担任沙皇。他就是莫斯科罗曼诺夫家族费奥多尔之子米哈伊尔一世，住在克里姆林宫外的一栋小房子里。

1672 年，他的重孙彼得——另一个费奥多尔之子——诞生了。这孩子 10 岁那年，他的异母姐姐索菲亚登上了宝座。这个小男孩获准在首都郊区外国人居住区里度过白天。周围那些苏格兰酒馆老板、荷兰商人、瑞士药剂师、意大利理发匠、法国舞蹈教师和德国教师，给予了这位年轻王子有关那个遥远又神秘的欧洲的初次又非同寻常的印象：那里的人行事完全不同。

在彼得 17 岁那年，他突然把姐姐索菲亚赶下皇位，自己成为俄国的统治者。他不甘心做半开化、半亚洲人的沙皇，他要做一个文明国度的君主。要在一夜之间把俄国从一个拜占庭—鞑靼国家变成欧洲帝国谈何容易。这需要强劲的手腕和聪慧的头脑。彼得两者兼备。1698年，把现代化的欧洲移植到古老俄国的大手术启动了，患者没死，但它没能从震惊中康复，此后 5 年的事情充分表明了这一点。

俄国与瑞典之争

俄国与瑞典多次作战以确定谁将是东北欧的霸主。

1698 年，彼得大帝开始首次西欧之行。他途经柏林，前往荷兰和英国。孩提时代，他曾在父亲的乡下别墅的一个池塘里乘坐一只自制小船，差一点淹死水中。他对水的这种热衷终生未减。实际上，这表明了他要为地处内陆的国家寻求出海口的希冀。

当这位尚未广受拥戴又严酷的年轻君主外出期间，莫斯科守旧派的朋友动手推翻他的改革。他的近卫军斯特尔茨因团突然反叛，逼得彼得乘快船匆匆赶回。他自任最高行刑官，将斯特尔茨军团的叛乱者一个不剩地处以绞刑然后碎尸。他姐姐索菲亚是这次叛乱的主使，被关进修道院。彼得的统治开始动了真格。1716年，彼得第二次西行时，这一场面再次上演。这一次叛乱者追随的是彼得半痴呆的儿子阿列克赛。沙皇再次匆匆赶回。阿列克赛在监牢中被杖毙，而固守拜占庭旧法的朋友们经过数千公里的沉闷跋涉，来到地处西伯利亚铅矿的流放地。自那时起，再没有发生过成规模的反抗。彼得得以终生和平地推行改革。

若想按时间顺序将他的改革一一列出，实非易事。这位沙皇动起手来急如风火。他毫无章法。他飞快地颁旨，简直难以计数。彼得像是觉得旧有的一切都是全然错误的，因此全俄必须在最短的时间内彻底改变。他死时身后留下了一支20万人的训练有素的大军和50艘舰只的海军。旧的政府体制一夜之内便被废除。贵族议会"杜马"被解散，代之以沙皇周围的一个国务官的咨议会，称作参议院。

俄国被分成八块大"政府"或行省，修筑了道路，建立了城镇。凭着沙皇兴之所至，丝毫不考虑原料产地而创办了工业。运河开挖了，东部山中矿区开发了。在这片文盲的土地上，建立了学校和高等学府，以及大学、医院和专科学校。鼓励荷兰造船工程师和世界各国的商人及工匠到俄国定居。印刷所开办起来，但一切书籍要先经帝国审查官的审阅。社会各阶层的职责被仔细写进新法，全部民法和刑法体系被搜集和印刷成一系列的书卷。帝国法令明文废除旧式服装，手持剪刀

彼得大帝在荷兰的造船厂中

的警察在一切乡间道路上监视，把长发的俄罗斯农民一下子变成了西
欧人剪发刮脸的赏心悦目的模样。

　　在宗教事务上，沙皇不能容忍任何分权，应该是没有机会发生在
欧洲那种皇帝和教皇之间对立的情况的。1721年，彼得自立为俄罗斯
教会的首领。莫斯科的大主教丧失了职权，神圣的宗教会议从表面上
看，成了既定宗教的一切事务的最高权力机构。

　　然而，既然旧俄的保守势力在莫斯科城仍有其集会点，众多的改
革就无法奏效，彼得遂决定将政府迁到一座新首都。沙皇在波罗的海

彼得大帝建设他的新都

的无益健康的沼泽中建起新城。他于 1703 年改造这片土地。4 万农民干了几年给这座帝都打地基。瑞典人进攻彼得，试图摧毁这座在建中的城市；而疾病和苦难又夺走了成千上万农民的生命。但建城的活计仍在不分冬夏地继续，这座人工城市很快就矗立了起来。1712 年，官方正式宣布这里是"皇家住地"。12 年之后就有了 75 万居民。全城一年两次遭到涅瓦河的水灾。但沙皇以惊人的意志力竖起堤坝，开通运河，水灾终于停止为害。到彼得 1725 年去世时，他已是这个欧洲北部最大的城市的主宰。

当然，陡然崛起这样一个危险的对手成了所有邻国忧心忡忡的根

莫斯科

源。彼得关注着他的波罗的海对手——瑞典王国的一举一动。1654年，三十年战争中的主人公古斯塔夫·阿道夫的独生女克里斯蒂娜，放弃王位前往罗马，作为一名虔诚的天主教徒终其一生。古斯塔夫·阿道夫的一个侄子继承了瓦萨王朝最后一位女王的王位。在查理十世和查理十一世治下，新王朝将瑞典带到了其发展的顶峰。1697年，查理十一世猝死，继位的查理十二世是个15岁的孩子。

这一时刻正是许多北方国家盼望已久的。在17世纪的宗教大战中，瑞典依靠消耗邻国得以发展壮大。债主们觉得时机已到，该平衡账单了。以俄国、波兰、丹麦和萨克森为一方，瑞典为另一方的战争马上爆发。彼得未经训练的新军于1700年11月在著名的纳尔瓦战役被查理打得惨败。查理这位那个世纪引人瞩目的军事天才随即挥师对付其他敌人，在9年之内，他在波兰、萨克森、丹麦和波罗的海各行省的城乡各地长驱直入，一路烧杀，此时彼得则在遥远的俄罗斯操练他的士兵。

结果，1709年波尔塔瓦一役中，莫斯科的大军摧毁了瑞典的疲惫之师。查理仍是极其生动的人物和神奇浪漫的英雄，但他妄想复仇，却毁了自己的国家。1718年，他偶然死亡或遇刺（我们无法断定），1721年在尼斯特兹城签订和约时，瑞典丧失了芬兰之外的全部原先在波罗的海的领土。由彼得缔造的新俄国成为欧洲北部的霸主。然而一个新的对手已经上路。普鲁士王国正在形成。

普鲁士的崛起

在北德意志一处阴暗地区，一个小国异军突起，叫作普鲁士。

　　普鲁士的历史就是一个边境地区的历史。在 9 世纪时，查理大帝把旧的文明中心从地中海迁到了西北欧的蛮荒地带。他的法兰克士兵把欧洲边界一再向东推移。他们从信奉异教的斯拉夫人和居住在波罗的海与喀尔巴阡山脉之间平原上的立陶宛人手中夺取了许多土地。法兰克人管理这些边缘地区的方式犹如美国立国前用来管理其领土的办法。

边境省份勃兰登堡原是由查理曼建来保卫他的东部领土，防止野蛮的萨克森人入侵的。居住在那一带的属斯拉夫部落的文德人在 10 世纪时被征服，他们那个叫作勃兰纳博的市场，成为这一新行省的首府，故该省即取名勃兰登堡。

在 11 至 14 世纪期间，一系列贵族在这个边境行省行使帝国总督的职权。最后，在 15 世纪，出现了霍亨索伦家族，作为勃兰登堡的选帝侯，着手把一片沙荒的边疆领土改造成现代世界最有效率的国家之一。

刚刚被欧美联军逐出历史舞台的霍亨索伦家族，来自德意志南部。他们出身卑微。12 世纪时，霍亨索伦家族有个叫腓特烈的攀上了一门走运的婚姻，当上了纽伦堡城堡的主人。他的后人利用一切机会和机遇加强自己的实权，经过几个世纪的谨慎攫取，居然爬上了选帝侯的高位。所谓选帝侯，指的是那些有权选举旧日德意志帝国皇帝的王公贵胄。在宗教改革中，他们站在新教徒一边，到了 17 世纪初，他们已经跻身德意志北部最有权势的王公之列了。

在三十年战争中，新教和天主教双方都以同样的热切之心掠夺勃兰登堡和普鲁士。但在大选帝侯腓特烈·威廉的领导下，很快就弥补了损失，依靠巧妙而精心地利用国家的全部财力和智力，一个精打细算的国家建立了起来。

现代的普鲁士是一个将个人及其智慧和抱负完全集整体利益于一身的国家，追溯起来应归功于腓特烈大帝（腓特烈二世）之父威廉一世。腓特烈·威廉一世是个勤恳的普鲁士军人，酷爱酒吧间的道听途说和浓烈的荷兰烟草，而对一切炫丽的服饰——尤其是来自法国的，则深恶痛绝。他满脑子只有一个想法，那就是职责。他对自己严格，对属下的缺点绝不容忍，不管是将军还是普通士兵。他和儿子腓特烈的关系至少是不亲密的。为父的粗鲁作风使感情细腻的儿子大受伤害。儿子热爱法国的做派、文学、哲学和音乐，这些在父亲眼中则是女里女气的表现，遭到竭力反对。两种特异的个性导致了可怕的冲突。腓特烈设法逃往英国。他被捕后受了庭审，并被迫现场观看帮他出逃的挚友被问斩。随后，作为惩罚的一部分，这位年轻的王子被送到外省一处小要塞中学习未来当国王的种种细节。这却让他因祸得福。当他于1740年登基时，已经懂得了如何治理国家：从穷人儿子的出生证到复杂的年度预算的具体细节无一不晓。

腓特烈作为一名作家，尤其在他那部题为《反马基雅维利》的书中，表达了他对那位古代佛罗伦萨历史学家的执政观的轻蔑，马基雅维利曾经劝导他的王子学生们，只要符合国家利益，谎言和欺骗便是必要的。腓特烈在书中阐明的理想君主是其人民的第一公仆，是以路易十四为楷模的开明专制君主。而事实上，腓特烈在一天工作20小时的同时，并不容许身边有任何一个咨议官。他的幕僚仅仅是最高级别的秘书。普鲁士是他的私人财产，他可以随心所欲，对国家利益不准有任何干扰。

1740年，奥地利皇帝查理六世去世。他生前曾尽力依靠写在一大张羊皮纸上白纸黑字的条款保障他的独生女玛丽亚·特蕾西亚的地位。但先皇刚被安葬在哈布斯堡王族的祖茔中，腓特烈的大军就开赴奥地利边境，占领了西里西亚的那一部分以及中欧的全部，而普鲁士所宣称的权力既古老又可疑。经过一系列战争，腓特烈攻取了西里西亚全境，虽然他曾时常近于被击溃，但他还是守住了新得的领土，打退了奥地利人的反攻。

欧洲自然注意到了这个新兴的强大国家。18世纪时，日耳曼这个民族惨遭宗教大战的蹂躏，为人所藐视。腓特烈像俄国的彼得大帝一样，以突然又惊人的励精图治，把这种藐视变成一种畏惧。普鲁士的内部事务也治理得有条不紊，臣民们比起别国的人更少抱怨的理由。国库年年增收而无亏损。废除了酷刑。改进了司法制度。修建了良好的道路，建立了优秀的学校和大学，还有审慎诚实的管理，使人们有了俗话所说的"出力就讨好"的感觉。

历经数世纪以来充当法国人、奥地利人、瑞典人、丹麦人和波兰人的战场，德意志在以普鲁士为榜样的鼓舞下，开始重获自信。这全都要归功于那个小老头：他长着一只鹰钩鼻，旧制服上沾满鼻烟，对邻国出言可笑又不逊，尽管他写了《反马基雅维利》，但只要撒谎可以获益他便不顾事实，极尽18世纪诽谤外交之能事。1786年他的末日来临。朋友散尽，子嗣全无。他孤独地死去，身边只剩一名仆人和几条忠犬，他爱狗胜于爱人，因为如他所说，狗永远忠于朋友，从不知恩不报。

50

重商主义

欧洲新建的民族或王朝国家如何致富，何为重商主义。

我们已经看到，现代世界的国家是如何在 16 和 17 世纪形成的。它们的起源几乎彼此各异，有的是一个国王深思熟虑地努力的结果，另一些则是机会所致，还有的是优越的自然地理位置造就的。但这些国家一旦建立，就一定会殚精竭虑地加强内部管理，并在外部事务上尽量扩展影响，这一切诚然会耗费大量金钱。中世纪的国家由于缺乏中央集权，也就无法依赖富裕的国库。国王从王室领地征到税收，用作行政开支，而现代中央集权国家则要繁复得多。旧日的骑士消失了，取而代之的是受雇用的政府官员。陆海军和行政管理所需开销数以百万计，这样就出现了问题——钱从哪儿来？

金银在中世纪时是稀罕之物。如我所说，老百姓一辈子都没见过一块金子，只有大城市的居民才熟悉银币。美洲的发现和秘鲁银矿的开发改变了这一切，贸易中心从地中海转移到了大西洋沿岸。意大利原有的"商业城市"丧失了其在金融上的重要性。新的"商业国家"代之而起，金银不再稀奇。

通过西班牙、葡萄牙、荷兰和英国，贵金属寻路进入欧洲。16世纪有了论述政治经济的作家，他们创立了国富论，说得振振有词，要为自己的国家获取最大可能的利润。他们论证说，金银是地道的财富。因此，他们相信，在国库和银行中拥有最大量的货币来源的国家同时必是最富有的国家。而既然金钱意味着军队，最富有的国家就必然是最强大的国家，能够统治其余各国。

我们称上述观点为"重商主义"，恰如早期的基督徒相信神迹，许多当今的美国商人相信关税政策一样，重商主义当时被人坚信不疑地接受。实际上，重商主义是这样实施的：为了得到最大量的贵金属，一个国家应该做到贸易顺差。如果能向邻国出口大于它对你的出口，它就要欠你钱，不得不付给你黄金，这样你就赢了，它就亏了。这一理念的结果，几乎每一个17世纪的国家都照如下政策发展经济：

一、尽可能多地占有贵金属；

二、鼓励外贸优先于内贸；

三、鼓励把原材料制成出口物品的工业；

四、鼓励增加人口，因为工厂需要工人，而农业社会提供不了足够的工人；

五、国家要监督这一进程，必要时应加以干预。

16 和 17 世纪的人不把外贸视为一种无须人为干涉的自然法则，并且要竭力借助官方法令、皇家条律和政府财政援助来调节他们的商业。

16 世纪时，查理五世采用了在当时仍十分新颖的重商主义，将其引入他的众多属地。英格兰的伊丽莎白也推崇并效法他的做法。波旁王朝，尤其是路易十四热衷此道，其财政大臣柯尔贝尔成了为全欧洲引路的重商主义先知。

克伦威尔的全部外交政策就是重商主义的实际运用，不可避免地指向其富有的对手——荷兰共和国。因为荷兰船主是欧洲商品通常的运输人，具有一定的自由贸易倾向，故应不计代价地予以摧毁。

不难理解，这种重商主义会如何影响各殖民地。重商主义下的殖民地成了仅仅是金银和香料的储藏库，只能为宗主国的利益而开发。亚洲、美洲和非洲的贵金属及这些热带国家的原料，成为刚好拥有那块殖民地的国家的垄断产品。外人不准进入其辖区，本地人也不准同悬挂外国国旗的商船进行交易。

　　不容置疑的是，重商主义鼓励了从来没有制造业的某些国家新兴
工业的发展。那些地方还修筑道路、开凿运河，为运输创造更好的条
件。这就要求工人有更娴熟的技术，并给予商人更好的社会地位，同
时也削弱了土地贵族的势力。

　　另一方面，重商主义造成了巨大的悲惨的后果：使殖民地的原住民成
为最无耻的剥削的牺牲品；将宗主国公民置于更可怕的命运之中—在极大
程度上有助于把每一块土地变成兵营并将世界分成只谋取自己直接利益的
小片领土，同时始终要摧毁邻国的势力，占有他们的财富；极大地鼓吹拥
有财富的重要性，以致"发财致富"被普通百姓视作唯一的美德。经济
体系如同外科手术和妇女时装一样变来变去。到了 19 世纪，重商主义被
抛在一旁，又兴起了公开的自由竞争制度。至少，据我所知是如此。

海上霸权

欧洲如何征服世界

51

美国革命

18世纪末，欧洲听到奇怪的报告说，北美大陆的荒原上出了事情。坚持『君权神授』的英王查理惩处的那些人的后裔，他们为自治而斗争的旧故事又增加了新篇章。

为方便起见，我们得后退几个世纪，回顾一下争夺殖民地的早期历史。

当诸多欧洲国家在民族或王朝利益的基础创建之际，也就是处于三十年战争及紧随其后的时期，统治者以商人的资金及其贸易公司船队为后盾，为在亚洲、非洲和美洲争夺更多的领土，仍在继续作战。

在西班牙人和葡萄牙人开发印度洋和大西洋一个多世纪之后，荷

为自由而战

兰和英格兰登上了舞台，而且占有了优势，因为最初的草创工作业已
完成。尤其是那些最早的航海家往往在亚洲、美洲和非洲的当地人中
使自己不受欢迎，而英格兰人和荷兰人却被视为朋友和救援者。我们
不能说这两国的人有什么优秀的品德，他们首先是商人。他们从不用
宗教观念干扰自己懂得的人情常理。欧洲各国最初在和弱小民族打交
道时，都是一派令人发指的残忍作风。而英格兰人和荷兰人深明不要
越界的道理。只要能把香料、金银以及税款弄到手，他们宁可让当地
人高高兴兴地过日子。

因此，他们不难在世界上最富的地区站住脚。但是在这一步实现
之后，他们就开始为占据更多的地盘而互相厮杀了。奇怪的是，争夺

殖民地的战争从来不在殖民地内进行，而是在 3 000 公里之外由交战国的海军一决雌雄。古代和现代战争最有意思的一项法则，也是一个最可靠的规律便是："在海上称霸的国家亦能在陆上称雄。"迄今这一法则仍屡试不爽，只是现代的飞机可能会使其改变。不过，在 18 世纪时还没有飞行器，故此正是英格兰的海军为英格兰赢得了美洲、印度和非洲的大片殖民地。

17 世纪英荷之间的一系列海战在这里说之无味。如同一切这类实力悬殊的冲突一样，其结局自不待言。倒是英格兰与另一对手法国之间的战事对我们意义更大些，因为就在优越的英格兰舰队终于击败法国海军之际，许多前期的零星战斗恰恰是在美洲大陆上进行的。在这片宽广的土地上，法英两国都宣称：已发现的一切以及白人的目光未及的更多地方，都属他们所有。1497 年，卡波特[1] 在北美登陆，27 年之后齐万尼·韦拉扎诺又访问了这一带的海岸。卡波特的英格兰国旗在空中飘扬，而韦拉扎诺的船上挂的是法国国旗。因此英法两国都宣称自己是整个北美大陆的主人。

在 17 世纪，有 10 块左右的英格兰殖民地建在缅因和卡罗来纳之间，通常是不信奉英格兰国教的某些教派难民的避难处。那些教派有清教徒于 1620 年到达新英格兰，还有贵格会[2] 教徒，他们于 1681 年在宾夕法尼亚定居。这些殖民地都是挤在大西洋岸边的小块边境居民区，

---

1 卡波特（1450—1498），威尼斯航海家，最早到达北美洲的人之一。
2 亦称公谊会或教友派。

人民聚居在这里安下新家，远离皇家监督和干涉，在比较愉快的环境中过日子。

另一方面，法国的殖民地却仍是王室的领地，不准胡格诺派和新教教徒入内，唯恐他们用危险的新教教义毒害印第安人，乃至会干扰耶稣会神父的传教。因此，英格兰的殖民地要比他们的邻居和对手法国的殖民地拥有一个健康得多的基础。英格兰的殖民地表现了英格兰资产阶级的商业活力，而法国的定居点上住的是法王的越洋仆人，他们期盼着一有机会就返回巴黎。

然而，从政治上说，英格兰殖民地的地位远远不能令人满意。法国人在16世纪便已发现了圣劳伦斯河口。他们从五大湖地区一路向南，沿密西西比河而下，在墨西哥海湾建起好几处要塞。经过一个世纪的开发，一条有60个法国要塞的界线把沿大西洋而建的英格兰定居点与内陆隔开。

英格兰为不同的殖民公司开出的土地转让证给予了他们"两岸间的全部土地"。这样的一纸空文听着虽好，但实际上，英国的领地在法国防御线处就终止了。冲破这一界线固然可能，但需要人力和财力，并要引起可怕的边境战争，双方会在印第安部落的协助下屠杀白人邻居。

只要斯图亚特王室统治英格兰，就没有对法作战的危险。斯图亚特王朝需要波旁王朝助其建立专制君主制的政府和粉碎议会的权力。但在1689年，斯图亚特王朝的末代国王从英国土地上消失了，继任

朝圣者

白人如何移民北美

的荷兰的威廉恰是路易十四的大敌。从那时起直到 1763 年的《巴黎条约》为止，法英两国一直在为印度和北美的领地作战。

如前所述，在这些战争中，英国海军必然地打败了法国。与殖民地的海上交通一被切断，法国就失去了大部分北美领地。宣布和平之后，北美大陆便全部落入英国人手中，而卡蒂埃、尚普兰、拉赛里、马尔凯特以及 20 多个其他人的开拓大业就从法国丧失了。

这一大片领地上只有一小部分地区有人居住。从住有 1620 年登陆的"朝圣者"（他们是清教徒的一支，极其褊狭，无论在英国国教还是在荷兰的加尔文教中都不舒适）的北方的马萨诸塞，到卡罗莱纳和弗吉尼亚（这两州种植烟草，完全为获利而建），延伸为一条人烟稀少的狭长地带。但是住在这块天高气爽的新土地上要比在母国的兄弟们艰苦多了。在荒野中他们学会了自力更生。他们是勤俭耐劳的先辈的后代。懒惰畏缩的人在那个年代是不会远涉重洋的。到美洲移民的人痛恨在母国时备受限制、缺乏呼吸空间的十分不愉快的生活。他们要做自己的主人。英格兰的统治者对此似是并不理解。政府惹恼了这些移民，而这些移民不满官方的这种骚扰，便开始激怒英国政府了。

不快的感情变本加厉。这里无须详细重述实际情况以及若是英王乔治三世不那么蠢，或者不让他的大臣诺斯勋爵那么昏聩不理，事情原本可以避免。殖民地的英国人认清了和平争论解决不了难题时，便拿起了武器。他们从顺民变成了叛逆，置身于一旦被德国雇佣军俘虏就会被处

耸立在荒野中的堡垒

在"五月花"号的船舱内

法国人开发西部

在新英格兰度过的第一个冬天

乔治·华盛顿

以死罪的境地——那些德国兵都是乔治按照当时受欢迎的惯例雇来替他打仗的，条顿的王公们会把整团的兵马出卖给竞价最高的人。

英国及其美洲殖民地之间的战争持续了 7 年之久。在大部分时间里，叛军最终获胜的希望似乎十分渺茫。大批的移民，尤其是住在城里的，依旧忠于国王。他们主张妥协，宁肯求和。但华盛顿这位伟人坚定地捍卫移民的事业。

几个勇敢的人是他的得力助手，他调动他的坚定不移但装备落后的军队削弱王军的战斗力。一次又一次，当失败似是不可避免时，他的战法逆转了战局。他的部队军粮不足。寒冬季节他们缺吃少穿，还不得不住在有损健康的战壕里。但他们对自己的领袖始终坚信不疑，直到最后胜利的时刻。

但是，更有意思的既不是华盛顿一次次的战斗，也不是在欧洲从法国政府和阿姆斯特丹银行家手中弄到钱的本杰明·富兰克林的外交胜利，而是革命初期发生的一件事。来自不同殖民地的代表聚集在费城讨论公认的重要议题。那是革命的第一年。沿海的大多数大城镇仍掌握在英国手中。从英国本土来的援军不断乘船而来。只有深信他们事业正义性的人才可能找到勇气在 1776 年的六七月间做出重大决定。

6 月，来自弗吉尼亚的理查德·亨利·李向大陆会议提出动议："这些联合的殖民地是——也应该有权是自由独立的州，要取消对英王的一切效忠，与大不列颠之间的一切政治关联要——也理应要予以解除。"

魁北克

索特利尔

圣劳伦斯河

安大略湖

新斯科舍

伊利湖

哈利法克斯

伯戈因的远征

尚普兰湖

蒂康德罗格

莱克星顿
波士顿

华盛顿将英国人驱逐出波士顿

莱克星顿之役 1775年4月19日华盛顿所率美洲殖民地军围困波士顿，从1775年7月至1776年3月17日，英军退至哈利法克斯。

哈得逊河

纽约

华盛顿解了军队的围

普林斯顿
特伦顿费城

英军北部战场失利后，于1776年9月15日占领纽约，但不能击破华盛顿之军队。一支从加拿大来的英军强行通过蒂康德罗格以便将殖民军切为两段。但这些部队不善于在矿业作战，结果伯戈因与他的全体部队于1777年10月17日在萨拉托卡附近投降。

1776年7月4日宣布独立

巴尔的摩

华盛顿战败
康沃利斯
约克顿

中部战场失利后，英军向南方，于1780年5月20日占领查尔斯敦，然后又向北行进。1781年10月19日康沃利斯率部在弗吉尼亚的约克顿投降，结束这次远征。战争宣告结束。

查尔斯顿

但伯戈因败降后，法国于1778年2月8日承认了美国。1778年6月法国舰队载4000人赴美。

美国独立战争

　　该动议得到来自马萨诸塞的约翰·亚当斯的附议，并于 7 月 2 日通过；7 月 4 日随之发布正式的《独立宣言》，起草人是托马斯·杰弗逊，他是一个严肃认真、精明强干的政治和行政管理学者，注定要成为最著名的美国总统之一。

　　这一消息传到欧洲，并继之以殖民地人民的最后胜利和 1787 年通过的著名宪法（第一部成文宪法），引起了轰动。17 世纪宗教大战后发展起来的高度集权的国家的王朝制度已达权力顶峰。各处的王宫建造得越来越宏伟，各王国的城市被快速增长的贫民区所包围。贫民区中的居民流露出了不安定的迹象。他们求助无门。但上层阶级——贵族和专业人士，也对他们所处的经济和政治局势产生了疑虑。美洲殖民地人民的胜利向他们表明：不久之前还被认为不可能的许多事情是可能做到的。

　　按照诗人的写法，莱克星顿的一声枪响"传遍了全球"，这有点夸大其词了。中国人、日本人和俄国人（更不消说刚刚被库克船长——他因惹事被土人所杀——重新发现的澳大利亚人和夏威夷人了）就根本没听到枪声。但枪声越过了大西洋，落进了心怀不满的欧洲人的火药库，在法国引发了爆炸，震撼了从彼得堡到马德里的整个欧洲大陆，将旧的国家机器和外交手腕的代表埋葬在好几吨的民主砖块之下。

法国革命

法国大革命向全球人民宣布了自由、博爱和平等的原则。

在我们谈论一场革命之前，最好还是先来解释一下这个词的含义。按照一位伟大的俄国作家（而俄国人理应知道他们在这一领域谈论的内容）的话来说，革命就是"在短短几年内极其迅猛地推翻一个几百年来根深蒂固、不可动摇，连最激烈的改革家都不敢攻击的旧制度。就是在短期内令此前构成一个国家的社会、宗教、政治和经济生活的一切要素土崩瓦解。"

这样的一场革命发生在 18 世纪的法国，彼时该国旧日的文明已经变得腐朽。在路易十四时代，"朕即一切"、"朕即国家"。曾经是封建国家的社会公仆的贵族阶级，已经没有职责可尽，沦为宫廷的社交装饰。

何况，18 世纪法国的这种状态耗费了难以估量的大批资财。这笔资财只能来自税收。不幸的是，法王并没有足够的权势强制贵族及教士交纳他们那份赋税。这样，赋税就全部摊到了农业人口上。但居住在阴暗茅棚里的农民与先前的地主已不再有紧密的联系，而成为残酷无能的土地代理人的牺牲品，境遇日益悲惨。他们何必操劳得筋疲力尽呢？土地增收仅仅意味着更多的赋税而自己将毫无所获，因此他们便壮着胆子任凭土地荒芜了。

于是我们便看到国王穿行于王宫的宽敞大厅的虚饰之间，尾随着求官心切的人们，他们全靠不如牲畜的农民交纳的岁入养活。这是一幅让人高兴不起来的图画，但绝无夸张之处。不过，这个所谓的"昔日王朝"确实还有另一面，是我们必须牢记于心的。

一个与贵族紧密相连的富有的资产阶级（常用的手段是富裕的银行家之女嫁给贫困的男爵之子），和一个由所有最善于寻欢作乐的法国人组成的宫廷，已经造就了最高级的优雅生活的种种礼仪。由于国家的精英不准投身于政治经济问题，只好把无所事事的时间消耗在谈论抽象概念上。

由于思维模式和个人举止恰如流行服装一样易于走向极端，当时最矫揉造作的社会，自然对他们所谓的"简朴生活"兴致盎然。国王及王后——法国及其全部殖民地和附属国的绝对和无疑的主宰，以及他们的幕僚，便纷纷换上挤奶女仆或马童的装扮，住进可笑的小农舍里，玩起在古希腊的欢乐谷里牧人的游戏。簇拥在他们周围的是宫廷中的侍舞者、演奏动听的小步舞曲的宫廷乐师、煞费苦心地发明了昂贵头饰的宫廷理发师。直到闲极无聊，这伙凡尔赛宫（路易十四修建的远离喧嚣不安的城市的大游乐场）里装腔作势的人们才谈到离自己的生活最远的那些话题，就像一个饿汉除去吃食不会谈及其他一样。

当伏尔泰这位勇气十足的老哲学家、剧作家、历史学家、小说家和所有宗教及政治暴君的敌人，把他的批评的炸弹投向与《风俗论》相关的一切时，全法国都向他鼓掌欢呼，而他的剧作只能在容人站着看的房间上演。当让·雅克·卢梭为原始人动情，给予他的同时代人有关地球上原始居民的幸福生活的描写时（他对原始人所知甚少，犹如他不了解儿童，却被视为儿童教育的权威），全法国都读了他的《社会契约论》，当他们听到卢梭呼吁主权交回人民手中，国王只不过是人民公仆的幸福时代时，这个"朕即国家"的社会都流下了苦泪。

当孟德斯鸠出版了他的《波斯人信札》，书中两位知名的波斯旅行家把现存的法国社会颠倒过来，并对上起国王下至他的600名糕点师的一切行径极尽嘲笑之能事时，该书当即发行了4版，并为他的名著《论法的精神》赢来了成千上万的读者。该书中的那位高贵男爵将优秀的英国制度与落后的法国制度加以对比，提倡建立以行政、立法和司法三权分立、各司其职的国家取代君主专制。当巴黎的书商勒布雷东宣布狄德罗、达朗贝尔、杜尔哥以及其他20余位著名作家准备出版一部包罗"一切新观念、新科学和新知识"的《百科全书》时，公众的反应极其热烈；22年之后，当该书28卷的最后一卷完成时，一些为时已晚的警察干预已经压制不下去法国社会对这部讨论时政最为重要又十分危险的巨著的热情了。

　　我愿在此提出一个小小的忠告。当你们阅读一部涉及法国大革命的小说或是观看一出戏剧或一场电影时，你们很容易得到一种印象，仿佛这场革命发自巴黎贫民区的乱民的行为。事实绝非如此。暴民时常出现在革命的舞台上，但必然是受到那些资产阶级专业人士的激励和领导，他们利用饥饿的群众作为反对国王及其朝廷作战的有效的同盟。但引发革命的根本观念是由少数聪明人创立的，他们最初被引进"旧制度"魅力四射的客厅，是为国王陛下宫廷中那些腻烦透顶的大人贵妇们提供消遣的。这些快活又粗心的人玩起社会批判的危险烟花，直到火花落进和房屋一样破旧的老朽的地板缝隙中。火花不幸地掉进了乱糟糟地堆放着陈年废物的地下室中，这时有人惊呼着火了，可是房主兴趣广泛，心思根本不在经管房产上，他并不晓得该如何扑灭小小的火苗。火势蔓延迅速，整座建筑都被大火烧毁了，这就是我们所说的法国大革命。

　　为了方便起见，我们可以将法国大革命分成两部分。从1789到1791年，多少算是有序地试图引进君主立宪制。此举之所以失败，一

断头台

则由于缺乏良好的信念及国王本身的愚蠢，一则由于无人能加以控制
的局面。

从 1792 到 1799 年，出现过一个共和国，第一次努力建立一个民
主制政府。而由于多年的骚乱和许多真诚却无果的改革引发的暴力却
实实在在地爆发了。

当法国欠着 40 亿法郎的债务，国库又时常空虚而且没有一个招

数来征收新税，连好好国王路易（他是个出色的锁匠和了不起的猎手，却治国无能）都隐隐约约地感到要做点什么了。于是他杜尔哥出任他的财政大臣。安内-罗贝尔-雅克·杜尔哥是个60出头的奥尔纳男爵，身为迅速消失的地主乡绅的杰出代表，曾成功地担任过省长，而且是才能出众的业余政治经济学家。他做出了最大的努力。不幸的是，他未能创造奇迹。既然不可能从贫苦农民身上挤出更多的税款，就必须从一毛不拔的教士和贵族那里得到所需的资金。这就使杜尔哥成了凡尔赛宫最招人恨的人。不仅如此，他还不得不面对王后玛丽·安托瓦内特的敌意——她反对任何敢于让她听到"节约"一词的人。不久，杜尔哥被称作"不务实的空想家"和"理论上的教授"，他的官位也就自然难保了。1776年他被迫辞职。

"教授"之后来了个懂实际生意经的人。他是个名叫内克尔的勤奋的瑞士人，他靠投机粮食发了财，还成了一家国际银行的股东。他那位野心勃勃的夫人把他推进公务界，以便为其女儿建立地位——那女儿后来嫁作瑞典驻巴黎公使德·斯戴尔男爵夫人，成为19世纪初的一位文学名人。

内克尔和杜尔哥一样，上任伊始即热情满怀。1781年，他公布了一篇法国财政的周密审核报告。国王对这份"财政报告"全然不解。他刚刚派军队到美洲协助殖民地人民与共同的敌人英国人作战。这次远征的耗费出乎预计，内克尔奉命搜集必需的资金。他没去筹款，反倒公布了更多的数字，做出统计，并采用了"必要的节约"这种令人

路易十六

沮丧的警告。这样，他的日子就可以计数了。1781 年，他以无能为由
遭到解职。

　　在教授和务实商人之后来的是讨人喜欢型的财政家，他保证，只
要大家相信他那套万无一失的制度，他们就会有每月百分之百的收
入。他叫夏尔·亚历山大·德·卡洛纳，是个爱出风头的官员，靠他
办的工业和全然不择手段而官运亨通。他发现国家已负债累累，但他

聪明透顶，以助人为乐，便发明了一种快速疗法。他靠借新债来还旧债。这办法并不新鲜，其后果从来就是灾难性的。不出 3 年，又有 8 亿多法郎加到了法国的外债上，而这位始作俑者，迷人的财政大臣，始终无忧无虑，面带笑容地为国王陛下和可爱的王后提出的每一份要求签上他的名字。王后早在还是维也纳公主的年轻时代，就养成了花钱如流水的习惯。

巴黎的议会本是高等法庭而并非立法机构，尽管绝不缺乏对国王陛下的忠心，此时也终于决定要出手了。卡洛纳想再借一笔 8 000 万法郎的债。那年粮食歉收，农村地区的饥馑惨不忍睹。除非采取实际措施，否则法国就要崩溃了。国王一如既往不晓得局势的严重性。听听人民代表的意见是不是个好主意呢？可是自从 1614 年以来，法国就没有召开过三级会议。鉴于恐慌临头，有人便产生了召集会议的要求。然而路易十六心无主见，拒绝走到这一步。

为了平息喧闹的群情，卡洛纳于 1787 年召开了一次知名人士的会议。这只不过是最上等家庭的聚会，由他们议论能够和应该做些什么，毫不触动他们封建的和教会的免税特权。指望某一个社会阶层会为另一集团的同胞的利益采取政治和经济自杀的手段，显然是不明智的。127 位知名人士全都顽固地拒不放弃哪怕一条他们的古老权益。街上的人群此时已饥饿难忍，便要求他们信得过的内克尔重新上台。知名人士却说"不"。街上的人群开始砸窗户和做出其他越轨举动。知名人士逃之夭夭。卡洛纳遭到撤职。

平庸的枢机主教洛梅尼·德布里安被任命为财政大臣，而受到饥饿百姓威胁的路易同意"在切实可行的时候尽快"召开原来的三级会议。这种含糊其辞的承诺当然无法让任何人满意。

几乎有一个世纪没经历过这样的严冬了。庄稼不是毁于水灾就是在地里冻死。普罗旺斯的全部橄榄树都完蛋了。私人慈善机构设法做些事情，但这样的拯救对 1800 万饥肠辘辘的百姓无异于杯水车薪。到处都发生了抢面包的骚乱。若在一代人之前，这种事会被军队镇压下去的。但新的哲学思潮这时已开始结果。人们逐渐懂得，枪口对于饥饿的肚皮不是有效的药方，连来自百姓的士兵都不再可以依靠了。绝对需要国王当机立断，挽回民心，但他又一次迟疑了。

在外省的不少地方，都有由新思潮的追随者建立的独立的小共和国。在忠顺的资产阶级中也能听到"不派代表便不纳税"的呼声（原是 25 年前美洲反叛者的口号）。法国受到普遍无政府状态的威胁。为了安抚民心和增加王室的声望，政府意外地中止了先前十分严格的书籍检查制度。墨水一时在法国泛滥成灾。每一个人，无论高低贵贱都参与了这场口诛笔伐，要么批人，要么挨批。2 000 多种小册子出版了。洛梅尼·德布里安在一片辱骂声中被赶下台。内克尔被匆匆召回，尽其所能平息全国性的骚动。股票市场当即上涨了 30%。人们一致同意将审判暂缓一时。1789 年 5 月要召开三级会议，届时要集中全国的智慧迅速解决难题，把法兰西王国重新建成健康的乐土。

人们普遍认为集思广益能够解决一切困难，这种看法被证明是灾难性的。在许多重要的岁月中，这样做往往妨碍了个人的力量。内克尔没有在这一紧急关头把政府抓在自己手里，反而对一切放任自流。于是又爆发了就改革旧王国的最佳方案为题的激烈辩论。各地的警力都削弱了。巴黎郊区的人民在激励人心的行家的领导下，逐渐认识到自己的力量，开始扮演在这些大骚动的年月中属于他们的角色，此时便采取了血腥的暴力行动，这本是那些实际的革命领袖们用合法方式无法得到的那一切时会付诸使用的手段。

为了安抚农民和资产阶级，内克尔决定让他们在三级会议上获准有双重代表。就这一问题，西哀士神父当即写出一本著名的小册子：《第三等级是什么？》，他在文中得出结论：第三等级（指资产阶级）理应相当于一切，过去他们什么都不是，如今则要算数了。他表达了心怀国家利益的大多数人的感情。

最后，在不堪设想的最糟条件下进行了选举。选举过后，308 名教士、285 位贵族和 621 个第三等级的代表整理行装前往凡尔赛。第三等级不得不带上外加的行李，其中包括备忘录，上面有他们的选民写下的许多申诉和冤情。舞台即将上演拯救法国的最后一幕。

三级会议于 1789 年 5 月 5 日召开。国王的心情恶劣。教士和贵族放风说，他们不肯放弃他们的哪怕一项特权。国王命令三伙代表在不同的房间开会，分头商讨他们的苦情。第三等级拒不遵从旨意。他们于 1789 年 6 月 20 日在为这次不合法的会议匆忙备就的网球场上就此庄严发誓。他们坚持要贵族、教士和第三等级在一起开会，并将此

巴士底狱

意向通知国王陛下。国王让步了。

　　作为"国民会议"，三级会议开始讨论法兰西王国的局势。国王发怒了，随后又一次迟疑不决。他宣称绝不放弃他的绝对权力。接着便去打猎，全然忘记了国家的忧患。当他狩猎归来时，他又让步了。国王陛下惯于在错误的时间以错误的方式做正确的事。当人民高叫着要求一件事时，国王训斥他们，什么也不赐予。之后，当王宫被一群嚎呼的穷人包围时，国王屈服了，按百姓的要求赐给他们。但是到了这种时刻，人民的要求又加了码。这出喜剧就这样反复上演。当国王在圣旨上签下名字，赐予他可爱的百姓经过加码的要求时，他们却威胁着要杀掉王室全体成员，除非他们得到经过再次加码的要求。如此这般，反复加码，直到国王被送上断头台。

不幸的是，国王总要落后一步，自己却不自知。即使在他把头放到铡刀之下时，他仍觉得自己是个备受凌辱的人，他曾尽其绵薄之力钟爱的人民，竟然如此无理地待他。

如我时常告诫的，历史上的"假设"从来都毫无价值。我们可以轻易地说，"假设"路易是个能力较强、心肠不软的人，王朝可能会得到拯救。但问题不仅在国王一人。哪怕"假设"他具备拿破仑那样冷酷的力量，在这样艰难的日子里，他的前途也会轻而易举地毁于他的王后之手——她是奥地利玛丽亚·特蕾西亚的公主，具有在当年最专制的中世纪宫廷中长大的年轻姑娘的一切特有的美德和恶习。

她决定采取某种行动，策划一次反革命阴谋。内克尔突遭解职，王军被召至巴黎。当人民听到这一消息时，便猛攻巴士底狱的堡垒，并于1789年7月14日摧毁了这一人们既熟悉又憎恨的独裁政权的象征。这里早已不是政治监狱，而是成了用来关押小偷和盗贼的城市拘留所。许多贵族闻风逃往国外。但国王仍一如既往地不见行动。在巴士底狱陷落的那一天他一直在打猎，由于打死了好几只鹿，感到兴致勃勃。

国民议会开始行使权力，8月4日那天，在巴黎群众不绝于耳的声浪中，他们取消了一切特权。随之便是8月27日发布的《人权宣言》，即第一部法国宪法的著名序言。到此为止，一切都好，但朝廷显然还没汲取教训。人们普遍怀疑，国王又在企图干涉这些改革，结果，在10月5日，巴黎又出现了动乱，并扩展到凡尔赛。人们不肯让国王留在凡尔赛，不把他带回到巴黎的王宫他们便不放心。他们要把他留在他们能够监视他的地方，并控制他和维也纳、马德里及其他欧洲宫廷的亲戚们通信。

这时在国民议会中，有一个叫米拉波的贵族成了第三等级的领袖，他开始在一片混乱中整顿秩序。但他还没来得及保住国王的宝座就于1791年4月2日去世了。这时担心自己有生命之忧的国王想于6月21日出逃。他因为印在硬币上的头像被人认出，在瓦雷内村附近被国民自卫队的人截获，带回巴黎。

1791年9月，通过了法国的第一部宪法，国民议会的代表们便回家了。1791年10月1日，立法会议召开，接手国民议会的工作。在这个新的群众代表的集会中，有许多极端的革命分子。其中最大胆的一派称作雅各宾派，因他们举行政治会议的雅各宾修道院而得名。这些年轻人（大多属于自由职业者）发表了激烈的演说，当刊载这些言论的报纸传到柏林和维也纳时，普鲁士国王和奥地利皇帝决定要采取行动抢救他们的好兄弟、好姐妹。他们当时正忙于瓜分由于政治派别造成混乱的波兰，那个国家已经到了任人占领一两个省份的地步。但普奥两国仍派出了一支军队进入法国去解救国王。

随后，一场惊慌失措横扫法国全境。由多年的饥饿和苦难积压而成的全部痛恨抵达了骇人的高潮。巴黎的暴民猛攻杜伊勒里宫。忠于国王的瑞士近卫军竭力保护主人，但群众正在撤退时，优柔寡断的路易却下令"停火"。喝多了廉价酒的人群，在喧闹声中杀红了眼，把瑞士卫队杀得一个不剩，然后冲进宫中搜寻路易。路易逃进了议会大厅，就在那里当场被拉下王位，又从那里被押送到丹普尔城堡。

但奥地利和普鲁士的军队继续挺进，先前民众的惊恐变成了歇斯底里，男男女女都成了野兽。1792 年 9 月的第一周，人群冲进监狱，杀死了所有的囚犯。政府没有出面。以丹东为首的雅各宾派深知这一危机对革命既不是成功也不是失败，只有最野蛮的铤而走险才能拯救他们。立法会议于 1792 年 9 月 21 日闭会，又召集了新的国民公会，该机构几乎囊括了全部极端革命分子。国王被正式指控为叛国，给带到了公会上。他被判有罪，以 361 票对 360 票（多出的一票是他的表弟奥尔良公爵所投）处以死刑。1793 年 1 月 21 日，他安详地并且还带着几分尊严被送上了断头台。他始终不明白，这一切射击和骚乱到底是怎么回事。而且他也傲慢得不屑一问。

随后，雅各宾派转而反对国民公会较温和的吉伦特派——以南部的吉伦特地区而得名。新组成的一个特别革命法庭宣判 21 名为首的吉伦特派死刑。其余的全部自尽。他们都是正直能干的人，但都过于温文尔雅，在这样的恐怖年代，难以生存。

法国革命传播到荷兰

　　1793 年 10 月，雅各宾派宣布在"宣告和平之前"宪法暂缓施行。一切权力落于一个以丹东和罗伯斯庇尔为首的小型的公安委员会之手。基督教和古老的年历被废除。美国革命期间由托马斯·潘恩大肆渲染的"理性时代"已经到来，随之而至的"恐怖"在一年多的时间里以每天杀死七八个人的速度行进着，而被杀的人不分好坏也不管其是否中立。

　　国王的独裁统治被摧毁了，继之以少数人的暴政，他们对民主热爱到极点，认为必须杀死那些与他们意见相左的人。法兰西变成了一座屠宰场。人们彼此怀疑，谁也没有安全感。少数几个原国民公会的成员知道自己将是下一批上断头台的人，单单出于恐惧，终于转过来反对罗伯斯庇尔，因为罗伯斯庇尔的大部分同事都被斩首了。罗伯斯庇尔这位"唯一真正又纯粹的民主派"试图自杀而未遂。他粉碎的下巴经过草率包扎，便被拖到了断头台。1794 年 7 月 27 日（根据奇特的法国大革命历法，即共和二年热月 9 日），恐怖统治终止，全巴黎欢乐起舞。

然而，法国的危急局面使政府有必要掌握在少数强有力的人手中，直到革命的许多敌人从法兰西的国土上被驱逐出去。当衣不蔽体、食不果腹的革命军队在莱茵、意大利、比利时和埃及进行殊死战斗，并击败了大革命的每一股敌军之后，五人督政府成立，统治了法国 4 年之久，随后政权授予一个叫作拿破仑·波拿巴的常胜将军，他于 1799 年成为法国的"第一执政"。在接下来的 15 年当中，古老的欧洲大陆成了一系列政治实验的场所，为世界前所未见。

53

拿破仑

　　拿破仑生于 1769 年，是卡洛·马利亚·波拿巴的第三个儿子。卡洛是科西嘉岛上阿雅克肖城的一位诚实的律师，其贤妻叫莱蒂西亚·拉莫莉诺。因此，拿破仑不是法国人，而是意大利人，他出生的岛屿曾是古代希腊、迦太基和罗马在地中海的殖民地，多年来一直为重获独立而斗争，先是要摆脱热那亚人，在 18 世纪中期之后又要摆脱法国人，但法国人先是好意帮助科西嘉人的独立斗争，随后却为一己之私占领了这座岛屿。

　　青年拿破仑前 20 年是科西嘉的职业爱国者——科西嘉的"新芬党"[1]，他希望将他热爱的国家从他痛恨的法国敌人的桎梏下解放出来。

1　由亚瑟·格里菲斯于 1905 年创建的爱尔兰民族运动组织。

但法国大革命出乎意料地承认了科西嘉人的要求，在布里安军事学校受过良好教育的拿破仑也就此逐渐为接管他的国家服务了。虽说他从未学过法文的正确拼写，讲起法语来仍带有浓重的意大利口音，他还是成了法国人。同时，他逐渐成为一切法国美德的最高代表。如今他被视为法国天才的象征。

拿破仑可谓是平步青云的人。他的政治生涯也就不足 20 个年头。在那段不长的时间里，他前无古人地（包括亚历山大大帝和成吉思汗在内）打了好多仗，取得好多胜利，行过好多里程，征服了好多土地，屠戮了好多人，进行了好多改革，把欧洲闹了个天翻地覆。

他是个小个子，早年身体不算太好。他从未给人以容貌不俗的印象，而且每当他不得不在盛大场合露面时总显得笨手笨脚，到死也没有改变。在门第、教养或财富方面，他不具备任何一点可夸耀的东西。他的青年时代大部分时间都贫困潦倒，常常饿着肚子出门，或者被逼想方设法赚几个额外的小钱。

他没有什么文采。他在里昂学院的一次有奖竞赛中，他的文章只得了个倒数第二，在 16 名参赛者中取得第 15 名。但出于对个人命运和辉煌前途坚定不移的信念，他克服了一切困难。抱负是他一生的主要动力。对于自我的眷顾，对于大写的字母"N"的崇拜（他签署一切信件时都用它，在他匆忙造就的宫殿的永久装饰上一再出现的他的名字的首写字母），要扬名世界使自己仅次于上帝的名声的绝对意愿：这一切欲望把他推到了荣誉的顶峰，任何前人都未曾企及。

当年轻的波拿巴还是个领半薪的中尉时，他非常喜欢希腊历史学家普卢塔克著的《名人传》。但他从未想过自身要达到那些古代英雄的人品的标准。拿破仑似乎缺乏不同于动物的为他人着想的人类情感。很难精确地判断，他是否爱过除他自己以外的他人。他和母亲讲话时彬彬有礼，但莱蒂西亚颇有大家闺范，而且按照意大利母亲的方式，她深知如何教育她那群子女，指导他们自尊自重。有那么几年，拿破仑钟情于他的美貌的克里奥尔[1]妻子约瑟芬。她是马提尼克岛一位法国军官的女儿，博阿尔纳斯子爵的遗孀，前夫在对普鲁士人的一次战斗中打了败仗，被罗伯斯庇尔处决了。但拿破仑当上皇帝后，由于她未能生育而与她离婚，另外出于政治原因，另娶了奥地利皇帝的公主。

在围攻土伦期间，身为炮兵指挥官的他一举成名。拿破仑认真研读马基雅维利，他遵照那位佛罗伦萨政治家的忠告，只要对他有利，就背信弃义。"感激"一词在他个人的词典中没有，而且，说句公道话，他也不指望别人对他"感激"。他对人类的苦难完全漠不关心。1798年他在埃及处决了已获准免死的战俘。当他看到无法将叙利亚的伤员装上他的船时，便不动声色地让人毒死了他们。他以"波旁王室的人要予以警告"为名，无视一切法律，下令由一个偏颇的军事法庭判处昂基安公爵枪决。他下旨将那些为祖国独立而战的被俘的德意志军官就地枪决。当蒂罗尔的英雄安德烈亚斯·霍费尔经过最英勇的抵

---

1 指生于拉丁美洲的欧洲人，多为西班牙或法国后裔。

抗落入他手中后，竟被当作普通叛徒一样处死了。

总之，我们研究了这位皇帝的性格之后，我们就能理解那些忧虑的英国母亲在催促孩子上床睡觉时吓唬他们的话："要是不听话，拿小孩当早点吃的波拿巴就要来捉你们了。"然而，这位古怪的暴君还有许多不讨人喜欢的事情，比如他对自己军队的各部门都关怀备至，唯独忽略了医务卫生一事，他因为受不了他的可怜士兵身上的气味，便向自己的军装上喷科隆香水，多得可以毁掉衣服；既然说了他这么多不讨人喜欢的事情，那么肯定还要再加上许许多多，但我必须承认，我暗中对此表示怀疑。

此刻我正坐在一张堆满书籍的舒适的写字台后，一只眼盯着我的打字机，另一只眼睨着我那只对复写纸饶有兴趣的猫利科丽丝，我在讲述拿破仑皇帝是个最令人不齿的家伙。不过，若是我刚好往窗外一望，看到下面的第七大道，赶上川流不息的汽车猛然一停，而假使我听到了隆隆的鼓声而且看到那个小个子穿着破旧的绿军服，骑着白马，我说不准也会撂下书本，不顾我的小猫和家，撇下其他一切，不管他要走到哪里都会跟上他。我自己的祖父就曾这样做过，天晓得他可不是天生的英雄。成千上万的其他人的祖父也这样做过。他们没得过褒奖，也没指望过授勋。他们欢天喜地付出胳膊、腿，乃至生命，为这个外国佬效劳，他让他们离家千里之外，让他们走进俄国、英国、西班牙、意大利或奥地利的炮火中，他静静地凝视着远方，而他们却在死亡的极度痛苦中翻滚。

　　如果要我解释，我就说我答不上来。我只能猜想其中一个原因。拿破仑是最伟大的演员，而全欧洲大陆则是他的舞台。在所有时间，在一切条件下，他都清楚什么确切的姿态能够给观众留下印象，他都明白什么词句可以让人永远难以忘怀。无论他在埃及的沙漠中，站在狮身人面像和金字塔前面讲话，还是在意大利浸透露水的平原上对瑟瑟发抖的部下演说，他的表现都毫无二致。他永远是把握局势的主人。甚至到了最后，他成了大西洋一块小石岛上的流放者，一个听凭一位乏味又不近人情的英国医生摆布的病人，他都占据着舞台的中心。

　　在滑铁卢战败之后，除去少数几名信得过的朋友，再也没人看到过这位伟大的皇帝。欧洲人民知道他住在圣赫勒拿岛上——他们知道英国卫队昼夜监视着他——他们知道，监视着被困于朗伍德农场上的皇帝的卫兵的外围，还有英国舰队守护着。但是他始终活在人们的心中，朋友也罢，敌人也罢。当疾病和绝望终于将他带离人间时，他那双安详的眼睛仍然停留在世界上。甚至今天，他在法国人的生活中仍像100年前一样是一种力量，当年，当他把他的战马拴在俄罗斯克里姆林宫这座最圣洁的殿堂里，当他把教皇和世上那些有权势者看得如同他的侍仆时，人们只要看上一眼这个面色灰黄的人，都会昏倒的。

　　哪怕只把他的生平概括一下，也需要两三卷的篇幅。要叙述他对法国政体的大刀阔斧的政治改革，他让大多数欧洲国家采用的新法典，他在各种公共场合的行为举止，就要动用几千页纸。但我只用几句话就能够说明他的活动初期何以会如此成功，而他在最后10年里为什么会失败。从 1789 到 1804 年，拿破仑是法国革命的伟大领袖。他绝不仅仅是为他本人的名誉而战。他击退了奥地利、意大利、英国和俄国的军队。因为他、他个人和他的士兵，是"自由、平等、博爱"这一新观念的倡导者，是旧王朝的敌人，却是人民的朋友。

但在 1804 年，拿破仑自己继任为法国皇帝，并派人要教皇庇护七世来为他加冕，简直就像公元 800 年时教皇利奥三世曾经为另一位伟大的法兰克国王——查理大帝加冕一样，这样的先例不时在拿破仑的眼前浮现。

这位原先的革命领袖一旦坐上皇位，就成了哈布斯堡王朝不成功的仿制品了。他忘记了他的精神母亲——雅各宾政治俱乐部。他不再是受压迫者的保卫者。他成了一切压迫者的头领，他让他的行刑队随时准备处决那些敢于反抗他的御旨的人。1806 年神圣罗马帝国凄惨的余脉被扫进历史的垃圾堆，当古罗马荣光的最后遗迹被一个意大利农民的孙子毁掉时，没有人流过一滴眼泪。但是当拿破仑的大军入侵西班牙，强迫西班牙人认可他们厌恶的一个国王，并屠戮了仍然忠于旧主的可怜的马德里人时，当时的公众舆论就转而反对原先马伦戈[1]和奥斯特里茨以及上百场其他革命战役的英雄了。当时，也只是在当时，拿破仑不再是革命英雄，而成为旧制度一切劣迹的代表，或许英国有可能趁机引导迅速蔓延的愤怒情绪，把所有正直的人变成那位法国皇

---

1 意大利西北村镇，与奥斯特里茨都是拿破仑先后击败奥俄军队之处。

帝的敌人。

英国人民一开始从报纸上获悉令人发指的"恐怖"细节时，就已深感厌恶了。他们在一个世纪之前查理一世在位时曾经上演过自己的大革命。与巴黎的激变相比，英国革命简直再简单不过了。在英国一般人看来，一名雅各宾党徒就是一个妖魔，应予当场击毙，而拿破仑更是头号魔鬼。英国的舰队自1798年起就封锁了法国，使拿破仑借道埃及入侵印度的计划流产，还迫使他在尼罗河畔获胜后不光彩地撤退了。终于在1805年，英国抓住了等待已久的机会。

在西班牙西南海岸的特拉法尔加角附近，纳尔逊歼灭了拿破仑的舰队，使之难以重振。从那时起，皇帝就被围在陆地上了。即使如此，若是他能够审时度势，并且接受列强向他提出的光荣的和平的话，他仍能保持作为欧洲大陆公认的霸主地位。但拿破仑被他自己的辉煌弄得眼花缭乱了。他不肯承认别人与他平起平坐，也不能容忍任何对手。他把愤恨转向俄国，那片有着无边无际的平原和能够源源不断地供应炮弹的神秘土地。

要是俄国由叶卡捷琳娜大帝的半痴儿子保罗一世统治，拿破仑自然知道该如何处理这种局面。但保罗越来越不问国务，直到他的怒不可遏的臣子不得不除掉他（以免他们全都得流放到西伯利亚的铅矿去）。而保罗之子沙皇亚历山大丝毫没有他父亲对那位篡权者拿破仑的钟爱之情，而是把那人视为人类之大敌，和平的永远的骚乱分子。他虔诚地相信自己是被上帝选来从那个科西嘉恶棍手中解放世界的

从莫斯科撤退

人。他与普鲁士、英国和奥地利联合出兵，但他被打败了。他接连 5 次努力，但都以失败告终。1812 年，他再次嘲笑拿破仑，直到那位法国皇帝怒火冲天，发誓要在莫斯科逼他签城下之盟。接着，他从遥远的西班牙、德意志、荷兰、意大利和葡萄牙的广大地区，调遣了并不情愿的团队北进，以便为伟大皇帝受到伤害的尊严予以雪耻。

　　其余的故事尽人皆知。经过两个月的行军，拿破仑抵达俄国首都，并在神圣的克里姆林建立大本营。1812 年 9 月 15 日夜间，莫斯科着起大火。全城烧了 4 天。第 5 天黄昏到来时，拿破仑下令撤退。两周之后开始下雪。军队冒着冻雪在泥泞中蹒跚前行，于 11 月 26 日到达别列津纳河。这时俄军开始猛攻。哥萨克骑兵蜂拥而上围住已经溃不成军像是乌合之众的"大军"。12 月中旬，侥幸逃回的人开始在东部的德意志城市出现。

随后便有即将发生叛乱的谣传。欧洲人民说："时候到啦，该从这一难以忍受的枷锁下解放我们自己了。"他们动手寻找逃过无处不在的法国间谍眼睛的老枪。但他们还没来得及弄清发生了什么事情之前，拿破仑已经率领一支新军回来了。他撇下了那些战败的士兵，乘着他的小雪橇驰回巴黎，最后一次号召更多的军队追随他以便保卫法兰西的神圣领土，抗击外国入侵者。

当他东进迎击联军时，十六七岁的少年追随着他。1813 年 10 月 16 日、18 日和 19 日，莱比锡血战打了起来，3 天之间，穿绿军装和穿蓝军装的小伙子互相厮杀，直到易北河中流淌着红血。10 月 17 日下午，俄国步兵的大批预备队冲破了法军防线，拿破仑西逃。

他返回了巴黎。他宣布退位，想让位给他的小儿子，但联军执意要先王路易十六的弟弟路易十八登基为法王，于是这位淡色眼睛的波旁王子便在哥萨克和德意志枪骑兵的簇拥下，凯旋巴黎。

至于拿破仑，他被任命为地中海厄尔巴小岛上的君主，他在那里把他的马童们组成一支小型军队，在棋盘上作战。

但他刚刚离开法国，人民就开始醒悟到他们失去了什么。过去的 20 年，无论怎样耗费，都是一个光辉灿烂的时期。巴黎是世界的首都。而如今，在其流放期间什么也没学会、什么也没忘记的脑满肠肥的波旁国王以其懒惰成性令人作呕。

1815 年 3 月 1 日，当联军的代表准备着手分割欧洲地图时，拿破仑突然在戛纳附近登陆。未过一周，法国军队就抛弃了波旁王朝，挥师向南，把他们的刀枪提供给那个"小军士"。拿破仑直捣巴黎并于3月20日抵达。这次他谨慎多了。他提出和平，但联军坚持战争。全欧洲起而反抗"背信弃义的科西嘉人"。皇帝迅速挥师北上，试图赶在联军会合之前击垮敌人。但拿破仑已非比从前。他感到身体不适，容易困倦。在该挺身指挥他的前卫部队进攻的时候，他却在睡觉。何况，他失去了许多忠诚于他的老将军，他们都死了。

早在6月，他的军队就已进入比利时。那个月的16日，他击败了布吕歇尔率领的普鲁士军队。可惜一个下级指挥官没有按他的命令消灭撤退之敌。

两天之后，拿破仑在滑铁卢附近遭遇威灵顿。那天是6月18日，星期天。下午2点时，战斗似是法军获胜。3点钟时，东方地平线上出现了一道烟尘。拿破仑相信这是此时该将英军击溃的自己的骑兵到来了。4点时他知道态势更好了。老布吕歇尔一边咒骂着驱赶他的累得要死的军队进入核心战场。惊慌冲乱了卫队。拿破仑没有预备队了。他告诉部下要尽力保全自己，然后就逃之夭夭了。

他又一次让位给他的儿子，刚好在他逃离厄尔巴岛的100天，他向海岸跑去，想前往美洲。1803年，只是为了一首歌，他就把法国殖民地路易斯安那（若是被英国人夺去就太危险了）卖给了年轻的美洲共和国。他说："美国人会感激我，还会给我一小块地和一栋房子，我可以在那儿安度晚年。"可是英国舰队正注视着法国所有的港湾。拿破仑的

滑铁卢之役

向特拉法尔加进发

拿破仑遭到流放

出路只能在联军的部队和英国船只间任选一个，拿破仑别无他途。普鲁士人打算把他射杀。英国人可能更大度些。他在罗奇弗抱着希望等着，也许会有什么机会。滑铁卢之后一个月，他接到了法国新政府的命令，限他 24 小时之内离开法国。这位永远的悲剧演员给英国的摄政王（英王乔治三世住进了疯人院）写了一封信，通知王爷阁下，他意在"将自己交给敌人处理，像地米斯托克利[1]那样，在敌人的家里寻求接待……"

7 月 15 日，他登上"贝拉若芬"号，把他的佩剑交给海军上将霍特汉姆。在普列第斯他被移交给"诺桑勃兰"号，再被送到圣赫勒拿岛，在那里他度过了生命中最后的 7 年。他想写回忆录，他和看守争吵，他梦到往昔的岁月。奇怪的是，他回到了——起码在他的想象中——原来的出发点。他想起他进行革命战争的岁月。他想让自己相

---

1 参见本书第 18 章。

信，他始终是"自由、平等、博爱"伟大精神的朋友，国民议会的衣衫褴褛的士兵们曾将那些伟大精神坚持到底。他愿意回顾身为总司令和咨议的人生。他很少谈及皇帝。他有时想到他的儿子莱希斯塔德公爵，住在维也纳的那只小鹰，被他年轻的哈布斯堡表亲当作"穷亲戚"来对待，而他们的父辈可是一提起拿破仑的大名就不寒而栗的。最后时刻到来时，他在率领军队走向胜利。他命令内伊率领卫队进攻。随后他就闭目长逝了。

但是，如果你想解释这位人士独特的经历，如果你当真想弄明白，一个人何以可能只靠他个人意志的力量就可以把这么多人民统治这么多年，那么就不要去读那些写他的作品。那些作者要么恨这位皇帝，要么爱他。你会了解到很多事实，但是对于历史，更重要的是去"感受"而不是了解。不要读吧，静心等待，直到你有机会聆听到一位优秀的艺术家演唱那首《两个掷弹兵》。歌词是德国的伟大诗人海涅所作，他生活的时间经历了拿破仑的整个时代；作曲人是德国人舒曼。每当法国皇帝拜访国丈时，他都会亲眼看见这个祖国的敌人。因此这首歌曲是两位有充分理由痛恨那暴君的人所作。

去听那首歌吧。然后你就会明白上千卷的厚书也不可能告诉你的东西。

神圣同盟

拿破仑刚被送到圣赫勒拿岛，那些多次败在可恨的『科西嘉人』手下的人就在维也纳聚会，试图消除法国革命带来的许多变化。

帝王陛下们，王室贵胄们，公爵、特命使节、全权大臣这些大人们，以及种种显赫人物及他们大批的秘书、仆从和亲随，他们的工作曾经被那个可怕的科西嘉人的突然反扑而被粗暴地中断，现在由于那家伙被押在圣赫勒拿岛的烈日下饱受炎热之苦，一切又可以恢复进行了。为庆祝胜利也相应举办了聚餐会、花园联欢会和舞会，伴随着新编的震撼人心的华尔兹舞曲，绅士和贵妇们直跳得愤愤然地忆起了旧时代的小步舞。

在差不多一代人的时间里，他们过着无人过问的落寞日子。危险总算过去了。对于他们遭受过的极其困窘的日子，他们谈起来振振有词。他们期待着自己在一言难尽的雅各宾党人手中失去的每一文钱都获得补偿，那些胆大包天的乱党居然处死了他们神授的国王，还废除了假发，抛弃了凡尔赛宫的短裤，代之以巴黎贫民穿的破烂马裤。

我提及这样的细节可能让人觉得荒唐。不过，见怪不怪，维也纳会议就是充满这种荒唐议论的冗长的拖拖拉拉的会议。有好几个月，各代表团对"短裤与长裤之争"的兴趣远远胜过解决萨克森或西班牙前途的议题。普鲁士国王陛下竟然离谱到定做了一条短裤，以便作为他轻蔑一切革命事物的明证。

另一位德意志的权贵，堪称对革命的高贵憎恨无以复加，他颁令要他的臣下将已经交付给那个法国叛逆的全部税款再如数交给其合法的统治者，因为在他们听任那个科西嘉恶魔摆布时，他曾在遥远的地方那么钟爱他们。诸如此类，不一而足，直到一个人大喘着气抱怨道："可是以上天的名义，老百姓为什么不反对呢？"真的，为什么呢？因为人民已然筋疲力尽，绝望透顶，无心去管出了什么事或者他们由什么人用什么方法在哪里统治，只要能有和平就行。他们对战争、革命和改革已经恶心厌烦了。

19世纪80年代，大家都围着自由之树跳舞。王子们拥抱了他们的厨娘，公爵夫人跟她们的男仆跳起了法国革命时代流行的活泼轻快的舞步，一心认为平等博爱的千禧年的曙光终于照亮了这个恶毒的世界。可惜来到的不是千禧年，而是革命使者，他让十几个肮脏的士兵住进主人们的客厅，还在返回巴黎时偷走了那些人家中的金银餐具，他向政府报告，"解放了的国家"热情地接受了法国人民赠送给好邻国的宪法。

当他们听到巴黎如何最后爆发了革命的混乱，又被一个姓波拿巴的青年军官掉转枪口镇压了暴民的时候，他们大大地舒了一口气。少一点自由、平等、博爱看来是迫切需要的。但没过多久，那个姓波拿巴的青年军官就当上了法兰西共和国的三个咨议官之一，然后成了唯一的执政官，最终当上了皇帝。由于他是个前所未见的能力出众的人，他的手便沉重地压在了他可怜的臣民身上。他对他们毫不留情。他强征他们的儿子参加他的军队，他把他们的女儿嫁给他的将军们，他拿走了他们的绘画和雕像去充实自己的博物馆。他把整个欧洲变成了一座军营，杀死了几乎整整一代人。

如今他走了，人民（除去少数职业军人）只有一个希望。他们想要安安静静地过日子。有一阵子，他们获准自治，自己选举市长、参议员和法官。那种制度是个惨痛的失败。新的统治者既无经验又挥霍无度。人民在绝望之中又转向了旧制度的代表人物。他们说："你们像先前那样统治我们吧。告诉我们，我们欠了你们多少税，就别管我们了。我们要忙着修补自由时代损坏的东西了。"

这次著名的大会的舞台监督当然要尽力满足人们渴望已久的宁静。

作为大会主要成果的神圣同盟使警察成为国家的最重要的高于一切的职位，并可以对敢于批评任何一个官方行动的人处以最严厉的惩罚。

欧洲得到了宁静，但这是墓地的那种宁静。

维也纳会议的三个最重要的人物是俄国沙皇亚历山大、奥地利哈布斯堡王朝的代表梅特涅和奥顿的前主教塔列朗——他靠个人的狡猾机智在法国政府中勉强度过了困难的变动时期，如今到奥地利首都为他的国家挽救一切可以从拿破仑的废墟中挽救的东西。如同快活的打油诗青年从不知道何时受到轻慢一样，这位不速之客来到会上，就像当真受到邀请似的开心地大吃大嚼。事实上，没过多久他就坐在桌子的首席，以他逗趣的故事让大家开心，并以他举止的魅力赢得了众人的好感。

在他抵达维也纳还不到 24 小时之前，他就了解到同盟分成两大敌对阵营。一方是想吞并波兰的俄国和想兼并萨克森的普鲁士；另一方是设法阻止这种豪夺的奥地利和英国，因为无论普鲁士还是俄国都会由此而控制欧洲，这与奥、英的利益是相违背的。塔列朗以高超的手腕挑动双方互斗，而正是由于他的努力，法国人民才不致遭受 10 年来欧洲在拿破仑帝国官吏手中所受的那种压迫。他争论说，法国人民在这个问题上别无选择。拿破仑曾强使他们按他的旨意行事。但拿破仑已经下台，现在是路易十八在位。"给他一个机会吧。"塔列朗请求道。而同盟各国巴不得看到一个合法国王坐在一个革命国家的宝座上，也就不得不让步，波旁王朝就此得到了机会，他们利用他人的结

吓坏神圣同盟的幽灵

果就是在 15 年后遭到驱逐。

　　维也纳会议三巨头的第二位是奥地利首相梅特涅。他是哈布斯堡王朝外交政策的头面人物。文采尔·洛塔尔，梅特涅-温尼堡亲王，恰如其名所示，他贵族气派十足，是一个相貌英俊、举止优雅的绅士，他广有家财，精明强干，是远离在城乡做苦工、流大汗的群众的上流社会的产物。梅特涅青年时代曾就读于斯特拉斯堡大学，其时法国革命爆发。《马赛曲》诞生之地斯特拉斯堡曾是雅各宾派的活动中心。梅特涅记得，他的愉快的社交生活令人伤心地被打断了，许多无能的市民突然应召去完成他们不适宜的任务，乱民用杀死无辜来庆祝新自由的曙光。他无法看到群众真诚的热情和妇女儿童眼中的希望之光——他们为穿过市区奔赴前线，为法兰西祖国光荣赴死的国民议会的衣装不整的军队送去水和面包。

整个事情使这位奥地利青年满心厌恶。太不文明了。要是非得打仗不可的话，也该是由身着光鲜军装的漂亮小伙，骑在膘肥体壮的马匹上，越过绿色田野去冲锋。但是，把整个国家变成一座气味难闻的军营，游民会在一夜之间晋升为将军，真是恶劣至极，无理至极。在由一位奥地利大公举办的一场安静的小型聚餐会上，他会对遇到的法国外交使节这样说："瞧瞧你们那些好念头都怎么样了吧。你们想要自由、平等、博爱，可是你们得到的是拿破仑。要是你们满足于现存的办事规矩，恐怕就要好得多呢。"他还会解释他的"稳定"体制，他主张回归到战前美好的旧时代的正常状态，那时候人人都高高兴兴，没人谈论"每一个人都要和别人一样好"这类废话。他这样说的时候是真心诚意的，由于他是个意志坚强、极具说服力的能人，于是他就成了革命观念的一个最危险的敌人。他一直活到1859年，因此可以看见他的全部政策在1848年革命中被扫到一旁时的彻底失败。这时他意识到自己是欧洲最招人痛恨的人，还不止一次地遭到过被激怒的市民私刑处死的危险。但直到他生命的最后一刻，他依旧坚定不移地相信，他的所作所为是正确的。

他一贯坚信，老百姓更需要和平而不是自由，他也一直想给予

真正的维也纳会议

他们最想要的东西。应该完全公正地说，他建立普遍和平的努力还是相当成功的。在差不多40年间，各列强并没有彼此扼住咽喉，直到1854年的克里米亚战争，俄国同英国、法国、意大利和土耳其才大打出手。这40年的和平在欧洲大陆还是一项纪录呢。

这次圆舞曲式的会议上的第三个主角是沙皇亚历山大。他是由他的祖母——著名的叶卡捷琳娜大帝在宫廷中抚养成人的。那个精明的老妇人教导他一生要以俄国的荣誉为重，而他的私人教师——一个崇拜伏尔泰和卢梭的瑞士人，则给他灌输了满脑子的人性之博爱。在两种不同的教导中，这个男孩成长为既是自私的暴君又是伤感的革命者的奇怪组合。他在他的疯父保罗一世在世时曾饱受侮辱。他也被迫目睹了拿破仑战场上的大屠杀。随后形势发生了逆转。他的军队为联军赢得了那天的胜利。俄国成了欧洲的救世主，那个强大民族的沙皇被公认为是治愈了世界的多种疾病的半神人物。

但亚历山大并不十分聪明。他不像塔列朗和梅特涅那样了解世间的男男女女。他很虚荣（在那种情况下谁又能不虚荣呢？），而且爱听大众的掌声。当梅特涅、塔列朗和非常能干的英国代表卡斯尔雷围坐在桌旁，边饮着一瓶匈牙利产的托考伊白葡萄酒边决定到底该做些什么的时候，沙皇亚历山大就成了大会瞩目的主要人物。大家需要俄国，因此对他礼貌有加，不过他亲身参与会议的实际工作越少，他们就越高兴。他们甚至支持他提出的神圣同盟的计划，这样就会让他忙得脱不开身，别人就可借机做手头的事。

亚历山大是个社交人物，喜欢参加聚会和会见。逢到这种场合，他就乐不可支。可是在他的性格中还有极其不同的一面。他竭力想忘掉他忘不掉的事。1801 年 3 月 23 日夜里，他坐在彼得堡圣米歇尔宫中，等候其父退位的消息。但保罗拒绝在那些醉酒的军官们摆在他面前桌上的文件上签字，他们一怒之下把一条围巾缠住他的脖子把他勒死了。之后他们下楼告诉亚历山大，他已经是全俄的沙皇了。

那个恐怖之夜的记忆，长期保存在这个十分敏感的沙皇的心里。他一直受教于由伟大的法国哲学家任教的学校，他们不信上帝而相信人的理智。但是理智本身无法平息这位沙皇内心的尴尬。他开始倾听和观察，试图找出一条调整自己良知的出路。他变得十分虔诚，并对神秘主义感兴趣，那种对神秘和未知事物的莫名其妙的热衷，和底比斯及巴比伦的庙宇一样古老。

伟大革命时代的巨大热情，以一种古怪的方式影响了当时的人民。经历了20年的忧虑和恐惧的男人和女人都不再那么正常了。门铃一响，他们就会跳起来，因为那可能是独子"在光荣的战场上殉职"的噩耗。革命的"兄弟情谊"和"自由"在伤心透顶的农民的耳中不过是空话。他们要抓住哪怕是与可怕的生存问题有关的任何东西。他们在悲惨的境遇中很容易上当受骗：一大批装作先知的人向他们传布从《圣经·新约·启示录》中挖掘出来的含义不明的段落充当神奇的新教条。

1814年，已经咨询了一大批神迹医生的亚历山大，听说一个新的占卜女人预言了世界末日的来临，并告诫人们及时改悔以免为时过晚。所说的这位冯·克吕丹奈尔男爵夫人是一名俄国妇女，年龄和名声都不好说，她原先的丈夫是沙皇保罗时代的外交官。她曾挥霍她丈夫的钱财，还因奇特的风流韵事使丈夫蒙羞。她就这样过着放荡的生活，直到她的精神失常，有一段时间疯疯癫癫的。后来由于一个朋友的突然死亡而皈依宗教。从那以后她就蔑视起一切娱乐活动。她向她的鞋匠忏悔了先前的罪孽，那人是摩拉维亚教派的虔诚兄弟，是于1415年被康斯坦茨会议以异端罪名烧死在火刑柱上的约翰·胡斯那位先前的宗教改革家的追随者。

之后的 10 年，男爵夫人住在德意志，从事劝说王公贵族们"皈依"宗教的特殊任务。要劝服欧洲的救世主、沙皇亚历山大认识错误是她一生最大的抱负。而亚历山大内心备受折磨，也一心要聆听可以给他一线希望的任何人的说教。双方一拍即合定好会面。1815 年 6 月 4 日的晚上，她被带进沙皇的寓所。她看到他正在读《圣经》。我们不清楚她对亚历山大说了些什么，但她离开他 3 小时之后，他已经泪流满面，并且发誓说"他的灵魂得到了安宁。"从那天起，男爵夫人就成了他的忠实伙伴和精神导师。她陪他去巴黎，又到维也纳，那段时间，亚历山大没去跳舞，而是待在克吕丹奈尔的祈祷室里。

你们可能会问，我为什么把这个故事讲得如此详细？难道 19 世纪的社会变革不比一个最好忘掉的女人的经历更重要吗？这当然是不用说的，但是已有大批书籍会告诉你各种十分精准详尽的事实。我想让你们知道的不仅仅是一系列的史实，而是更多的历史。我想让你们在弄通一切历史事件时抱有一种观念：千万不要把一切都想得理所当然。不要仅仅满足于"某件事情何时何地发生"的说法。要设法发现每一行动背后隐藏的动机，那么你们就会对周围的世界理解得更清楚，也就会有更多的机会帮助别人，当一切都说清办妥之时，那才是真正令人满意的生活方式。

我不想让你们认为神圣同盟只是 1815 年签署的一纸文件，在国家档案馆的什么地方被遗忘而且"死"掉了。它可能被遗忘，但绝没有"死"掉。神圣同盟对门罗主义的出现有直接责任，而主张美洲是美洲人的门罗主义对你们的生活有明显的作用。因此我才想让你们清楚地知道，这个文件是怎么出炉的，在虔诚的基督教献身精神的冠冕堂皇的声明之下隐藏着什么真正动机。

神圣同盟是一男一女合作的产物：一个遭受了可怕的精神震撼，尽量要平息极度骚动的灵魂的不幸男人，和一个在荒唐的生活之后丧失了美貌和魅力，想用自命的奇特的新教义的弥赛亚（救世主）身份来满足自己出名的虚荣和欲望的野心勃勃的女人。我在讲述这些细节时，不是在揭示什么秘密。像卡斯尔雷、梅特涅和塔列朗这样头脑清醒的人物都充分理解那个伤感的男爵夫人能力有限。梅特涅可以轻易地把她打发回她的德意志领地上去，只要给帝国警察权力无限的总监写上几行字，事情就会办妥。

但法国、英国和奥地利有赖于俄国的好心。他们惹不起亚历山大。他们对那个又蠢又老的男爵夫人百般容忍是出于无奈。尽管他们认定神圣同盟完全是废话，还不如用来书写协议的那张纸值钱，但他们还是耐心地听着沙皇给他们读这篇在《圣经》基础上试图创立人类兄弟情谊的文件的初稿。因为这正是神圣同盟想争取的，而且签署文件的人都庄严宣称，他们将"在各自的国家管理及与他国的政治关系中，以神圣宗教的信条，即公正、基督教仁爱及和平为唯一的指导，这些信条远不应只用于私人关系，而应在王公的会议上当即产生影响，并且应该作为商讨人类机构及补救其不完满的唯一手段来指导他们的一切步骤。"他们随后相互承诺要"依靠真实和稳定的友爱精神的纽带，彼此视为同胞，在任何情况下，在任何地点，都互相帮助和支援"，以永远保持团结。还有更多的类似的词句。

最终，神圣同盟由对其条款一字不懂的奥地利皇帝签署。也被需要拿破仑旧敌的友谊的波旁王室签署。再被希望亚历山大支持其"大普鲁士"计划的普鲁士国王签署，以及受俄国支配的一切欧洲小国都签署了。英国没有签字，因为卡斯尔雷认为那全是一纸空文。教皇也没有签署，因为他不满意这件事有一个东正教徒和一个新教徒插手。而苏丹没有签署是因为他未曾听闻此事。

然而，欧洲的人民群众很快就不得不注意了：在神圣同盟的空洞词句背后站着的，是梅特涅在列强中创建的五国联军。这些军队是要有事情做的。他们让人明白，欧洲的和平不能遭到所谓的自由分子的干扰，因为他们是化了装的雅各宾派，希望革命的日子卷土重来。1812 年、1813 年、1814 年和 1815 年接连几年的伟大的解放战争已经开始衰退。随之而来的是幸福来临的诚挚信念。在战场上首当其冲的士兵向往和平，而且他们就是这样说的。

但他们并不想要神圣同盟和欧洲列强会议如今赏赐给他们的那种和平。他们呼喊着自己被出卖了。但他们小心翼翼，以免被秘密警察的奸细听到。反动是胜利的。制造这一反动的人真诚地相信他们的办法对人性善良是必要的。但同样难以忍受的是，似乎他们的初衷并不那么善良。结果就造成了很多不必要的苦难，大大妨碍了有步骤的政治发展的进程。

强大的反动

他们试图向世界保证：建立一个依靠镇压一切新观念而使和平不受干扰的时代。他们让秘密警察成为国家的最高职能部门，不久，所有国家的监狱就关满了那些宣布人民有权在认为恰当的时候自治的人。

要弥补拿破仑大潮造成的破坏几乎是不可能的。经年的樊篱冲走了。40多个王朝的宫殿已经残破得宣告无法居住了。其他的王室宅邸却由于不那么幸运的邻居房屋的废弃而得以扩大。革命理念的一些奇特的残余随着退去的潮水保留了下来，若想荡涤干净就会殃及整个社会。但维也纳会议的政治工程师们已经尽力而为，还是有所成就的。

多年来法国扰乱了世界和平，使人们几乎已经是本能地畏惧那个国家了。波旁王室借塔列朗之口保证不会生事，但那百日复辟已经告诉了欧洲，万一拿破仑再次逃出，会是个什么样子。因此，荷兰共和国变成了王国；而16世纪时没有参与荷兰独立斗争的比利时，从那时起就成为哈布斯堡治下之一部分领土，先归属西班牙，后归属奥地利，如今又成了新的荷兰王国的一部分。无论在新教的北方，还是天主教的南方，都没人愿意看到这种联合，不过也没人提出问题。看来这样似乎对欧洲和平有利，而它确是主要考虑之点。

波兰原来抱有更大的希望，因为有一个波兰人，亚当·查尔托利斯基亲王是沙皇亚历山大的一个挚友，并且在战时和维也纳会议期间一直为他出谋划策。可是波兰却沦为俄国的半独立的一部分，亚历山大当上了波兰国王。这一决定让谁都不痛快，而且惹出了许多苦涩的感情和三次革命。

丹麦至终都是拿破仑的忠实盟友，这时受到了严厉的惩罚。7年前，一支英国舰队驶过卡特加特海峡，既没宣战也没警告，就炮轰了哥本哈根，并掠走了丹麦的舰队，以免被拿破仑所用。维也纳会议迈出了更远的一步：把自1397年卡尔马联合以来并入丹麦的挪威从丹麦手中分出，交给瑞典的查理十四，作为其背叛拿破仑的奖赏。这位被拿破仑捧上宝座的瑞典国王，说来有趣，原是一位姓贝尔纳多特的法国将军，作为拿破仑的一名助手来到瑞典，在霍尔斯坦-哥托普王朝最后的统治者死后无嗣的情况下，应邀登上了这个美好国家的王位。从1815到1844年，他统治这个收养他的国家，虽然他从未学会瑞典语，倒也能力出众。他聪明透顶，安享瑞典和挪威臣民的尊重，却未能将类型和历史大不相同的两个国家混成一体。这个联体的斯堪的纳维亚国家始终不成功；1905 年，挪威以最和平有序的方式成为独立的王国，而瑞典则祝其"一帆风顺"，明智地放其一走了事。

意大利人从文艺复兴时代以来饱受一系列的侵略，曾对波拿巴将军寄予厚望。可是，拿破仑皇帝却让他们大失所望。人民向往的统一不但没有实现，自己国家的领土反倒被分割成众多小型的公国、公爵领地、共和国和教皇国——成为整个半岛仅次于那不勒斯的治理最差、境遇最惨的一块地方。维也纳会议取消了几个拿破仑扶植的共和国，原地恢复了好几个老公国，并把它们交给了哈布斯堡家族的一些值得褒奖的男女成员。

可怜的西班牙人早已掀起反抗拿破仑的全民大起义，为了他们的国王牺牲掉国家的精英，如今却在维也纳会议允许国王陛下返回故土时遭到了严厉的惩罚。这个叫斐迪南七世的恶毒家伙曾作为拿破仑的囚犯过了 4 年，依靠为他最尊崇的主保圣人的雕像编织外衣度日。他庆贺自己重返西班牙的做法是恢复了已被大革命废除的宗教法庭和刑讯室。他是个令人厌恶的家伙，为他的臣民和 4 个妃子所不齿，但神圣同盟保他坐上合法的王位，而正直的西班牙人竭尽全力要摆脱这个祸根，建立立宪制的西班牙王国的结果是流血和死刑。

葡萄牙人自 1807 年其王室逃往巴西的殖民地以来就没有国王了。在 1808 至 1814 年间的半岛战争中，葡萄牙被用作威灵顿军队的供应基地。1815 年后，葡萄牙继续作为英国的行省，直到布拉干萨王室返回本土重登王位。王室留下的一名成员在里约热内卢充任巴西皇帝，这个唯一的美洲帝国维持了多年，在 1889 年巴西成为共和国时才寿终正寝。

在东欧，处于苏丹治下的斯拉夫人和希腊人的悲惨境遇，未有任何改进。1804 年，塞尔维亚的一个养猪人黑乔治（卡拉乔尔杰维奇王朝的奠基人）起而反抗土耳其人，但战败后被一个误以为是朋友的人谋杀，那人是另一派塞尔维亚人的领导人，叫作米罗什·奥布廉诺维奇（奥布廉诺维奇王朝的开创者）。土耳其人继续在巴尔干充当无争议的主人。

希腊人自从 2000 年前丧失了独立之后，先后成为马其顿人、罗马人、威尼斯人和土耳其人的子民。他们曾经希望他们的同胞，科孚岛人凯波蒂斯特利亚，连同亚历山大最亲密的私友查尔托利斯基，会为他们做些事情。但维也纳会议对希腊不感兴趣，而是致力于保持一切"合法的"王权、基督教、伊斯兰教等仍旧坐回各自的宝座上，因此没为希腊人做出什么事儿。

会议最后也是最大的失误，是对德意志的处置。宗教改革和三十年战争不仅毁掉了那个国家的繁荣，也将其变成一处无可挽救的政治垃圾堆：包括两个王国，几个大公国，大量的公国和数百个侯国、公爵领地、男爵国、选帝侯领地、自由市和自由村，各由在喜剧舞台之外罕见的形形色色的君主统治。腓特烈大帝在创立强大的普鲁士时曾改变了这一局面，但那个帝国在他死后并没有保持多少年。

拿破仑勾销了大多数这类小国独立的要求，在总数 300 多个小国中，只有 52 个延续到 1806 年。在伟大的独立斗争的年代里，许多青年士兵梦想着能有一个强大和统一的新祖国。但没有一个强有力的领导就不可能有统一，谁该是这个领导呢？

在以上谈及的说德语的土地上有 5 个王国。其中 2 个的统治者，奥地利和普鲁士是神授国王。另外 3 个，巴伐利亚、萨克森和维腾堡的国王是拿破仑恩赐的，由于他们都是那位皇帝的忠实走卒，他们的爱国信誉在其他日耳曼人心目中也就大打折扣了。

维也纳会议创建了一个新的德意志邦联，由 38 个主权国家组成，由如今升格为奥地利皇帝的奥地利国王领衔。这是一种权宜的安排，没人感到满意。确实，一个在原有的加冕城法兰克福召开的德意志国会成立大会上，是要讨论"共同政策和重要"问题的。但在这次会上，38 个代表团代表 38 种不同利益，没有不记名投票（本是议会的传统，但在前几个世纪中被强大的波兰王国毁弃了）是做不出决议的，著名的德意志邦联很快就成了欧洲的笑柄，而老皇帝开始像 19 世纪 40 和 50 年代中美洲各国徒有虚名的君主一样了。

这对为国家理想牺牲了一切的人民是可怕的侮辱。但维也纳会议对"子民们"的私人感情是不屑一顾的，争论就此结束。

有人反对吗？多数人肯定都反对。第一波痛恨拿破仑的感情刚一平息，对大战的热情刚一沉降，人民刚刚逐渐充分认识到以"和平及稳定"的名义犯下的罪行，他们就开始嘟囔了。他们甚至威胁着要公开暴乱。可是他们又能怎么样？他们手中无权。他们只能屈从于见所未见的最无情又最有效的警察系统的淫威。

维也纳会议的成员们真诚地相信："革命原则已由前皇帝拿破仑引向了罪恶的颠覆王权。"他们认为应该号召根除所谓的"法国观念"的拥护者，如同菲利普二世当年仅仅跟随良心的呼唤便烧死新教徒或绞死摩尔人一样。16世纪开始的时候，一个人若是不相信上天授予教皇权力，用以随心所欲地统治其臣民的说法，就是异端，可以全民共诛之。19世纪开始的时候，在欧洲大陆，一个人若是不相信上天授予他的国王权力，用以供国王或首相随心所欲地统治他，就是异端，所有忠实的市民就有责任向相邻的警察举报，并监督其受罚。

但是，1815年的统治者们从拿破仑那里学到了效率，干起事情来比起1517年可强多了。从1815到1860年的几十年间，是密探横行的时期。到处都有警察的耳目：宫殿中，最下等的酒馆中，他们无处不在。他们从钥匙孔里窥视内阁的办公室，偷听坐在城市公园的板凳上呼吸新鲜空气的人们的谈话。他们严守国境，不准没有签证护照的人出境，还检查所有行李，不准将载有危险的"法国观念"的书籍带入他们王室主人的国家。他们在讲堂中混迹于大学生中间，监视对现有秩序表示不满的教授。他们尾随少年儿童去教堂，以免他们溜号。

在许多这样的任务中，他们都得到了教士的协助。在革命岁月里，教会吃尽苦头。他们的财产被充公。好几个教士被杀，在1793年10

月公安委员会废除崇拜上帝之时，从伏尔泰和卢梭及其他法国哲学家那里学到教义问答手册知识的一代人，围绕着理性的圣坛跳舞。教士们随着"移民"一起过着长时间的流放生活。如今他们又随联军的潮流返回，怀着复仇的心理着手工作。

连 1814 年回归的耶稣会教士也恢复了他们先前对青年的教育工作。先前，他们的团体在对抗教会的敌人方面有些太过于成功了。他们在各地都建起了"行省"，教导当地人进行基督教的祈祷，但不久，教会就演变成了常设的贸易公司，始终对世俗当局形成干扰。在葡萄牙力主改革的部长庞巴尔侯爵统治期间，他们被逐出了葡萄牙的领土，在 1773 年应欧洲大多数天主教势力之请，该团体被教皇克莱门特十四世所镇压。如今他们东山再起，向儿童传授"服从"和"热爱合法王朝"的准则，那些孩子的父母都曾租用了临街的橱窗以便观看并嘲笑被赶到断头台上结束其悲惨境遇的路易十六的王后玛丽·安托瓦内特。

但是在普鲁士那样的新教国家，事情丝毫不见好转。1812 年伟大的爱国领袖们——那些曾经鼓吹对篡权者发起圣战的诗人和作家们，如今却被贴上危险的"蛊惑者"的标签。他们的住宅遭到搜查。他们的信件被拆开审阅。他们被迫定期向警察报告自己的情况。普鲁士的教官向年轻一代发泄其全部怒火。当一伙学生以喧闹但无害的联欢形式在老沃尔茨堡庆祝宗教改革 300 年时，普鲁士的官僚们误以为革命临头。当一个秉性忠厚、脑子不灵的神学学生杀死了一个在德意志活动的俄国政府的间谍时，学校便被置于警察的监视之下，教授们未经任何形式的审讯，便遭到监禁或解职。

在这些反革命活动中，俄国当然更加荒唐。亚历山大从对他虔信的打击中康复了，逐渐变得抑郁寡欢。他心里清楚自己能力有限，也明白，在维也纳如何成了梅特涅和克吕丹奈尔那女人的牺牲品。他越来越背对西方，成了地道的俄国统治者，把兴趣放到曾经是斯拉夫人的第一位导师的古老圣城君士坦丁堡。他的年龄越大，工作越努力，成就却越少。就在他坐在自己的书房里的时候，他的大臣们把全俄国的土地变成了一座军营。

这可不是什么美妙的图画。或许我该简化一下对大反动的描写。不过你们还是应该对这一时期有充分的了解。这并不是第一次试图让历史的时针倒退。其结果也一如既往。

民族独立

然而，对民族独立的热爱十分强烈，不可用反动的办法加以破坏。南美洲是最先反对维也纳会议的反动措施的。希腊、比利时、西班牙以及一大批欧洲大陆的其他国家也紧随其后，19世纪充满许多独立战争的传闻。

　　说什么"如若维也纳会议如何如何做而不是采取什么什么方针，19世纪的欧洲历史就会是另一副样子了"，那是没有什么积极意义的。维也纳会议的参加者刚刚经历了一场大革命，经历了20年的可怕而连绵的战争。他们聚到一起，目的是给予欧洲他们认为是人民需要的"和平和安定"。他们是我们所说的反动派。他们真诚地相信人民群众不能自己管理自己。他们要重新安排欧洲地图，似是要尽可能地保证持久的成功。他们失败了，但他们事先没有阴谋。他们大部分都是些老派的人，怀念他们恬静的青年时代比较幸福的日子，因此热切希望那样的幸福岁月的回归。他们无法承认许多革命理念已经深入欧洲大陆的人心。这诚然是不幸的，但很难说是罪孽。但有一件事情，法国革命不仅教会了欧洲，也教会了美洲，那就是民族自决权。

傲蔑一切的拿破仑，在对待民族和爱国情绪上都是毫不留情的。但早期的革命将领却曾宣称："民族问题并不属于政治范畴，也与圆头颅或阔鼻梁没太大关系，而是要全力以赴的事。"当他们教导法国儿童法兰西民族如何伟大时，他们同样也鼓励西班牙人、荷兰人和印度人这么做。不久，同样接受了卢梭关于相信原始人具有高超美德的提法的这些国家的人民，开始挖掘历史，并且发现，埋藏在封建制度之下的是强大民族的尸骸，他们自己正是他们孱弱的后代。

19 世纪上半叶是历史大发现的时代。历史学家到处忙于发表中世纪的文献和早期中世纪的编年史，在每一个国家都激起了对古老祖国的自豪感。这种激情大多基于对历史事实的误解上。但在政治运作中，是真是假无关宏旨，关键是人民相信那是真的。而在大多数国家里，无论国王还是其臣民都确信他们的祖先的光荣和声名。

维也纳会议可不讲温情。那些大人老爷们瓜分欧洲，根据的是五六个王朝的最大利益，而把"民族情绪"列入附件，或与其他危险的"法国观念"一起置于禁书之列。

然而历史对这样的会议是毫不留情的。出于某种原因（可能是一种历史法则，却一直逃过了学者的注意），"民族"似乎对人类 社会的有序发展是必要的，而要阻止这一潮流的企图，恰如梅特涅要禁锢人们思想一样，是相当不成功的。

奇特的是，第一场麻烦竟然始于世界遥远的一部分——南美洲。那块大陆上的西班牙殖民地在伟大的拿破仑的多年战争中都享受着相对独立的日子。当西班牙国王成为法国皇帝的阶下囚时，他们甚至仍旧效忠国王，拒不承认于 1808 年被其兄弟扶上王位的约瑟夫·波拿巴。

事实上，美洲唯一被法国大革命震撼的是海地岛——哥伦布首航时抵达之处。1791 年法国国民议会在突发的人类平等博爱的激情中把此前只由白人主人享有的特权赋予了黑人兄弟。虽说他们同样突然地对这一步骤感到后悔，但要取消承诺的意图，导致了拿破仑的妹夫勒克莱尔将军同黑人首领杜桑·卢维杜尔之间的多年大战。1801 年，杜桑应邀造访勒克莱尔，讨论和平条款。他得到庄严承诺，不会受到伤害。他相信了那些白人魔鬼们，上了一条船，不久便死在一座法国监狱中。不过，黑人依旧赢得了独立，建立了一个共和国。顺便说一下，他们对南美第一位伟大的爱国者把他的祖国从西班牙枷锁下解放出来的努力，给予了巨大的帮助。

委内瑞拉加拉加斯人西门·玻利瓦尔生于 1783 年，曾在西班牙受教育并访问过巴黎，他在那里看到了革命政府的工作，又在美国住了一段时间才回到祖国，故土广泛传播的反对宗主国西班牙的情绪开

始形成一定的规模。1811 年，委内瑞拉宣布独立，玻利瓦尔成为一名
革命军的将领。起义在 2 个月中失败，玻利瓦尔出逃。

在随后的 5 年中，他一直是一场显然失败的事业的领袖。他奉献
了他的全部财产，若不是海地总统支援，他就不可能发动最后的成功
出征。从那时起，起义遍及南美，不久即可看到，西班牙单靠一己之
力已无法镇压了，只好向神圣同盟请求支援。

这一步让英国大伤脑筋。英国的船主们已经继荷兰人之后在世界
海上运输业中称雄，他们期待着在整个南美洲宣布独立时获得重利。
他们曾指望美国插手此事，但美国参众两院都无此计划，反倒有许多
呼声宣称西班牙应予援手。

就在这时，英国的大臣们换了人手。辉格党出局，托利党入阁。
乔治·坎宁出任国务大臣。他暗示，如果美国政府宣布不赞同神圣同
盟在南美起义殖民地方面的计划，英国会乐于以其全部舰队的实力支
持美国政府。于是，门罗总统于 1823 年 12 月 2 日向国会宣布："美
国国会认为神圣同盟方面将其体制伸向西半球的任何部分都是对我们
和平及安全的威胁。"并警告说："美国政府将视神圣同盟此举是对美
国不友好的表示。"4 周之后，"门罗主义"的正文印在英国报纸上，
神圣同盟各国被迫要做出抉择。

梅特涅举棋不定。就他本人而论，他宁可冒着惹美国不高兴的风
险（自 1812 年英美战争结束以来，美国对其陆海军未予重视）。但坎
宁的威胁态度和大陆上的麻烦迫使他慎重从事。于是远征未能成行，

南美及墨西哥就此获得独立。

至于欧洲大陆上的麻烦，也来势迅猛。1820 年，神圣同盟派法国军队赴西班牙充当和平卫队。奥地利军队则被派到意大利完成同样的任务，因为那里的"烧炭党"（烧炭工人的秘密结社）正在宣传统一意大利，并且已经形成了反对那不勒斯那个一言难尽的斐迪南的局面。

同样有消息从俄国传来，亚历山大之死引发了圣彼得堡革命爆发的迹象，由所谓的十二月党人（因发生于 12 月）发动的短暂而流血的起义以大批的爱国志士被绞死而结束，他们都憎恨亚历山大最后几年的倒行逆施并试图在俄国建立立宪制政府。

但是更糟糕的还在后边。梅特涅曾在亚琛、特洛波、莱巴赫，最后在维也纳召开的一系列会议上，试探过自己是否还能拥有欧洲的支持。来自各强国的代表团于是来到奥地利首相时常度夏的宜人的海边胜地。他们总是承诺全力镇压革命，但谁对成功都没有把握。尤其在法国，人民的情绪开始险恶难测，国王的地位岌岌可危。

果然，真正的麻烦已在巴尔干开始了，那里自古以来就是西欧的门户，是入侵欧洲的必经之路。骚乱首先在摩尔达维亚爆发，这个古罗马的达契亚行省在第 3 世纪时就已从帝国中割裂出来。从那时起，这个行省就成了一处像亚特兰蒂斯那样的失踪的土地，那里的人民依旧讲古罗马语，仍然自称罗马人，却称自己的国家为罗马尼亚。就是在那里，1821 年由一名希腊青年亚历山大·伊普西兰蒂王子发动了反土耳其的起义。他告诉他的追随者，他们可以指望俄国的支持。但梅

门罗主义

特涅的疾速信使马上就启程赴圣彼得堡，而沙皇完全听信了奥地利有利于"和平及稳定"的说辞，拒不援助起义者。伊普西兰蒂被迫逃亡奥地利，在那里坐了 7 年牢。

就在 1821 年这一年，希腊也出了问题。自 1815 年以来，希腊爱国者的秘密组织一直在准备一场起义。他们突然在摩里亚（即古伯罗奔尼撒半岛）举起独立的大旗，并将土耳其驻军驱逐出境。土耳其仍一如既往地施以报复。他们抓住了君士坦丁堡的希腊总主教——他被希腊人和许多俄罗斯人视为他们的教皇，并于 1821 年的复活节周日将他和他的许多主教一起绞死。希腊人回来将摩里亚首府特里波利斯城中的穆斯林斩尽杀绝，而土耳其人则回报以进攻希俄斯岛，杀死了 2.5 万名基督徒，还把 4.5 万人卖到亚洲和埃及为奴。

此时希腊人向欧洲各朝廷求救，但梅特涅说了许多他们是"自作自受"之类的话（我没有在这里使用双关语，我只是在引用殿下大人对沙皇所说的原话："起义之火理应自生自灭，它超出了文明的范围。"），边境就此对那些投奔希腊爱国者提供支援的志愿者封闭了。一场大业眼见就要失败，埃及军队却应土耳其之邀在摩里亚登陆，土耳其的旗帜很快再次在雅典卫城飘扬了。埃及军队随后"以土耳其方式"平息了这个国家，梅特涅若无其事地静观事件的进展，等着这一"影响欧洲和平的意图"成为过眼烟云的那一天。

这一次又是英国扰乱了他的计划。英国最自豪的不在于其广大的殖民地，也不在于其财富或海军，而在于其普通百姓并不张扬的英雄主义和独立精神。英国人遵从法律，因为他们懂得尊重他人的权利，这标志着狗窝和文明社会之间的差异。但他们不承认别人有干涉他们思想自由的权利。如果他们的国家做了什么他们相信是错的事情，他们就会站起来指出，受到指责的政府应当尊重他们，并提供充分的保护，使其免受暴徒攻击。当今的暴徒和苏格拉底时代一样，喜欢毁掉在勇气或智能上胜过他们的人。只要是正义的事业，无论多么不为人知或者多么遥不可及，在其坚定的支持者当中，总会有一批英国人。英国的人民群众与别国的没有什么不同。他们在自己的工作中尽职尽责，无暇顾及"不知成败的冒险"。但他们十分敬佩放下一切去为亚洲或非洲某个微不足道的民族战斗的莫名其妙的邻居，若是那位邻居战死了，他们就给他办一个像样的公共葬礼，并以他的英勇和助人精神作为楷模教育自己的孩子。

连神圣同盟的警探对这一民族特性也无能为力。1824年，拜伦勋爵——这位富有的英国青年所写的诗歌令全欧洲为之落泪——驾船南行去帮助希腊人。3个月后，噩耗传遍欧洲：他们的英雄倒在了希腊最后的阵地迈索隆吉。他一人的死唤起了人民。在所有的国家都组成了社会团体支援希腊人。美国革命的伟大老人拉法耶特在法国大声疾呼。巴伐利亚国王派出上百名军官。金钱和物资拥向迈索隆吉饥饿的人们。

在英国，曾经击碎了神圣同盟在南美的计划的乔治·坎宁，如今已当上首相。他看到了再次遏制梅特涅的机会。英、俄两国的舰队已经在地中海了，他们的政府不再敢镇压本国群众对希腊爱国者事业的热情才派舰队去的。法国海军的出现是因为，法国自十字军东征结束以来一直充当在伊斯兰的土地上基督教信仰的保护人的角色。1827年10月20日，3国的舰船在纳瓦里诺湾攻击并摧毁了土耳其舰队。很少有战场新闻引起如此普遍的欢欣的。西欧和俄国的人民在国内享受不到自由，便以能为受压榨的希腊人的自由打一场想象中的战争而聊以自慰。1829年，他们得到了回报：希腊成为独立国家，反动的绥靖政策尝到了第二次大败。

我要是想在这么短的篇幅里给你们详述其他国家里的民族独立斗争，简直是荒诞不经。在这一问题上已有许多优秀书籍了。我只描述了希腊的独立斗争，是因为那是对维也纳会议中"维护欧洲稳定"政策组成的反动堡垒的第一次成功的攻击。强大的镇压机制还在坚持，梅特涅也仍在发号施令，但其末日已经临近。

在法国，波旁王朝建立了一支令人难以容忍的警察统治队伍，试图消除法国革命的后果，完全无视文明斗争的规章和法律。当路易十八于1824年死去时，人民已经安享了9年的"和平"，其实这9年比拿破仑战争的10年还要不幸。随后由路易之弟查理十世继位。

路易出自著名的波旁家族，那个家族虽然不学无术，却睚眦必报。当年那个早晨从哈姆传来他哥哥被砍头的消息，每次回想都是对他的一次永无休止的警告：没有审时度势的国王可能会遭到什么下场。而另一方面，查理在20岁之前就已欠下5 000万法郎的私债，他既一无所知，又一无想学。他刚刚坐上王位，就成立了一个"由教士组成、凡事通过教士和为教士谋利"的政府，而做出这番评论的威灵顿公爵不能说是个激烈的自由主义分子。查理如此统治，完全无视法律和秩序这样值得信赖的朋友。当他试图压制敢于批评他的政府的报纸，并且解散了支持新闻界的议会时，他的统治就屈指可数了。

1830 年 7 月 27 日夜间，一场革命在巴黎爆发。那个月的 30 日，国王逃至海边，乘船赴英国。"演出了 15 年的滑稽名戏"就此终结，波旁王朝最终被掀下了法兰西的王座。他们的无能到了不可救药的地步。法国这时本可以恢复共和制政府的，但那样一步为梅特涅所不容。

局势已经十分危急。反抗的火星已经越过了法国边境，点燃了另一个充满民族怨恨的火药库。新建的荷兰王国并不成功。比利时人和荷兰人毫无共同之处，他们的国王奥兰治的威廉（其叔即沉默的威廉），虽然励精图治，却缺乏灵活的手腕，无法在不合的臣民中维持和平。何况，在法国遭贬的大批教士马上来到了比利时，不管新教徒威廉想做什么，都会被大群激动的市民重新力争"天主教的自由"的高呼压制下去。8 月 25 日，在布鲁塞尔爆发了反对荷兰当局的集体行动。两个月之后，比利时人宣布独立，并推选英国维多利亚女王的叔叔，科堡的利奥波德登上王位。难题就此迎刃而解。绝不该统一的两个国家分道扬镳，后来和睦相处，如同有教养的邻人。

在那个只有几条短线铁路的年代，新闻传播得很慢，但是当法国和比利时的革命者们成功的消息传到波兰时，当即引发了波兰人及其俄国统治者之间的冲突，并导致了一年的大战，结果以俄国人"沿维斯杜拉河建立秩序"这一众所周知的俄国方式大获全胜而告终。1825年继其兄亚历山大为沙皇的尼古拉一世，坚信他家拥有神授君权，成千上万在西欧居留的波兰难民亲身体会到神圣同盟的原则比起神圣俄国的空话可要实在得多。

在意大利同样有一段时间的骚动。玛丽·路易丝，这位帕尔玛的女公爵和前皇帝拿破仑的皇后——滑铁卢大败后她离弃了他，被驱逐出境。而在教皇国，愤怒的群众则要建立独立的共和国。但奥地利的军队挺进罗马，很快一切都恢复了原状。梅特涅依旧安住在哈布斯堡王朝外交大臣的普拉茨官邸，警探们又回到原有的岗位，真是和平至上了。在18个年头就要过去时，第二次也是更为成功的努力才把欧洲从维也纳会议的阴影中解救出来。

这次还是在法国，这个充当欧洲革命风向标的国家发出了起义的信号。查理十世的王位由路易·菲利普继承，他父亲是著名的奥尔良公爵，曾转向雅各宾派，投票处死他的堂兄弟国王路易十六，并以"平等的菲利普"之名在革命初期起过一定作用。最终，当罗伯斯庇尔肃清全国的一切"叛国分子"时（他以此为名清洗所有跟他意见不合的人），菲利普也难逃一死，其子被迫逃离革命军队。年轻的路易·菲利普从此四处漂泊。他在瑞士教过书，还在开发美国未知的大西部中度过了2年。拿破仑垮台后，他回到巴黎。他可比他的波旁的堂兄弟们聪明多了。他为人质朴，时常挟着一把红布伞在公园中散步，后面跟着一大群孩子，就像一个好心肠的父亲，但法国已经不再需要国王了，路易对此却毫无觉察，直到 1848 年 2 月 24 日清晨，人群涌进杜伊勒里宫，将国王陛下赶下台，宣布共和国诞生。

当这条新闻传到维也纳时，梅特涅轻描淡写地说，这不过是 1793 年的重演，联军会再次不得以进军巴黎，将这场不体面的民主骚乱一举平息。但 2 周之后，他自己的奥地利首都也公开起义了。梅特涅从他官邸的后门逃出，躲过了暴民。斐迪南皇帝被迫向他的臣民颁布了一部宪法，其中体现了大部分革命原则，那些原则都是他的首相在过去的 33 年中竭力压制的。

这一次，全欧洲都感到了震撼。匈牙利宣布独立，在拉约什·科苏特的领导下向哈布斯堡王朝发动了战争。这场力量悬殊的战争持续了一年多，最终被越过喀尔巴阡山脉的沙皇尼古拉的军队镇压下去，匈牙利再次让君主制感到了安全。哈布斯堡王朝遂成立特别军事法庭，绞死了他们在战场上无法打败的匈牙利爱国者中的大部分人。

至于意大利，西西里岛宣布摆脱那不勒斯而独立，并驱逐了波旁王室的国王。在教皇国，其首相罗西被杀，教皇被迫出逃。第二年他在法国军队的簇拥下回国，而法军也就此驻扎在罗马保护教皇陛下不受其臣民的袭扰，直到 1870 年，法军才被召回保卫祖国，抵抗普鲁士的入侵，罗马也就成了意大利的首都。在北方，米兰和威尼斯起而反抗奥地利主人。他们得到撒丁国王阿尔伯特的支持，但一支由拉德茨基率领的强大的奥地利军队进入了波河河谷，在库斯托扎和诺瓦拉附近击败了撒丁人，并迫使阿尔伯特让位给其子维克托·伊曼纽尔，几年后伊曼纽尔成为统一的意大利的第一位国王。

在德意志，不平静的 1848 年以全国大游行的形式表现出来，人们要求政治统一和组成代议制政府。在巴伐利亚，国王把时间和金钱花费在一个自称是西班牙舞蹈家的爱尔兰女人身上（她名叫劳拉·蒙蒂兹，死后葬在纽约的波特墓地），结果被愤怒的大学生赶下王位。在普鲁士，国王被迫脱帽站在巷战遇难者的棺木前，答应成立立宪政府。在 1849 年 3 月，一个由来自全国各地的 550 名代表组成的德国国民议会在法兰克福召开，提议由普鲁士国王腓特烈·威廉担任统一德国的皇帝。

然而，潮流随后开始转向。无能的斐迪南让位给他的侄子弗朗西斯·约瑟夫。训练有素的奥地利军队仍效忠其军事首脑。刽子手忙得不可开交，哈布斯堡王族凭着其奇特的小人本性，又一次伸出脚来，并迅速加强了作为东西欧霸主的地位。他们耍弄油滑的政治手腕，利用其他德意志国家的嫉妒心，阻止了普鲁士国王晋升帝国皇帝。他们在长期遭受失败的磨炼中学会了忍耐的价值。他们懂得怎样等待。他们等候着他们的时机。而自由派分子都是现实政治的门外汉，只是一味地大讲特讲，陶醉在他们自己美好的词句中。这时奥地利人在不动声色地积聚力量，解散了法兰克福的议会，重建了维也纳会议对一个轻信的世界所期盼的不可能实现的德意志邦联。

但在出席这次奇特议会的不切实际的热心分子当中，有一个姓俾斯麦的普鲁士乡绅，他在会上注意观察，仔细聆听。他对演讲术十分不屑。他深知——每一个注意行动的人都明白这一点——光说不做是办不成任何事的。他把自己看作真诚的爱国者。他曾在一所老的外交学校中接受过训练，他能要弄对手，就像他在走路、喝酒和骑马上都胜人一筹一样。

俾斯麦相信，小国的松散邦联应该变成一个强大的统一国家，才能与其他欧洲强国抗衡。他是在忠君的封建观念中长大的，认定应该是他忠的霍亨索伦王室而不是无能的哈布斯堡王室来统治这个新国家。为了这一目的，他应该首先摆脱奥地利的影响，并开始为这一痛苦的手术做好必要的准备。

与此同时，意大利已经解决了自己的问题，摆脱了它所痛恨的主人奥地利。意大利的统一靠的是 3 个人的奉献：加富尔、马志尼和加里波第。这 3 个人当中，加富尔是个近视眼，戴着金边眼镜，这位市政工程师扮演着谨慎的政治导航员的角色。马志尼曾在欧洲各国待了很多年，到处躲藏，逃避着奥地利警察，他是个公众鼓动家。加里波第则和他那伙穿红衫的粗鲁骑手一起唤醒大众。

马志尼和加里波第两人都相信共和制的政府。而加富尔却拥护君主制，那两个人承认他在治国的实际事务中能力出众，就接受了他的决定，放弃了对他们所热爱的祖国更有好处的抱负。

加富尔的感情倾向于撒丁王室，如同俾斯麦倾向霍亨索伦王室。他小心谨慎又手段高明地着手诱使国王陛下能够担当领导全体意大利人的责任。欧洲其余地方不确定的政治局势对他的计划大有助益，对意大利独立贡献最大的国家莫过于可信赖的（而往往又是不可信赖的）旧邻——法国了。

1852 年 11 月，在那个动荡的国家里，共和国倒了台，虽说突然，却也在意料之中。前荷兰国王路易·波拿巴之子、那位伟大叔父的小侄子拿破仑三世，再建了帝国，并"遵照上帝的意旨和人民的意愿"，自任皇帝。

这个年轻人曾在德国接受教育，他的法语里有刺耳的条顿语喉音（恰如第一位拿破仑在讲法语时始终有浓重的意大利口音），他竭尽全力运用拿破仑的传统为自己谋利。但他树敌太多，对自己能否坐稳现成的皇位心中没底。他已赢得维多利亚女王的友情，不过这件事并不难办，因为那位英国女王并非异常聪明，而且喜欢阿谀奉承。至于其他欧洲国家的君主，都以傲慢无礼羞辱他，他们彻夜冥想，要用新招数显示，他们对这位暴发户"好兄弟"多么由衷地鄙视。

拿破仑只好另辟蹊径来冲破这一反对阵营，要么令人生爱，要么令人畏惧。他深知"荣耀"一词对他的臣民仍有魔力。既然他被迫为其王位一搏，便决定加高赌注来玩一把帝国的赌博。他利用俄国进攻土耳其作为借口挑起克里米亚战争，英、法站在苏丹一边联合反对沙皇。这是耗费极大又无利可图的生意，无论法国、英国还是俄国，都没得到什么光彩。

但克里米亚战争还算做了一件好事：给了撒丁机会，得以主动站

马志尼

在获胜方的一边，在宣布和平之时，加富尔便趁机要求英法两国表示
谢意。

这位机灵的意大利人利用国际形势使撒丁跻身欧洲比较重要的强
国之列以后，便在1859年6月挑起了撒丁和奥地利之间的战争。他
用萨伏依的几省和地道的意大利城市尼斯作交换，确定了拿破仑对自
己的支持。法意军队在马詹塔和索尔费里诺打败了奥地利人，并把原

属奥地利的几个省和公爵领地联合成单一的意大利王国。佛罗伦萨成了这个新意大利的首都，直到 1870 年法国将驻军从罗马召回，用以保卫法国，抵抗德国人。法国人一撤，意大利军队就进入罗马这座不朽的城市，而撒丁王室则住进了在康斯坦丁皇帝浴室的废墟上由一位古代教皇建成的奎里纳尔旧宫中。

于是教皇便渡过台伯河，躲进梵蒂冈的高墙背后。自从 1377 年那位老教皇从阿维尼翁流放归来后，此前的许多教皇都以那里为宫邸。现在这位教皇高声抗议这一强夺他的领地的行径，并向因为他的损失而会同情他的忠实的天主教徒发出呼吁书。可惜，教徒人数太少，而且还在稳步地减少。因为教皇一旦从政务中解脱出来，就能把时间全部用于精神方面的问题。教皇超然于欧洲政客们嘀嘀咕咕的争吵之上，确立了一种新的尊严，事实证明这样做对教会大有裨益，使之成为推动社会及宗教进步的国际力量，比起多数新教教派，天主教会显示出对现代经济问题更富理智的评价。

维也纳会议想使整个半岛成为奥地利一个行省的解决意大利问题的方案终于就此破产了。

不过，德意志的问题仍未解决。事实证明这确实是最棘手的。1848 年革命的失败，导致了德意志人民中更富朝气的自由主义分子大批移居国外。这些年轻人迁往美国、巴西以及亚洲和美洲的新殖民地。他们留在德意志的工作还在继续，只是换了一拨人。

在德国国民议会垮台及自由派要建立统一国家的努力失败之

后，在法兰克福召开的新议会上，普鲁士王国由我们前述的那位奥托·冯·俾斯麦代表。此时他已得到普鲁士国王百分之百的信任。他的要求正是如此。普鲁士议会或普鲁士人民对他并无丝毫兴趣。他曾目睹了自由派的失败。他十分清楚，不打上一仗是不能摆脱奥地利的，于是便着手加强普鲁士的军队。德意志邦联的州议会被他的专横手段所激怒，拒绝给他提供必要的贷款。俾斯麦甚至不屑去讨论这一问题。他一往直前，靠普鲁士贵族院和国王储备的基金，扩充他的军队。随后他便寻找能用来在全体德意志民众中激起巨大的爱国浪潮的民族大业。

在德意志北部，有自中世纪以来就是惹事源头的石勒苏益格和荷尔斯泰因两处公爵领地。这两个国家都住有不少丹麦人和德意志人，他们虽然受丹麦国王管辖，但并非丹麦国土的组成部分，这就导致了没完没了的纠纷。我也是不得已才重提这个由于最近的《凡尔赛和约》似乎已经解决了的被遗忘的问题。荷尔斯泰因的德意志人对丹麦人的凌辱怨气冲天，而石勒苏益格的丹麦人则竭尽全力维持丹麦的那一套。全欧洲都在对这一问题议论纷纷，而德意志的男声合唱队和体育协会还听取了有关"被遗弃的兄弟"的伤感演说。当各国的大臣们正在设法弄清真相时，普鲁士已经动员其军队"拯救丧失的省份"了。由于德意志邦联的合法首领奥地利绝不会允许普鲁士在如此重大的问题上单独采取行动，哈布斯堡也动员了军队，两大强国的联军越过丹麦边境，虽经丹麦人的英勇抵抗，联军仍占领了这两处公爵领地。丹麦人向欧洲求援，但各国都自顾不暇，丹麦人只好听天由命了。

俾斯麦随即为他的帝国计划准备了第二场戏。他利用分赃不均挑起与奥地利的争端。哈布斯堡王室落入陷阱。由俾斯麦及其忠实的将军创建的普鲁士新军，入侵了波希米亚，在不到 6 个星期的时间里，最后一支奥地利军队在柯尼格拉茨和萨多瓦被歼，通往维也纳的道路敞开了。但俾斯麦不想走得太远。他清楚他在欧洲需要一个新朋友。他向战败的哈布斯堡提出了十分体面的和平条款，只要求他们放弃对德意志邦联的领导权。对于站在奥地利一边的许多德意志小国，他可就不那么留情了，将它们一概并入普鲁士。北方各国的大部分就此组成了一个新的组织，即所谓的"北德意志邦联"，获胜的普鲁士成为德意志人民的非正式的领袖。

欧洲对如此迅疾的兼并目瞪口呆。英国对此无动于衷，法国则表露出不赞成。拿破仑对法国人民逐渐失控。克里米亚战争耗资巨大，却一无所获。

1863 年，一支法国军队试图将一个名叫马克西米利安的奥地利大公强加给墨西哥人民做他们的皇帝。法皇的第二次冒险，随着美国南北战争以北方获胜立即成为一场灾难。因为华盛顿政府已迫使法国撤军，这就给予了墨西哥人民清除敌人、射杀不受欢迎的皇帝的机会。

给拿破仑的皇冠涂上一层新的亮色是必要的。不出几年，北德意志邦联就会成为法国的强劲对手。拿破仑认定，一场对德战争会给他的王朝带来好处。就在他寻找借口时，连绵革命的牺牲品西班牙给了他一个机会。

　　当时，西班牙的王位刚好告缺，以前王位一向都是由霍亨索伦王室信奉天主教的血亲来继承的。由于法国政府反对，霍亨索伦王室便婉言拒绝了王位。已经露出病象的拿破仑，非常爱听枕边风，他美貌的皇后欧仁妮·德·蒙蒂约的父亲是一位西班牙绅士，母亲是派驻盛产葡萄的马拉加、美国领事威廉·基尔克帕特里克的孙女。欧仁妮虽然精明有余，却和当年大多数西班牙妇女一样，受教育不足。她一向对她的精神顾问们言听计从，而这些可尊敬的绅士们对普鲁士的新教徒国王很不喜欢。"要大胆，"皇后对她丈夫进言，但她没有补上这句著名的波斯格言的下半部分，全句本来是告诫英雄们"要大胆，但不要鲁莽。"而坚信自己军队实力的拿破仑便向普鲁士国王发话，坚持要对方保证"绝不允许一个霍亨索伦王子成为西班牙王位的下一个继承人"。由于霍亨索伦王室已然谢绝了这一荣誉，这一要求成了表面文章，因此俾斯麦也就顺水推舟地答应了法国政府。但拿破仑却不就此满足。

　　就是在 1870 年，威廉国王正在埃姆斯河上游玩，一天，法国公使来到他跟前，想重新商讨西班牙问题。普鲁士国王高高兴兴地回答说，今天天气很好，西班牙的事情如今已经结束，没什么可说的了。作为例行公事，这次会见的报告用电报发给了全盘负责外交的俾斯麦。他将报告编好，发给普法两国的报界。许多人为此大骂俾斯麦。他却托词说，修改官方消息，从来就是一切文明政府的一项权利。当"编辑过的"电讯付印之后，柏林的善良人民感到他们蓄有白胡子的年高德勋的国王被一个倨傲的矮小法国人侮辱了，而同样善良的巴黎人民则因为他们礼貌有加的公使被一个普鲁士王家奴仆逐出了门而怒气冲天。

双方就此开战，未出两个月，拿破仑及其大部分军队都成了德国人的俘虏。第二帝国倒了台，第三共和国则做好准备保卫巴黎，抗拒德国侵略者。巴黎坚守了漫长的 5 个月。该城投降前的 10 天，就在其近郊的凡尔赛宫——其修建者法王路易十四曾是德意志人的一个危险敌人——普鲁士国王公开宣称自己为德国皇帝，震耳欲聋的炮声告诉巴黎人：一个新兴的德意志帝国已经取代了由大大小小的条顿国家组成的不构成威胁的原有邦联。

德国问题就这样草率地最终解决了。到 1871 年底，难忘的维也纳会议已经过去了 56 个年头，其成果也就彻底烟消云散了。梅特涅、亚历山大和塔列朗曾试图给予欧洲人民以持久和平，但他们采取的措施却造成了无休止的战争和革命，18 世纪那种"四海之内皆兄弟"的情谊，也就被迄今未止的偏激的民族主义接替了。

57

发动机的时代

正当欧洲人民为其民族独立进行斗争之际，他们生活其中的世界被一系列的发明完全改变了，18世纪笨重的老式蒸汽机成为人类最忠实有效的奴隶。

50万年前，人类最伟大的恩人就已死去了。他是个前额低平、眼窝下陷、下颚沉重，并长有虎牙一般有力的牙齿的浑身长毛的生灵。他若是出现在现代科学家的聚会上，他的模样可不雅观，但大家会把他尊为他们的主人。因为他曾经用石头砸开坚果，用棍棒撬起巨石。他是我们最初的工具——锤子和杠杆的发明者，他比所有人类的后代贡献都大，他使人类比起所有同时生活在地球的其他动物来都具有极

438

大的优越性。从那时起，人就一直设法使用众多工具过轻松些的日子。第一个轮子（用老树做成的圆盘）在公元前 10 万年的人类中引起了极大的震撼，犹如数年前飞行器的出现引起的震撼一样。

在华盛顿，盛传着一个故事：19 世纪 30 年代初专利局局长提议专利局应予取消？因为"可能该发明的一切已经发明了"。类似的情绪当初也曾传遍史前世界，那是由于第一块帆在独木舟上升起，人们可以不必划桨，撑篙或拉纤，就能从一地到达另一地了。

事实上，历史上最有趣的篇章便是人努力让别的人或别的东西为他做工，而他则安享闲暇：坐在地上晒太阳，或在石头上画画，或驯顺狼崽虎仔。

当然，在很古老的年代，总有可能把弱邻当作奴隶，或者强制他人做不愉快的活计。希腊人与罗马人和我们今天一样有智慧，却未曾发明过有意思的机械，究其原因，有一个就是广泛存在的奴隶制。一个伟大的数学家既然能够到市场去以极小的花费买下他所需要的全部奴隶，他又何必把时间浪费在金属丝、滑轮和齿轮上，让空气中净是响声和烟尘呢？

而在中世纪，虽然奴隶制被废除，仅存一点比较宽容的农奴制残余，但行会并不鼓励使用机械，因为他们认为这会使他们一大批的兄弟失去工作。何况，中世纪对大批量生产毫无兴致。那年头的裁缝、屠夫和木匠都是为他们生活其中的小居民区之急需而工作，既没打算和邻居竞争，也不想让生产超出必需的范围。

在文艺复兴时期，教会反对科学发明的偏见不再像先前那样死板和强制了，一大批人开始投身于数学、天文学、物理学和化学。在三十年战争爆发的前两年，一个叫约翰·内皮尔的苏格兰人出版了一本小书，其中描述了对数这一新概念。在战争期间，莱比锡的戈特弗里德·莱布尼茨完成了微积分体系。签订《威斯特伐利亚和约》的8年前，伟大的英国自然哲学家牛顿诞生，同年，意大利的天文学家伽利略去世。与此同时，三十年战争葬送了中欧的繁荣，却突然爆发出对"炼金术"的普遍兴趣，中世纪的那门伪科学本是人们指望能够用来把贱金属炼成黄金。这种做法虽经证明是无稽之谈，但炼金术士们却在他们的实验室里偶然发现了许多新东西，对接续他们的化学家的工作大有助益。

人们的所有工作为世界提供了一个坚实的科学基础，人们才可能在此基础上创建哪怕是极其复杂的发动机，并出现了充分利用这一基础的许多重实用的人。中世纪时有人曾用木头制作一些必要的机械的零件，但木头很容易磨损。铁是好得多的材料，可惜除去英国鲜有出产。因此，大部分冶铁业都在英国。要冶铁，就需要大火。最初，靠的是烧木头，但树林逐渐被伐光了。随后就使用"石炭"（史前时期森林的化石，即煤）。但大家都知道，煤要从地下开采，而且还要运到冶铁炉的跟前，何况煤矿必须保持干燥，不能被外面的水泡掉。

这就产生了两个必须马上解决的问题。当时，马匹依旧用来拉煤车，但抽水就要求使用专门机器了。好几位发明家在忙于解决这个难题。他们都懂得要在他们的新发动机中使用蒸汽。蒸汽机的概念并不新颖。早在公元前 1 世纪，亚历山大港的希罗就已为我们描述了靠蒸汽推动的好几种机械。文艺复兴时期的人们就琢磨过蒸汽驱动的战车的念头。与牛顿同时代的伍斯特侯爵在他的发明手册中就谈到了蒸汽机。稍后的 1698 年，伦敦的托马斯·萨弗里申请了一项水泵的专利。与此同时，一个叫克里斯蒂安·惠更斯的荷兰人在设法完善一部发动机，它可利用火药产生有规律的爆炸，和我们今天用于汽车的内燃机的原理一样。

在全欧洲，人们都在忙于这项发明。法国人丹尼斯·帕平是惠更斯的朋友和助手，他在好几个国家中做蒸汽机的实验。他发明用蒸汽驱动的一辆小车和一艘明轮船。正当他要用他的发明旅行时，航船工会的人生怕这玩意儿会剥夺他们的生计，便递上一纸诉状，当局据此将那艘明轮船没收了。帕平由于把他的全部金钱都花在了他的发明上，最后穷困潦倒，客死伦敦。他去世之时，另一个热衷机械的人托马斯·纽科曼正在研制一部新的蒸汽泵。50 年后，他的发动机由格拉斯哥仪器匠詹姆斯·瓦特加以改进，1777 年，他向世界奉献了经证明具有真正实用价值的第一台蒸汽机。

但是，就在试验热力机的几个世纪中，世界政治发生了巨变。英国人继荷兰人之后成为世界贸易的运输巨子。他们开辟了新的殖民地。他们把殖民地出产的原材料运往英国，在那里将原料制成成品，再出口到世界各地。17 世纪，佐治亚和南北卡罗莱纳已经开始种植一种能够产生类似羊毛纤维的陌生的植物，即所谓的"棉毛"。棉花采摘后运到英国，由兰开郡的人将其织成棉布。纺织是在工匠的家中靠手工完成的。很快纺织工序做出了一系列的改进。1730 年，约翰·凯伊发明了"飞梭"。1770 年，詹姆斯·哈格里夫斯的"纺纱机"获得专利。美国人伊莱·惠特尼发明了把棉花和种子分开的轧花机，这种工作，先前手工的速度是一天一磅。最后，理查德·阿克赖特和埃德蒙·卡特赖特牧师发明了大型的水动纺织机。随后，18 世纪 80 年代，就在法国的三级会议召开那些改变欧洲政治体制的著名会议时，瓦特的蒸汽机被装到了阿克赖特的纺织机上，就此开创了一场经济和社会的革命，并几乎在世界的各个角落改变了人与人的关系。

固定的发动机被证明是个成功之后，发明家马上就把注意力转向了利用机械装置推动车船的问题上。瓦特自己制定了"蒸汽机车"的计划，但没等他实现他的设想，1804 年，一台由理查德·特里维西克制作的机车就在威尔士矿区的佩尼达兰运载了一车 20 吨的货物。

同时，一个名叫罗伯特·富尔顿的美国珠宝商兼肖像画家在巴黎竭力说服拿破仑，使用他的"鹦鹉螺"号潜艇和他的"汽船"，让法国人得以摧毁英国的海上霸权。

富尔顿的汽船理念并非他的首创。毫无疑问，他抄袭了约翰·菲奇的成果：那位康涅狄格的机械天才灵巧地造出的汽船早在 1787 年就在德拉威河上首航了。但拿破仑及其科学顾问们不相信一条自动推进的船有现实的可能性，虽说苏格兰制造的蒸汽机小船已在塞纳河上

现代城市

喷着浓烟畅行，那位伟大的皇帝仍不肯让自己拥有这种可怕的武器，去报特拉法尔加海战之仇。

富尔顿回到了美国，作为一个讲求实际的商人，与《独立宣言》的签字者之一罗伯特·R·利文斯顿（富尔顿在巴黎设法出售他的发明时，利文斯顿任美国驻法公使）合组了一家成功的汽船公司。这家新成立的公司的第一艘汽船"克勒蒙"号，垄断了纽约州的全部航运，装配的就是由英国伯明翰的博尔顿和瓦特制造的蒸汽机，该船于1807年开始在纽约和奥尔巴尼之间定期航行。

至于那位最早把"汽船"用于商业目的的可怜的约翰·菲奇，却落了个惨死。当他的第5艘由螺旋桨推进的汽船遭毁时，他的健康也遭毁损，钱袋空空，才思枯竭。他的邻人嘲笑他，恰如100年后兰利教授制作了好玩的飞行机器时的遭遇一样。菲奇原本希望为他的国家提供通往西部大河的便利，可他的同胞却宁肯乘坐平底船或干脆步行。1798年，菲奇在全然绝望与凄惨之中，服毒自尽。

但20年之后，载重1850吨，时速6节（海里）的"萨凡纳"号，以创纪录的25天时间，从萨凡纳横渡大洋抵达利物浦（"毛里塔尼亚"号速度是其4倍）。人们的嘲弄当即停止，他们激动之下，将发明归功于并非首创之人。

6年以后，一直在制造可以将煤从矿坑运到炼铁炉或棉纺厂的拉煤机车的苏格兰人，乔治·斯蒂文森制成了他那台著名的"移动发动机"，从而把煤价几乎降低了70%，并由此得以建成曼彻斯特和利物约翰·菲奇的这艘汽船于 1788 年试船 20 英里, 1790 年驶入特拉威河, 票价可参见 1790 年费城的报纸。

第一艘汽船

人类最初只好游泳 1

后来用枯树当船 2

之后人们为自己做了第一条船 3

数千年后，人们学会了用帆，免去了摇船之苦 4

最后人们制造了蒸汽机动力船 5

汽船的起源

浦间的第一列定期客运火车，人们便以前所未闻的 24 公里时速在城市间旅行。十多年后，时速又提高到了 30 多公里。眼下，任何一部像样的廉价小汽车（19 世纪 80 年代的动力不足的戴姆勒及莱瓦莎牌小汽车的直接后代）都能比那些早年的"喷烟小船"强得多。

但当这些头脑实际的工程师们改进他们那些吱嘎作响的"热动力机"时，一伙"纯粹的"科学家（就是那些每天用 14 个小时研究科学现象的理论家。没有那些理论，机械上的进步就无从谈起）却在探索新的途径，以引导他们进入最为隐秘的大自然的领域。

2 000 年前，许多希腊和罗马的哲学家们（著名的有米利都的泰勒斯，还有普林尼，公元 79 年维苏威火山爆发将庞贝和赫库兰尼姆两座城市埋于火山灰下，普林尼在前往研究时死于现场）注意到了奇特现象：用毛皮摩擦过的琥珀对草屑和羽毛有吸引力。中世纪的经院哲学家对这种神秘的"电"力没有在意，但文艺复兴之后不久，伊丽莎白女王的御医威廉·吉尔伯特撰写了他那篇讲磁的性质及作用的著名论文。三十年战争期间，马格德堡市长和气泵发明人奥托·冯·格里克做出了第一台起电机。在随后的一个世纪里，许多科学家致力于电的研究。1795 年，至少有 3 位教授发明了著名的莱顿电瓶。同时，享有世界声誉的美国天才本杰明·富兰克林，继本杰明·汤姆森（他因亲英立场而从新罕布什尔出逃，后成为朗福德伯爵）之后，集中精力研究这一课题。他发现了闪电和电火花是同样的电力现象，其后继续其电学研究直至他忙碌而有价值的一生终了为止。之后就是伏特及其

汽车的起源

著名的"电堆",伽尔瓦尼、戴伊、丹麦教授汉斯·克里斯蒂安·奥斯特、安培、阿拉果、法拉第这些人,他们都是探索电力真正本质的勤奋的研究者。

他们把他们的发现无偿地奉献给世界,而塞缪尔·摩尔斯(他像富尔顿一样以艺术家开始其生涯)想到,他能利用这一新发现的电流把信息从一座城市传到另一座城市。他打算用铜线和他自己发明的一个小机器来实现这一设想。别人都笑话他。摩尔斯只好自己掏钱做实验,不久他就把所有的钱都花光了。这时他已经穷困潦倒,别人笑话得更厉害了。他随后向国会求助,一个商务特别委员会答应给他支持。但国会议员丝毫不感兴趣,摩尔斯不得不等,12 年后,才拿到一小笔国会拨款。他当即架设了一条巴尔的摩和华盛顿之间的"电报"线。1837 年,他在纽约大学的一座讲堂内成功地表演了他的第一封"电报"。最后,在 1844 年 5 月 24 日,第一封长途电讯从华盛顿发到巴尔的摩。如今,电报线路已布满全球,我们能够在几分钟内把新闻从欧洲发到亚洲。23 年之后,亚历山大·格雷厄姆·贝尔把电流用在了他的电话上。又过了半个世纪,马可尼在此基础上加以改进,他发明了一种彻底废除老式电线的新的电讯发送系统。

就在新英格兰人摩尔斯在研制他的"电报"时,英国约克郡人迈克尔·法拉第制造出了第一台"发电机"。这部小巧的机器完成于 1831 年,时值欧洲仍处于严重打乱维也纳会议计划的"七月革命"后的震荡之中。第一台发电机问世后不断发展,如今为我们提供了热和光（大家知道，爱迪生在那个世纪的 40 年代及 50 年代法国和英国实验的基础上，于 1878 年制出了第一批小白炽灯泡），而且为各式各样的机器提供了动力。如果我没弄错的话，电动机不久就会完全取代"热力机"，恰如过去更高级的史前动物取代了较低能的邻居一样。

就我个人而论——我对机械一无所知——对此感到很高兴。因为由水力驱动的发电机是人类清洁而友好的仆人，而作为 18 世纪奇迹的"热力机"则是有噪音、有污染的家伙，始终让这个世界充满了难看的大烟囱，到处都是粉尘和煤烟，而必须烧的煤又得从矿里挖出来，既不方便，又会使千万人有生命危险。

假若我是个小说家而不是历史学家——历史学家要依靠事实而不可运用想象力，我就会描述最后一部蒸汽机车送进自然史博物馆，与恐龙、翼龙及其他已经绝灭的古生物骨架摆放在一起的幸福时光。

社会革命

但新的发动机十分昂贵，只有富人才用得起。在自己的小作坊里自己做主的旧式木工和鞋匠，只好受雇于拥有大型机械工具的人，就在他比以前收入增加之时，却失去了先前的独立性，他对此并不开心。

在旧时，世上的活计是由独立劳动的工匠完成的，他们坐在住宅前面自己的小作坊里，拥有自己的工具，可以扇自己学徒的耳光，可以在行会的规章限制之内，随心所欲地安排自己的生意。他们生活俭朴，不得不工作很长时间，但他们是自己的主人。如果他们起床后看到是个适合钓鱼的好天气，他们就去钓鱼，没人会说"不"。

但使用机器却改变了这一切。机械实际上是放大了的工具。火车以每分钟一公里的速度载着你前进，实际上是一双飞毛腿；把沉重的铁板敲平的汽锤，就是钢制的大得惊人的拳头。

我们尽管都能有一双好腿和一对有力的拳头，但一节火车、一个汽锤和一座棉纺厂却价格昂贵，不是一个人能买得起的，而通常是由一家公司拥有，参与者都出一定数量的钱，再根据各自投资的金额分享他们的铁路或棉纺厂的红利。

因此，当机器改进到当真实用而且能获利时，大型工具的制造者，机器制造厂家就开始寻找能够付现金购买产品的顾客。

在中世纪早期，土地几乎是当时唯一形式的财富，贵族也是唯一被视为富有的人。但如前所述，他们握有的金银没有太多的意义，他们采用的是古老的易货制度：用奶牛换马，用鸡蛋换蜂蜜之类。在十字军东征中，城里人得以从东西方恢复的贸易中敛财，并成为地主和骑士的大敌。

法国革命彻底消灭了贵族的财产，却极大地增加了"资产阶级"的财富。大革命之后的动荡年代，许多资产阶级有机会聚敛超出他们份额的世上的物资。教会的产业被法国国民议会没收后拍卖。其中有数量惊人的贪污。地产投机商们盗取了数千平方公里的有价值的土地，在拿破仑战争时期，他们利用手中的资本在粮食和火药上"牟利"，结果他们拥有的财富就超过了他们日常生活的实际开销，于是他们就盖得起工厂，能够雇用男女工人开动机器。

这造成了千百万人生活的突变。不过几年时间内，许多城市的人

修建古希腊卫城时，搬运一块重石需要100人

如今一小滴汽油就可以在更短的时间里完成同样的工作

人力与机械力

口翻了一番，作为城里人真正"住家"的老城中心被丑陋而廉价的郊区所包围，那里是工人们在工厂一天工作 11 小时、12 小时或 13 小时之后的住处，而哨音一响，他们又得立即赶回工厂。

在乡间到处都议论着在城里能够挣到难以置信的大钱，习惯于在地里生活的农民子弟进了城。他们很快就在早期通风设备极差的车间里的烟雾、尘埃及脏污中损害了原有的健康，常见的结局就是死在济贫院或医院里。

当然啦，这么多人实现从农田到工厂的变迁还是遇到了某些抗拒的。既然一台机器能够做 100 人的工作，被赶出工厂的那 99 个人当然心存不满。他们时时袭击厂房，焚烧机器，但早在 17 世纪就组建的保险公司通常能保障厂主不受损失。

不久，更新、更好的机器安装了，工厂围起了高墙，骚乱就此告终。在这个新的钢铁世界里，古老的行会不可能维持了。他们已经不复存在，工匠们就想组织起常设的工会。但一心以为他们的财富可以对各国政治家施加巨大影响的厂主们就找到立法机关，制定出法律禁止组织工会，理由是工会会妨碍工人们的"行动自由"。

请不要以为议会中通过这些法律的议员们都是恶毒的暴君。在人人谈论"自由"，人们常常因为邻居不那么理所应当地热爱自由而遭到杀害的革命时代，那些议员不愧是时代的骄子。既然"自由"是人类最重要的美德，工会竟然就其成员的工作时间和工薪报酬说三道四，岂不是大错特错。工匠们应该在一切时间里"在公开市场上自由

工厂

出卖他的劳动", 雇主也同样"自由"地照他的想法做生意。国家调整全社会的产业生活的重商主义时代即将结束。新的"自由"观念坚持主张国家应该完全靠边站, 由商业走自主之路。

　　18世纪下半叶不仅仅是知识和政治上怀疑重重的时代, 也是旧的经济观念被更适于那个时期的新观念取代的时代。在法国革命几年之前, 路易十六那位失败的财政部长杜尔哥就曾提倡过"经济自由"的崭新主张。杜尔哥生活在一个深受繁文缛节、烦琐规章和庞大官僚想加强法治之苦的国度。他写道："取消这些官方监督, 让人民为所乐为, 一切就会顺利了。"他那著名的"自由竞争"创意很快就成了战斗号角, 当年的经济学家纷纷应召而至。

　　与此同时, 在英国, 亚当·斯密在撰写他的巨著《国富论》, 又一次呼吁"自由"和"贸易的自然权利"。30年后, 拿破仑倒台,欧洲的反动势力在维也纳获胜，在政治关系中拒绝给予人民的自由却在工业生活上强加给了他们。

如在本章开篇时所说，机器的普遍使用，证明对国家大有裨益。财富飞速增长。机器使得英国那样的一个国家就能够支撑拿破仑战争的全部负担。资本家们（就是提供资金购买机器的人）收获了巨额利润。他们变得野心勃勃，要在政治上分一杯羹。他们要与在大多数欧洲国家中仍对政府施加重大影响的地主贵族分庭抗礼。

在英国，其议会成员依旧按照1265年的皇家法令来选举，而大批的新兴工业中心仍旧没有自己的代表，于是他们便通过了1832年的修正案，修改了选举制度，赋予了工厂主阶级对立法机构的更多的影响力。然而这却招致了数百万产业工人的极度不满，因为他们被撇在了一边，在政府中没有了发言权。他们开始为争取选举权而四下活动。他们把要求写成文件，就成了《人民宪章》。对这份宪章的争论越来越激烈，没等到结束就爆发了1848年的革命。英国政府被重新爆发的雅各宾主义和暴力威胁吓坏了，便任命已届八旬高龄的威灵顿公爵为军队首脑并征集志愿军。伦敦已处于围城状态，以便做好准备镇压即将来临的革命。

可惜宪章运动由于领导不力而不了了之，并没有发生暴力行为。新兴的富有的工厂主阶级（我不喜欢"资产阶级"一词，新的社会秩序的鼓动家们把这个词一直用到他们离开人世）缓慢地加强对政府的控制，大城市中的工业生活环境继续把大片的牧场和麦田变成凄惨的贫民窟，堵塞了进入每一个现代欧洲城镇的道路。

奴隶解放

普遍使用机器并没有带来目睹铁路取代驿站的那一代人所预言的幸福与繁荣的时代。虽然提出了若干补救方案，但无一能解决问题。

1831 年，就在通过第一个修正法案之前，当时最重实际的政治改革家和研究立法方案的伟大的英国学者杰里米·边沁，给一位朋友写信说："要想舒适，便要使他人舒适。要使他人舒适，便要去关爱他们。要关爱他们，就要在实际上热爱他们。"杰里米是个诚挚的人，他说出了他相信是真实的话。他的观点得到成千上万英国人的赞同。他们觉得对他们不够幸福的邻居的幸福负有责任，他们竭尽全力去帮助他们。天哪，是该做点什么的时候了。

"经济自由"（即杜尔哥的"自由竞争"）的理想在中世纪限制妨碍了工业力量的旧时代是必要的。但作为一国最高法律的"行动自由"却导致了可怕而又骇人的状况。工厂里的劳动时间只由工人的体力来限定。只要一名女工能够坐在织机前没有累得晕倒，她就还得继续干下去。五六岁的儿童被送进纺纱厂，以免他们在街上遇险或者闲逛。法律强迫贫困儿童去工作，否则就要受罚，被锁到机器上干活。即便如此，苦工的回报却是坏到极点的食物，只能维持他们的生命，夜里休息的地方不啻是猪圈。他们往往累得在工作时就睡着了。为防止他们打瞌睡，工头手提皮鞭来回巡视，在要把他们弄醒继续干活时就抽打他们的指关节。不消说，在如此的条件下，成千上万的童工死去了。这是非常不幸的，而雇主毕竟还是人，不是全无心肝，也一心希望能禁用"童工"。但既然人是"自由"的，儿童自然也是"自由"的。何况，若是某位先生尽量在他的工厂中不使用五六岁的童工，他的对手另一位先生就要雇用多余的小孩，原来那位先生就会被迫破产。因此，他就不可能不用童工了，直到国会颁布一条法案禁止所有雇主使用童工为止。

然而，由于议会不再由老的土地贵族掌握（他们曾鄙薄并公开蔑视那些腰缠万贯的暴发户工厂主），而是由来自工业中心的代表所控制，而且只要法律不允许工匠组成工会，议会就不会有所作为。当然，那年代的有志之士对这些悲惨状况并非视而不见，他们只是无能为力。机械出人意料地征服了世界，还需要成千上万的高贵的男男女女花费多年的努力才能使机器达到其应有地位：成为人的仆人而不是主人。

奇怪的是，对当时遍及世界各地的野蛮的雇工制度的首次攻击，却是为了非洲和美洲的黑人的利益。蓄奴制是由西班牙人引进美洲大陆的。他们曾试图使用印第安人在农田和矿山中劳动，但印第安人脱离野外的生活之后，就倒下并死去。为了使他们免于死亡，一个好心的教士建议把黑人从非洲运来干活。黑人体魄强壮，还能忍受恶劣的待遇。再者，与白人交往还可以给他们机会学习基督教义，得以拯救他们的灵魂。因此从各方面来看，无论对好心的白人还是对他们无知的黑人兄弟，这都不失为绝好的安排。但由于使用了机器，对棉花的需求巨大，黑人被迫比原先干得更苦，而且他们也像印第安人一样，在监工手下开始死去。

难以置信的残暴故事时时会不胫而走，传到欧洲，在所有的国家里，男男女女开始为废除蓄奴制奔走呼号。在英国，威廉·威尔伯福斯和扎卡里·麦考利（他是那位伟大的历史学家的父亲，如果想知道一本历史书可以写得多么奇妙有趣，就应该读一读他的英国史）组织了一个抵制蓄奴制的社团。他们首先设法通过了一部法律宣布"奴隶贸易"为非法。1840年之后，在英国的所有殖民地中就没有一个奴隶了。1848年的革命结束了法国领地中的蓄奴制。葡萄牙在1858年通过了一条法律，从当日起的20年内给予一切奴隶以自由。荷兰在1863年废除了奴隶制，同年，沙皇亚历山大二世把两个多世纪前从农奴那里剥夺的自由还给了他们。

在美国，这一问题造成了严重的困难和一场持续的战争。虽说《独立宣言》制定了"人人生来平等"的原则，但皮肤黝黑、在南方种植园劳动的那些男人和女人却成了例外。随着时间的推移，北方人对蓄奴制的反感日益增加，而且他们毫不隐瞒他们的这种感情。然而，南方人却宣称，没有奴隶劳动他们就没办法种植棉花。激烈的争论在几乎近50年的时间里在参众两院愈演愈烈。

北方坚持己见而南方毫不让步。看来不可能达成妥协了，南方各州以脱离合众国相威胁。这时到了美国历史上最危险的时刻。许多事情都"可能"发生。而终于没有发生是出于一个非常伟大的好人的贡献。

1860年11月6日，伊利诺伊州的一名自学成才的律师亚伯拉罕·林肯被强烈反对蓄奴制的共和党人选为总统。他对人类使用奴隶的罪恶有发自内心的憎恶，而他犀利的感觉又告诉他，北美大陆上容不下两个敌对的国家。当不少南方的州退出合众国并组成"美利坚联盟国"时，林肯接受了挑战。北方各州征召了志愿军。数以万计的年轻人以极大的热情响应了号召，随之便是残酷的南北战争。南方准备更充分，又有李和杰克逊的英明领导，因此曾多次打败北军。随后，新英格兰地区和西部的经济实力开始起作用。一位鲜为人知的叫作格兰特的人一举成名，成为这场伟大的废奴战争中的查理·马特[1]。他连续以重拳出击，粉碎了南方防线。早在1863年，林肯总统就颁布了

1　查理·马特，曾统治法兰克（715—741），战果卓著，是查理大帝的祖父。

《解放宣言》，给全体黑奴以自由。1865 年 4 月，李在阿波马托克斯率其勇敢军队的残部投降。几天之后，林肯总统被一个疯子暗杀。但他的工作已完成。除去仍受西班牙统治的古巴之外，蓄奴制已在文明世界的所有地方终结了。

然而，当黑人享受着越来越多的自由之际，欧洲"自由"工匠的境遇却不佳。的确，在当代许多作家和观察家眼中，广大工人（所谓的"无产阶级"）竟然没在悲惨境遇中全部死掉，简直是奇迹。他们住在贫民窟凄惨地段的肮脏房子里。他们吃的是劣质食物。他们受的教育极低，只能达到他们可以做工的程度。遇到死亡或事故，家中也得不到抚恤。但酿酒业（他们能对立法机构施加很大影响）却无限量地为工人们提供廉价的威士忌和姜汁酒，鼓励他们借酒浇愁。

19 世纪 30 年代和 40 年代以来出现的巨大改进，并非出自单个人的努力。两代仁人志士都献身于拯救世界免受过于突然地使用机器所带来的恶果。他们并没有设法摧毁资本主义制度。那样做会是很愚蠢的，因为别人积累起来的财富如能运用得法，就会为全人类带来好处。但他们反对的是那种观念——认为一种是有钱人，拥有工厂，可以随意关闭工厂而无挨饿之虞，而另一种是劳动者，则要接受任何工作机会，不管能拿到多少工资，否则就要面对全家挨饿的风险，这两种人之间能够存在真正的平等。

改革者们尽力制定能够协调劳资关系的一系列法律。他们在各国都取得了越来越多的成就。如今，大多数劳动者都得到了很好的保障；

他们的工作时间减到了令人满意的每日平均 8 小时，他们的孩子走进了学校而不再下矿井、进棉纺厂的梳棉车间。

但另外还有一些人，他们凝视着那些浓烟滚滚的大烟囱，听着火车行进的轧轧声，观察着装满各种过剩物资的仓库，思考着如此巨大的活动将给未来的岁月造成什么样的终极结果。他们记得人类曾经在没有工商业竞争的条件下生活了千百年。他们能不能改变现存秩序，摆脱往往因追逐利润而牺牲了幸福的竞争体制呢？

这一观念——对美好时代的模糊憧憬——并不只在一个国家中出现。在英国，拥有许多棉纺厂的罗伯特·欧文创立了一种所谓的"社会主义社区"，并取得了成功。可惜他死后，那块新拉纳克的繁荣也就烟消云散了。一名法国记者路易·布朗试图在全法国建立"社会车间"，但未见效果。事实上，越来越多的倾向社会主义的作者们不久就开始认识到：游离于常规工业生活之外的个别的小型社区绝对无法有所作为。必须要研究整个工业和资本社会的基本原理之后，才能提出可行的处方。

继罗伯特·欧文、路易·布朗、弗朗索瓦·傅里叶这些实干的社会主义者之后，便是社会主义理论的学者如卡尔·马克思和弗里德里希·恩格斯。他们两人中以马克思更为知名。他常居德国，本人聪颖过人。他听说过欧文和布朗的试验，开始对劳动、工资及失业问题产生兴趣。但他的自由观点使德国警察当局颇为恼火，他被迫先后逃亡到布鲁塞尔和伦敦，他在伦敦任《纽约论坛报》的通讯记者，过着贫困潦倒的生活。

当时没人重视他的经济学著作。但在1864年他组织了第一个国际工人组织，并在3年后的1867年出版了他的举世闻名的专著《资本论》的第一卷。马克思相信，整个人类的历史就是"有"产者和"无"产者之间漫长的斗争。引进和普遍使用机械已经在社会上产生了一个新的阶级，即资本家，他们使用他们多余的财富购买工具，用劳动者来产生更多的财富，这些财富又被用来建立更多的工厂，如此反复，以至无穷。按照马克思的说法，与此同时，第三等级（资产阶级）变得越来越富，而第四等级（无产阶级）却越来越穷，他预言，最终会由一个人拥有全世界的财富，而其他人都变成了他的雇员，仰仗他的善心过活。

为防止这种局面，马克思建议各国工人联合起来，为他在欧洲大革命的1848年发表的《共产党宣言》中列举的一系列政治经济措施而奋斗。

这些观点显然遭到欧洲各国政府的反对；许多国家，尤其是普鲁士通过了严厉的针对社会主义者的法律，警察也奉命冲散社会主义集会并逮捕演讲人。但那种迫害始终无济于事。烈士们为一个鲜为人知的事业做了最好的宣传。在欧洲，社会主义者的人数与日俱增，而且不久就清楚了，社会主义者并不指望一场暴力革命，而是利用在各国议会中逐渐增强的势力改进劳动阶级的利益。社会主义者甚至被任命为内阁部长，他们与天主教和新教的进步分子合作，消除由产业革命造成的弊端，实现对于使用机械而增加的财富的更合理的分配。

科学时代

但是世界经历了另一场巨变，其重要意义要胜于政治和产业革命。饱受压迫和镇压的几代人之后，科学家终于赢得了活动的自由，如今在努力发现主宰宇宙的基本规律。

埃及人、巴比伦人、迦勒底人、希腊人和罗马人都对最初模糊的科学观念和科学发明做出了某些贡献。但 4 世纪时的大迁徙毁灭了地中海的传统世界，而对灵魂比对肉体更感兴趣的基督教竟把科学视为人类想窥视全能上帝领域的神学事务的狂妄无知，因此把科学与七宗罪相提并论。

文艺复兴在一定而有限的程度上打破了这堵中世纪的偏见之墙。

然而继之在 16 世纪初发生的宗教改革，始终敌视"新文明"的理想，研究科学的人若是胆敢超越《圣经》中记载的狭窄知识的限度，便会再次受到严厉惩罚的威胁。

我们的世界，到处都有骑着高头大马的伟大将军的雕像，他们率领着欢呼的士兵走向光辉的胜利。有些地方则会用一块简朴的大理石宣告一个研究科学的人找到了长眠的归宿。1000 年之后，我们大概就会以不同的方式处理这些事情，到那时，一代幸福的人的孩子将会懂得那些前人的杰出勇气和几乎难以置信的奉献精神，他们是抽象知识的先驱，而正是这种抽象知识才可能使我们的现代世界成为现实。

这些科学先驱中的许多人都曾饱受贫困、轻蔑和羞辱。他们住在阁楼里，死在地牢中。他们不敢把姓名印在他们著作的封面上，也不敢在家乡印刷他们的科学结论，而是把手稿偷运到阿姆斯特丹或哈勒姆的秘密印刷所。他们受到新旧教会的刻毒敌视，成为煽动教区信众以暴力反对"异端"的布道中没完没了的话题。

他们东躲西藏，也能找到一处避难所。荷兰是最富宽容的国度，当局虽然对科学研究并无好感，但拒绝干涉人们的思想自由，于是那儿便成了知识自由的避难之地。法国、英国、德国的哲学家、数学家和物理学家可以到那里去享受一下短暂的休息，呼吸一下自由空气。

在前面的章节中已讲过 13 世纪的伟大天才罗杰·培根曾在多年中受禁不准写一个字，否则教会当局会重新找上门来。500 年后，哲学巨著《百科全书》的编纂者们时时处于法国宪兵的监视之下。又过

哲学家

了半个世纪，敢于质疑《圣经》中上帝造人一说的达尔文，在每一个布道坛上都被当作人类的敌人而加以谴责。直至今日，对于大胆闯入科学的未知领域的人的迫害也并未彻底终止。就在我写本书时，布赖恩先生正在对一大批听众大讲"达尔文主义的威胁"，警告他的听众抵制这位伟大的英国博物学家的错误。

然而，这一切不过是细枝末节。应该做的事情毕竟都完成了。发现与发明的最终受益者是广大群众，也正是他们，总是把具有远见卓

伽利略

识的人诋毁为不切实际的理想主义者。

17 世纪仍然偏重于探索遥远的天际，研究地球相对于太阳系的位置。即使如此，教会仍然反对这种不宜的好奇心。第一个证明太阳是宇宙中心的哥白尼直到死后才出版他的著作。伽利略一生的大部分时间都处于教会当局的监视之下，但他继续使用他的望远镜，为艾萨克·牛顿提供了大量的实际观察资料，对那位英国数学家助益极大，使他得以发现下落物体存在的有趣规律，即后来所说的万有引力定律。

这一发现至少在当时终止了对天空的兴趣，人们开始研究地球。17 世纪后半叶，荷兰生物学家安东尼·范·列文虎克发明了可用的显微镜——一个怪模怪样的小玩意儿，使人们得以研究造成人类疾病的元凶"微观"生物，从而奠定了"细菌学"的基础。由于发现了种种致病的微小生物，在过去的 40 年中世界免除了患上大量疾病的危险。显微镜还使地质学家们能更仔细地研究深埋于地表的不同的石头和化石。这些研究使他们确信：地球的年龄要比《圣经·创世记》中所述的古老得多。1830 年，英国地质学家查尔斯·莱尔爵士出版了《地质学原理》，否认了《圣经》中讲述的创世纪的故事，对地球的缓慢形成及逐渐变化给出了饶有趣味的描述。

与此同时，法国的物理学家和天文学家拉普拉斯侯爵正在研究一种新的创世学说，他认为：地球是形成行星系的一片星云状海洋中的一个小斑点。而德国的化学家本生和物理学家基尔霍夫，则用分光镜研究星球及我们的好邻居太阳的化学成分。而太阳上奇怪的斑点是伽利略最早注意到的。

经过与新旧两教国家的教会当局最为艰苦卓绝的斗争之后，解剖学家与生理学家这时终于获准解剖人体，得以用有关人体器官及其功能的正确知识取代了中世纪江湖医生的猜测。

在 1810 至 1840 年的一代人时期内，在每个科学领域中所取得的进展大大超过了自从人类最初抬头观星且不知群星为何高悬天际以来千百万年的累积。对于在旧制度下受教育的人来说，那堪称是令人伤心的时代。我们可以理解他们对拉马克和达尔文这些人的愤恨之情，科学家虽然没有明确地告诉他们，他们是"猴子的后代"（我们的祖辈似乎将此看作是对人身的侮辱），但科学家们暗示说，自豪的人类是从一个漫长系列的祖先演化而来的，可以追溯到海蜇——我们星球上最早的居民。

掌控着 19 世纪的富裕而体面的资产阶级，在伟大的科学发现的实际应用中，最愿意使用煤气或电灯，但单纯研究"科学理论"的人——没有他们就不可能有进步，却直到不久之前始终不被信任。后来，他们的奉献终于被承认了。在过去为修筑大教堂捐资的富人如今建起了宽敞的实验室，一些沉默的人在里面同人类隐蔽的敌人作战，往往牺牲了他们的生命，以使后人可以享受更多的幸福与健康。

的确，世上的许多疾病被我们的先人认定是不可避免的"上帝的作为"，现已证明那只是我们自己的无知和忽略罢了。如今的每个儿童都懂得，只要在喝水时小心地挑选一下，就不会患伤寒。但让人们

飞机

信服这一点，却耗费了医生们许多许多年的艰苦工作。现在我们当中没什么人害怕牙医的椅子了。对寄居在我们口中的微生物的研究使我们不致患上龋齿。就算是一颗牙需要拔掉，我们也会吸上一口气，高高兴兴地上路了。1846 年，报上刊载了在美国借助乙醚实施了"无痛手术"的报道时，欧洲的好人们还摇头不信。在他们看来，人居然逃脱了世人应受的疼痛，那是违背了上帝的意旨；又经过了好长时间，将乙醚或氯仿施于手术才被广泛采用。

不过，进步的战役毕竟获胜了。偏见的老墙上的缺口变得越来越大，随着时间的前进，古代的无知石头崩塌了。急于为一个新的更幸福的社会秩序征战的人向前冲锋。他们突然发现自己面对着一个新的障碍。从早已消逝的往昔的废墟上，又竖起了一道反动壁垒，数百万人不得不献出生命，才把这最后的防御工事摧毁。

艺术

一个十分健康的婴儿在吃饱睡足之后，就会咿咿呀呀表示自己有多么高兴。对大人来说，这种咿咿呀呀没有任何意义，不过是一些发声而已。但对婴儿来说，则是地道的音乐，是对艺术的最初贡献。

等到婴儿稍稍长大，会坐的时候，做泥饼的阶段就开始了。旁人对那些泥饼毫无兴趣。婴儿千千万万，同时做的泥饼何止千千万万。但对婴儿来说，泥饼却表明那是在开拓令人愉快的艺术王国。这时的婴儿已经是雕塑家了。

到了三四岁的时候，双手开始听大脑指挥了，儿童就成了画家。慈爱的母亲给了他一盒彩色粉笔，每一张散乱的纸上很快就画满了各种图案，代表的是房子、马和可怕的海战。

不过，这种单纯"做东西"的乐趣不久就结束了。开始上学了，一天的大部分时间全都用来做功课。生活的事，或者更准确地说，"谋生"的事，成了每一个男孩和女孩生活中最重要的事。在学习乘法口诀和不规则的法语动词变位之间留不出从事"艺术"创作的时间了。除非仅仅为了制作的乐趣，并不指望有实际回报，而且这种单纯的欲望十分强烈，要不然孩子长大成人之后，就会忘记他在最初的5年里曾主要从事艺术。

一个民族也和儿童相差无几。穴居人一逃离漫长的冻得浑身发抖的冰河时期的威胁，把住房安排妥当，他们就开始制作认为美的东西，尽管那些东西在与丛林野兽的搏斗中毫无实际用途。他们在洞穴的内壁上画满大象和他们捕猎的鹿，还用石头砍出他们认为最动人的女人的粗糙形象。

埃及人、巴比伦人和波斯人以及别的东方民族在尼罗河和幼发拉底河沿岸刚一建起他们的小国家，他们就着手为他们的国王修建雄伟的宫殿，为他们的女人制作闪亮的首饰，用许多绚丽的花卉装点他们的花园，歌唱着对花朵万千色彩的颂扬之曲。

我们自己的祖先是来自遥远的亚洲草原的游牧民族，安享着作为战士和猎手的自由自在的生活，他们编写赞颂他们伟大首领英勇行为的歌曲，创作一种诗歌形式，一直流传至今。1000年之后，当他们在希腊大地上定居，建起他们的"城邦"之时，他们用宏伟的庙宇、用雕塑、用喜剧和悲剧，以及各式各样想得到的艺术形式，表达他们的喜与悲。

罗马人和他们的敌手迦太基人一样，忙于治理其他民族和赚钱牟利，无暇顾及热爱"无用又无利"的精神投入。他们征服了世界，筑路修桥，不过他们的艺术是全盘借自希腊人的。他们创造了某些实用的建筑形式，是为了满足时代的需要。而他们的雕塑、他们的历史、他们的马赛克镶嵌画和他们的诗歌，却全都是希腊原作的拉丁仿制品。没有世人称作"个性"的那种模糊不定和难以定义的东西，就没有艺术可言，而罗马人的世界却不相信这种特殊的个性。罗马帝国需要的是能征善战的士兵和赚钱生财的商人。写诗绘画的事情留给外国人去干吧。

随后到来的是黑暗时代。蛮族就是谚语里所说的西欧这座瓷器店的公牛[1]。他对自己不懂的东西视为毫无用处。用1921年的话来说，他喜欢有美女的杂志封面，却把继承来的伦勃朗的蚀刻画扔进垃圾箱，不久他就学到了些东西。这时他想挽回几年前的损失。但垃圾箱已经不见了，扔掉的画也找不回来了。

但到了这时，他从东方带来的艺术已经发展成极美的东西，弥补了过去由所谓的"中世纪艺术"所造成的这方面的忽略和漠视。就北部欧洲而论，"中世纪艺术"出自日耳曼人的头脑，绝少借鉴希腊和罗马的艺术，更不用说更古老的埃及和亚述的艺术形式，至于印度和中国的东西，在当时人们的头脑中根本就不存在。事实上，北方民

---

[1]　该谚语用公牛比喻鲁莽闯祸之人。

族受南方邻人的影响极小，乃至他们的建筑作品完全被意大利人所误解，受尽了十足的轻蔑和冷遇。

大家都听过"哥特"这个字眼，大概有人会联想起美妙的古老大教堂的画面：挺拔的尖塔高耸入云。但"哥特"一词的真正含义是什么呢？

它指的是"粗鲁"和"野蛮"——也就是与"未开化的哥特人"相关。那些来自落后的边远地带的粗野的民族对古典艺术的现成规律毫不尊重，他们新建的"现代恐怖"只能满足自己的下等品位，根本不在意罗马广场和希腊卫城的样板建筑。

然而，在好几百年间，这种哥特式建筑体现出了鼓舞整个北部欧洲艺术的真诚情感。从前面一章中我们应该记得，中世纪后期的人是如何生活的。只要他们不是农民，没有住在乡下，就是一个城市（City，此语来自拉丁文"部落［civitas］"一词）居民。事实上，这些住在深壕高墙之内的市民倒是真正的部落民，他们面对共同的危险，分享共同的安全和繁荣，这些都是从他们彼此保护的体制中保留和发展出来的。

在古希腊和古罗马的城市里，矗立着庙堂的市场是市民生活的中心。在中世纪，作为神殿的教堂，成为市场的中心。现代信奉新教的教民一周只去一次教堂，每次也就在里面待上几小时，是不大会知道中世纪的教堂对居民区的意义的。当年，不满一周的婴儿要送到教堂去受洗。儿童要到教堂去学《圣经》中的故事，之后就成为教区信徒的一员。有钱人还会为自己修一座单独的礼拜堂或称祈祷室，专门敬念自家的主保圣人。至于教堂，一天到晚开放。在某种意义上，有点类似现代的俱乐部，面向全城居民。在教堂里，一个人很可能一眼相中某个姑娘，后来在高高的神坛前举行盛大的婚礼娶她为妻。最后，走完人生旅途之际，还会被葬在这座熟悉的建筑物的石墙根上，一代代子孙们会在墓前走过，直到世界末日的那一天。

因为教堂不只是神殿，还是日常生活真正的中心，其建筑就要同人们自家的房屋有所差别。埃及人、希腊人和罗马人的庙宇只是当地供奉的神坛，在奥赛里斯、宙斯或朱庇特的神像前并不传经布道，因此其内部就没必要为大众设置宽敞的空间。地中海周围的古代居民都在露天举行宗教仪式。但在天气通常阴冷的北方，大多数活动都在教堂的屋顶下进行。

在许多世纪中，建筑师们都在为建造一个大得够用的教堂殚精竭虑。罗马传统教会了他们如何修建带小窗的沉重石墙——窗子小以避免墙壁失去强度。再在墙上放上沉重的石制屋顶。但到了十字军开始东征的 12 世纪，西方的建筑师已经见识了伊斯兰建筑的带尖的拱顶，他们发现这种新风格使他们第一次有机会建造为当年集中的宗教生活所需的那种教堂。随后，他们把这种陌生的风格加到意大利人轻蔑地叫作"哥特式"或"野蛮人的"建筑上。他们发明了由"拱肋"支撑的拱形屋顶，达到了目的。架上这样的屋顶，如果屋顶过重，就容易压垮墙壁，如同一个 300 磅重的男人坐到一把儿童椅上会使椅子散架一样。为了解决这个难题，当时某些法国建筑师着手用"扶壁"进一步加固墙壁，就是用一堆重石头支撑受力的墙壁，使墙壁不会倾斜。为了进一步确保屋顶的安全，他们又用叫作"飞扶壁"的东西支撑屋顶的拱肋，这种建筑方式很简单。

用这一新的方法，就可以建造大窗户了。在 12 世纪，玻璃还是昂贵的稀罕物，极少有私人建筑镶嵌玻璃窗。连贵族的城堡也不防风，这是穿堂风长年不断的原因，同时也解释了当年的人何以会在室内和户外同样穿皮衣。

所幸，地中海古代居民已经熟悉的彩色玻璃制造工艺尚未完全失传。彩色玻璃得以复兴，不久，哥特教堂的窗户上就用色彩鲜艳的小块玻璃拼成了《圣经》中的故事，再用铅制的长框固定到窗架上。

看啊，辉煌的新神殿里挤满了信众，使宗教顿有"活灵活现"之感，当真做到了前无古人，后无来者！作为神之殿和人之家来说，没人认为这里过分华美、过分糜费或过分奇妙。自从罗马帝国衰亡后就无事可做的雕塑家们，又姗姗返回他们的高贵艺术。正门、廊柱、扶壁和檐口上都布满了天主和升天的圣者的石雕。绣工们也动手为墙壁制作挂毯。珠宝匠使出最高的技艺装点祭坛，使之值得虔诚膜拜。连画家也献出绝活。可怜啊，由于缺乏合适的颜料溶剂，他无法尽展其能。

原来这里面还有一段故事。

基督教早期的罗马曾让镶嵌画布满神庙的墙壁和地面，甚至住宅

飞扶壁这样
支撑外墙

支撑沉重
屋顶的墙
壁有外倒
的倾向

哥特式建筑

都如此装点。但这种用彩色小片玻璃组成图画的手艺极其艰难。画家无法充分表达他的想法，就像所有试过用彩色积木堆出人像的孩子都了解的一样。这种马赛克拼画工艺在中世纪晚期渐次消亡，只有在俄罗斯，君士坦丁堡陷落之后，拜占庭的马赛克艺匠找到了避难之地，继续为东正教教堂的墙壁做马赛克装饰，直到布尔什维克取得政权，不再修建教堂为止。

当然，中世纪的画家能够用石膏水掺进颜料，在教堂的墙壁上作画。这种在"新鲜石膏"上绘画的方法（"湿壁画"一词即由此而来）接连使用了好几百年。如今，这种壁画和手稿上的微型画一样都已经十分罕见了；现代城市中的几百名画家中，大概只会有一个人掌握着这种中世纪的技艺。但在中世纪时，这种绘画却是唯一的装饰形式，画家由于没有其他更好的活计，就都当上了壁画匠人。不过，这种方法有极大的缺点。石膏敷面往往几年之后就从墙上剥落了，要不就是潮湿损毁了画面，就像我们的壁纸受潮会坏一样。人们想尽办法来摆脱这种石膏衬底。他们试着使用酒、醋、蜂蜜和黏稠的蛋清来调色，但效果始终不能令人满意。这种试验延续了 1000 多年。在书写手稿的羊皮纸上绘画，中世纪的画家十分成功，可一旦在大面积的木板或石材表面作画而要做到不剥落，他们就有些束手无策了。

在 15 世纪前半叶，这个难题终于在尼德兰南部由扬和胡伯特·凡·爱克解决了。这对著名的佛兰德斯兄弟用特制的油调和颜料，使他们能够在木板、帆布、石头或任何东西上作画。

　　但是到了那时，中世纪早期的宗教热情已经过去。城里的富户继主教之后成了艺术的恩主。既然艺术不可避免地要满足饭盒的需要，画家们也就转而为世俗的雇主工作了，为国王、大公和有钱的银行家作画。没过多久，这种新的油画方法传遍欧洲，各国都形成了独具特色的绘画流派，体现了需要这些肖像和风景画的主人的个人情趣。

　　例如，在西班牙，委拉斯凯兹画的是宫廷弄臣、皇家挂毯厂的织工，以及与国王和宫廷相关的形形色色的人物。而在荷兰，伦勃朗、弗朗斯·哈尔斯和维米尔画的都是商人住宅的仓前空场、他们邂逅的妻子、他们健康但肥胖的孩子，以及为他们带来财富的船只。在意大利却是另外一种情况，那儿的教皇仍是艺术的最大恩主，米开朗琪罗和柯勒乔继续画着圣母和圣人。而在英国，贵族有钱有势；在法国，国王已成为国家的最高统治者，画家画的便是政府要员一类的显贵和国王陛下的女友，那些美艳的贵妇。

　　随着旧宗教被撇弃和新的社会阶级的兴起带来的绘画上的巨变，也反映到了其他的艺术形式中。印刷术的发明使作者能够靠为大众写书而赢得声名，于是小说家和插图家的职业应运而生。但有钱购买新书的人，不是那种晚上待在家里，眼望天花板或干坐的人。他们需要消遣。中世纪为数不多的游吟诗人满足不了娱乐的需求。自 2 000 年前初期希腊城邦时代以来，职业剧作家才算第一次重新有机会一显身手。中世纪对戏剧的认识仅仅局限于作为教会某些庆祝活动的一部分。13 和 14 世纪的悲剧讲的是基督受难的故事。在 16 世纪期间，世俗剧才再次出现。的确，职业剧作家和演员起初的社会地位并不很高。威廉·莎士比亚曾被看作是以他的悲剧和喜剧愉悦乡里的马戏班一类的角色。但当他在1616年逝世之后，却开始享有他的邻人们对他的敬爱，演员们才不再是警察监视的对象。

莎士比亚的同代人，出众的西班牙人洛佩·德·维加曾编写了不少于1800部世俗剧和400部宗教剧，这位贵族的作品曾受到教皇的赞赏。1个世纪之后，法国人莫里哀声望之隆，不亚于法王路易十四。

从那时起，戏剧越来越受到人民的喜爱。如今，剧场是所有管理正规的城市的一部分，而电影这种"无声的戏剧"已渗透到最小的草原村庄。

然而，另一种艺术变得更受欢迎。那就是音乐。大多数老的艺术形式都要求相当多的专业技巧。要经过年复一年的实践，我们的笨手才能按照大脑的指挥在画布上或石头里再现我们的想象。要花上一生的时间才能学会如何表演或写出一部好小说。而且在大众方面，也需要大量的训练才会充分欣赏绘画、写作和雕塑作品。可是，几乎每一个人，只要没有完全耳聋，就能听懂一支曲子，而且几乎每一个人都能从某种音乐中得到享受。中世纪除去教堂音乐外就再听不到别的了。圣歌要受严格的音律及和声的局限，很快就让人感到单调乏味了。何况，圣歌也没法在街道或市场上高唱。

文艺复兴改变了这一点，音乐再次回归成人的挚友，无论它是高兴还是悲哀。

游吟诗人

　　埃及人、巴比伦人和古犹太人都酷爱音乐。他们甚至把不同的乐器组成正规的乐队。但希腊人对这种野蛮的外国噪音只会皱眉。他们喜欢听人朗诵荷马和品达的庄重的诗歌。也允许朗诵者用里拉（最简陋的七弦琴）伴奏，那也只是在不致引起众人反对的情况下才能进行。而罗马人则喜欢在他们的宴会和聚会上有管弦乐助兴，而且还发明了我们今天使用的大部分乐器（当然经过了极大的改进）。早期的教会对这种音乐很不屑，因为其中多有刚被摧毁的异教世界的邪恶成分。由全体教众演唱的歌曲全是3和4世纪的主教能容忍的。由于教众在没有乐器引导的情况下很容易跑调，后来教会就允许使用风琴了，那种乐器是2世纪时的发明，由一排旧式的潘笛和一对风箱组成。

大迁徙时代随之到来。罗马最后的音乐师要么被杀害，要么沦为往来于城市之间走街串巷的流浪提琴手，如同现代渡船上的竖琴手一样，靠演奏乞讨几个小钱。

但在中世纪晚期的城市中复活的更世俗的文明对音乐师有了新的需求。如号角这种乐器，本来是用作吹响狩猎和战斗中的信号的，这时加以改进，能够在舞厅和宴会厅中吹奏出令人愉快的音响了。用马鬃做的弓弦在旧式的吉他上演奏，在中世纪结束之前，六弦琴（可以追溯到埃及和亚述的最古老的弦乐器）已经演变成我们现在的四弦提琴了，斯特拉迪瓦里以及18世纪其他意大利提琴制造师把制琴工艺发展到了完美的地步。

最后，现代钢琴发明出来并成为传播最广的乐器，随后随着人们进入丛林的荒野和格陵兰的冰天雪地。风琴曾经是最早的键盘乐器，但演奏者总离不开鼓动风箱的人的合作——这种工作如今由电来完成了。于是，音乐家们便要寻求一种更方便、不易受环境影响的乐器，帮他们训练众多的教堂唱诗班的孩子。在伟大的11世纪，阿雷佐城（诗人彼特拉克的出生地）的本笃会僧侣圭多为我们做出了现代音乐体系的诠释。在那个世纪的某一时期，当人们对音乐普遍感兴趣时，第一台键弦俱备的乐器制成了。那声音大概像是在任何玩具店都买得到的儿童小钢琴发出的叮咚声。在维也纳城，中世纪的流浪音乐师（他们曾被归为玩杂耍的和赌牌作弊的一类人）1288年成立了第一个独立的音乐师公会，小小的独线钢琴也发展成我们认得出的现代斯坦威钢琴的鼻祖。当年通常称作"击弦古钢琴"的有弦又有键的乐器，从维也纳传到意大利，在那里进一步完善，照其发明者的姓名威尼斯的乔万尼·斯比奈蒂命名为"斯比奈特"古钢琴。18世纪，在1709至1720年之间，巴尔托洛梅伊·克里斯托福尔终于制成了一架"键盘乐器"，演奏者可以奏出强音或弱音。这件乐器再加以某些改进，就成了我们今天的钢琴。

之后，世界上第一次有了可以在一两年内学会的简便乐器，不必像竖琴和提琴那样总得调音，而且比起中世纪的大号、单簧管、长号和双簧管，音色都更悦耳。正如留声机使成千上万的现代人培养起对音乐的最初爱好一样，早期的钢琴也把音乐知识普及到了更广的范围。音乐成了每一个有教养的男人和女人的一门必修课。王公富贾养有私人乐队。音乐师不再是到处游荡的"游吟诗人"，而成为颇有价值的社会成员。音乐还被加到剧场的戏剧演出中，由此产生了我们现在的歌剧。先前只有少数富有的王公支付得起一个"歌剧团"的费用，但随着这种娱乐越来越受欢迎，许多城市设立了自己的剧院，意大利以及后来的德国歌剧演出，使所有人得到了无限享受，唯一的例外是几个极其严格的基督教派，他们依旧抱着深深的怀疑，认为音乐过于受人喜欢，难免对灵魂有害。

到了 18 世纪中期，欧洲的音乐生活十分活跃。这时出现了一个超群的人，莱比锡托马斯教堂里一个普通的风琴师约翰·塞巴斯蒂安·巴赫。他创作的各种器乐曲，从喜剧歌曲、通俗舞曲到最庄重的赞美诗和圣乐，为我们所有的现代音乐打下了基础。他于 1750 年去世，继承他的是莫扎特，他创作的作品美妙无比，使我们联想到由和声及韵律编织成的花边。随后是路德维希·冯·贝多芬，这个最具悲剧性的人物为我们创建了现代乐队，可惜由于他在贫困中患感冒后双耳失聪，他后来听不到任何自己的伟大作品了。

贝多芬经历了法国大革命时期。他满怀着对光荣的新时代的希望，把他的一部交响乐献给了拿破仑，这使他抱憾终生。他在 1827 年逝世时，拿破仑倒了台，法国革命也烟消云散了，但蒸汽机已经驶来，用一种与第三交响乐的梦想迥然不同的音响充满了世界。

确实，由蒸汽、钢铁、煤炭和大工厂构成的新秩序对艺术、绘画、雕塑、诗歌和音乐毫无用处。艺术的旧日保护人——中世纪以及 17 和 18 世纪的教会和王公富贾，不复存在了。新的产业世界的领导者们过于忙碌，又少教养，无暇也不屑顾及蚀刻画、奏鸣曲、象牙雕，更不用说顾及创造这些艺术的人了——他们对所生活的社会没有实际用途。而工厂里的工匠整天听着机器隆隆作响，直至他们对他们农民祖辈的长笛和提琴的曲调失去了兴致。艺术成了新的产业时代的弃儿。艺术与生活完全脱节了。绘画的遗存只在博物馆里奄奄待毙。而音乐则被从家中移走，送进音乐厅，成为少数"艺术鉴赏家"的垄断品了。

但是，虽然缓慢，但艺术还是稳步地回到了自身。人民开始领悟到，伦勃朗、贝多芬和罗丹是人类的真正先知和领袖，一个没有艺术和幸福的世界就等同于一个没有笑声的托儿所。

62

殖民地扩张和战争

　　若是早知道写一部世界史有多么困难，我绝不会承担这项任务的。当然啦，任何一个人只要勤奋，花上五六年时间埋头于图书馆里散发着霉味的书堆中，就能编出一部囊括各个世纪中在每片土地上发生的事件的长篇巨著。但那并非本书的目的。出版商想印制一部有节奏的历史书——故事要疾驰而不要漫步。现在我差不多快写完了，却发现某些章节是疾驰了，而另一些章节却在早已忘却的时代的沉闷的沙地里蹒跚而行；还有一些章节缺乏进展；更有一些章节则痴迷于名副其实的爵士乐式的行动和浪漫色彩之中。我不喜欢这样，提议废掉原稿，另起炉灶。然而，出版商却不答应。

不得已退而求其次，为了解决我的难题，我将打印好的书稿拿给几位心地宽厚的朋友，请他们读读我写的，给我帮帮忙提提建议。结果让我相当失落：每个人都有自己的成见、癖好和偏爱。他们都想知道，为什么我在某处地方那么大胆地略去了他们热爱的国家、敬爱的政治家甚至最喜爱的罪犯。其中像拿破仑和成吉思汗都该大加赞扬。我解释说，我已竭力对拿破仑公正评价，但在我看来，他比起乔治·华盛顿、古斯塔夫·瓦萨、奥古斯都、汉谟拉比或林肯以及许多别人，可就差得多了。那些人由于篇幅所限，我只好用几个段落来叙述。至于成吉思汗，我只认可他在大批杀人的战场上能力出众，并不想放肆地对他大加宣扬。

"到目前为止，还是挺好的。"另一个批评者说，"可是清教徒呢？我们正在庆祝他们抵达普利茅斯300周年。他们该占更多的篇幅呢。"我的回答是，假如我要写一部美国史，清教徒要占前12章的一半；可是，这是一部人类史，普利茅斯岩石一事不再过上几百年就还不具有深远的国际意义；美国建国时是13个州而不是一个；而且美国历史上前20年的最杰出的领导人分别来自弗吉尼亚、宾夕法尼亚和尼维斯岛，而并非来自马萨诸塞，因此清教徒能够在成书中有一页，该满意了。

拓荒者

接下来是一位史前研究的专家。他咄咄逼人地质问我，为什么没有把更多的篇幅用在奇特的克罗马努人[1]身上？他们可是在 10 000 年前就发展到了很高的文明阶段了。

是啊，为什么呢？理由很简单。我没有像我们最著名的人类学家那样对这些早期的种族做出完美的叙述。卢梭和 18 世纪的哲学家提出"高贵的野蛮人"的说法，认为他们在远古时代生活得美满幸福。我们现代的科学家摒弃了我们的祖辈偏爱的"高贵的野蛮人"一词，代之以"杰出的野蛮人"，因为 35 000 年前生活在法国河谷的人类结束了那些低额头和劣等生活的尼安德特人及其他日耳曼邻居在地球上

1　1868 年于法国南部克罗马努山洞内发现，是旧石器时代晚期新人的总称。

的统治地位。他们给我们看克罗马努人绘制的大象和雕刻的石像，这些都为旧石器时代的新人平添了许多光辉。

我不是说他们错了。但我认为，我们对那整个时期所知太少，无法以任何程度的（不论如何谦恭）精确来重述早期的西欧社会。因此，我宁可不谈某些事情，而不要把某件事谈得不对头。

随后还有别的批评家，他们指责我明摆着不公正。我为什么漏掉了爱尔兰、保加利亚和暹罗（今泰国）这些国家，而把荷兰、冰岛和瑞士这类国家强拉了进来？我的回答是：我没有生拉硬扯，它们是在环境的主要力量中把自己推进书里来的，我不过是无法排斥它们罢了。而为了让人理解我的观点，我现在就说明一下本历史书选择活跃成员时考虑的基点。

只有一条原则：该国家或该人物是否创造了一种新理念或者做出了一种新颖的行为，从而使全人类的历史发生了变化？这不是个人好恶的问题，而是一个冷静的几乎是确定无疑的判断。在历史上，没有哪一个民族曾经像蒙古人那样扮演过那么生动的角色，但从知识进步的成就的观点来看，也没有哪一个民族像他们那样对其他人类价值更小的了。

亚述人提拉革·帕拉萨的一生中充满了戏剧性的华章。但对我们而言，他简直就像从未出现过一样。同理，荷兰共和国的历史之所以有趣，并非因为德·鲁依特的水兵们曾经到泰晤士河钓过鱼，而是因为这个北海沿岸的海滩小国成了在许多鲜为人知的命题上具有奇思异想的各式各样陌生人的慷慨的避风港。

确实，雅典或佛罗伦萨，在其光辉顶点的岁月里，只有堪萨斯城十分之一的人口。但这两座地中海洼地的小城若是不曾存在过的话，我们现在的文明就会大不一样了。但是密苏里河畔那座繁忙的大都会（请怀恩多特县的好居民们恕我直言）恐怕就不能这么说了。

既然我说的都是个人意见，请允许我再讲一个事实。

当我们去找医生时，我们事先就要弄清楚，他是个外科医生、诊断医生、顺势疗法医生抑或信仰疗法医生，因为我们想知道他会从哪个角度看待我们的病痛。我们在选择我们的历史学家时，应该和选择我们的医生时一样小心谨慎。我们会想，"噢，是啊，历史就是历史嘛"，这么想，也就随便放手了。然而，在苏格兰偏远地区的某处人家接受严格的长老会教育的作者，和他那个从小就被拖去听所有的天启魔鬼的敌人罗伯特·英格索尔的明智劝诫的邻居，在人类关系的一切问题上的看法都会大不相同。到了一定阶段，他们俩可能会忘记他们早期的训练，再也不会到各自的教堂或演讲厅去了，但那些印象深刻的岁月的影响都会在他们身上保留，不管他们写什么、说什么或做什么，都不可能不表现出来。

在本书的前言中，我已经言明我不会是个出不了错的向导，如今全书已近尾声，我还要重提这一忠告。我出生和受教育的地方是老式自由派的那种环境，追随达尔文和 19 世纪其他先驱的发现。我儿时的大部分时间是在我一个叔父的身边度过的，他是个了不起的书籍收藏家，他的藏书中有法国 16 世纪伟大的散文家蒙田的著作。由于我生于鹿特丹，受教于高德，不断接触到伊拉斯谟，不知何故，这位宽容的伟大倡导师却占据了我这个不宽容的人的心。后来我发现了阿纳托尔·法朗士；而我首次读英语的经历来自偶然看到萨克雷的《亨利·埃斯蒙德》，那个故事给我的印象超过了用英语写的其他任何作品。

若是生在快乐的中西部城市中，我大概就会对我孩提时代听过的赞美诗有某种感情。但我对音乐的最早记忆要追溯到一天下午我母亲带我去听巴赫的一支赋格曲。那位新教徒音乐大师精确完美的作品对我影响之大，使我每次听到祈祷会上通行的赞美诗，都无法不感到内脏如焚的直接苦痛。

还有，若是生在意大利，感受过阿尔诺快乐山谷中阳光的温暖，我可能会喜爱色彩斑斓、阳光明媚的绘画，可是如今我却对之无动于衷，因为我最初的美术印象来自一个国度，那里是一片鲜有阳光照射而且堪称残酷地浸透了雨水的土地，把一切都抛入强烈的明暗对比之中。我有意提及这些事实，是想让你们知道本书作者的个人偏见，以便能够理解他的观点。

说罢这番简短又必需的离题话，让我们书归正传，谈谈这最近 50 年的历史。这一阶段发生了许多事情，但绝少在当时看似有重大意义。大多数强国不再只是政治上的代言人，而且成为大企业主。他们修筑了铁路，发现并资助了通往世界各地的航线；把他们的各殖民地用电报线路相连；并稳步地在其他大洲增加其领地。非洲或亚洲的每一块

征服西部

现成的土地，都被对立的列强中的某一个攫为己有了。法国成了殖民宗主国，在阿尔及利亚、马达加斯加、安南（今越南）及东京湾（今北部湾）获利。德国占据了西南非和东非的一些地方，在非洲西海岸的喀麦隆、在新几内亚和太平洋的许多岛屿上建立了定居点，还以几个传教士被杀作为入侵的借口强占了中国黄海的胶州湾。意大利到阿比西尼亚（今埃塞俄比亚）碰运气，却被当地的皇帝尼格斯的士兵打得惨败，便占领了北非的黎波里的土耳其殖民地，聊以自慰。俄国在占有了西伯利亚全境之后，又从中国手中夺走了旅顺港。日本于1895年的甲午战争中战胜了中国，强占了台湾岛后，又于1905年宣称对朝鲜全境拥有主权。1883年，世界上从未有过的殖民帝国英国声称对埃及施行"保护"。它最有效地执行这一任务，使那个自1868年苏伊士运河开通后一直受到外国侵略威胁的被忽略的国家得到了巨大的物质利益。在接下来的 30 年中，英国在世界的不同地方打了许多殖民战争；经过 3 年苦战后，英国于 1902 年征服了德兰士瓦和奥兰治自由邦的独立的布尔共和国。同时还鼓励塞西尔·罗兹为一个南起好望角、北边几乎到了尼罗河口的一个巨大的非洲国家奠定基础，还把欧洲人剩下未占的岛屿或行省牢牢地抓在手里。

比利时精明的利奥波德国王，利用亨利·斯坦利的发现，于 1885 年建立了刚果自由国。这个庞大的热带帝国原先是一个"君主专制国"，但是在多年可耻的错误管理之后，便被比利时吞并，在 1908 年成为殖民地，把那个只要象牙和橡胶、不顾百姓死活的肆虐的皇帝容留下来的陈规陋习——废除。

至于美国，由于已经拥有广袤的土地，没有再扩张领土的欲望了。但西班牙在其西半球的最后一块领地古巴倒行逆施，实际上迫使华盛顿政府采取行动。经过一场时间不长又波澜不惊的战争，西班牙被逐出古巴、波多黎各和菲律宾，波多黎各、菲律宾两国就成了美国的殖民地。

世界经济的发展完全是自然的。英国、法国和德国境内工厂的数量增加之后，需要更多的原材料，而相应增多的欧洲工人也需要不断增长的食物。到处都在要求更多和更富的市场，更易于得到的煤、铁矿、橡胶园和石油井，更大量的小麦及谷物的供应。

在那些计划在非洲维多利亚湖上建立航线，或者在山东省内陆修铁路的人的心目中，欧洲大陆上单纯的政治事件已经降低到无关紧要的地位。他们知道，许多欧洲问题仍有待解决，但他们不想自找麻烦，由于他们这种漠不关心和粗枝大叶的态度，就给后人留下了憎恨和痛苦的根源。欧洲的东南角在数百年间始终是叛乱和流血的场所。19世纪70年代，塞尔维亚、保加利亚、门的内哥罗（即黑山）和罗马尼亚再次掀起争取自由的斗争，土耳其在许多西方国家的支持下，则试图镇压。

1876年在保加利亚经历了一段残暴至极的大屠杀之后，俄国人失去了所有耐心。俄国政府被迫干涉，恰如麦金利总统不得不出兵古巴，制止魏勒尔将军在哈瓦那的射杀队一样。1877年4月，俄国军队渡过多瑙河，猛攻希普卡隘口，在夺取了普列夫纳之后，一路向南长驱直入，抵达君士坦丁堡城下。土耳其向英国求援。有许多英国人谴责他们的政府站在苏丹一边。但迪斯雷利却决定出面干涉——他刚刚使维多利亚女王兼任印度女皇，而且他偏爱形象生动的土耳其人而憎恶在境内对犹太人施暴的俄国人。俄国于1878年被迫签订《圣斯蒂法诺和约》，而巴尔干的问题则留给了当年六七月间在柏林召开的会议。

这次著名的会议完全由迪斯雷利一人操纵。对于这个满头鬈发、油光可鉴、态度极端骄横，却又有几分玩世不恭的幽默感和突出的谄媚天赋的机警老头，连俾斯麦都让他三分。这位英国首相在柏林关注着他的土耳其朋友的命运。门的内哥罗、塞尔维亚和罗马尼亚被承认为独立的王国。保加利亚公国取得了半独立的地位，由沙皇亚历山大二世的侄子，巴登堡的亚历山大公爵统治。由于大英帝国视土耳其领土为阻止俄国进一步向南扩张的必要的安全屏障，就特别担心苏丹的命运，使得上述 4 个国家无法按其自身能力开发资源，加强实力。

更为糟糕的是，柏林会议允许奥地利从土耳其手中夺走波斯尼亚及黑塞哥维那，作为哈布斯堡的领土加以"治理"。事实上，奥地利也出色地完成了这一任务：这两个被忽略的省份和英国的殖民地一样管理得法，已经备受称赞了。但那里的居民多为塞尔维亚人。早先他们曾是塞尔维亚大帝国之一部分，早在 14 世纪，该帝国的首领斯特凡·杜尚就抵御了土耳其人的入侵，捍卫了西欧，其首都于斯屈普（今斯科普里）早在哥伦布西行发现新大陆之前的 150 年就已经是文明中心了。塞尔维亚人当然对他们古代的荣耀念念不忘，这是人之常情嘛。他们认为，这两个省份从各种传统权利来说，都是属于他们的，因此对奥地利人待在那里心有不甘。

而正是在波斯尼亚首都萨拉热窝，奥地利王位的继承人斐迪南大公于 1914 年 6 月 28 日遇刺。杀手是一名塞尔维亚大学生，他这样做纯粹出于爱国动机。

这次可怕的灾难虽不是唯一的原因，却是引发第一次世界大战的导火索，但究其罪咎，是不能怪那个心智有些失常的塞尔维亚青年或死于他手下的奥地利的牺牲品的。应该追溯到那次著名的柏林会议：彼时欧洲忙于物质文明的建设，而忽略了在古老的巴尔干半岛的一个幽暗角落里一个被遗忘的民族的梦想与期待。

63

一个新世界

世界大战确实是为了更美好的新世界而进行的斗争。

　　在推动法国大革命爆发的一群为数不多的诚挚热情的人当中，有一名品格高尚的孔多塞侯爵。他为贫苦不幸者的事业献出了生命。他曾是达朗贝尔和狄德罗编写著名的《百科全书》时的一名助手。在革命的最初几年中，他一直是国民议会中温和派的领袖。

　　当国王及保王党的背叛给了极端激进分子以机会掌控政府并斩杀反对派时，他的宽厚仁慈和坚持情理使他成为被怀疑的对象。孔多塞被宣布为"不受法律保护的人",这个遭放逐的人就此成了每个真正的爱国者可以摆布的人了。他的朋友们冒着风险要把他隐藏起来。孔多塞却拒绝了他们为他所做的牺牲。他逃出巴黎想回家,也许在家乡会安全些。经过 3 个晚上的风餐露宿,他身上流着鲜血,疲惫不堪。他走进一家小酒馆,要了些吃的。怀疑他的乡民搜查了他,在他的衣袋里翻出了一本拉丁诗人贺拉斯的诗集。这表明他是个有教养的人,在那个所有受过教育的人都被视为革命政权的敌人的时刻,他是不该出现在公路上的。他们抓住了他,捆绑起来,还塞住嘴,然后扔进了一座乡村拘留所,但天亮之后,士兵们来把他押回巴黎砍头时,啊!他已经断了气。

这个人奉献了一切,却没得到任何东西,他有充分理由对人类丧失信心。但他写了几句话,至今仍像 130 年前一样回响着真理。我抄录在此,以飨读者。

"大自然赐予我们无限的希望,"他写道,"人类挣脱了枷锁,正以坚定的步伐走在真理、美德和幸福的大道上的画面,为哲学家提供了一幅前景,使他从至今仍玷污和折磨着大地的错误、罪行和不公中得到了慰藉。"

这个世界刚刚经历了一场大战的极度痛苦,与之相比,法国革命不过是一场过眼烟云。这场大战的震撼如此之大,把千百万人胸中希望的最后一点火星都扑灭了。他们正在高歌进步,4 年的厮杀继之以他们对和平的祈祷。他们说:"为了那些尚未完成最早的穴居人进化

战争

阶段的人的福祉而受苦受累，这值得吗？"

答案只有一个。

那就是："值！"

世界大战是一场大灾大难，但并不意味着什么事都完蛋了。相反，它带来了一个新的时代。

撰写希腊、罗马或中世纪的历史是容易的。在那个早已被遗忘的舞台上扮演过角色的演员们都已死去了。我们可以用冷静的头脑评价他们。为他们的行径喝彩的观众也已不复存在。我们的说三道四不可能伤害他们的感情了。

但要真实叙述当代事件就十分困难了。和我们共度一生的人们脑子里想的问题也是我们自己的问题；我们撰写历史时，若不想大肆吹嘘，就需要公正地描写，那些难题会使我们大受伤害或者大为高兴。

尽管如此，我还是要设法告诉你们，我为什么同意可怜的孔多塞所表达的他对美好未来的坚定信念。

前面我曾再三告诫你们，不要听信所谓的历史时代而产生错误的印象。我们把人类的故事分为 4 个部分：古代世界、中世纪、文艺复兴和宗教改革以及现代阶段。最后这个提法最为含混。"现代"这个词暗示，我们这些 20 世纪的人，处于人类成就的顶峰。50 年前，以格拉斯通为首的英国自由派人士认为，真正代议制民主政府的问题，已由第二次大改革方案永久性地解决了：该法案赋予了工人在政府中与雇主拥有同等权利。当迪斯雷利和他的保守派朋友谈及这是"在黑暗中向前跃进"的危险措施时，自由派做了否定的回答。他们对自己的做法深信不疑，并且相信，从今以后社会各阶级将携手合作，使他们共同的国家的政府成为一大成功。从那时起，发生了许多事情，少数几位仍旧健在的自由派人士开始醒悟：他们错了。

对于任何历史问题，都没有一个肯定的答案。

每一代人都该进行新的奋斗，否则就会像史前世界那些不肯进取的动物一样遭到淘汰。

一旦你把握了这一伟大的真理，你就会具有崭新的、宽阔的人生观。然后，再往前走上一步，设想你自己处在公元 10 000 年时你的后代子孙的位置。他们也要学习历史。但是他们如何看待我们在这短短的 4 000 年中记载下的我们的所思所为呢？他们会把拿破仑当作亚述征服者提拉革·帕拉萨的同时代人；他们也许会把他与成吉思汗或者马其顿的亚历山大大帝混为一谈。刚刚结束的这场世界大战看来就像是罗马和迦太基之间长达 128 年的争夺地中海霸权的长期商业冲突。19 世纪的巴尔干的矛盾——塞尔维亚、希腊、保加利亚和门的内哥罗争取自由的斗争，在他们看来就像是由大迁徙造成的无序状态的继续。他们会看着刚刚被德国大炮轰塌的兰斯大教堂的照片，就像我们看着 250 年前在土耳其人和威尼斯人的战争中毁掉的古希腊雅典卫城照片一样。他们会把在许多人中间依旧十分普遍的对死亡的恐惧，看作是一种幼稚的迷信，那种迷信在不晚于 1692 年还在烧死女巫的那族人中间大概还是很自然的。哪怕我们引以为荣的医院、实验室和手术室，他们看来也就像稍加改进的炼丹术士和中世纪外科医生的工作间。

而这一切的道理是很简单的。我们现代的男男女女根本就不"现代"。相反，我们依旧属于穴居人的最后几代。新时代的基础不过在昨天才奠定。人类在有勇气怀疑一切，并使"知识和理解"成为创建更富情与理的人类社会的基础时，才会得到第一次机会成为真正的文明社会。世界大战正是这一新世界的"成长中的痛苦"。

在未来的很长时间里，人们会写出大批的书论证是这个人、那个人或其他某个人造成了战争。社会主义者会出版一部又一部的著作，指责"资本家们"为了"商业利益"而发动了战争。而资本家们则会回答，他们打的这场战争是极大的得不偿失——他们的孩子是第一批走上战场并死在那里的——而且他们还会表明，在每一个国家里，银行家如何竭尽全力防止敌对行为的爆发。法国历史学家会翻遍从查理大帝到霍亨索伦的威廉各时代日耳曼人的罪恶记录；而德国历史学家也会以怨报怨，历数从查理大帝到普恩加莱总统（1913—1920）时代法国人的滔天罪行。然后他们会自我满足地认定，对方便是"造成战争"的首恶。各国的政治家，不论是已死的还是活着的，会坐到打字机前，解释他们如何尽力避免敌对行为，而他们恶毒的对手又如何把他们逼进了战争。

今后的100年，历史学家们不会去理会这些道歉和辩白。他们会理解真正的内在原因，他们深知，个人的野心、个人的恶毒和个人的贪婪，与战争的最终爆发并没有什么关系。犯下对这一切苦难难辞其咎的根源性错误，是在我们的科学家开始创造一个钢铁、化学和电的新世界的时候，他们忘记了人的脑筋比寓言中的乌龟还要慢，比著名的树懒还要懒，只能在一小伙勇敢的领袖后面跟着走上100到300年。

披着羊皮的狼依旧是狼。即使狗被训练学会骑自行车、抽烟斗，它还是一条狗。一个长着16世纪商人脑子的人，就算驾驶一辆1921年的劳斯莱斯轿车，也还是一个头脑滞留在16世纪的商人。

如果你开始时不明白这一点，就再读一遍吧。你不久就会明白的，它将对最近60年发生的许多事做出解释。

或许我可以另外给你一个更熟悉的例子来讲清我的意思。在电影院里，玩笑和开心的词儿常常打在银幕上。要是有机会，下次就看看那些观众。看来只有少数人差不多能弄得明白那些词句，他们只消用上一秒钟就能读完那一行字幕。另外一些人则要稍微慢一些。再有一些人要用二三十秒钟。最后有些人也就能明白个大概意思，而这时那

帝国观念的蔓延

些较聪明的观众已经开始辨认下一行了。我现在想说明的就是，人类生活中的情况也大体如此。

在前面的章节中，我已经讲过，罗马帝国的观念，在最后一名罗马皇帝死后1000多年仍在持续。这种观念造就了许多"模拟帝国"；还使罗马的主教们得以自命为全教会的教皇，因为他们体现了罗马教廷的最高权力；也驱使许多未受文明浸染的蛮族首领走上犯罪并进入无休止的战争，因为他们也始终受到"罗马"这个魔咒般字眼的纠缠。所有这些人，教皇、皇帝和普通战士，和你我并无大的不同。无外乎因为他们生活在一个罗马传统依然鲜活的世界里——一些活生生的东西仍清晰地记在父亲、儿子和孙子的头脑里。因此，他们为一项事业奋斗和牺牲，其实那种事业如今很难有重振的可能了。

我还在另一章里讲过，在宗教改革第一次公开行动的一个多世纪之后，发生了宗教战争。如果你把三十年战争那一章和谈发明的那一章加以对比，就会发现：那一场骇人的屠杀就发生在第一批笨重的蒸汽机在法国、德国和英国的科学家的许多实验室里喷着汽的时代。但从整体上说，当时的世界对这些陌生的新玩意儿漠不关心，仍在继续那场神学大论争。这样的论争若放在今天，虽不致惹起众怒，但也会让人打哈欠。

事情就是如此。从现在起再过1000年，那时的历史学家也会用同样的词句描述已成为过去的19世纪的欧洲。他会看清，人们如何投身于可怕的民族斗争，而他们周围的实验室里却满是认真的人，他们毫不考虑政治，一心只想强迫自然界将其数以百万计的秘密祖露些许。

你们会逐渐理解我要阐明的道理。工程师、科学家和化学家，仅仅在一代人的时间之内，就让欧洲、美洲及亚洲，充满了他们的大型机器、他们的电极、他们的飞行器、他们的煤焦油产品。他们创造了一个时间和空间已经变得可以忽略的新世界。他们创造了许多新产品，而且其价格之低廉，几乎人人都可以买得起。这些我在前面已经讲过，但无疑值得重提。

为了保持日益增多的工厂能够运转，业已成为土地所有者的工厂主需要众多的原料和煤，尤其是煤。与此同时，广大人民群众却仍在用 16 和 17 世纪的思路考虑着问题，固守着国家即是王朝或政治机构的老观念。而这个笨拙的中世纪机制一时却突然受命要应对一个机械生产的世界的高度现代的问题。它按照几世纪之前制定的游戏规则竭尽了全力。各个国家都创建了庞大的陆海军，用于获取遥远陆地上的新领地。只要什么地方还有一小块剩余的土地，那儿就会建成英国、法国、德国或俄国的殖民地。当地人如若反对，就杀掉他们。在多数情况下，他们没有反对。只要他们不打搅钻石矿、煤矿、油田、金矿或橡胶园，他们就获准平和地生活，还能从外国占领者手中得到一杯羹。

有时会遇到两个谋求原料的国家同时相中了同一块土地的情况，这时就要打仗。这种事 50 年前就发生了：当时俄国和日本为争夺属于中国人民的某处领土而开战。不过，这样的冲突是例外，谁也不那么想打仗。事实上，用军队、战舰和潜艇作战的概念，在 20 世纪初的人们看来，似乎是荒谬的。他们把这种暴力观念同好久之前无限的君权和谋私的王朝联系到一起。他们每天从报纸上读到一伙伙的英国、美国和德国的科学家在医药或天文方面为了新的进展友好合作，求得更新的发明。他们生活在一个忙碌的商贸和工业的世界里。但只有少数人注意到，国家——认同某些共同理念的巨大的住民群体——体制的发展已落后了好几百年。他们想提醒别人看到这一点，但别人却忙于他们各自的事务。

我已使用了许多比喻，请原谅我还要再用一个。埃及人、希腊人、罗马人和威尼斯人，以及 17 世纪那些商业冒险家们的"国家之船"（这一古老而可信的表达始终新鲜而且总是那么生动），曾经是由风干透的木料打造的牢靠的船只，由熟知自己的船只和水手的高级船员指挥，他们懂得航海艺术的局限，而那些知识是由先辈传到他们手中的。

这时迎来了钢铁和机械的新时代。"国家之船"一部分接着一部分地改变了。船的体积增加了，蒸汽取代了船帆，设置了更好的客舱。但有更多的人手不得不下到锅炉间去，虽说工作安全了，报酬也不错，但他们还像以前在老船上使用索具那种更危险的工作一样不喜欢这种职业。最后，几乎不被觉察地，古老的木制方形船变成了现代的远洋轮船。但船长和他的大副们还是原班人马。他们和 100 年前一样是被推举或指定的。他们掌握的是 15 世纪的航海知识。他们的舱室里悬挂的是路易十四和腓特烈大帝时就使用的海图和信号旗。简言之，他们根本不能胜任现代的航行工作（虽然不能怪他们）。

国际政治的海洋并不辽阔。当那些帝国的和殖民的船只试船和彼此超越时，事故就不可避免，而且也确实发生了。若是你大胆经过那片海域，你依旧能看到船只的残骸。

这个故事的寓言很简单。世界迫切需要具备新的领导能力——既有远见又清醒地承认我们的航行才刚开始，需要掌握全新的航海艺术。

他们还需要认真地好好当上几年的学徒。他们不得不面对种种形式的反对，一路奋斗到顶峰。当他们到达舰桥上的时候，心怀嫉妒的船员会叛乱，置他们于死地。但终有一天，会有一个人挺身而出，把船安全地带进港口，他将成为他的时代的英雄。

64

永远如此

"我对我们生活中的问题想得越多，就越觉得我们应该选择讽刺与怜悯担任我们的陪审技术顾问和法官，就像古埃及人为死者请出伊西斯和奈芙蒂斯这对女神姐妹一样。

讽刺与怜悯同样是称职的顾问：前一位以微笑使生活可心，后一位则以泪水使生活圣洁。

我所祈求的讽刺并非残忍之神。她并不讥讽爱情和美丽。她处事温和慈祥。她的笑容消除了剑拔弩张的气氛，正是她教导我们去嘲笑无赖和傻瓜，若不是她，我们可能会懦弱到不敢对那些人鄙薄和痛恨。"

65

七年之后

《凡尔赛和约》是刺刀尖下的盟书。无论费瑟贵尔上校的发明在那场势均力敌的混战中多么有用，作为和平的工具，那份和约从未被认为是个成功。

更糟糕的是，掌握这一致命武器的人全都是老年人。一伙年轻人打起架来是这么一回事：他们会以你死我活的愤恨彼此厮打。可是一旦他们消了气，他们就会回到平日的工作中去，对不久前还是他们的敌人的人，不再存有任何个人的怨恨了。但是当六七个脸蛋刮得光光、须发灰白、一生抱负受挫而满腔徒有怒火的老头子们，围坐在一张绿绒面的桌旁，胸有成竹地要惩治在其全盛期无视任何法律准则和国际礼仪的六七个毫无抵抗能力的对手时，情况可就大不相同了。

在这种时刻，愿上帝宽恕我们吧！

着火的世界

　　仁慈的上帝啊！在过去的4年里，他的圣名遭到了多么大的凌辱，根本没有心情把他慈爱的手放到他这些不肖子孙的头上了。

　　这场大屠杀是他们自己做的孽。如今就让他们尽力去收拾残局吧！

　　他们尽到了什么力，从那时起我们已经有机会领教了。而过去7年的故事几乎是不间断的无耻的连篇大错，一再重复着贪婪、残忍和目光短浅的威吓——这样一个难以置信的愚蠢的时代，在记载了诸多事实（若是我能获准将此事搁置的话）的令人沮丧的人类愚昧的编年史中，也是独一无二了。

当然不可能预言公元 2500 年的人们会对这场摧毁了欧洲文明并赐予轻信的美国人以人类领导地位的大动乱的内在原因怎么说。但根据自国家成为高度组织的生意机构以来发生的事情来看，他们可能会得出这样的结论：在两大竞争的商业集团之间爆发点什么绝对是不可避免的，而且注定迟早要发生。说得直白些，他们会承认：德国已经构成对大英帝国繁荣的威胁，绝不允许它进一步发展成世界多种需求的总供应商。

我们亲身经历了这场争斗，发现难以估计过去 10 年中事件的真实意义，如今 7 年已经过去，就可以得出几条相当肯定的结论，而且不致在我们和睦的邻居和朋友们中间引起过多的混乱。

500 年来的历史确实是所谓的"领先的强国"为一方，那些希望夺取他们的幸运地位并取而代之成为海上霸主的为另一方，这两方之间的巨人之争。西班牙是跨过伟大的意大利各商业共和国和葡萄牙的死尸而得到光荣的。西班牙刚一建立起驰名遐迩的日不落帝国（有地理上的也有事实上的理由），荷兰当即要剥夺西班牙的财富，考虑到这两个国家面积上的差异，荷兰共和国取得的成就是十分可观的。但是荷兰刚刚得到在当时看来具有最大地获取眼前利益的最大机遇，法国和英国却又登上了舞台，要从荷兰人那里虎口夺食，抢劫他们新近得到的领地。法、英的这一目的达到之后，两者又为分赃而争，经过长时间耗费巨大的争斗，英国登上了顶峰。从那时起，英国主宰世界长达一个多世纪。它容不得任何对手。挡路的小国都被它踏在了脚下。其他大国虽然不会被它一举击败，却突然发现它们面对着一个神秘的政治联盟，而往日以玩弄外交手腕著称的英国统治者似乎掌握着其秘密。

考虑到这些众所周知的经济发展——在所有的初级历史教科书中都有可靠的描述，德国统治者在20世纪的前20年采取的政策似乎颇为幼稚。有些人认为战前的德皇应受到谴责，他们的论据值得我们密切注意。威廉二世是个有严格治理能力的诚实的人，但又是那种由于出身而被扶上强国宝座的人。他从神授的优越感的高峰上俯视天下，从而很快就失去了与普通人性的所有联系，从而成为帝王中常见的那种莫名其妙的自我妄想狂的牺牲品。这是相当自然的：没有人曾经如此努力地赢取英国人民的好心，也没有哪个外国人曾经如此耻辱地不善理解英国人的真正本性。

北海彼岸的那座奇怪的岛屿靠贸易为生，他们仅仅属于也单单为了这一件事而奋斗。那些不干涉英国商业的人，即使称不上地道的"朋友"，至少也是"可以容忍的陌生人"。反之，不管地域上多么遥远，只要有可能威胁到大英帝国霸权的人或国家，便是"敌人"，只要一有机会，势必要予以摧毁。那位亲英的条顿皇帝发表的所有美好的演说和所有善意及友好的表示，一刻也没有让英国百姓忘记：德国人是他们最危险的竞争对手，迟早会把他们的廉价商品倾销到文明和未开化的世界各地。

海上霸主

　　但这还只是问题的一个方面。还有最重要却未予尽数的因素造成了这场世界大战的大屠戮。

　　在铁路和电报问世前的幸福岁月里，各国都或多或少地有一个固定的实体，沉重而坚定地沿着其自身的路线前进，如同大象推动马戏团的小车，争夺商业霸权的两大对立势力之间的争吵进展缓慢，旧派的外交伎俩可以使这一争吵不超出地域。不幸的是，1914年全世界成为一个大规模的国际工场。阿根廷的一场罢工很容易使柏林遭受损失。

伦敦的某种原料涨价可能会成为千百万长期受苦受难的中国苦力的灾难，尽管他们从没听说过泰晤士河上的那座大城市。一所三流德国大学中某个无名的"无薪教师"[1]的发明往往会迫使十几家智利银行关门，而古登堡一家老牌商号的经营不善可能会剥夺澳大利亚数百男女青年上大学的机会。

当然，并非所有的国家都已到达了工业发展的同一水平。一些国家依旧是完全的农业国，还有一些国家刚刚从几乎是中世纪的封建主义中崛起。不过，这并不妨碍他们在其工业化的邻国眼中成为合乎需要的同盟。恰恰相反，这样的国家通常都具备无限的人力资源，充当这样的炮灰，俄国的农民一向让人无法望其项背。

这些不同的、互相冲突的利益群体是以什么方式又是如何纳入相关国家的一个大集团，而且为什么在 4 年多的时间里它们会一致为同一目的而战呢——这些问题的解决，我们最好留给我们的孙辈。到那时，关于战争的开端比起今天来要知道得更多，而目前我们尚不能对那些将欧洲大陆变成一座大屠场的被误导的爱国者做出评判。

在 1926 年 8 月这个炎热月份里，我们希望能做的就是关注被那些自诩为历史学家的人几乎必然要忽略的一个突出的事实，即：作为世界大战发端的欧洲的巨大冲突，以全世界的革命而结束，但这并不意味着对事务正常发展的短期中断（以往 300 年间的一切战争确是如

1　指德语国家大学中只从学费中获得报酬的教师。

人力

此），而是标志着一个全新的社会和经济纪元的起始。那些对《凡尔赛和约》负有责任的老人们都是他们既定的环境的产物，因此他们都无法承认这一点。

他们的思维、谈话和行动，都是按照一个逝去的时代进行的。

这大概就是他们的辛苦只能被众人唾骂的原因。但是还有一个因素对小国的权利和民主造成了灾难性的战争结果负有重要的责任，那就是美国参战太晚。

美国人作为一个整体的民族，觉得他们自己有 5 000 公里的大洋阻隔，完全可以安然无恙，对国外的政治从来不大关注。由于习惯靠标语口号、报纸标题及得意的无知来认识以往 2 000 年中欧洲（乃至世界其他地方）的历史发展，威尔逊总统的大多数同胞只能间接地得到他们的历史资讯。协约国的宣传机构很容易借助德国陆海军将领某些滔天罪行的煽动，使美国朋友轻信：这场战争绝对是一场正确与谬误之间的斗争，是黑白分明的碰撞，是盎格鲁 - 撒克逊自主的天使和条顿专制的恶魔之间的决斗。直到善良又重情的美国人民（因此也易于走上唯情和残酷的奇特极端）感到若是再袖手旁观，就对他们自己气质中一切优秀和体面的品性不够忠诚信义了。于是，一股类似十字军的狂热和急切的热浪横扫美国。巨大的美国工业开始缓慢但稳定地运转，不久，200 万人便匆匆奔赴欧洲，制止当代匈奴无可容忍的罪行。

这一来，上百万认真而热切的青年自然要尽力重新评估他们的战斗理念，并让他们的全体同胞得以理解。因此就有了"以战制战"的口号。也就有了威尔逊总统著名的十四点原则——国际正义的新"十戒"。也就有了小国民族自决的热情，对"使世界民主而安全"表现出强烈的欲望。

对贝尔福[1]、普恩加莱[2]和丘吉尔（且不提沙俄统治集团已被流放的领导人）而言，这类词语听着如同异端。若是他们本国有人如此呐喊，早就会经临时通告送交军事法庭的行刑队了。但作为 200 万人的总司令，世界所有财富的可靠的看门人，他的话就要人洗耳恭听了。于是，

1　贝尔福（1916—1919）英国保守党领袖、首相、外交大臣。

2　时任法国总统。

宣传

在战争的最后一年半里，欧洲各国的领导人为某种理想而战了。其实对那个理想而言，他们已经毫无作为，恰如对此时从克里姆林宫的城墙里由上百种不同语言发出的那些经济变革的奇谈怪论，他们也无能为力了。德国人对他们最畏惧的敌人——美国提出的合理条款惊喜过望，他们刚一推翻他们的皇帝并将国名从"帝国"改为"共和国"，军队缀上红色帽花，唱着《国际歌》向莱茵河撤退时，协约国的头领们立即抛弃了愚蠢而为难的美国理想，准备按照著名的"败者受难"原则来签订和约——那一原则从穴居人时代起就顺理成章，用于纪律严明的身体格斗。

若是威尔逊总统没有提出他要亲自直接参加1919年的外交谈判这样的不幸计划，欧洲诸国任务远不会那么复杂。若是美国总统待在国内，欧洲列强就会按照他们的正确和谬误的条款来签订和约了。从美国的观点来看，他们是错的，但对也罢，错也罢，他们的结论是一个确定的思维体系的真诚表达。可是迄今从未交融过的美国和欧洲的理念，如此可怕得交织在一起，什么也无法确定无疑地解决，协约国各方只落了个愤愤不平，和平事实上绝对比战争耗费还要巨大。

但仍有另一个因素大大促成了由《凡尔赛和约》引起的混乱。威尔逊总统本人就是一个半独立国家联盟的领袖，他有一种世界各国联盟的见解。这样的情况在美洲大陆已经证明是可行的：一个多世纪以来，美国已经给予数量不断增长的拥有主权的各州一定程度的政治自由和经济昌盛，使整个美国成为全球最繁荣和最富有的国家。欧洲人民为什么不能学习1776年弗吉尼亚、宾夕法尼亚、马萨诸塞3州念念不忘的教训呢？

真的，为什么不能呢？

因此，当威尔逊先生解释他的国际联盟的计划时，协约国的领导人都在垂首恭听。在那种环境的压力下，他们甚至同意了将世界合众国的原则写进他们的和平条约。但总统的座船刚一起锚，驶向西半球时，欧洲诸国就开始消除与那位伟大总统的内心最为接近的成果，回到旧日外交的秘密条约和私下结盟的理念。

与此同时，一种非常明显的感情突变在美国国内出现了。当然，他的许多同时代人可以轻易地责备威尔逊先生的某些个性造成了大家对国际联盟的态度改变。但更加微妙的其他势力正在加紧工作。

首先，参战士兵返回了家乡。他们对欧洲状况的了解很直接，他们并没有迫不及待地要继续过去2年中那种极亲密的关注。

其次，大部分人正在开始从战争的疯狂愤怒中恢复过来。他们不必再为亲爱的子女的生命担惊受怕，又能冷静地思考了。对欧洲传统的不信任又重现了。不久就可清晰地看出，乔治·华盛顿抵制"纠缠不清的联盟"的不祥警告，在1918年已经和一个世纪前一样左右着人民群众。

再次，经过2年的游行以及4分钟的演说和自由借贷，重新回到谋利生意的正常轨道上来是非常令人愉快的。

总之，威尔逊总统如此唐突地抛到欧洲门槛前的国际联盟已经遭到其精神父母的遗弃了。婴儿虽没有夭折，却过着朝不保夕的日子，长成了一个体弱的家伙，无法以任何确定的方式让人觉察到它的影响，只是因为偶尔无效的斥责和摆动顽皮的手就能把自己的朋友惹恼。

我们又一次面对难言的历史上的假设。

美国走向国外

"假如国际联盟当真将整个文明世界变成了一个成功的世界合众国……"

我说不上来，不过，即使在最有利的环境中，威尔逊总统也只有极小的成功机会。

我们如今已开始认识到，这场战争，与其说是战争，不如说是革命，而且是一场胜利被始料未及的第三者拿走的革命，从那时起这个第三者就被视为詹姆斯·瓦特的孙子，在越来越大的圈子里以

铁人

"铁人"而为人所知。

原先，蒸汽机——如同它的弟弟电动机一样，一直是文明的人类家庭颇受欢迎的新成员，因为它是个驯顺的奴仆，而且随时都会减轻人力和畜力的劳动。

但不久就清楚了，这个无生命的杂工还诡计多端，而战争带来的一切体面生活的暂停给了这铁家伙一个机会去役使本来是它的主人的人。

四处都有些聪明的研究科学的人会预见到这个难以驾驭的仆人威胁人类的危险，但这样的预言家刚一开口发出警告，便立即被指斥为布尔什维克分子和煽动性的激进分子，结果，他们要不就闭上嘴巴，要不就自食其果。由于对这场大战负有责任的政客和外交家们此时都在致力于制造合适的和平，是不该在如此神圣的努力中去打扰他们的。不幸的是，这样一个可敬的群体几乎总是完全不懂得自然科学和政治经济的基本原理，而这些基本原理恰恰是左右我们当前的工业化和机械形式的社会的观念，况且这伙人比起目前可以想到的其他群体更不适合掌控复杂的现代问题。巴黎那些全权的大使们也不例外。他们在铁人的阴影下见面，他们谈论的世界是由铁人左右的，但他们始终没有意识到铁人的存在。直到最后，他们谈话的用词和象征都来自18世纪而不是20世纪的头脑。

后果是必不可免的。不可能用1719年的思维方式取得1919年的繁荣。但日益显而易见的是，凡尔赛的那些老人们到底做了些什么。

如今，看看留在泛滥着愤恨与不理智的尾波中的世界吧！一个光怪陆离的新的民族主义的疯狂的"联谊会"，或许作为历史奇迹还有些价值，但在一个由煤、铁、水力和批发信誉操纵的世界上，绝不可能有其一席之地。一个由人为边界划分的大陆在儿童地图上看着蛮好，但对现代文明的要求却无任何价值。一座辽阔的军营，人们穿着黄色、绿色和紫色的军装如同举办化装舞会，无力地模仿着他们虚幻的祖先，对我们当今的社会却缺乏实用价值，远不如在廉价商店地下室中上班的收款的小女孩。

如此说法似乎是对事态的老大不敬，毕竟那些观念还充斥着满怀感念和自豪的千百万真诚的欧洲爱国者的心灵。

我很抱歉，但在欧洲的政治家们心甘情愿地把现代问题留给具有现代思维的人们去解决之前，是不会有任何持久的改进的。与此同时，人民在极度痛苦和沮丧之中就会转向

法西斯主义开出的万能药方。

这一番雄论倒也刚好解释了近来的一切政治进展中最危险和遗憾的东西——在欧洲人民和美国人民之间急速发展的反感。既然我的写作是为一切民族的孩子们而不仅仅是为了那些生活在从大西洋到太平洋伸展开的一片幸运土地上的孩子们——这里飘扬着的星条旗可以看作是非常可疑的品位的展示。但如今已是讲话直白的时代，哪怕冒险被百分之百的爱国主义者（这是我所渴望的最后荣誉）所误解，我还是要把我的观点讲清楚。

我从来没有宣称过，一人对一人地比较，美国人作为一个民族优于其在旧大陆上的任何表亲。但所幸的是，他们对过去所知甚少，因此比起所有其他民族来说他们更具有面对未来的开放眼光，更能够解决当前的问题。结果，他们就会毫无保留地接受现代世界，而且是连好带坏地全盘接收，因此很快地就会达到一种"妥协"，借此，活人和他的无生命的仆人就得以和平并互敬地共存。这话听起来荒唐，却

是真实的：已经实现最大的完美机械化的国家，也是最早让铁人就范的。为了做到这一点，美国人民曾不得不把大量的古旧的压舱物抛下船去。他们已经放弃了 200 年或 2 000 年前用于极其有效的目的的数以百计的观点、偏见和理念，因为那些东西如今已经不比驿车或奇迹偶像更有价值了。在我看来，除非德国、英国、西班牙以及天晓得该叫什么名字的国家的人民群众都能这样做，否则欧洲就不可救药了。

在这样的章节里，原是易于对洛迦诺[1]发表一番高谈阔论的；对那些尚未弄清路易十四和拿破仑时代来自早已被抛进石器时代的小城的法国政客的愚蠢，也同样可以指手画脚。但那样会浪费精力和油墨。

在过去 10 年里席卷全球的苦难（因世界大战而加速，但绝不是由那场血淋淋的冲突造成的），实际上是由于全世界经济和社会结构的深刻变化的结果。但沉浸在以往学识中的欧洲，至今仍不情愿或不能够认识这一事实。

《凡尔赛和约》是旧制度最后一次伟大的姿态，也是对抗现代纪元不可避免地到来的最后一座堡垒。在不足 8 年的时间里，该和约成了一片废墟。应该对 1700 年那篇高贵的治国方略加以考虑。今天，一万人里也不会有一个人愿意费事去读的。因为 20 世纪是受某种经济和工业原理制约的，并不认可政治界限，而以绝对的不可避免性趋向于将全球变成一个无视语言、种族或此前先辈荣誉的巨大而繁荣的车间。

1　瑞士南部城市，1925 年德国与比、意、法、英、波、捷 6 国在此开会，并签订条约。

这个车间最终要造出什么，在人及其机器之间甘心又智慧的合作中会发展出什么样的文明——我一无所知，而且也确实无关紧要。生活意味着变化，何况这也不是人类第一次面临类似的紧急情况了。

我们的远祖和近祖就曾经历过这样的危机。

毫无疑问，我们的子孙也会这样经受考验。

但是对我们生活在今天的人来说，唯一严重的问题是沿着经济而不是过时的政治路线来一次世界范围内的重新组合。

7年以前，大炮声让我们震耳欲聋，探照灯光让我们眼睛发黑，我们依旧昏昏沉沉地不清楚这场巨变会把我们载向何方。当时，任何一个忠诚正直的人，若是假装能够把我们引回1914年的幸福日子，我们都会把他当作领袖来拥护，因为我们衷心而诚挚地信任他。

今天我们看得更清楚了。

我们开始理解，我们生活在一个十分舒适的旧世界中，我们始终未曾料到一场大战的爆发实际上说明了其可用之处在几十年前即早已耗尽。

这并不是说，我们对如今展现在我们面前的道路就把握十足了。极其可能的是，我们会走错十几条路，最后才找到正确的方向。其间，我们正在迅速学会一个非常重要的教训：未来属于生者，让死者去在乎他们自己的事吧。

美国已经成年

如同许多忙碌的人一样，你们的祖父留下了许多未完成的工作。《人类的故事》一书是写给儿时的我和你们的父亲的。他也一直打算把这本书写得时新些，好给你们读。但怎么才算时新呢？这却是个问题。

如果你想描写什么特别大的东西，比如说，一场海洋风暴吧，你就会坐在一座高山上，从那里可以看到远处。这样你就能够观察到事物的"真正的远景"。相反，若是你只是乘着一条船在海上航行，你就只能描述四周向你冲击的海浪了。

编写历史书亦是同理。我们可以从现今的高山上观察过去。我们看得到"整个画面"。至于近代史——我所谓的"近代"，指的是过去二三十年的历史——我们却依旧身处"海上"。在尽量掌舵确保安全的航线时，我们的"国家之船"却正在受到来自各方的风浪的冲击。我们不知道风暴会有多大或者什么时候会过去。我们只好尽量把握航向，做最好的希望。

人们往往谈到历史上的"间歇"，即"什么事都没发生"的阶段。如今我们更清楚了。这种"间歇"和天气一样，纯粹是地方性的。在电报、电话和无线电发明之前，历史大事件如战争、革命和政府更迭之类，可能发生在某个国家，甚至连邻国都不了解多少内情。现在情况已经不同了。感谢现代的通讯和我们的自由新闻，在拉萨、罗马或开普敦发生的事件的每一转折，第二天就会被堪萨斯城、新奥尔良或者温哥华的每一个居民知晓。我说"会"，是因为当然有些人并不想得到这些消息。

美国人民最后一次不想理睬世界上其他地方历史的滚动声是在第一次世界大战之后。（正是在这一"间歇"期中，《人类的故事》把那个字眼当作了警示。）在协助我们先前的盟友打败了德国之后，我们觉得我们已经完成了期待于我们的一切。我们依旧轻率地对历史加诸我们的责任不闻不问，背对着国际联盟，让欧洲去自尝苦酒。

"咆哮的二十年代"来到我们面前。在哈定总统"恢复正常"的号召下，美国着手疯狂地开发各式各样的企业。浪费、违法和腐败在高层和低层比比皆是。哈定情况不明的突然死亡造成谣言四起：他若健在，就会面临控告。尽管目前这一代人愿意戴着玫瑰色的眼镜看待这一"爵士乐时代"，那幅繁荣图画却是涂在腐烂的画布上的。

如果说我在一部世界历史的核心中提及这样纯属一地的发展，我是有意为之的。恰如一个人或一个国家需要长时间才能树立起名声一样，一个人同样需要长时间才能把坏事忘掉。虽然20世纪20年代目睹了我们变得极其富强，我们作为负责任的公民的国家声誉却一路灾难性地下降到低点。我们许多人并不注意我们国境之外的发展，然而世界各国的耳目却专注于我们。

辛克莱·刘易斯和西奥多·德莱塞这样的小说家的作品反映了美国的社会状况，都被大量译成外文并引起了热烈的讨论。美国的剧作也在国外找到了新的观众，尤其重要的是，有了新的伟大的出口商品——电影。美国在世界事务中扮演角色的历史绝不能忽略我们的电影给我国带来的奸诈形象。这些影片在描写并歌颂我们富有和自由自在的生活方式的同时，在各国普通百姓的头脑中也成了夸大的美国观念，即恶有恶报。只需举一个例子，你就会明白我的意思了。今天，在各种外语中你至少可以找到一个美国字眼："歹徒"。

1922年意大利社会主义报纸《前进》的前编辑佩戴着"法西斯"袖标，即作为古罗马权势象征的一柄斧头插在一捆木棒中的图案，大摇大摆地走在罗马街头时，谁都没注意到他。当这个叫贝尼托·墨索里尼的人成为意大利的"领袖"时，美国人干脆说："谢天谢地，如今意大利的火车可以正点运行了。"这倒是实情，他们的确做到了。成千上万的旅游者这时纷纷来到罗马、佛罗伦萨、威尼斯和那不勒斯，他们常常被挡在街角，等候身穿黑衬衫的青年的游行方阵，口中唱着《乔万尼查》走过。但这些观光客从来没有停下来想一想那些唱歌的青年和他们粗脖子矮个头的"领袖"要做什么（参见第 24 章）。

世界也没去注意 1923 年在慕尼黑的一家啤酒馆里发生的一件不幸的事情：奇怪地凑在一起的一伙人自称是德国国家社会主义工人党，想要上演一出"活报剧"推翻巴伐利亚政府。警察对他们开枪。由于后来被叫作"纳粹"的人中间有一名老将军艾立克·弗雷德里希·威廉·鲁登道夫，大家都觉得十分遗憾。纳粹头目是个没固定职业的奥地利人，被判在兰登堡入狱 5 年，但他只坐了 9 个月牢。他充分利用了这段时间。由于有充分的纸张供应，还有一个叫鲁道夫·海斯的忠心狱友和书记，这个小无赖口述了一本书。他这个人没受过多少教育，德文的惯用语法糟糕得令人难堪。代笔枪手很快就弥补了这一缺点，阿道夫·希特勒的《我的奋斗》被译成外文，全世界都读到了这本书。

很少有人费心去看这本既枯燥乏味又夸夸其谈的书里到底写了些什么。这是个遗憾。若是他们读了，他们可能就会更加注意一个叫阿里斯蒂德·白利安的法国人和一个叫古斯塔夫·施特雷泽曼[1]的德国人。他俩身为代表，为各自的国家签署了一项非常怀柔的条约。1926年他们共同获得了诺贝尔和平奖。事情就是这样。

接下来是俄国。人们很容易对俄国一无所知。俄国人喜欢不为人所知。他们一向如此。他们虽然从西方借鉴了包括芭蕾舞在内的一切，但对西方的不信任从沙皇时代就一直存在。苏维埃政府对这种不信任，如同对许多其他事情一样，觉得没有理由加以改变。反之，若说是外界不了解苏联相继推行的每个五年计划的进展是好还是坏这一点很重要的话，那么苏联人对外界尽量少知道就更重要了。

然而，观察力敏锐的读者还是能够注意到，托洛茨基的名字在所有的苏联新闻报道中逐渐消失了，取而代之的是约瑟夫·斯大林。这也意味着，这个潜在强国的政策和目标上的变化，对那些关注他们日报的外国新闻版的人来说再清楚不过了。别的人从头版的谋杀案跳到股票市场的报告，再定下心来认真阅读。但是在1929年10月29日这一天，股票市场的消息上了头版。

华尔街大壶一直欢快地冒着气泡，终于沸腾了，把火苗浇灭了。20年代的吼声变成了惊慌失措的尖叫。哈定的继任者"谨慎的卡尔（文）"柯立芝是个以其不说少做的能力自豪的总统，这时下了台，给赫伯特·胡佛让路。这位了不起的经济学家试图重新燃起金融之火，

1　古斯塔夫·施特雷泽曼（1878—1929），德国魏玛共和国总理和外交部长，曾利用国际联盟减少《凡尔赛和约》对德国的种种苛刻条款的实施。

却无能为力，如同城里人在野餐时要点燃湿木头却没有火柴一样。他采取了一切已知的方案，可失业和歇斯底里仍一味增长。

股票市场的崩盘并没有使一个时代结束。那个开发的时代早已死去，而这一崩盘只不过是揭示了腐烂已经到了何等地步。在美国，19世纪的经济繁荣一直延续到1929年。

不幸的是，为繁荣增光并在这一阶段有影响的人物中，少有几个能找到时间阅读他们的历史书。若是读了，他们就会学到：想要享有更大特权的人应该同样负起更大的责任。不然的话，国家这部苹果车就会翻车。这样的事故通常会继之以一场革命。我们有了自己的"革命"，就叫作"大萧条"。

在随后的几年里，我们被自己的烦心事弄得焦头烂额，没有顾及我们的金融崩溃在别国造成了什么样的爆炸。但发生的某些事件将全球责任转移到了我们年轻的肩膀上，无论喜欢与否，美国已经成年了。

「轴心」伙伴

「全球都感知到的崩盘」
加速了中世纪所建立的
和平的崩溃。

　　许多年之前的某一天，有人想借一大笔钱。作为回报，他向放债人或"银行家"提供了他生意中的一些"股份"。银行家有点像赌徒，就决定拍卖这些股票，转手给出价更高的人。于是他就成了一个"证券经纪人"。这样的股票市场在巴黎的证券交易所是最古老的，起初只能在当地进行小规模的生意。后来经纪人想出主意，雇用信使把"报价单"从一个城市送到另一个城市。最后，随着电报的问世，股票市场交易成为国际性的了。如今，华尔街上的每一笔重要报价都会用自动收发报机传送到伦敦、开普敦和布宜诺斯艾利斯。

在20世纪20年代这一最后的繁荣中，华尔街的股票价格一涨再涨。一种赌博的狂热席卷全国。到了1929年，许多重要公司已经膨胀过度，之后就突然破产，它们的股票就一钱不值了。一些投机这些股票的银行也随之破产了。把钱投进这些银行的许多人变成了一无所有的人。

现在把多米诺骨牌连续得放，前面放一个，然后两个后面再放两个，四个后面放四个，依次摆下去。把前面的一个推倒，它倒下时会撞倒后面的，于是后面的两个也倒下了。很快多米诺骨牌就会全部倒下。这可以解释1929年在全世界发生的情况。一家银行倒闭了，然后是两家，三家。在美洲、欧洲、亚洲，到处都有银行开始关门。先是小银行，随后是大银行。由于生意变成了国际性的，灾难也就是全球性的。1931年，强大的奥地利信贷银行垮台了。但更糟的还在后面。

几个世纪以来，英镑始终被视为标准的通货，其他货币都以英镑为基准来定价。但在1931年9月21日，作为英帝国繁荣和可靠象征的英格兰银行，悄悄告别了金本位。只要读一本银行出的书，就知道这意味着什么了。不过你还要记住我的话：这对各国经济的稳定是一次严重的震动。这也是大英帝国结构中第一道真正的裂缝。

还有别的迹象指向这个"日不落国"的总解体。在印度，一个名叫莫罕达斯·卡尔姆昌德·甘地（或者照他的追随者的叫法"玛哈特玛"即"伟大灵魂的")的轻声细语的印度人,被英国殖民当局一再投入监狱。他不停地敦促他的同胞用"非暴力不合作"来达到自治。

然后是巴勒斯坦。在第一次世界大战之后,英国人从土耳其人手中夺走了这块土地。按照1917年的贝尔福声明,他们把这里定为犹太人的家乡。突然增加的犹太移民遭到了当地阿拉伯人的强烈反对。不幸的是,英国要与阿拉伯人交好同样很重要。正是阿拉伯人控制着紧邻苏伊士运河的土地和当时刚刚开发的近东的大油田。英国改变了主意,采取措施阻止犹太复国主义者流向他们《圣经》中的祖国。英国人在这方面的彻底失败可以从今天以色列的存在上得到证明。

若是现在你把地球转上半圈(这是谁都能够随手做一下的),你就会看到一串相对较小的岛屿在中国海岸之外。那就是日本帝国。据说在公元前660年由神武天皇建国,但日本的早期历史没有人确知。1542年由葡萄牙人偶然发现后,日本对西方商人及他们带来的传教士公开表示敌对。1663年,日本对荷兰以外的一切国家关闭了港口。随后在1853年,海军准将马修·佩里携带着菲尔莫尔总统的一封信,驶进了东京湾。6年后,日本首先与美国,然后与其他国家签署了一项通商条约。仿佛是一夜之间,这个封建帝国就变成了现代的工业和军事强国。

1895年,日本从清政府手中占领了台湾地区;1905年,在与俄国争夺中国东北的港口和铁路权的短暂交战中获胜;1910年吞并朝鲜。此时的日本已经准备启动自成吉思汗以来亚洲帝国主义的最大计划。它具备这样一场征伐所需要的一切：财富、工业，由于人口过剩而有充足的人力资源，以及神道教——以天皇为神，为他而死是一种荣誉。日本在耐心地等待时机。

由于美国声誉退潮，且大部分欧洲处于财经和政治的混乱状态，日本就选定了1931年派军穿过朝鲜边界进入中国东北。那是一场速胜的战争。国际联盟派出一个委员会调查"满洲国事件"，美国拒绝承认日本的溥仪皇帝的傀儡国家。日本装出一副感情受到伤害的样子，愤然退出国际联盟，但继续与美国做生意。"事件"不了了之。

有一个人兴致勃勃地观察着日本对国际联盟的挑战。他就是《我的奋斗》的作者，近来在德国的总统选举中势头上升的那个人，名叫阿道夫·希特勒。

魏玛共和国虽然从文化上说是历史上一个最辉煌的时期，但从政治上说却是个败笔。德国人尚不习惯拥有组织自己政党的权利，结果分裂成125个之多的非常虚弱的不同地区。在这种情况下，几乎不可能选举总统。德意志共和国仅有过两位总统：一个是以鞍匠为业的弗里德里希·艾伯特，另一个是保罗·路德维希·汉斯·安顿·冯·贝内肯多夫和冯·兴登堡——一位两次退休的将军。

1925年兴登堡上任总统时，这位普法战争和第一次世界大战的老英雄已经年届78岁，印在邮票上的形象虽然雄姿英发，但已不复其人，难担此任。尽管在1932年的重新选举中，投票击败阿道夫·希特勒，这位年迈的陆军元帅已不是那名暴发的前下士及其纳粹党的对手。由于破产的紧张动摇了年轻的德意志共和国的基础，希特勒便火中取栗。他唯一的有力对手是德国的共产党人。对方的策略和他的手腕极其相似，让他不安。1933年，纳粹悄悄对柏林的国会大厦纵火，并捏造出一个前共产党员马里努斯·范·德·鲁比为纵火犯。这次"政变"得逞。兴登堡由于自己的儿子就是纳粹，便屈服于压力，指定阿道夫·希特勒为内阁总理。

1934年兴登堡一去世，希特勒便身兼德国总统和总理二职。按照意大利的墨索里尼自命为"领袖"的做法，希特勒成了德国人的元首。

人们该如何解释希特勒惊人的一举夺权呢？他或者为他在各种事件中出谋划策的人们，都对"大众心理"有一种不可思议的了解。对于被《凡尔赛和约》刺痛的德国军事集团，希特勒允诺要振兴他们的士气。对街头流浪汉，他保证要恢复德国的强盛和优势。他从北欧的神话和尼采的著作中，杜撰出所谓的日耳曼民族的优越论。不过，既然他们如此强大，何以会在世界大战中遭到惨败呢？他们被出卖了！被谁出卖的呢？希特勒需要一个替罪羊。他从斯拉夫国家那里学到了一招：任何不满情绪都会在一场排犹行动中妥善地予以终止，于是他便把矛头指向了犹太人。尽管犹太人在全民中不足百分之一，希特勒却力主：犹太少数民族是造成热爱和平、勤奋工作的"雅利安"德国衰败的罪魁祸首。

人们实际上相信这番无稽之谈吗？不幸的是，他们信以为真了。希特勒不仅仅得到了德国境内的全部支持者，如同在他之前的墨索里尼一样，由于在混乱中建立了秩序，希特勒被广泛地拥戴为人民的领袖。虽说大家并不知晓希特勒的"优越种族"论会将他们引向什么意想不到的途径，但民众仍心甘情愿地让他把第三帝国变成一座兵工厂。他在实现自己的承诺：为世界提供一个适宜的反共堡垒。

希特勒一旦跨上马鞍，就立即纵马急驰。他残暴地越过挡在路上的任何个人或组织。旧有的军事集团，如今靠支持他谋求奖励，却发现自己在重新动员的项目中被跳过了。希特勒需要德国工业的合作，便以"清洗"他的追随者中更激进的社会主义分子来劝诱传统的保守的企业家。他以马基雅维利式的完全彻底捏造针对他生命安全的阴谋，遂以此为借口谋害了冯·施莱谢尔将军、恩斯特·罗姆和其他一些自己的朋友。1934年通过的《权力授予法》，剥夺了德国人民在魏玛共和国时期享有却从未意识到的民主自由权利。不过，他们获准参加反对犹太人、天主教徒、知识分子和共产党人的一项全力以赴的运动。

未来的人们可能会对希特勒的反共运动提出质疑。他们会询问："纳粹主义和共产主义在意识形态上不是有一些相关吗？难道德国不是国家社会主义的领地，而俄国不正是苏维埃社会主义共和国联盟吗？"

相似的意识形态不一定能防止冲突，并不一定会比迥异的意识形态造成的冲突少。历史上的真实争端存在于更深的层次。希特勒统治下的德国依旧是德国，而斯大林领导下的苏联仍然是苏联。它们之间经年的霸权之争从未止息。相反，照希特勒的观点，如今这种论争得到了逻辑的和"科学的"基础。该基础是他在地缘政治学中发现的。

　　地缘政治学家宣称已经在政治和地理之间建立起了一种确定的内在关系，他们把欧亚大陆地块分成"心脏地带"和"周边地带"。按照他们的说法，控制了心脏地带并获得入海口苏联的人就会控制全球。这一心脏地带就在苏联。希特勒聘用德国的首席地缘政治学家卡尔·豪斯霍弗尔做他的政治顾问，叫嚣苏联要通过共产主义控制全世界的危险。但实际上，希特勒本人却觊觎苏联的心脏地带，并以此确定他的目标。

　　由此也就不难理解，苏联何以对 1933 年的事件态度暧昧。苏联人对日本的行径已经感到紧张了，便与波兰、波罗的海沿岸国家和法国签订了互不侵犯条约。这时，看到纳粹在德国迅速崛起，苏联人开始四下寻找新朋友。当希特勒初次试验他的实力，以退出国际联盟来消除施特雷泽曼的工作之时，苏联却成了国际联盟的一员。

　　虽说墨索里尼无疑地和他的同胞一起怀有对其北方蛮族的传统蔑视，他却向希特勒伸出了合作之手，并对之表示欢迎。随后便是双方外相礼节性的短暂互访，到了 1934 年，在精心安排的热烈气氛中，希特勒访问了罗马。尽管游行和宴会轰轰烈烈，由于有人不断提出奥地利这一棘手问题，访问以不和告终。

　　1929 年的经济崩溃并非没有波及意大利。由于害怕破产，墨索里尼逐渐加强了控制。"领袖"最初宣言时所受到的热情欢呼，却成了空洞的许愿。墨索里尼对群众不满的症状诊断正确。要创造一个新的事业——即转换的时刻到了。

他同样始终关注着国际联盟的蹒跚脚步并且一一记录在案。"领袖"估量着,意大利只是一个王国。罗马都曾经是个帝国。哪里是最不设防的国家而且他又能找到理由去进攻呢?他贪婪的目光瞄准了阿比西尼亚(今埃塞俄比亚)。

由于始终关注自己境内之事,"这个祭司王约翰的神秘王国"(参见第41章)在差不多1 600年的人类进步中总算幸存了下来。那里崎岖的土地和益发粗犷的战士都颇具传奇色彩。它对未来的帝国的缔造者是一块绊脚石。这些皮肤黝黑的基督徒不仅擅长投枪置人于死地,而且还习惯于肢解战俘。如前面第62章所述,意大利曾经试图并吞阿比西尼亚,却于1887年在阿多瓦蒙羞战败,对这次败绩意大利或许可以原谅,却无法忘怀。双方在1928年签署了庄严的和约。

1934年12月,意大利与埃塞俄比亚两军在意属索马里兰的有争议的边界乌瓦鲁阿尔发生冲突。墨索里尼佯装愤怒,要求赔偿并拒绝仲裁。埃塞俄比亚皇帝海尔·塞拉西向国际联盟提出议案。正如墨索里尼所料,国际联盟倾听之后却无行动。随后墨索里尼宣称,他最终同意仲裁,诡计得逞了。

墨索里尼准备就绪之后,立即入侵埃塞俄比亚。海尔·塞拉西的军队赤脚手持长矛,表现出了他们举世闻名的勇敢。他们不是意大利的坦克、机枪和轰炸机的对手。意大利的飞行员,其中就有"领袖"自己的儿子,幸灾乐祸地报告说,直接命中手无寸铁的埃塞俄比亚平民和观看"如同开花一样"的大火是一场多么"美妙的运动"。

　　国际联盟最终判定意大利是"侵略者"，并投票加以制裁。但英国却不肯关闭苏伊士运河，以免"发展成战争"。1936 年 5 月 9 日，墨索里尼得以宣布意大利国王为埃塞俄比亚的皇帝，而国际联盟却如死人一样默不作声。

　　下一个动向是希特勒的。在违反《凡尔赛和约》、重新征兵之后，他又破坏了斯特雷泽曼—布莱恩德的《洛迦诺公约》，派遣德国军队进入莱茵兰地区。为元首和领袖携手行动的舞台已经设置完毕。场景就是西班牙。

　　1936 年，以"阿根廷娜"知名的一位西班牙舞蹈家安东尼娅·莫尔西去世。这位出生于阿根廷的女子通过她高超的舞技和尊贵的举止，似乎在一切见过她的人的心目中，就是西班牙荣耀的活生生的象征。西班牙仅有的另一个公众象征——国王，那时却在尽力制造完全相反的印象。如同他之前的许多波旁王族的人一样，阿方索十三世也不够聪明。

　　阿方索耽于在国外游玩而不顾国内的政务，他把政府的日常工作交给德·埃斯特拉侯爵，也就是里维拉一世。1925 年，这位贵族取得了独裁的权位，用高压政策求得一种稳定的秩序，却激起了他的贵族同伴的反对，他们于 1930 年说服国王甩掉了他。1931 年，西班牙人民也甩掉了国王，西班牙遂成为一个"工人共和国"。但西班牙人和德国人一样，缺乏自治政府所需的教育和耐心。他们很快就分裂成许多虚弱的地方个体，而随着大萧条余波四下泛滥的社会动荡便席卷了西班牙。

1936 年 7 月，新闻焦点从阿比西尼亚跳到了西属摩洛哥的梅利利亚，包括加纳利群岛前总督弗朗西斯科·佛朗哥在内的一伙将军，在那里煽起了一次反对新成立的"人民阵线"的暴乱。"人民阵线"是个左翼联盟，在议会中取得一场和平的胜利，战胜了保皇党、共和党和教士。

随后的斗争持续了几乎 3 年。最后只落得西班牙国库空虚，市民疲惫不堪，城市被欧洲初试的轰炸战破坏殆尽。以胜利者姿态涌现的佛朗哥将军成为独裁者或"元首"。其类似希特勒和墨索里尼并非偶然。本来是"民族主义者"和"忠于共和政府者"之间开始的一场内战，通过武装干涉，演变成了柏林和罗马为一方，莫斯科为另一方的第一次实力测试，并以柏林和罗马获胜告终。

我要再一次请你们忘掉"意识形态"而研究一下地理。这样就会更明显地看到，在西班牙"忠于共和政府者"（即共产党人）的胜利意味着什么。苏联的影响突然投射到西欧的这处焦点之上，恰好发生在法国腐朽衰弱，而英国随着爱德华八世的退位也受到决定性的震撼之时。因此，英、法两国欢迎佛朗哥获胜，比起德、意两大邪恶势力，他毕竟要稍逊一筹。1937 年以保持西半球不受欧洲冲突为宗旨的中立条约，仍旧允许美国向葡萄牙出售武器。这些武器不难找到方便的途径进入佛朗哥的手中。

缺乏现代武器和军事纪律从一开始就使"忠于共和政府者"肢体不健全。在苏联战略家和国际志愿者纵队（其中的"林肯大队"由美国人组成）的支援下，欧洲列强政治棋盘上的这些不幸的小卒，很快就失去了阵地，但在马德里和巴伦西亚进行了一场精神守卫战，对抗纳粹的轰炸和"第五纵队"的战略。

正当某些报纸竭力警告世界，从"西班牙演习"中的干涉力量汲取的战术教训，可能很快就会运用到其他地方之时，别的报纸却在报道（实际上并不存在的）由21个国家——包括德国、意大利和苏联在内的——组成的不干涉委员会的活动。

正是在这一背景下，轴心国诞生了。

若是有谁相信希特勒的种族理论不是他捏造出来的权宜之计的话，1936年11月26日的事件将会使他大为震惊。因为在这一天，纳粹德国欢迎日本人（德皇威廉曾经指为"黄祸"）成为"名誉雅利安人"和盟国。以反共知名的这一纸条约创立了柏林—东京的轴心。翌年，日本即发动了不宣而战的全面侵华战争。

1937年，墨索里尼也签署了该文件。历史的手迹留在墙上，任何人都可以读到。

孤立主义及绥靖政策

轴心国各方如何在自己人中间瓜分世界，他们何以能为所欲为。

第一次世界大战其实算不上一场全球性战争。当时之所以被称作"世界大战"主要是因为大为改进的通信技术把欧洲和近东的这场大战带进了每一个读报人的视野。这也是美国远征军进入欧洲土地参战的第一次冲突。

战争进入第三个年头的时候，美国出手援助协约国：英国、法国和比利时；美国军队正是在"让世界因为民主而安全"的口号下进入战壕的。

最后一枪还未发，这一口号的空洞性就已暴露无遗了。欧洲协约国的各方，不管是共和国还是王国，对意识形态的目标漠不关心。让它们唯一感兴趣的命题是维护欧洲的"势力均衡"。他们对美国出兵感激涕零，答应以继续同美国进行贸易作为回报。

就我们无不期待的对真实历史的兴趣而论，其实那才是我们真正投入战争的唯一收获。可是有些美国人却似乎厌恶采取这种现实主义的——或如他们所称，"玩世不恭"的——态度。他们的幻想就此破灭，感到自己被出卖和被愚弄了。他们高声斥责任何进一步的"外国纠缠"。于是"孤立主义"就在美国成为一个政治问题了。

这些孤立主义者的动机无疑是爱国的，他们很快就发现自己当真被出卖和被愚弄了。从希特勒上台的1933年开始，他利用美国的孤立主义情绪，使自己在欧洲为所欲为。他的宣传部在约瑟夫·戈培尔的领导下，动用旗下控制的所有媒体，劝阻已为国内事务所累的美国不要"插手"德国的事情。好几位众议员和"德美同盟""美国第一组织"及"三 K 党"之类组织的成员一起呼应这种情绪。（为效忠希特勒，"三 K 党"还把反对亲犹太主义加进其"美国人应具备的品性"的清单之中。）

美国的确有麻烦，这倒是真的。1932年接替胡佛担任总统的富兰克林·D·罗斯福，也接手了通过立法使国家摆脱经济混乱的任务。依靠宣布"银行停业期"和通过《格拉斯 - 斯蒂加尔法案》《国家工业复兴法》（1935 年宣布为违反宪法）及其他前所未有的措施，罗斯福终于把萧条终止了。

这些新法律对于不习惯政府以任何形式控制私人企业的人民来说，是一剂苦药。但全世界当时以及现在都处于人类使自己成为机器的主人而开始的社会革命的掌握之中。（参见第 58 章）如同处于飓风袭击中的树木，老而僵硬的政府被吹倒，其余的机构虽然在暴风中垂下身躯却并未折断。为俄国带来共产主义，为中欧带来法西斯主义，为亚洲、非洲和南美洲带来动荡的因素，只给美国带来了社会立法。对此我们真该千恩万谢。这个国家如今感到的限制，无非是每个人发现自己在"长大"时所应当感受到的。如我们前面所说，美国已经成年。

美国长大成人的一个最确定的症候是下面的事实：美国在其历史上第一次开始关注与之在名称、历史和地理上都紧密相连的南半球那块广阔的大陆。尽管政治上独立，但中南美洲的大多数国家依旧保留着其西班牙母国的语言及许多传统。（巴西是唯一的例外，却与葡萄牙类似。）西班牙的内战因此也必然会对从火地岛到格兰德河的广大地域产生严重冲击。

拉丁美洲各国受到 30 年代萧条的沉重打击，遭受了经济动荡，随后便是日益增长的政治活动。恰如在西班牙一样，最终形成了两大集团，各自都在谋求全面控制政府的实权。尽管不会完全一样，但其组合通常都极其相似。一派是"工人党"，其成员缺乏教育、纪律和财政支持，却对苏联的成就抱有巨大的热情。与他们对立的是"民族主义者"（有时叫"国家社会主义者"）一派，由保守的政客、军人和企业家领导，他们具备对手所缺乏的一切，只有一点例外：双方都有相同的残酷倾向且无所顾忌。

有一段时间，各方都会不择手段地抢占有利地位。在一些国家里，竞争的结果似乎不甚分明。但民族主义政党差不多总会占得先机，超过对手，一位强有力的人物挺身而出，站到舞台的中心。

若是有一个这样的人物以其对佛朗哥的敬佩将自己误导向军事行动，西半球就会酿成一场理论上仍在进行的西班牙内战似的纠葛。为防止这一动向，罗斯福总统建议在布宜诺斯艾利斯召开一次美洲会议。正是在那里，于1937年签署了中立条约。在随后的几年中又签订了好几项其他协议。把南北美洲第一次拉到了一起。

与此同时，在欧洲，轴心国的目标在按部就班地进行着。希特勒基于其狂妄的预见，"人们不到万不得已或是太迟的时候，是不愿意采取行动的"，竟然一路成功。他的反共、反犹和反知识主义，把德国的精英科学家、音乐家和作家赶到了德国之外，他似乎忽略了一个事实，这些精英都可以为国家代言。托马斯·曼、斯蒂芬·茨威格、库尔特·魏尔和阿诺尔德·勋伯格这样一些人才，对希特勒那样只受过有限的教育的人根本就无所谓。但阿尔伯特·爱因斯坦也在放逐者之列就该让他收手了。由爱因斯坦带走的公式，使原子弹落户美国而不是落入德国人手中。

人类的故事

希特勒牢牢控制了德国之后，他的"逻辑扩张"（今天，德国是我们的，明天，全世界都是我们的。）就提到日程上了。吞并奥地利或称"德奥合并"（1934 年初次尝试，但受阻于墨索里尼）是蓄谋已久，并无情地精确地付诸了实施。

奥地利总理库尔特·舒施尼格博士应邀到希特勒在贝希特斯加登的住宅中做客。一昼夜的时间，这位自信的政治家就成了政治上无能为力的阶下囚。在饱受种种心理恫吓之后，舒施尼格同意奥地利的纳粹合法化，赦免囚禁的纳粹分子，任命阿图尔·冯·赛斯 - 英夸特担任公安部长，并将 100 名德国军官编入奥地利军队。

舒施尼格回国后对自己的怯懦后悔不已，12 天之后便公然对抗希特勒并要求公民投票。这一"背信弃义的行径"恰恰是希特勒所期待的借口。当他陈兵于奥地利边境时，舒施尼格辞职下台，出逃国外。1938 年 3 月 13 日，赛斯 - 英夸特宣布"德奥合并"为既成事实。3 月 14 日，希特勒长驱直入维也纳。

他名单上的下一个是捷克斯洛伐克。

如今已处于"伟大的德国领土"三面包围之下的这一要塞国度，以其军火工厂、丰富的资源及战略地位令人垂涎，而且是唾手可得的猎物。沿捷克斯洛伐克北部边界的苏台德地区，居住着差不多 300 万德裔居民。他们"突然间"热衷于住地归宗。就是说，他们认为帝国应该扩展，将他们包容进去。于是，西班牙战争中的"第五纵队"伎俩从此盛行。

546

在康拉德·亨莱因的领导下，这些苏台德的德国人利用捷克民主赋予他们的自由，组织起自己的军事组织，与纳粹的相似性一望即知。最后，在 1938 年 4 月 24 日，在《卡尔斯巴德宣言》中，亨莱因公开要求苏台德的德国人的自治权。

这里又出现了历史上的"假设"。假设在第一次世界大战之后，帮助捷克共和国成立的那些政府对其生存当真关注的话，它们就不能拯救它吗？假设希特勒羽翼未丰之前就受到制止呢？答案很可能是肯定的。我们现在知道，1938 年时希特勒还在装腔作势，还没准备好以全面战争满足其要求。然而，当时英、法两国也没对武装冲突做好准备。美国保持中立，而苏联虽然与法国在外交上结盟，英国却不欢迎其为盟国。因此，英、法两国采取了"绥靖政策"。

经历了一夏天时断时续的外交活动，以及法国的动员及英国舰队的扩建，希特勒于 9 月 12 日断然要求苏台德的德国人自决。捷克斯洛伐克爆发了骚乱并发布了戒严令。

就在这时，英国首相造访贝希特斯加登。内维尔·张伯伦挟着他那著名的雨伞——后来被报纸的漫画用作绥靖的象征，同意捷克斯洛伐克无权要求仲裁。张伯伦和先前的舒施尼格一样，直到回国之后才意识到自己上了当。但为时已晚。希特勒赢得了这次妥协之后，他的要求已不仅限于苏台德领土及完整的工厂和军事设施，而且要求在 11 月份为住有大量德国少数民族的捷克斯洛伐克地区举行公民投票。这一次，张伯伦和法国总理爱德华·达拉第确曾与苏联协商，而美国则呼吁希特勒参加欧洲列强的会议。11 点时，墨索里尼拿着一项在慕尼黑召开四国会议的计划登场了。

历史上最为可耻的一场出卖的当事人在数百万人的欢呼中大舒了一口气。和达拉第携手出卖了捷克斯洛伐克的张伯伦，从会议上归来，走下飞机时宣称："我相信这是我们时代的和平。"

希特勒的"最后领土要求"很快就被付诸实施。就在德国吞并捷克斯洛伐克牢固设防的西部边疆的时候，波兰和匈牙利也吃掉了其东部的一块版图。1939 年 3 月，这个短命的共和国残余的中心地带也置于"德国的保护"之下了。

日本军队此时正横扫中国的大部分领土。在卢沟桥和上海"事变"之外，又加上了苏州、南京和汉口的"事变"。中国军队进行了顽强的保卫战，抵抗比他们训练更加有素且出手无情的敌人。在中国，恰如在西班牙和埃塞俄比亚一样，真正遭难的是手无寸铁的居民群众。虽说平民饱受战争之苦自古以来便是如此，但以前绝没有遭受如此非人的机械化的残暴——当然也没有如此充分的记载。从新闻短片、现场报道等形式记录下来的文献资料，不仅容忍而且鼓励了轴心国各方的信心：要使敢于反抗他们的人从内心感到畏惧万分。在一定程度上，这一计划倒是成功了。但是在许多国家中，这种"恐怖宣传"效果却适得其反。在美国放映的日本新闻短片，配上重新掀起的纳粹反犹活动的新闻报道，在使罗斯福总统得以对抗美国的傲慢自大并启动其 1938 年准备就绪的项目上，经历了一条漫长的路程。到 1939 年，美国的"孤立主义"已经不再有人提起。在欧洲，"绥靖主义"也采取了唯一的方式——暴力，不久就销声匿迹了。

大西洋宪章

「神经战」如何让位于「全面战争」，希特勒如何严重地错误估计了一系列事实。

1939 年 3 月 22 日，希特勒对梅梅尔那座波罗的海港口提出要求，那地方自第一次世界大战之后被德国割让给了立陶宛。该城当即屈服了。此后希特勒又转向他原先的同盟波兰，他要求得到但泽城，以及跨越波兰走廊的一条高速公路和一条铁路的修筑权。波兰表示了异议，并向英、法两国请求支持。英、法在终于认识到其绥靖政策的后果之后，保证在德国入侵时共同支援波兰。

波兰这时同样希望得到苏联政府的支持。但苏联却突然改变了路线，这一转变的第一次暗示是其外交部长（当时称外交人民委员）莫洛托夫公开地口头攻击英国。随后，在 1939 年 8 月，不可思议的事情发生了。当纳粹德国和苏联签订了相互贸易和互不侵犯条约时，连同情共产主义的人都目瞪口呆了。（这是由纳粹提出而经斯大林首肯的一项协议，苏联向希特勒提交了于 1933 年逃往苏联的德国共产党人名单。）

由于德国"志愿者"已经开进但泽，并制造"边境事端"，英国政府投票通过了战时权利法。1939 年 8 月 31 日，希特勒宣称波兰人拒绝了他的十六点和平建议——实际上波兰人从来没见到过这个文件。拂晓时分，纳粹军队跨越了波兰边界。

当天，纳粹第五纵队驻波兰的领导人艾尔伯特·弗斯特宣布但泽回归德意志帝国。随着纳粹坦克隆隆驶过波兰及其纳粹空军显示了令人咋舌的新的"闪电"战术，英、法两国致希特勒一封最后通牒，要求德国军队从波兰领土上撤回。希特勒拒绝了。1939 年 9 月 2 日，英、法联合对德宣战。"神经战"就此结束，第二次世界大战的全面战争开始。

由于西方强国未能当即出动援军，波兰在预定时间被瓜分。9 月 12 日苏联军队越过波兰的东部边界。华沙在遭到连续猛攻后，向纳粹投降。

在差不多 6 个月的时间里，西欧经历了"骗局战争"，就是我们先前谈到过的种种欺瞒哄骗的手段。英国一方面派出一支远征军在法国境内守候,一方面在国内挖壕以待。而压力也来到不列颠帝国其他成员的肩头。澳大利亚、新西兰和印度当即对德宣战。9 月 5 日,当让·克里斯蒂安·斯穆茨就任首相后,南非联邦拒绝了一项保持中立的建议。加拿大于 9 月 12 日参与英国一方。唯有爱尔兰出于以往痛苦的回忆,仍保持"中立",但对希特勒的间谍活动提供合作和便利的监听站。

在法国,"马其诺心理"仍占主导。按照其国防部长安德烈·马其诺的建议,法国沿其东部边境修建了一项庞大的据说可以阻止坦克的防御工事。这条防线每公里耗资 200 万美元,却始终未能建成,也就无法使用。(为延长防线到比利时边境的拨款,却流入了某些政客的腰包。)尽管如此,法国一大部分军队还是待在掩体里,接连几个月住在潮湿的地下营房里。

希特勒对马其诺防线的呼应是隔着莱茵河修建齐格菲防线。那年冬天,他的军队在那里没有什么行动,只是用扩音器对其宿敌进行辱骂,法国人也反唇相讥。

然而,在公海上,纳粹的潜水艇却十分活跃。它们对世界海运的威胁,使得在巴拿马召开的泛美大会宣布了在西半球周围设立一个"安全区"。美国政府禁止其船只进入交战中的海域,但罗斯福废除了武器禁运令,并把交战地区的出口置于现购自运的基础上。

在东欧,苏联不动声色地在爱沙尼亚、拉脱维亚和立陶宛加固防御基地。它对芬兰同样提出了要求；当芬兰人畏缩时，苏军发起了进攻。

于是，欧洲便面临着"战争内又有战争"的局面。意大利视自己充分中立，与英、法一起为冯·曼纳林将军及其英勇的小部队派送飞机、物资和技术顾问。同样保持中立的美国则借给芬兰 1 000 万美元。一时之间，芬兰似乎能够持续抵挡入侵者了。但经过 3 个月的激烈冬战，芬兰的"曼纳林防线"被攻破。1940 年 3 月，芬兰求和并割让了包括卡累利阿地峡在内的国土的 10% 给苏联。

苏联方面这种似是专横的行动是出于什么原因呢？我还是要你看看地图。如果你仔细地看，就会发现，尽管苏联领导人与希特勒签有条约，他们仍在沿整条边界上为自己设置"缓冲地带"。历史即将证明他们当的确十分明智。

随着春天的到来，一首新歌唱遍德国，即《我们去反对英国》。作为实现计划的第一步，希特勒下令入侵丹麦和挪威。他希望以此挟制英国并确保北海的基地和港口。丹麦很快便被荡平。而挪威，尽管面对着大量宣传和第五纵队的准备，却坚持战斗。这时，英法军队也首次采取了行动。德国人被逐出了卑尔根和特隆赫姆。但在挪威崎岖的地形上，只有一个因素需要考虑，即空中优势。而德国人掌握了这一点。当 1940 年 6 月 7 日哈康国王逃至伦敦时，一名叫作维德昆·吉斯林的挪威纳粹分子出任首席部长，他的姓氏随之以"叛徒主义"之意进入了世界上的各种语言。

　　尽管从天而降的挪威的灾难是悲剧性的，不过有一个幸运的结果。在英国首相传统宅邸的唐宁街10号，内维尔·张伯伦的"绥靖雨伞"让位于温斯顿·丘吉尔的"对抗雪茄"。这位伟大的政治家和英国保守党领袖，曾长期被称作"战争贩子"，此时却被冠以"应时之人"。丘吉尔是一位有雄辩口才的演说家和文学家，他对英国人民承诺的只是"流血、流汗、流泪"，对英国新政策和目标的概括便是"胜利——不惜一切代价的胜利，不顾一切恐惧的胜利，不管路有多长、多难的胜利；因为没有胜利，就没有幸存。"（巧合的是，贝多芬第五交响曲的首节，和摩斯密码中的"V"字母具有同样的节拍。由英国广播公司于1941年7月20日首播的这支乐曲成了一切反对轴心国的人们取胜的象征。）

　　英国最阴暗的日子尚未到来。1940年5月10日，即丘吉尔出任首相之日，希特勒通过入侵比利时、卢森堡及荷兰，从侧翼包抄了马其诺防线。虽说法、英军队已经抵达，荷兰仍在4天之内、比利时在18天之内便投降了。盟军面对数量及速度上占优势的敌军，只能向敦刻尔克附近撤退，纳粹在那里包围了他们，切切实实地把他们赶下了海。但希特勒没有考虑到英国人惯于航海的本领。在一场史无前例的最英勇的援救行动中，一支由驱逐舰、汽艇、渔船、拖轮和游艇组成的900百条船的舰队冒险面对闪电战，把四分之三的英军救离海岸。

　　希特勒的空军使得马其诺防线如同旧日的弓弩一样无力，法国很快就垮塌了。为保护巴黎不受轰炸，该城被宣布为不设防的城市。当政府告别巴黎，逃往图尔并最终到达波尔多时，法国全境充满恐慌。市民们被纳粹的第五纵队驱赶着，堵塞了从巴黎通往四面八方的道路，妨碍了向前线进军的部队。6月10日，墨索里尼撕下了他的中立面具，用罗斯福总统的话说，"把匕首插入了邻居的后背"。6月15日，纳粹进入了巴黎。一周之后，希特勒为拍摄新闻短片，在贡比涅森林表演了一小段胜利之舞。随后，在签署1918年停战协定的同一节火车车厢里，法国投降。德国占领了法国三分之二的领土，其余部分则由亨利·贝当元帅在维希的傀儡政权统治。英国此时完全孤立了。

希特勒的计划还是失算了一次。法国沦陷的时间比他预期的早了几乎2个月。他对下一步入侵英伦三岛的计划尚未准备就绪。入侵所需的舰艇和其他设备虽已订购，但要到8月份才能完成。而到那时候，德国空军的优势已不在。希特勒在结束西方战事之后再掉头向东的希望，就此由于"些许的阻击"而破灭了。

1940年8月，"不列颠战役"开始。一批又一批的德国战机飞越英吉利海峡，把他们在华沙、奥斯陆和鹿特丹上空表演过的技巧，又在考文垂、曼彻斯特和伦敦精确地重演。大出他们所料的是，一小批英国飞机迎击他们。就是这个"些许的阻击"，那些皇家空军的飞行员们在命运攸关的冬季显示出了勇气，只有英国普通百姓的同仇敌忾可以与之媲美。在那些日子里，一个接一个城市遭到了考文垂式的轰炸，就是在那些日子里，希特勒吹嘘说，哪怕美国援助也拯救不了英国的命运。但是，随着越来越多的纳粹飞机被击毁，以及皇家空军开始轰炸德国本土，侵略者的希望又渺茫了。随后，从1942年开始，美国第八航空队与皇家空军合作，那座陷于战火的岛屿变成了"不沉的航空母舰"。

这里又有了"假设"。假设英伦三岛沦为纳粹的一个空军基地，美国城市会遭到纳粹的轰炸吗？如今我们已经知晓了德国在导弹和喷气式飞机上的领先地位，答案无疑是肯定的。幸亏1940年12月，罗斯福要求对英国给予全力的空中支援，使美国成为"民主的兵工厂"。1941年3月，他在编号为HR1776的账单上签下自己的名字，使租借法案得以实现。同年8月，罗斯福和丘吉尔在纽芬兰海岸停泊的美国和英国的军舰上会面，起草了《大西洋宪章》。这份含有八条的文件终于使美国成为大英帝国对轴心国作战中的坚实后盾，而且为未来的《联合国宪章》奠定了基本准则。

当此英、美友谊蒸蒸日上之际，意、德关系却陷入困境。就在罗斯福和丘吉尔都抛弃了扩张领土的欲望时，墨索里尼却发现他的轴心伙伴在吞并土地上的讨价要内行得多。当时，虽说意大利于1939年吞并了阿尔巴尼亚，其后的每一步行动，墨索里尼都被迫依靠希特勒来拉他一把了。

1940年9月，意大利人从利比亚出发，沿地中海岸向东推进，在英国没有来得及反击时进入了埃及。当英国人反击时，便威胁要把墨索里尼那些三心二意的征服者们一网打尽。就在这时，德国的非洲军团在埃尔温·隆美尔将军的指挥下，来到战场，夺回了图卜鲁格，把英军赶回阿拉曼。

意大利在希腊的惨败无疑也是由墨索里尼急于与其更成功的轴心国伙伴竞争而导致的。1940 年 10 月，他派军从阿尔巴尼亚进入希腊。到 11 月中，已经遭到痛击。希腊人的这场胜利不但对轴心国的声望是个沉重打击，而且给予了英国所需的借口，遂以援助希腊为名，从"巴尔干的后门"进入欧洲。按照希特勒东进的设想，一支北上的盟军会从侧翼挟制他。虽然保卫意大利已刻不容缓，但盟军把他迫在眉睫的入侵苏联推迟了致命的 1 个月，希特勒只好挥师南下。1941 年 4 月，德国而不是意大利的坦克滚滚驶进了雅典。

希特勒觊觎巴尔干早已昭然若揭。1940 年 6 月，苏联再次抢先德国一步，从罗马尼亚手中夺取了比萨拉比亚。到 8 月份，该国的残存部分已经分崩瓦解，纳粹得以长驱直入。这样，匈牙利和保加利亚就加入了轴心国。但当南斯拉夫政府准备效尤时，骚乱暴发了，国王彼得被迫出逃。这造成了希特勒进军的口实。他一路挺进，直到占领了希腊，并令英国人大惊失色地以空降兵入侵了克里特岛。那一天是1941 年 5 月 20 日。使墨索里尼脸上无光的是：英军占领了埃塞俄比亚，解放之日就在前一天。

在同一个月中，德国的第三位副元首鲁道夫·赫斯，乘降落伞在苏格兰着陆，指望通过个人接触，达到希特勒的轰炸战略未能取得的目的：结束德国与英国的战争。赫斯被当作战俘，但他这次使命的理由不久就大白于世。6 月 22 日，希特勒入侵苏联。

苏联并不完全吃惊。两支势均力敌的庞大军队在边界上相持了3个星期。随后"斯大林防线"被攻破，德军呈扇形展开。这时希特勒犯下了一生中最大的错误。他想用他的"种族优越论"为他换取一场胜利。

许多苏联人视入侵的德国人为解放者。在苏联将军安德烈·弗拉索夫的率领下，6个反共师陈兵于希特勒的战线上。准备与他们合兵一处的还有200万人，对他们而言，推翻克里姆林宫的政权意味着一个梦想的实现。但照希特勒的种族理论家阿尔弗雷德·卢森堡的说法，苏联人是纳粹构想中的"劣等民族"，只适合在狠毒的集中营中充当奴隶来劳动。希特勒的动机是征服而不是解放苏联。这就注定了他的末日。苏联人是爱国主义者，他们对祖国的热爱胜过他们对苏联当权者的反感。他们厌恶希特勒，也抛弃了弗拉索夫的事业。

其余已经走上错路的人，跟随弗拉索夫继续作战，随着德国人撤退，最终在德国被俘。弗拉索夫及其追随者被美国人移交给苏方，1945年以叛国罪处死。

希特勒调头北上，于1941年9月包围了列宁格勒（今圣彼得堡）；11月，他踏遍克里米亚并进攻塞瓦斯托波尔。愤怒的俄国人不计损失，让德国人为每一寸土地付出了代价。随后，在前往莫斯科的路上，就在希特勒夺取希腊失败的那个月份，严寒追上了他。他的军队陷入了苏联持久的盟友——"冬天将军"的围困之中。由于苏联的"焦土政策"，德军营养不良，又缺乏足够的御寒被服，在莫斯科城外停滞不前，被迫等候春天。到了春天，出现了两种变化：苏联人有了新盟友，而德军则有了新统帅。这位新统帅靠"直觉"指挥战争，与自命为德军元帅的前下士阿道夫·希特勒没什么两样。苏联的新盟友是美国。

在日本和美国的关系中，紧张在日益加深。自1940年以来全力以赴参与轴心国的日本，从美国得到的作战物资不断缩减，在美国的日本财产遭到冻结。日本政府中较为谨慎的分子一个接一个地被符合东条英机将军脾性的人取代。1941年10月16日，东条英机成为首相。

12月7日，当日本的和平使节还在华盛顿继续谈判时，日本战机对夏威夷群岛的珍珠港发动了突然袭击。

70

全球战争

轴心国如何在「生产战斗」中被打败，但最后胜利都由美、英科学家获得，新纪元的曙光照亮了全人类。

你越看地图，似乎就越难以置信。1931 年 12 月，日本人占领了中国东北。到 1942 年 6 月，他们已经攻陷了菲律宾、关岛和荷属东印度群岛。他们统治了法属印度支那和泰国，并经缅甸威胁着印度。他们还在阿留申群岛的阿图岛登陆。在珍珠港，他们的轰炸机毁掉了美国太平洋舰队的一大部分。

对于反对轴心国的人们来说，这真是"极度痛苦"的一年。但另一方面这也是个胜利之年。26 个国家，其中许多"流亡政府"的代表，致力于《大西洋宪章》的准则，从而形成了以美国为核心的同盟。

当美国对日宣战以后，德、意两国也对美宣战之时，美国举全部工业能力为战争服务。在高度机械化战事的时代，不仅需要在战斗中也需要在生产上战胜敌人。如同其他国家一样，妇女这时也和男人一起在军工厂中做工，并作为辅助人员进入陆军、海军和海军陆战队。每一种技术专长，每一种学科，如医学，全都被调动起来。雷达、青霉素、塑料只是在"防御力量"的推动下偶然发现的事例。一夜之间，跨洋飞行成为家常便饭。当时，美国政府将数以百万计的美元投入到尚不明确的科学领域的研究中，即原子弹的制造。

首次完全由美国人执行的对德国的空袭直到 1943 年才实施。1942 年 11 月 8 日，伯纳德·蒙哥马利将军在阿拉曼取得对隆美尔的决定性胜利仅仅两周之后，美英军队即在法属北非登陆。德国当即占领了法国全境，但未能保住法国舰队。其中一部分舰艇驶往北非，其余的则分散在土伦港一带。

那年秋天对各个战场来说都是关键时刻。9 月，苏联红军在斯大林格勒（今伏尔加格勒）给德国人以粉碎性打击，截断了他们伸向里海油田的通路。11 月，仍处于 4 月份被美国轰炸东京及横滨的刺痛中的日本人，遭遇了第一次海战的失败。在所罗门群岛 3 天的海军交战中，以美方胜利告终。

1943 年 1 月，丘吉尔和罗斯福在卡萨布兰卡的会面是在乐观的情绪中进行的。虽然斯大林未能出席,法国仅以对立的两派,即自由法国领袖吉罗和戴高乐为代表,但同盟国对胜利信心十足,准备迫使轴心国"无条件投降"。

随后的几个月离胜利更近了。在苏联全境,德军开始缓慢撤退。太平洋战场上,道格拉斯·麦克阿瑟将军在所罗门群岛的瓜达尔卡纳尔岛苦战一番后战胜了日本。在艾森豪威尔将军的指挥下,美国第二军沿北非东进,在突尼斯与英国第8军会师。1个月之后,在1943年的5月12日,曾经不可一世的德国非洲军团的残部在波恩角投降。

随着盟军在北非的胜利,墨索里尼的声誉垮台了。盟军的一支部队在西西里登陆之后,墨索里尼即被推翻,并被投入监狱。时由国王维克多·伊曼纽尔三世和彼得罗·巴多格里奥元帅领导的政府,于9月8日无条件投降。但一星期之后,墨索里尼被德军救出并前往意大利北部,他在那里宣布成立法西斯党。在意大利境内的战斗持续到1945年,德国军队一步步退却,从南到北撤出整个半岛。被德军用作观察站的美丽的蒙特卡西诺修道院被摧毁、德占罗马被炸、盟军在安齐奥登陆造成的大破坏、佛罗伦萨桥梁被损坏,凡此种种都是墨索里尼留下的。他与元首的友谊以使意大利成为德国的"缓冲地带"而告终。这位风光一时的领袖穿上德国军装,企图在1945年4月逃往德国。他被游击队抓获并射杀。

第二次世界大战是全球会议的战争。乘飞机旅行使战时的领袖们及其助手们可以会面并且非正式地商讨共同关心的问题,丘吉尔曾两次飞越大西洋与罗斯福会面，一次是 1941 年在华盛顿，另一次是 1943 年于魁北克。那年的 11 月，蒋介石飞往开罗，与罗斯福及丘吉尔商讨远东战略，2 天之后，英、美领导人在德黑兰与斯大林会面。

除了在纳粹已占领地区执行任务的军队，和在意大利与盟军对峙的军队之外，希特勒的主力部队都沿东线部署。为减缓压力，苏联要求开辟"第二战场"。1944 年 6 月 6 日，随着进占诺曼底，他们的希望实现了。D 日到来了。

盟军远征部队最高指挥部进行了详细计划和精准的配合，采取了大胆的战略，军队横渡海峡、空降伞兵，猛攻重兵把守的大西洋壁垒，以便能够在 1 个月之内拿下瑟堡和卡昂。在艾森豪威尔将军的指挥下，解放法国很快成为现实。8 月 15 日，另一支大军登陆，这次是在里维拉。10 天之后，另一路盟军在巴黎郊外止步，以便与法军一起共同作为法国国内部队的地下抵抗力量会合，执行从法国首都清除德军残余的任务。美国第 3 军在乔治·S·巴顿将军的指挥下，横扫巴黎南部之后，迅速挺进莱茵河。但在北方的比利时和荷兰，地形和气候帮助德国人做最后的决一死战。

盟军的空降部队在阿纳姆落地后，未能得到他们所需的来自南方地面的支持。他们被包围后遭到全部歼灭。德国人和盟军采用了炸断堤坝淹没这个低地国家的做法，使得莱茵河三角洲大部分土地成为沼泽。这阻止了德军像 1940 年那样挥师南下，但也使盟军无法北上包抄"西墙"，即德军的齐格菲防线。盟军只好驻足巩固其战果。随后便是阿登战役，也称突击部之役。

阿登战役，这场希特勒的最后反攻的惊奇之处在于它所取得的意外成功，也在于盟军是在不知情的前提下遭受了突然袭击。包括德国将领在内，没有谁相信德军居然还能如此反击。但在西线指挥德军的卡尔·R·G·冯·伦德施泰德陆军元帅接到了元首的命令，他无法辩驳。自从1944年7月以来的种种事件，将军们已经说不上话了。

希特勒和德国总参谋部之间的摩擦由来已久。希特勒1933年以前的个人卫队的核心中衍生出了党卫军。希特勒曾一再向军队人士承诺，党卫军不配备武装。后来突然来了个180度的大转弯，他组建了党卫军师团，装备以最精良的武器，并给予它极其响亮的名称"骷髅头""阿道夫·希特勒卫队"之类。当德国士兵畏缩时，党卫军的军官就会出马让他们保持队形。但希特勒自命为军队最高统帅不过是他的最后一根稻草。军队密谋了一场反叛。7月20日，装在一只手提箱中的炸弹只使希特勒受了轻伤，大难不死使他愈发相信他的团伙受命运保护。在冯·维茨立本将军及数名同谋惨遭绞刑后，希特勒更是亲手紧握缰绳。正是他下令德军向海上突围。

在布鲁塞尔、安特卫普和亚琛都已在盟军掌握之中时，这场由24个师发起的进攻，始于12月16日，持续了8天。在不抓俘虏的命令下，党卫军和正规军蜂拥掠过大约100平方公里的地面。在巴斯托涅，美国第101空降师被包围并限令投降。德国人从麦考利夫将军那里得到的回答是如今传为经典的一个字"呸。"12月24日，由7 000架飞机进行的空袭，阻止了德国人。直到 2 月初，最后一名德军才被逐出比利时领土。

当盟军准备强渡莱茵河时，美军幸运地发现了在波恩南边的莱玛根处有一处未毁的铁路桥。其余的渡口则把盟军的大部队于 3 月份渡到了河对岸。

与此同时，东线的苏军稳步前进。1941 年就站在德国一边的芬兰，在 D 日之后不久就遭到了苏军的第二次进攻。在南方，到了 1944 年 3 月，红军已进抵罗马尼亚边界。之后便进占了匈牙利和捷克斯洛伐克，随着 1945 年 2 月布达佩斯最终投降，苏军攻占了巴尔干半岛全部。

1943 年 4 月，苏联政府与波兰流亡政府断绝了外交关系。1945 年 1 月攻陷华沙时，新的但模糊的强国政治格局开始显现。那个月的晚些时候，红军渡过奥德河，2 月 7 日已向柏林郊区推进。

就在那一天，斯大林在克里米亚的雅尔塔接待丘吉尔和罗斯福，在这次最后的会晤中达成了《雅尔塔协定》，即对德国和奥地利的战后计划和苏联参加对日作战的安排。

1944 年罗斯福第四次当选总统，他去雅尔塔时，已经不是健康的人了。2 个月之后，1945 年 4 月 12 日，他在佐治亚州的温泉去世，他的副总统哈里·S.杜鲁门于当天下午继任。翌日，红军进入维也纳。在 4 月 25 日于旧金山召开的第一次联合国会谈上宣布：苏、美军队已在易比河会师。在《联合国宪章》签订之前，同盟国召开了 2 个月的会议，用来讨论结束欧洲战场上的战争。5 月 1 日，德国武装部队最高统帅卡尔·冯·邓尼茨宣布，希特勒已在柏林被炸毁的官邸的地下室中自杀。一周之后，德国在兰斯无条件投降。胜利日是1945年5月7日。

当斯大林在7月份于波茨坦会见杜鲁门和丘吉尔商讨战后计划时，反德情绪高涨。英国人尤其怒火中烧，引发的原因是德国在D日后从法国、比利时和荷兰海岸突然发射的喷气机载的远程炸弹和火箭。（叫V-武器，纳粹选用这个V字母，是德文"报复"一词的首字，是对盟军用V表示胜利的回敬。）如前所述，苏联对纳粹将其国民成批投入集中营做奴役劳动深为不满。纳粹集中营把犹太人、政治犯和一切"国家的敌人"关押在一起，致使他们死于疾病、饥饿或毒气室中的真相被揭露之后，引起了全世界的公愤。

对于德国肆无忌惮的"战争罪行"，那些没有追随他们的元首赴死的纳粹领导人，在纽伦堡受到了四国军事法庭的审判。其中1人是马丁·鲍曼，他没有被抓获，被缺席判刑。2人在候审中死去，3人被宣告无罪，7人被判终身监禁，10人被处以绞刑。在行刑的前夜，赫尔曼·戈林在狱室中自杀。

在波茨坦会议期间，英国的大选将工党领袖克里门特·艾德礼送进了首相办公室。他作为新首相取代温斯顿·丘吉尔，坐到了会议桌旁。此时，随着轴心国两个伙伴的失败，同盟国将全部注意力转向对日作战。

日本计划对澳大利亚进行的侵略在1942年被提前制止了。在广阔的太平洋海域上，那些距日本本土有 3 500 公里之遥的国家，以及美国、英国、澳大利亚、菲律宾的军队，展开了一场新型的两栖作战，被称为"跳岛作战"。

在 1943 年 7 月开始的一致进攻行动中，盟军绕过了某些日本完全控制的大岛，攻击了那些可以提供空军基地，使飞机得以骚扰日本海上供应线的岛屿。这样就能够使许多岛上的日本驻军饿得无法战斗。看看地图就会明白，这一行动的规模有多大。哪怕在每百座岛屿中只占领一座，你仍能明白，太平洋战争何以使那么多人付出了性命。

进攻以夺取所罗门群岛中的兰多瓦岛为起点。到那一年底，布干维尔岛和新佐治亚岛上的孟达空军基地被攻陷，莱城日军陷入包围。此时盟军向吉尔伯特群岛突进，并开始大迂回行动。

1944 年，日本人发现要咀嚼咬进嘴里的东西困难至极。尽管许多岛屿不过是珊瑚礁，盟军占领这些岛屿却至关重要。在外围的弧圈上，盟军在马绍尔群岛的夸贾林环礁和伊尼沃托环礁上登陆，并大胆突入马里亚纳群岛。随着 8 月份克复途经的关岛，盟军有了超级空中堡垒轰炸机可以轰炸日本列岛最南端的九州。从新几内亚沿岸的艾塔佩北上，随后夺取了霍兰地亚及阿德默勒尔蒂和斯考滕诸群岛。还在加罗林和摩鹿加群岛登陆。10 月 19 日，道格拉斯·麦克阿瑟将军踏上菲律宾的莱特海岸，实现了诺言。

与此同时，在亚洲大陆上，中国军队节节胜利，日本人被逐出印度。由于缅甸通往中国的公路仍在日本人手中，盟军便开辟了从印度飞越"驼峰"（即喜马拉雅山脉）抵达陪都重庆的常规空中运输线。随后发动了艰苦而成功的战斗，迫使日军退出缅甸丛林。

太平洋战争的最后阶段始于 1944 年末，当时马里亚纳群岛的塞班岛已成为对日本工业目标全面空袭的基地。这一行动具有极大的冒险性：因为日本在 1 000 公里之外。1945 年 3 月，为期 1 个月的夺取硫磺岛的战役，使美军轰炸机有了距横滨 750 公里的基地。随后在 4 月份又攻占了冲绳。在击败德国的同时，"二战"中最大的空袭可以在 325 公里之外发动了。此时，在东南亚，蒙巴顿将军已可以宣布英国、美国和中国的军队全面战胜不再高呼"万岁"的日军。

战争中失去生命的代价震惊了盟军，他们深知进入日本本土的战斗会造成更大的牺牲。从欧洲战场抽调军队的时候，科学插手其中，给战争带来迅速又恐怖的结果。

全世界的物理学家早已指出，如希腊人所相信的，原子并不是基本和不变的实体。通过原子裂变，将"物质"转变为"能量"的研究难关，只限于需要确保足够数量的"可裂变"物质使实验成功。实验基础上的关键公式，已经藏在逃亡的德国科学家阿尔伯特·爱因斯坦的头脑中，从德国带到了美国。

同盟国方面知道纳粹已经投入大量资金继续对原子进行研究。正因为这一点，英国才对纳粹控制下的挪威尤坎的一座"重水"工厂大胆实施了毁灭性的轰炸。此时，恩里科·费米、莱斯·梅特纳和爱因斯坦等科学家已经清楚地知道，原子能的发现会把一种强大的武器置于捷足先登者的手中。这一紧迫的问题压到罗斯福总统的肩头，一间绝密的原子实验室——本身就是一座城镇——便在田纳西州的橡树岭兴建起来。

1945 年 7 月 16 日，在一起合作的英美科学家得以目睹人类前所未有的首次原子弹爆炸。地点在新墨西哥州白沙沙漠中。8 月 6 日，第二次爆炸发生，目标地是日本的广岛市。在这次无坚不摧的爆炸中，该城的五分之三被夷为平地，成千上万的人死去，成千上万的人受伤。3 天之后，第三次也是更厉害的一颗原子弹投到了长崎。

这些事件，连同苏联对日宣战并挥师进入中国东北，迫使日本屈膝投降。确信他们的裕仁天皇仍可在位之后，日本人在停泊于东京湾的美国战舰"密苏里号"上正式投降。这是 1945 年 9 月 2 日，为对日胜利日。

全球大战的梦魇结束了。不过，当广岛和长崎被炸的详细报道发表之后，全人类都意识到，一个动荡不安的新纪元开始了。那项重大发现不可能被美、英两国永远保密。这一可怕的力量被人掌握之后，世界的未来会是什么样的呢？为了寻求答案，全世界的目光都转向了联合国。

71

联合国

美国如何当仁不让地成为世界领导者并对新兴国际关系的参与者。

奥斯卡·王尔德曾经嘲讽说："只要战争被视为邪恶之事，便总会有其魅力。当它被看作粗俗之举时，也就不受欢迎了。"若是他以"无益"代替"粗俗"一词，此说就会更接近真理了。如谚语所说，军队不仅匍匐前进，而且还满怀希望；一个胜利者得到回报的希望——财富、新的领土、更好的生活，或者反讽地说，和平。把这些希望全拿走，军队就会停止不前。

第一次世界大战的浩劫似乎就是如此。乐观主义者称之为"结束战争的战争",并且坚持认为,不可能再次发生同样的机械化屠戮,因为即使对胜利一方来说,战争也是全然无益的。但人类是依习惯办事的动物,而且从错误中汲取教训是很缓慢的。过了20年,另一场战争爆发了。发动战争的一方指望能够得到一次迅速、狂暴、获益的胜利。结果他们却战败了,他们的城市遭到了严重的破坏,他们的政府也垮台了。然而胜利的一方同样损失惨重——即使没有损失更多的话。苏联的大部分城市成了废墟。中国陷入了内部纷争。大英帝国部分解体,其领导权的重担移到了美国的肩头。为了维持其经济发展并维持国际贸易,美国只好着手对前盟友乃至敌人提供财力支持。(这一援助很快就起到几乎更致命的作用,那是后话。)

长崎上空的原子弹蘑菇云的后果不仅使日本的"大东亚共荣圈"刹那间破灭;还如同一根手指指向天空,仿佛在警示人类:使用核武器的战事清楚地表明"胜者无获"。只有换用某种新的仲裁方式了。

在投下原子弹之前,温斯顿·丘吉尔就曾提议,美国、英联邦和苏联要团结起来创建一个如同建立美利坚合众国那样的一个史无前例的组织。此举实为当务之急,尽管国际联盟以失败告终,这一观念却得以留存。

联合国善后救济总署预见到战争留下的浩劫和灾难,便于1943年11月在华盛顿召开了第一次会议,并于翌年9月在蒙特利尔召开了第二次会议。(该总署简称为UNRRA,于1947年改为国际难民组织。)

1944 年 4 月，联合国筹组教育及文化重建组织的建议在伦敦的同盟国部长级会议上提出。当年 7 月在布雷顿森林会议上，44 个国家参加了第一次联合国货币金融大会，旨在通过建立国际货币基金组织及国际复兴开发银行改善世界范围内的经济状况。

最后，在 10 月份召开的邓巴顿橡树会议后，"三巨头"公布成立联合国的常设国际组织的建议。该建议由丘吉尔、罗斯福和斯大林在雅尔塔共同签署，1945 年于旧金山制定出详文。《联合国宪章》在联合国大会中为一切热爱和平的国家提供了代表席位，而更有权力的安全理事会则由 5 个常任理事国——美国、英国、苏联、中国和法国——另加 6 个经选举产生、任期 2 年的其他成员国组成。还创建了经济及社会理事会和一个国际法庭。日常工作由秘书长为首的秘书处负责。第一个担任这一职位的是挪威人特吕格夫·赖伊。

安理会成员应该如何投票产生的问题，一开始就遭遇到困难。照克里米亚会议上的最终安排，5 个常任理事国的一票否决权足以否决除相关程序之外的任何提案。

在波茨坦会议上，盟国曾经同意将德国和奥地利分开。这两个国家的首都，尽管都在苏联管区之内，仍各自分为 4 个部分。当苏联在其管区和其他 3 国占领军控制的辖区之间落下"铁幕"时，英、法、美仍把军管政府的司令部设在维也纳和柏林。苏联对这一安排感到厌烦。为了强迫同盟国迁出苏联辖区，苏联政府于 1948 年采取了封锁所有公路、铁路和水路交通的措施。美国对此的回应是建立"空中走廊"，即从法兰克福通往柏林的短途空运，以供应法、英、美管区内食品和燃煤等必需品。在紧张情绪增长的一年半后，问题提交给联合国，苏联于1949年5月解除了封锁。苏联不但没有从他们占领的巴尔干诸国撤军，反倒将这些国家越来越紧地拉进自己的轨道。最终，依靠一幕政变的把戏，他们在1948年将捷克斯洛伐克拉到了铁幕一边。

在欧洲的其他地方，苏联的铁腕策略却收效甚微。在意大利，维克多·伊曼纽尔三世让位于其子翁贝托。他又屈从于1946年举行的公民投票，于是意大利成了共和国。在这个贫穷又失意的国家存在着的混乱隐隐地在地平线上扩大着。当此之时，美国马歇尔计划的援助，在欧洲复兴项目之下，交付了第一批资助。该计划由战时的参谋长、后来成为国务卿的乔治·C·马歇尔将军提出，旨在对那些非由共产主义控制的国家出借财政援助——此举成为美国对苏联扩张现实的回答。作为自第二次世界大战中涌现出来的自治政府的强大斗士，美国成为那些抵制集权政治的国家的理所当然的保护者。

美国"遏制苏联"的政策也有助于约束苏联的影响在法国蔓延。1946年法国全国大选，共产党一派取得了实质性胜利，全国一片混乱。接下来的几年里，法国政府几经沉浮。不过，就在这一期间，欧洲议会组成，成员有比利时、荷兰、卢森堡、法国、意大利、英国和爱尔兰，以及3个斯堪的那维亚王国。到1950年，多亏了马歇尔计划，法国恢复了稳定，不再惧怕共产主义，并推动了"舒曼计划"，即西欧煤钢生产联营。英国虽受邀加入，却高傲地回绝了。

在一个巴尔干国家，斯大林遇到了意想不到的阻力。战时游击队领导人铁托元帅领导下的南斯拉夫，起初似乎乐于成为苏联的又一个卫星国。1948年，铁托突然脱开缰绳，自成一名共产主义者，置苏联利益于不顾。虽然铁托并未公开向西方势力寻求支持，但西方却欢迎他在铁幕中打开缺口。1950年，南斯拉夫从美国得到了马歇尔计划的物质援助。

在南方，希腊是没有把解放运动进行到底的唯一一个欧洲国家。当英国于1944年战胜入侵的纳粹时，亲共的抵抗力量当即进攻解放者，以求抢先阻止王朝复辟。1946年，一次公民投票迎回乔治二世国王后，反王室的游击队得到从北方渗透进来的共产党的支援，加强了他们的抗议活动。1947年乔治王去世，其弟保尔继承了王位。当年，美国拿出3亿美元援助希腊，使希腊军队得以在1949年消灭了敌对势力。

由于犹太复国主义者坚持要在巴勒斯坦建立独立的犹太国家，且新成立的阿拉伯联盟又威胁要以武力对抗这一动向，1947年4月，英国将此问题提交给联合国。1949年5月15日，英国对巴勒斯坦的托管终止，新的以色列共和国宣告成立。战争立刻爆发，但阿拉伯联盟不是以色列军队的对手。通过瑞典的联合国策划人富尔克·伯纳多特伯爵——他曾在1945年为德国投降的事宜奔走于双方之间——从中斡旋，达成了临时停火协议。在伯纳多特被一名政治极端分子暗杀后，美国人拉尔夫·班奇博士接替了此职。他成功地使以色列和埃及休战。

2000 年来，犹太人第一次有了自己的国家和国旗。1949 年，以色列经投票被联合国接纳。

在印度，民族主义长期以来都在坚持自己的权益。当初印度参加对日战争的一个回报条件，就是要求英国承认其独立。此时，由穆罕默德·阿里·真纳领导的穆斯林联盟却谋求建立分治的巴基斯坦伊斯兰国家。印度坚决反对这一计划，而英国则越来越不肯偏袒某一方。为了集中解决这一问题，英国于 1947 年初宣布把权力移交给"负责任的印度人手中"并要求印度和伊斯兰达成一项谅解。尽管英属印度分成了巴基斯坦和印度两个国家，在 1949 年 8 月英国人实际撤出之后，随即发生了宗教冲突和流血事件。莫罕达斯·甘地是印度律师，他的"非暴力不合作"主张对印度的独立贡献颇大，却在 1948 年被暗杀了。他的信徒潘迪特·尼赫鲁很快就将印度置于亚洲事务的领导地位。印度和巴基斯坦都是联合国的成员。

在东方的其他地方，日本人的战争叫嚣"亚洲是亚洲人的亚洲"早已引起了许多民族主义的回应。联合国遵照其承诺，于 1947 年宣布菲律宾独立。在荷属东印度爆发了一场起义，通过联合国的干预，最终成立了印度尼西亚联邦。英国人还在缅甸和马来西亚面临着类似的反抗，而印度支那的法国人则卷入了一场对付来自越南省份的武装精良的游击队的全面丛林战争。

并非巧合的是，所有这些起义都标有类似的共产主义印记。苏联影响的蔓延虽然在欧洲一时受到遏制，却在东方畅行无阻，因为当地群众深受西方帝国建造者的亲手剥削。尽管他们在医疗和教育领域得到了很多实惠，但他们急切地要摆脱西方枷锁时，却没有认识到，仅仅从帝国主义的一种形式改变为另一种形式，未免得不偿失。

另一个例证便是中国。虽然抗日战争一时平息了旧日的政治对抗，但战后却重新爆发。蒋介石的反动和独裁政府依靠西方盟国的支持来维持政权，但在关键时刻却垮了台。以苏联为后盾的共产党军队在久经考验的领袖毛泽东的领导下，于 1945 年 10 月向国民党发动进攻。蒋介石向美国求援，遭到拒绝。他被迫退却，1949 年 1 月，他最终退败并逃往台湾岛。他在那里着手组建全亚洲最大的反共势力。

中国共产党控制了中国大陆，将北京确立为新首都。表面上对中国友好的印度极度关注最新进程。在法属印度支那，中国共产党支援越南军队，迫使法国军队从边境撤出。正是在这一纷繁的背景下，朝鲜战争爆发了。

按照《雅尔塔协定》，朝鲜在北纬 38 度线分为两部分，北部由苏联占领，南部则由美国占领。这两个敌对势力的摩擦，反映在 1946 年及 1948 年在美占区选举期间爆发的暴力行动上。在那里成立了大韩民国之后，双方都动员起来了：韩国有美国军官支援，朝鲜则有苏联援助。1950 年 6 月 25 日，朝鲜战争爆发。道格拉斯·麦克阿瑟将军利用日本作跳板，指挥联合国军在朝鲜作战。

美国驻韩部队以惊人的速度征召驻日占领军并扩大了本土部队的规模。他们很快得到了英国、澳大利亚、加拿大、菲律宾、法国和土耳其军队的合作。联合国军成功地将朝鲜人驱逐到三八线以北，并于1950年11月抵达中国东北的边境。这时中国共产党被迫出兵了。他们以优势兵力将联合国军沿来路逐回。在兴南港，自敦刻尔克以来最大的军队撤退成功实施，部队集结在半岛更南的岸边，准备重新战斗。

美国这时认识到，苏联政府不会进一步侵略，只想显示一下实力，便制定了一个全面动员和军备生产的项目。与此同时，美国还承诺给予在1949年签署北大西洋公约的12个欧洲国家以密切合作和支持。对于美国提出的重新武装西德的建议，法国发出严厉反对的呼声。另一方面，新组成的波恩共和国总理康拉德·阿登纳则利用西德的强势讨价还价，坚持重新武装应伴随着西德与其他北大西洋公约国家平起平坐的权利。

1950年12月19日，北大西洋公约的12国在布鲁塞尔开会，任命艾森豪威尔将军为西欧军队最高司令。

动荡的和平

冷战如何在欧洲发展并在其他土地上爆发为公开冲突。

朝鲜战争并没有像通常战争那样，以一场胜利及一纸和平条约而终结。在联合国军队和共产党军队进行了好几个月的艰苦混战之后，1951 年 7 月 5 日开始了停战谈判。这场旷日持久的谈判拖了两年多，其间战斗一直在打打停停。最棘手的障碍是战俘遣返问题。联合国代表想要自愿遣返，而朝鲜则坚持全部战俘应当全部遣返。不过，双方最终达成了妥协，1953 年 7 月 27 日正式签订了一项停战协定，政治局势又恢复到战前的状态。

这场战争在美国不受欢迎（在 15 国参与的联合国军队中，美国提供了大部分兵员），而且耗费极大——花掉了数十亿美元，还造成差不多 200 万人的伤亡。到底达到了什么目的呢？在历史上第一次一支国际联合部队成功地阻止了对一个和平国家的军事入侵。联合国经受了首次伟大的考验。不过，对于众多的亚洲人来说，他们在屈从于欧洲人几个世纪之后，看到了美帝国主义远东的野心在新兴的中国面前受挫。西方的势力和影响被沉睡了几世纪后醒来的东方强国挫败。无论是好是坏，从朝鲜的灰烬中崛起了一股世界政治上的"新生"力量，事情再也不会一如既往了。如今，严阵以待的朝鲜半岛仍处于分裂状态，没有签订长期和平协议的地区仍有潜在危险。

"三八线"沿线的朝鲜战争还在继续时，建立北大西洋条约组织的各国已执行起他们保卫西欧不受共产主义进攻的计划。缔约的 12 个发起国（比利时、加拿大、丹麦、法国、冰岛、意大利、卢森堡、荷兰、挪威、葡萄牙、英国和美国），又在 1954 年接受了希腊、土耳其和联邦德国。朝鲜战争增加了美国人对苏联扩张的恐惧，美国率先鼓吹重新武装联邦德国。然而，法国人却对征服了他们的那个国家的重新武装表现出相当焦虑，而且就英国对该组织的不冷不热的态度也表达了不快。尽管内部困难重重，西欧联盟仍在 1954 年诞生，表明了西方各国反对苏联进一步扩张的决心。苏联的对策是于 1955 年成立了华沙条约组织，以期模仿西方的模式。华沙条约的 8 个成员（阿尔巴尼亚、保加利亚、捷克斯洛伐克、东德、匈牙利、波兰、罗马尼亚和苏联）在许多问题上——政治上、经济上和意识形态上表现出相当大的分歧，暴露出严重的内部紧张关系。在两大集团的成员国之间存在的分歧，无法掩盖这样一个事实：欧洲如此前一样，再次分裂成两大军事阵营。所幸，其他势力也在努力，从而有可能在遥远的将来，终结许多世纪以来毒害欧洲生活的民族主义的争争吵吵。

1952 年 8 月 10 日，由法国的罗伯特·舒曼和让·莫奈提出的动议付诸实施。"舒曼计划"把 6 个工业国（比利时、法国、意大利、卢森堡、荷兰和西德）联合起来，组成了煤钢共同体，对其矿产资源进行联营。这一安排十分成功，所成立负监督职能的合作机构，成了这些国家间进一步合作的基础。1958 年 1 月 1 日，欧洲经济共同体或称共同市场组成。该组织的目标包括：在全欧洲通过消灭关税壁垒来发展经济活动的计划，建立劳动和资本超越政治边界的自由流动体制，希望在经济合作的基础上达到最终的政治一体化。虽说英国多次申请加入受阻于法国，这一组织仍是一个极大的成功。不过，这只是暂时的拖延，英国终于在 1971 年被接受。随着所有经济上的合作，西欧缓慢地走向了在一个共同事业中忘记各国分歧的日子。

在那场最可怕的战争过后的 20 年中，欧洲（在很大程度上要感激美国的支援）反倒比以往任何时候都更加繁荣了。当然，距离完全的政治一体化还很远，而且还要生活在随时可能演变成战争的美苏对立的阴影之中。即便如此，西欧还是更乐观，而且比以前更能意识到自己的职责和机遇。19世纪的独裁者，如拿破仑一世和沙皇亚历山大一世，曾经梦想过以征服其他国家来统一欧洲，但他们都以失败告终。如今有了机会：20世纪的政治家们是经过民选走上职位的，而且要对选民负责，他们能够办成他们的前辈未曾做到的事情。有谁胆敢把舒曼和那个伟大的科西嘉人相比呢？然而，当欧洲成为另一个美利坚合众国的一天到来时，他的名字会不会位列欧洲名人第一，仅次于当年美国的奠基人呢？更奇妙的事情已经发生了。

据记载，在帖木儿大帝（1336—1405）的墓上有一段铭文："我活着，你们就会战栗。"这个人在世时引起的恐惧，仍在他令人生畏的警言中熠熠生辉。那个时代的后几个世纪中只有为数不多的人能像他一样把恐惧放大得如此极致。有一个这样的人，他是约瑟夫·维萨里奥诺维奇·朱加施维里，也就是世人所知的斯大林——即"钢人"之义。这位来自黑海之滨格鲁吉亚的神学学生，以数百万人的恐惧结束了他的一生。1953年3月5日，一场奇怪的死亡终结了他作为集大权于一身的苏联领导人的30年的统治时，没有多少眼泪为他的逝世而流下。他平静地死后，通常的权力之争发生了，格奥尔基·马林科夫成为苏联的领袖。从那时起，苏联对西方，尤其是对美国的态度，以政策的迅速变化为特点，其对外政策虽然混乱不堪并令人厌烦，却较斯大林的顽固有了改进。如果说这个世界仍保持着一种紧张状态，却比过去减少了危险，而且我们或许能够开始考虑，竞争及"和平共处"可能会在某一天取代恐惧。在冷战中发展起来的"解冻"还没有

造成苏联对西方任何的重大让步，但事实已经很明显，苏联不再追随
"强硬的"斯大林路线，那条路线教导说，他们和西方的战争是不可
避免的。他们现在似乎相信，他们可以用"和平的"手段征服世界，
而且愿意尝试一下用政治和经济的而不是军事的工具来解决问题。

把注意力集中在增加消费品而减少军工生产的马林科夫，于 1955
年 2 月 8 日被逐出办公室，因为这些政策对某些统治阶层的人不利。
接替他职务的是一位苏军元帅尼古拉·布尔加宁和尼基塔·赫鲁晓
夫，后者是一名党务工作者和 20 世纪最显赫的政治人物。布尔加宁
缺乏生气，大权逐渐旁落到狡黠的赫鲁晓夫手中，他担任苏联的领导
人直到 1964 年被赶下台。值得注意的是，马林科夫和布尔加宁都没
有受到惩处，他们只被"降了级"。此事本身就表明了，苏联自斯大
林逝世后已经发生了极其明显的变化。在差不多 10 年的时间里，赫
鲁晓夫占据着世界舞台的中心，并且做出了真正值得回忆（只是有时
有些不可思议）的表演。无论他有什么缺陷和怪癖，却在很大程度上
尽到了责任：到他的任期结束时，苏联和西方国家的关系比起斯大林
治下的时代大有改进。或许他认识到刻板僵硬并非通向成功的捷径，
但斯大林却坚信不疑。也许赫鲁晓夫相信，共产主义制度当真可能在
公开的经济竞争中超过资本主义国家。我们无法知晓他头脑中的想法。
也可能完全出于另一种原因。

社会主义阵营的第一道裂缝，早在 1948 年铁托执政时就已出现。
那年的 6 月 28 日，南斯拉夫被驱逐出社会主义阵营，显然，在共产

党集团内部并非一切都好。由对抗苏联指令——一切都要以看莫斯科的眼色行事的民族感情引发的动荡不安，在许多地方都已浮出水面。1953年6月13日，东柏林的工人们起事，不满这个分裂城市中他们那一区的生活条件。他们亲眼所见的事实是：西方占领下的西柏林在生活的各方面都要优于苏占区的东柏林。联邦德国在美国的慷慨援助下，上演了重建被毁土地的奇迹，享有和其他欧洲国家同样的生活水平，如今西柏林犹如民主德国黑暗中一盏闪亮的明灯，东柏林人单调刻板的生存状态被揭示无遗，从而大大增加了老百姓的怨艾。动乱爆发了。数日之内，在不敢轻信的世界面前展现了德国青年和苏联之间的对抗，当然，不可避免的，坦克胜出了。秩序得到了恢复，哪怕并不如人意。1956年6月28日，类似的动乱再次在波兰城市波兹南爆发。在那里，长期存在的对苏联占领的反感，加上罗马天主教徒抗议国家干涉宗教事务，便共同造成了爆炸性的局面。经过一些愤怒的游行示威之后，总算恢复了来之不易的平静，波兰仍然留在苏联的轨道上（不过，该国与西方的联系近年来大大加强了）。苏联同这些卫星国之间的麻烦，与1956年10月24日始于布达佩斯的骚乱相比，都是小巫见大巫了。成千上万的匈牙利人在伊姆雷·纳吉的领导下，以布达佩斯为中心，参加了全国性的起义，反对操纵他们国家的苏联人。惊愕的世界注视着苏联的傀儡被拽出办公室，革命的军官们坐上了位子。苏联占领军撤退并观望革命进程并确认匈牙利的警察和军队能否平息暴乱。11月4日，苏军决定，不能听任事情继续发展，便返回布达佩斯，粉碎了暴乱。数千人死亡，更多的人被捕，关进了拘留营或放逐到西伯利亚。差不多有 25 万人逃离家园，到西方避难。这次起义虽然没有成功，却充分显示了卫星国中存在的不满情绪的程度，并留下许多怀疑：东欧的傀儡们可能恰恰是磨石，而不是苏联人脖子上的珠宝。起义还表明了，克里姆林宫新的"和平共处"政策只能推行到这一步，不会再远了。当反对斯大林主义的弗拉狄斯拉夫·哥穆尔卡作为波兰动荡局面的人物而上台执政时，赫鲁晓夫没有直接干涉，因为他看到了难题仅仅在于波兰民族主义和独立的扩展，他接受了哥穆尔卡而放弃了武装干涉。但匈牙利的情况就不同了。在那里，彻底推翻红色政权的威胁惹恼了苏联人。哥穆尔卡掌权直到 1970 年发生暴乱，而纳吉却被背信弃义地谋害了。这样，苏联人在这些不愉快的地区虽然如履薄冰，却没有发生新的有效的摆脱共产主义统治的事情。南斯拉夫仍保持着"中立"，并维护一种不稳定的状态；阿尔巴尼亚处于被隔绝的状态；天主教的波兰是唯一正式承认共同市场的社会主义国家；罗马尼亚与法国有胜于其周边国家的更紧密的经济联系，等等。即使如此，生活在苏军的阴影中的东欧，没有一个人或一个国家能够完全摆脱苏联的影响；但在卫星国中发生的事件已经表明，哪怕僵硬地坚持社会主义的原则，也不足以完全遏制思想上的独立——那正是使人成为万物灵长之处。

苏联不是社会主义国家的唯一中心。中国在国际事务中起的作用日益增长。虽然经受了许多艰难和反复，中国的面貌已经改观，一个摇摇欲坠的国家已经成了巨人,尽管还有巨大的困难需要克服。

这个世界上五分之一人口居住的国家正在飞速地实现工业化,以其堪称无限的人力和矿产资源,必将在若干年之后成为世界的大国之一。中国人尽管在"大跃进"(这是他们对1958年工业运动的叫法)的冒进中饱受艰难和挫折,但是总体上取得了巨大的成就。

虽说中国在1971年终于加入了联合国,其确切的前途仍不清晰。不过,可以肯定的是,这个巨大的国家已经觉醒,将在人类的未来中扮演一个主要的角色。

在远东还升起了另一股势力。由日本的最终失败造成的破坏——广岛和长崎的原子弹爆炸——在麦克阿瑟将军的坚定指引下得到了修补。日本天皇已经自动放弃了先前的"神权"外衣,三菱及其他大型企业王朝也已瓦解,新的宪法已经实施,允许组建强大的工会和民主政治机构。这一民主化是否能维持长久还要拭目以待。

日本很快就迈出了巨人的步伐,通过与西方的合作,奔向经济复苏和经济扩张。由于"日本的经济奇迹",勤劳智慧的日本人民再次制造出了行销全世界的商品。东京成了世界上人口最多的城市,而日本则成了新老道路纵横交错的地方。樱花、和服和神道教依旧保存,但在大城市中,林立的电视天线出现在古雅的日式住宅顶上。汽车塞满狭窄的街道。广告牌和霓虹灯充斥着形形色色的广告:最新的美国电影海报及刚下线的新款丰田汽车。日本的吉他演奏牛仔在夜间广场上乱弹,而东京的商业区银座里的现代百货商场则展示着英国领带和法国时装。

最大的变化大概体现在日本的社交生活上。妇女在商业、教育和政治生活上起着更大的作用。现代的民主家庭正在取代家长式的父亲。或许这些变化只是日本人旧有的武士道精神黯淡——如果不是毁弃的话——的前奏。

自从 1945 年轴心国投降以来，美国一直占有世界头号强国的地位，是世界图画的一个现实。除去苏联之外，地球上没有哪一个国家敢于认真挑战美国的军事实力。美国的繁荣是所有国家未曾有过的（他们只占世界人口的二十分之一，却享有几乎三分之一的全球收入），美国人相信自己有保护自由世界的责任。美国在朝鲜参战显示了它充当这一角色的决心。旧有的孤立主义或中立主义已经一去不复返。早在 1949 年，美国就协助成立了北大西洋公约组织，作为阻止苏联在欧洲扩张的堡垒，这样一来，美国就必然不断地卷进欧洲事务。在亚洲事务中也有类似的举动：1954 年 9 月 8 日，东南亚条约组织成立。该协议有时也叫作马尼拉条约，包括澳大利亚、法国、英国、新西兰、巴基斯坦、菲律宾共和国和美国都是成员。该条约签订之后仅一年，保守的艾森豪威尔就从杜鲁门手中接过了美国政府的大权，并且表明，美国的外交政策不会发生根本性的变化。艾森豪威尔能够站在难以置信的军事实力的地位上讲话，因为美国已经把最强大的武器——氢弹，于 1952 年 11 月 1 日加到了它的武库之中，他继续推行其前任杜鲁门主义所开创的"遏制"共产主义的政策。为阻止中国收复台湾，1955 年签订了一项条约，而为了对抗中东地区的红色袭击，又于 1957 年 1 月 5 日宣布了"艾森豪威尔主义"。在执行这些旨在遏制共产主义的政策时，艾森豪威尔还试图改进美国和苏联的外交关系。1955 年夏，他在瑞士的日内瓦与苏联领导人举行"最高级会议"。后来在 1959 年，他又作为东道主接待了一位苏联领导人首次访美，作为尼基塔·赫鲁晓夫和美国副总统理查德·尼克松的一次互访。这些会见所带来的进一步相互理解的企图由于 1960 年 5 月 5 日一架美国侦察机在深入苏联领土时被击落（即 U-2 事件）而消散了。美国当局对这一事件的处理（美国方面起初声称，那架飞机只是用于气象观测，一时偏离了航线，这种欲盖弥彰的拙劣手法被狡猾的赫鲁晓夫高高兴兴地揭穿了）使美国的声誉大受损失。美国直到 1962 年 12 月才挽回一些颜面：当时的新总统约翰·F·肯尼迪对古巴实施海上封锁，以防苏联政府对古巴革命领袖菲德尔·卡斯特罗提供"进攻性"火箭。对这次爆炸性事件的坚定又果敢的处理方式在美国国内引起了国人对美国及其新领导人的敬佩及信心。悲剧性的是，肯尼迪总统于 1963 年 11 月 22 日遭到暗杀，总统职务由林顿·B·约翰逊接手。

1956 年，在撒哈拉以南的非洲，只有 3 个独立国家：利比里亚、埃塞俄比亚和南非联邦。经过 10 年，独立国家已经有了 37 个。这片非洲地区崛起并进入世界政治舞台，是个具有重大意义的现象。斯瓦希里语中自由或独立主义的"尤忽鲁"，自始于 1952 年的英属肯尼亚可怕的"毛毛起义"以来，就响遍了非洲大陆。第一个新生的非洲自由国家是英国前殖民地黄金海岸，该国于 1957 年 3 月 6 日赢得独立后称作加纳。很快相继独立的国家有几内亚、尼日利亚、加蓬、象牙海岸，以及后来的 30 多个国家。一些国家从殖民地向独立过渡的阶段，以相对平稳为标志（如在大多数前英国殖民地中，原先就曾鼓励当地人参与政府）。而在另一些地区，情况就并非如此了。例如，在刚果的大片比利时殖民地于 1960 年 7 月 1 日获得了独立。没过几小时，一支军队开始暴乱，并很快演变成无政府状态，以致暴行恣肆。欧洲人纷纷逃命，由于主要由非洲国家组成的联合国部队的干预，才避免了酿成灾难性的国内战争。然而，新成立的刚果政府实在软弱无能，而国内的古老部落的分裂势力又实在强大，那里的紧张局势多年都未能缓和。刚果的经验证明了，新国家的政府缺乏稳定经济和政治等多方面控制局面的能力，而这种能力需要假以时日才能获得。新兴地区在宗教和部落不和上先天不足，而且又缺乏训练有素、肯于负责的领导。具有魅力的政治冒险家（他们那种说不清的吸引力曾使笔者的祖父忘记了他作为荷兰人对法国的憎恨而追随在拿破仑的麾下）往往因不顾后果或误导的行动给他们的国家造成极大的伤害。加纳的第一任专横领导人科瓦姆·恩克鲁玛，以及领导刚果的相当不稳定的左翼分子帕特里克·卢蒙巴——他在独立后的 6 个月内即被劫持并遭谋杀，都是这类不负责任的领导的实例。更有远见卓识的非洲领导人曾试图建立一个联邦的非洲，虽然这一设想中有很多问题，毕竟还是迈出了第一步。1960 年，非洲内陆和马达加斯加组织成立，以推动非洲的统一。该组织于 1963 年被非洲统一组织所取代。这些组织的目的是促进非洲的统一和发展，并设法抹掉欧洲殖民主义的痕迹。然而，在当今的非洲各地，专制、腐败和无效率比比皆是——欧洲殖民主义对经济成就的兴趣远大于对普通百姓的社会或文化进步的兴趣。同样，不管在哪儿处处都有发展黑人权力的意识和对黑人问题的关注。对黑人传统的自豪始终得到坦桑尼亚的朱利乌斯·尼雷尔这样一些领导人的强调，并且引导着许多非洲人关注美国的种族和人权问题。可以毫不过分地说，美国种族关系中的每一次运动都会牵动内罗毕、拉各斯和科纳克里居民的心。同样可以毫不过分地说，美国的种族不和对美苏之间争取非洲政治青睐竞争的结果上，可能会有置定无疑的牵连。无论这一问题如何解决，我们只能希望，非洲人民会接受对他们有利的谨慎的长期项目，而不愿陷入一己之私的领导人和外国鼓吹者为他们提供的乌托邦计划。

在撒哈拉以北也存在问题。许多原住地被以色列割走的巴勒斯坦阿拉伯人，成了寄居在地中海沿岸的加沙地带或约旦河西岸的难民。这些赤贫的难民在难民营中忍受着悲惨的生活条件，策划着摧毁以色列，以便能够返回他们原先的家园，这便是以色列人严重关注的问题。的确，中东和北非的阿拉伯国家拒绝承认这个新建的犹太人国家，并发誓要把以色列人赶回海里去。埃及（1958 年更名为阿拉伯联合共和国）在阿拉伯世界取得了领导地位。在这一大胆行动中的埃及领导人是贾玛尔·阿卜杜尔·纳赛尔，他是 1952 年推翻臭名昭著的法鲁克国王腐朽统治的起义的领导人之一。

尽管 1948 年的阿以战争由联合国的行动制止了，但中东的紧张局势一直有增无减。凭借着与埃及的协议，英国在许多年中都守卫着苏伊士运河。1956 年，英军撤退。同年，纳赛尔控制了运河，并对以色列的航运关闭了通行。以色列派出一支军队夺取了运河，而英法军队则在运河区登陆，以便让运河对所有国家的船只开放。在联合国会议上，美、苏两国都支持联合国谴责军事行动，英国、法国和以色列便撤走了他们的军队。为了补偿以色列军队的撤出，美国保证以色列船只自由通过此前封锁的蒂朗海峡。

到纳赛尔 1970 年去世之前，他都是阿拉伯世界无可争议的领袖。他在 1956 年成功地从外国人手中夺回了苏伊士运河的控制权，他的声望和作为领袖的素质达到了空前的高度。在 1956 年以色列—埃及战争之后，对以色列存在权利的激烈争论和偶发的袭击仍在继续。当埃及重新封锁了蒂朗海峡时，以色列意识到战争终究不可避免。以色列发动了战争，其强大的军队同时对埃及、约旦和叙利亚发起进攻，并取得了反响巨大的胜利。作战 6 天之后停火时，以色列已占领了全部的西奈半岛、加沙地带及苏伊士运河东岸、约旦河西岸，以及叙利亚西部有战略意义的戈兰高地。六日战争之后，阿拉伯国家比先前更加心怀怨恨，开始派遣训练有素的游击队战士潜入以色列，而以色列也不断回击。1969 年，当游击活动还在继续时，列维·艾什科尔总理去世。继承他的是戈尔达·梅尼夫人，她年轻时曾在美国教书。

　　为什么在中东这样一个火药桶地区，一颗火星就可能引爆可怕的第三次世界大战的冲突呢？

　　以色列起初是一个中立国家，愿意接受来自共产主义和西方的援助。然而，苏联很快就从以色列转向阿拉伯，原因是垂涎阿拉伯的石油，并可能要在地中海建立其海上霸权。而美国及许多其他西方国家不想让苏联主宰那一地区的梦想成真，于是，美国就成为强国之中以色列最坚定的支持者。

　　阿拉伯人说，石油往往混有血和沙。这是个悲哀的真情实况。那一地区分成了两个军事阵营，其赌注便是阿拉伯半岛和北非的油田，对苏伊士运河的控制，及对地中海周围的军事主宰权。

　　中东和非洲的这些国家，与其亚洲邻国及拉丁美洲的国家有许多共同之处。他们都有人口过剩的可怕问题。比如，据估计，阿拉伯联合共和国和哥斯达黎加在不足 20 年之内，人口会翻上一番，而中国每年的人口会增加 1 500 万到 2 500 万。它们全都缺乏资金和技术工人。这些不发达地区和西方高度工业化国家间生活水平的差异极其悬殊。美国的人均收入在 20 世纪 60 年代中超过了 3 000 美元，而玻利维亚工人的平均收入是大约 130 美元，印度工人一年劳动的收入是 55 美元。这些国家的人民之间收入之巨大悬殊是显而易见的。对这些国家的援助项目，如由美国资助的在拉丁美洲实施的进步联盟，在设法补救几个世纪以来剥削的后果，尽管花费巨大，但问题依然尖锐。另外，每年都有 5 亿美元的支援流入非洲国家，而且每年用来帮助拉丁美洲人民的美元还要高出一倍。法国、英国和苏联也对这些新兴国家提供了援助，而且为了赢得这些前殖民地的好感还在继续竞争。这些新兴国家对于这场东西方的政治拉锯战中自己的利弊极其清楚，始终都乐于接受来自双方的援助，却不对任何一方承担政治义务。流向这些新兴国家的资金和货物比起是殖民地时得到的还要多得多，我们能够看到这样的景象：先前的主人为了取悦 10 年前还是他们实实在在的奴隶的民族，正在彼此竞争。

欧洲已经从第二次世界大战中彻底康复了。英国不再引领潮流，但仍是欧洲政治中的一支力量，英联邦更是世界经济中的一个主要因素。法国曾受制于国内的病症和 1951 年的殖民地起义，不过已经恢复了平稳。夏尔·戴高乐帮助建立了法兰西第五共和国并于 1958 年将混乱平整为有序，恢复了法国的声望。法国的殖民地不复存在了——有些通过流血起义（阿尔及利亚和印度支那），有些好离好散（如乍得和加蓬这些法兰西共同体的成员）——但法国的形象又竖立起来了。戴高乐使法国人坚信有一个强大的未来，而且他领导他们渡过难关，走向了经济稳定，重建了国际声望。到 1969 年戴高乐退出政坛时，法国已成为世界上的一个核大国，看到了自己成为取代美国在政治上作为决定因素的新欧洲的领袖。许多法国人为失去阿尔及利亚和印度支那而痛心疾首，但这种损失是应该承受的。由于这种努力，法国的形象更好了。

1963 年法国和西德签订了互助友好条约。由于戴高乐和康拉德·阿登纳签署的这项声明，几世纪来的仇恨和猜忌消除了。在不久前发生的一切奇妙的事件中，这诚然是最令人鼓舞的。或许这并非奢望：其他人和其他国家得益于两大宿敌的和解，会以非战争的方式解决他们的分歧。

当今的世界比以前任何时候都在受到全面毁灭的威胁。引发第三次世界大战的火星可能来自分治的柏林（自 1961 年以来被一道柏林墙实实在在地分开了！）的偶然事件或者来自另一处的以色列—阿拉伯冲突。也可能来自巴基斯坦和印度之间周期性的战斗；最近一次在 1972 年，印度战胜了巴基斯坦并创立了孟加拉国，必然会激起伊斯兰教徒和印度人之间的仇恨。或者，也可能来自古巴、塞浦路斯或中苏边境；也可能来自越南或东南亚的什么地方。由于这一切潜在的爆炸局势，显然，联合国并没有解决世界上的所有问题。但联合国毕竟还是做了许多工作——在朝鲜和中东制止了侵略，在刚果和塞浦路斯恢复了秩序，以及许多符合人道本质的成绩。联合国远不是一个完善的机制，但是用美国总统约翰·肯尼迪的话说，联合国仍是"世界上的最后希望"。

73

旧秩序让路

随着对二十世纪前半叶战争记忆的消退，新一代争取「驯服人的蛮性并使世界上的人生活优雅」。

到 1971 年，第二次世界大战所有伟大的领导人——富兰克林·D·罗斯福、温斯顿·丘吉尔、德韦特·D·艾森豪威尔、夏尔·戴高乐和道格拉斯·麦克阿瑟——都已去世。用约翰·费茨杰拉德·肯尼迪的话说，火炬已经传递到 20 世纪诞生的新一代，他们既在战争中得到锤炼，又受艰苦的和平的约束。这年轻的一代，朝气蓬勃且急不可待，用批判的目光看待老问题。

对世界上的许多人来说，约翰·肯尼迪代表了多事之秋的 20 世纪 60 年代崭新的行动和崇高的理想。1961 年 1 月，年轻气盛的肯尼迪从颇得人心的父辈般的艾森豪威尔的手中接过了总统的重担。他用简短的就职演说解释了在一个饥饿和分裂的世界上他的国家应起的作用。他说，美国已受到召唤"去承担长久的黎明前斗争的负担……对抗人类的共同敌人：专制、贫困、疾病和战争"。他呼吁冷战中的双方"在由科学释放出来的黑暗的摧毁性力量在蓄谋的或偶然的毁灭中吞食所有人性之前，重新开始谋求和平"。在许多其他场合，他还说过："是使美国再次行动起来的时候了。我们能够做得更好，我们应该做得更好……"

肯尼迪总统身边围着一群有头脑的青年，他看到了国内外的"新边疆"，美国人对他的理想主义惊得不知所措。他说："不要问你的国家能为你做什么，而要问你能为你的国家做什么。"受到他的话语的激励，成千上万的美国青年，还有许多年长的人，参加了和平团或称"自由骑行人"，支援帮助南部内陆或阿巴拉契亚山区贫困和未受教育的人，他们在那里除了做事之外，还向那些被遗忘的男男女女讲授如何行使美国公民的选举权。

小马丁·路德·金博士这位年轻的黑人洗礼会牧师，为了给他的黑人同胞带来机遇的平等和更多的自由，在亚拉巴马州蒙特哥莫里乘坐公共汽车问题上，在全国各地的入学、就职和住房问题上与种族隔离进行斗争。他给大家讲他的"机遇平等的梦想……有关人们不会因肤色而不平等的一片乐土的梦想"。

种族歧视并不是什么新问题。在 20 世纪 40 年代，杜鲁门总统就使人权成为一个全国性的问题。在他任职期间，一个历史性的报告《保障这些权利》谴责了宗教和种族歧视是妨碍美国民主理想获得成就的邪恶的双胞胎。到了 50 年代，艾森豪威尔彻底取消了军队中的种族隔离，并在戏剧性地面对阿肯色州小石城的问题时，大力推动最高法院取消学校种族隔离的决定。

在肯尼迪总统不宜时的死亡之后，林顿·约翰逊发誓继续执行新边疆政策。事实上，这位新总统在他的国情讲话中向全国保证，如果国家符合了社会需要，就会出现"伟大的社会"。约翰逊总统觉得，在这个"伟大的社会"中，联邦政府有义不容辞的责任计划和应付诸如贫困、种族歧视、不充分的医疗护理、城市问题等全国性的问题。他特别想使城市生活更美好，为所有的儿童提供良好的教育，为所有的人提供工作机会。到伟大社会的梦想由于越南战争而湮没之前，通过确保人权法案施行、选举权法和向贫困宣战等措施，他朝向他的目标取得了进展。

20 世纪 60 年代也有其丑陋的一面，对金博士和肯尼迪兄弟俩约翰和罗伯特的政治暗杀，校园的动荡和骚乱，更不用说在亚洲及非洲的好几场邪恶的战争了——这一切都对那 10 年间的成就投上了暗影。如今，美国大城市中的生活变得更加危险、有害健康和令人不快。成吨的污染物倾泻到天空和流水中；犯罪和吸毒威胁着人们的生命；贫民窟变得更肮脏而且益发不安全。

肯尼迪在其短暂的"千日"任期中，已经显示出迎接来自国内外挑战的风范。在外交政策方面，他为自己及其继任者们树立了风范，如他所说："我们绝不出于畏惧而谈判。但我们绝不畏惧谈判。"他还通过与各国领导人的个人接触，试图促进相互之间更好的理解。他发现尼基塔·赫鲁晓夫是颗"难破的坚果"。在两天的维也纳会见之后，肯尼迪总统用下面的一番话描述他与苏联人谈判中遇到的困难："苏联人和我们对于相同的字眼给予了截然不同的意义：战争、和平、民主和公众意志。我们的是非观不同，对于什么是内部事务，什么是侵略，看法都大相径庭。而最主要的是，我们对世界的现状和趋向看法迥异。"然而，尽管有这些困难，美国和苏联还是朝着防止核战争迈出了第一步：协商了一个防止核武器向其他国家扩散的条约。该条约堪称是当务之急。中国和法国已经制造并试验了核武器，其他国家如以色列和印度也在考虑效尤。该条约由约翰逊政府拟定，并由美国参议院在理查德·尼克松上台后不久加以批准。世界上大多数国家都会签署这一条约。

为了减缓不仅急剧扩展而且同样危险（其理论是：如果一个小男孩有一根爆竹，就会禁不住要点燃它）的武装竞赛，两个超级大国于1963年协商了有限地禁止核试验的条约，据此他们同意停止在空中、水下或空间试验核武器。1968年，美国和苏联同其他国家一起禁止在空间使用核武器。最后，尼克松总统派代表到芬兰的赫尔辛基开始称作限制战略武器的谈判。

在 20 世纪 60 年代，当年的男人和女人已经牢牢地抓住了老问题并取得了一些成功。不过，在那些年月里，人类已经意识到在那 10 年之初很少注意的一些十分严重的问题。

地球上的宇宙飞船

我们应该维持地球的生命体系，不然就要交付罚金。

在宇宙空间时代，20 世纪的人和发现时代的前辈一样具有好奇心和冒险精神，有意探索未知的世界。如同 16 世纪的开拓者一样，空间人冒着极大的危险，寻求着名声，遭遇着灾难，并得以成为最早看到整个新世界"游进他们的认知范围之中"的人。但其中也有很大的不同。4 个世纪之前，要等到几个月，往往是几年之后，新发现才能被大家知晓，而如今，即时的电视、报纸和电缆之类的通信手段，使得全世界即刻看到宇宙飞船喷火的发射，人在空间行走，宇宙飞行器空间对接和人类在月球上的实际登陆。

1961年4月12日，在"沃斯托克一"号飞行器中，一位叫尤里·加加林的俄国人成为进入外层空间伟大领域的第一人。只要人还居住在这个星球上，就会梦想飞出去开发他头上的天空。这一梦想当加加林的飞船以每小时17 000公里以上的速度飞到20万公里的高度时，实现了。这次飞行是苏美之间争夺空间领导权竞赛的一个里程碑，这场竞赛在苏联于1957年10月4日发射了第一颗人造卫星"斯普特尼克一"号时就加速了。如今人们以与从前大不同的目光抬头看天了。当第二次世界大战结束时，人们仍被束缚在地球之上，现在整个宇宙都在向我们召唤。

当苏联的第二位"宇宙飞人"赫尔曼·蒂托夫飞上围绕地球的轨道时，他向地球发回呼叫："我是一只鹰！我是一只鹰！"他的兴奋为我们许多人分享，因为我们明白，尽管我们时时受到核战争的可怕威胁，作为掌握自己命运的人类，我们的潜能才刚刚开启。我们站在先人从未梦想过要触摸的奇迹的门限。这个世界确实是个最奇妙也最危险的地方。

把人送上月球是"铁人"的最后胜利——"铁人"是笔者用于工业革命的词语。这项功绩是由勇气十足的人和"地面控制"的技术实现的。但不仅如此。实际上，那个小小的飞船以及封闭的生命支持系统，是以美国强大的工业实力为后盾的。在某种意义上，由奈尔·A.阿姆斯特朗、小埃德温·E.阿尔德林和麦克尔·科林斯完成的登月并返回的飞行，也是受"捷足先登"刺激的国家荣誉，有的可能是军事及商业优势所推动的。

然而，恰如所有的宇宙飞行员在太空中不可思议的冒险令人激动一样，他们还不可避免地必然要回到他们被发射到空间的地球上。

直到最近，我们已经理所当然地认为，地球的生命支持系统的容量是无限的。然而，自从我们开始操控它们起，我们也就心灰意冷：我们已深陷困境。全世界的科学家都在警告我们：除非我们停止滥用地球上救命的生命支持系统，地球的前途确实是黯淡的。宇航员把漆黑一片的宇宙中镶嵌的地球的惊人之美与月亮的冷灰做了对比。从太空看，地球表面有着难以置信的美丽色彩并生气勃勃：生动的蓝色，鲜亮的绿色和旋涡形的白色。再仔细观察，我们地球上的山川大地斑痕累累，断体残肢，都是多年来人类居住并漫不经心的过度开发的结果。

按照《圣经·创世记》的记载，神告诉人："要生养众多，遍满地面，治理这地；也要管理海里的鱼、空中的鸟，和地上各样行动的活物。"这是人类始终认真遵从的信条，绝不敢冒险擅越的。在某种意义上说，整个人类的故事就是人类如何改变其环境以适应自己增长的物质和精神需要的故事。他们杀鹿充当食物，杀狼以安全自保；他们伐林而居，并用以垦殖和作为建筑材料；他们开发矿产求得燃料和金属；他们筑坝分流以灌溉农田；他们使用化学药品杀死害虫、治疗疾病并减少农业劳动。终于，人类制服自然和满足需要的努力，严重地破坏了地球的生态。（生态是一切生命体对其环境及其他生命形态的关系。）

生态问题从伊甸园就开始了。当亚当把第一颗苹果核撇到一旁时，他就在着手掠夺"美好的大地"了。直到最近，人们还认为地球上的水、空气和土壤资源似乎是用之不竭的。从人类文明的曙光开始，地球的生命支持系统就已经保持着空气、气压和温度的微妙的平衡，以使生命能够维持。当人们生活在传统的社会中，他们的生活受到习俗的制约，并受到所用的原始工具的限制。在那种情况下，人类缺乏在全球范围内破坏环境的能力。然而，人们的确还因为过分使用"肥沃的新月地带"——幼发拉底河、底格里斯河及尼罗河的河谷而造成了沙漠，当时那里可是历史记载的最初的"文明的摇篮"。然而，如同新大陆的早期定居者一样，人们总能靠迁徙到更葱绿的草原和未开垦的土地上来逃避由于无知而造成的恶果。

今天的世界上已经没有伊甸园。那种无忧无虑、天真而富足的日子一去不复返了。人类如今的能量已经到了能够破坏的地步，而且事实上正在全球规模上进行破坏，或者至少是十分严重地伤害了自己的环境。今天，我们得到的是无计划的开采、无情地开发自然资源和完全无知的苦果。曾经清澈、纯净的流水，现在变得五彩斑斓，映出的不是雨后天空的虹霞，而是流进来的废物形成的油花花的薄层。我们切开林地以便修筑公路，铺平农田为购物中心建造停车场，弄脏河湖，搅乱了人类福祉所依赖的水域中的生态平衡。更为有害和危险的是由人类的天才所释放出来的原子能的威胁——不仅要消灭，而且还要污染和摧毁人类、动物和其他非生物。

环境问题是全球性的。在西班牙卡斯蒂利亚的贫瘠平原上，有一座宏伟的古橡树公园。那里的树木曾经是西班牙广袤的橡树林的一部分。之所以能够幸存下来，归功于历代西班牙国王的狩猎保留区政策。西班牙干旱赤裸的平原，以及整个地中海盆地，都是人们对生态无知的悲剧性实例。在希腊、意大利，以及西班牙，中世纪富有的牧主们把他们大群大群的羊散放在乡村，结果便破坏了自然界的微妙平衡。在印度，被污染的水每年造成 200 万人的死亡并导致 5 000 万人患上严重的疾病。

现在，人们开始认识到，向更美好生活的每一步迈进，几乎都不可避免地会造成对环境的损坏。汽车让我们能够舒适地做长短距离的旅行，但汽车的废气却毒化了空气。杀虫剂有助于作物收成，化学锄草剂消除了累弯腰的手工劳动，但这些东西也污染了河流和空气。

我们绝不可能摆脱所有的污染。将我们的自然环境恢复到原有的纯净，会意味着返回到石器时代的生活。不过，只要人们愿意付出花费，就能改进其环境的质量。他可以放弃快速发展；他可以交更高的税；他购买的一些产品如今是以牺牲环境为代价因而廉价生产出来的，可以让他为此付出更多的价钱。目前，我们不断增长的人口和日益增加的产品把"改变的资源"或污染物又释放到我们的天空、水流和土地中，其速度之快，使生态系统来不及吸收就会造成有害的恶果。

另一个令全世界忧虑的问题是全球人口的增长。现在地球上的36亿人口，将在30年内翻上一番。美国的2.05亿人会增加到3.05亿多人。当今的世界，至少有三分之一的人营养不良，居住条件低劣，穿着破烂，饥饿和普遍的悲惨境遇几乎无处不在。人口增长当真应该马上结束，人类赖以生存的地球，只有8 000公里的直径，外表覆盖着一层薄薄的空气和云团。

在公元1世纪奥古斯都是罗马皇帝时，世界人口估计是2.5亿。那个数字增加上一倍需要1 600年。地球上的30多亿人口只需30年时间便能翻上一番，到那时候人口将以每8年增加10亿的速度增长。你的生于1972年的小弟弟，活到70岁以后，就会看到一个150亿居民的世界。他的孙子可能会和600亿人共同居住在地球上。可是现在已有一半人口挨饿了。今天地球上每个人的实际食物要少于20世纪30年代大萧条时期。如今每年都有成千上万的人死于营养不良，即使不是饿死的话。

简言之，科学家已经警告我们，我们正走在通向文明迅速崩溃的迎春花小路上，因为我们在以每30年增加一倍同路人的速度（世界人口），掠夺有限的自然资源的要求，在前进中污染我们的地球，毁损着地球的生命支持系统。

世界是地球村

科学技术的奇迹如何使我们的星球变小，使所有人成为兄弟。

对于世界灭亡的隐晦的科学预言，人们能够说些什么呢？我们应该对有关人口和污染的研究和警告置若罔闻，视为虚妄之言吗？

或许最好记住，人们总是认为，前辈们从来没像他们一样目睹过这么多可怕或奇怪的事件。其实，我们和先人没有什么不同。我们相信，我们生活的这个世界，比起先前的任何时候，威胁更可怕，前途更远大。我们忘记了，原子大破坏对我们而言，并不比阿提拉的游牧部落对 5 世纪欧洲人带去的恐慌更可怕，我们的文明提供的物质享受之于我们似乎比公元前的中国文明给予李白同时代的人更难以想象。当战争的乌云刚刚升起之际，温斯顿·丘吉尔就指出，毕竟，人类或许很快就要"走在一条宽阔而平整的和平与繁荣的大道上，而不是围着地狱的边缘漫步和凝视"。

确实，美国和其他高度工业化的国家正在步入一个更具人性的后工业时代。更多的人从事着为农夫同胞们提供教育、医疗和娱乐服务的工作。据估计，在后工业社会中，个人平均年收入会是前工业经济的 50 倍。将来，大概会有最低收入和基本福利的全民保障系统。在后工业国家，教育将是一个终身的过程。在你成年之后，你可能会接受定期的行业培训，也许一生中能多达 4 次。这是很基本的，因为多余的闲暇时间会为完善自身开辟新的机遇。

"阿波罗 11"号的成功使命是把月球变成了人类的一个行省。但从心理上讲，意义更大。人们如今相信，不允许有任何东西阻挡我们成就一个让所有的地球居民都享受"好日子"的更美好的世界，就是说，成就一个更悠闲、有经济保障和社会正义的清洁、健康的环境。当然，把人送上月球的科学技术，无法为不能程序化的人类创造类似的奇迹。但现在，许多人认为，一个能够开发月球的国家也一定有能力使地球上的生活安全、舒适及更加心满意足。

如今，许多人不那么担心物质产品的匮乏而更多地考虑他们生活的质量。一个人的生活质量取决于他的自然环境的优美清洁，取决于他追求闲暇快乐的自由程度，哪怕不惜失去收入及降低生产。工人们期待更短的工作周，以便能够享受更多的闲暇时光去做他们喜欢做的事情。我们已经领略了上一代人创造的许多技术奇迹：电视、空间开发、电脑科学、征服某些疾病和空间时代的技术。

在工业革命的许多成就中，电子学方面的进步恐怕是对世界文明最有意义的了。电子学使空间时代成为可能。从 19 世纪中期开始，人的声音就被电报、电话和收音机放大了，直到能够传到地球上的每一个角落。在摄影术发明之后，照片也能通过线路传送，还能活动起来，而依靠电视，还能把发生的事情当场记录下来。没有由收音机扩音器传出的劝说话语，非洲、东南亚或阿拉伯人的新民族主义就会大受阻碍。

由 1965 年"晨鸟"开始的通信卫星的发展，全世界第一次能够即时通话。从此，即时新闻仿佛就发生在同一个村里。目光远大的人们认为，即时通讯事实上会形成一个地球村，国境行将消退和无用。别国的问题将变得如此切近，如同就发生在自己的国内。造成怀疑与敌视的人与人之间的差异，会越来越小。真的，我们不久就可能讲一种第二全球语言了。教育、新闻事件，甚至在大城市演出中心上演的交响乐等种种好处，都能使从极地到赤道的所有人共享。

似乎很明显，世界一方面受到前所未有的威胁，但另一方面也确实有办法共同努力防止任何重大灾难——一场新的世界大战，过多的人口或无可补救的污染。联合国已经拉响了警报，并且依靠现代的通信手段传到了地球的四面八方。只要有勇气和决心，人类就会克服一切。

进入高科技时代

技术进步了，新型战争也爆发了。

生活在任何时代的人大概都会坚持认为，他们的时代是人类漫长历史中最富戏剧性、最激动人心和最具挑战的。1969 年 7 月的登月似乎标志着人类智慧和胜利的一个新纪元。20 世纪 60 年代的大多数时候都是非常乐观的时段；而 70 年代则不同了。70 年代和 80 年代初期，即使最伟大的科学成就似乎也令人喜忧参半。人类生活状况的某些永存的问题也顽固地不肯消失。而核战的威慑及环境的保护可能是人类从未面对的最大挑战。

这些看来对科学带给技术先进的国家和人民的惊人的进步，并没有限制。美国和苏联的空间开发项目以巨大的开支继续着。两大强国把宇宙飞船远远地送进太空。1970 年，当"阿波罗 13"号宇宙飞船上的氧气舱爆炸威胁到宇航员的生命时，在遥远的空间进行了一次戏剧性的抢救行动。几年之后，一架无人飞行器发回了土星的近距离照片，揭示了其环形带的秘密。这些宇宙飞船能够每小时飞行 5 万公里。1976 年，"维京 1"号在火星上着陆，为晚间电视新闻发回了照片。地球的外层空间中飞行着极多的卫星，我们这些留在地球上的人，大概不久就会为"太空垃圾"落到我们的星球上而忧虑了。美国和苏联在空间项目上的进展或许别有用心——发动战争，那样就会把通俗的《星球大战》系列电影和电子游戏弄假成真了。

回到大地上来，工业革命的最新舞台——电子革命，对我们的生活造成了难以想象的冲击：从怎样把钱存进银行到如何烹调我们的饭菜。一台 20 年前足足可以占满整个房间的计算机，已经压缩到袖珍的尺寸。"个人电脑"的时代已经逼近我们。电脑知识（"计算机素养"）可能很快就成为大学生、高中生，甚至一些小学生的必修课。70年代末，电子游戏形成狂潮。如今飞机实际上已能自动飞行。即时通讯和文字处理软件，使商业和教育现代化，也导致了电子业的巨人IBM 公司与其对手之间，日本和美国之间的激烈经济竞争。20 世纪50 年代计算机出现时，就有这样的说法："按电钮"的时代我们的身

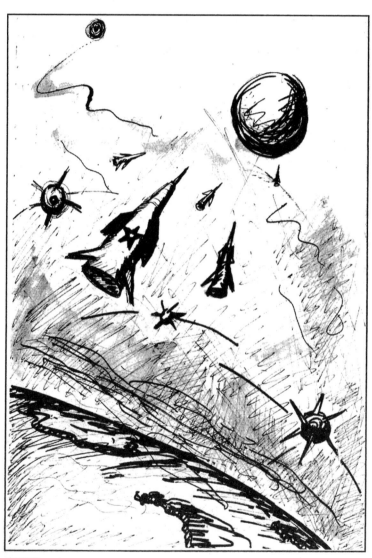

空间竞争

体有可能会因缺乏活动而退化，现在这类议论仍不绝于耳。如今，电脑已在某些领域替代了体力劳动。电子机器人在底特律和日本的汽车装配线上得到应用，几乎实现了早期科幻小说中的设想。一方面很多人都认为电脑已经使我们生活的许多方面方便多了，另一方面，人们也付出了一些代价。电子革命已经形成了一批在电脑技术上训练有素的白领人士。但工业岗位的数量也由于电脑而减少了，在某种程度上，一些企业中的失业率增加了。电脑使商业"无人化"，减少了人与人的接触。电脑大大提高了某些企业效率的同时，也增加了少数巨型公司的经济实权，因为只有最大的企业才有实力保持电子技术方面的飞速扩展。那些无力竞争的就落在了后边。电子技术的进步也易于进一步加大贫富国家之间的裂隙。一些人言之凿凿地担心，政府能够使用电脑——只需一按电钮，就可搜集公民的情报。如何保卫政府、公司、大学和医院的电子化信息成为困难的任务。当敌对公司或外国势力潜入己方的电脑会发生什么情况呢？能够修订法律，像惩办那些破门而入盗取住宅或商店的罪犯一样处治盗窃电脑信息的人吗？迄今为止，电脑始终是人类的朋友，但是，如果人们不顾一切地屈从于专家所谓的电脑的"不动声色的暴力"的话，电脑也可能成为人类的敌人。

遗传学的发展已经取得了惊人的进步，科学家能够更加了解人体的构成。一些可能性既让人坦然又令人不安。随着我们逐渐了解人类的基因，似乎可以预见遗传性疾病，或者具体到易于得哪种疾病。与此同时，医生在婴儿出生之前就确定其基因组成；知道婴儿的性别和存在某种形式的脑迟钝还只是第一步。不久之后就可能知道，一个婴儿将来会容易患上肌肉营养障碍和肝炎。这种出生前"显示"基因缺陷的技术会变得越来越成熟。

不过，随着科学家向人类疾病的起源和基因特性更多的了解推进，也必然会有些道德伦理的问题接踵而至。医生能够改变人类本性的某些方面吗？由于医生发现胎儿会在 40 年后得上一种疾病，其家庭会禁不住终止那个胎儿的孕期吗？因为科学家已经确定某人会在将来的某个时候患上疾病，那人会遭拒而得不到工作吗？基因控制已然培育出一只超大尺寸的老鼠，在遥远的将来，会把什么样的改变应用到人类身上呢？

科学技术的其他主要成就也对人类造成了威胁。1979 年，宾夕法尼亚州三英里岛上的一座核电站泄出了放射性水，威胁到了整个邻区的安全。接连多日，专家们想方设法冷却核发电机以防"熔毁"即设备过热，否则会对数百公里的人口稠密地区扩散放射性物质。电厂附近城镇的居民焦急地等待着，准备好一旦发生状况就逃离家园。幸好，专家们防止了一场大灾难。但这次险些发生的事故引发了安全及原子能代替石油是否切实可行的新课题。若干年后，政策制定者会就如何拆除废弃的核电厂绞尽脑汁，因为这种事是当初修建电厂的人从未想到的。

核武器竞赛对我们的星球危害更大，尤其是当这一竞赛不再仅限于两大强国——美国和苏联之际。英国、法国和中国当然都有能力发

按电钮的时代

动核战。还可能有印度、巴基斯坦（它们是死敌）、以色列、南非，或者还有阿根廷。每年，长崎和广岛 1945 年原子弹爆炸的幸存者都要集会，提醒世界可能会再次发生可怕的事件。人们只能希望，人类已经汲取了教训。

美国及其他国家的环境在 20 世纪 70 年代同样出了毛病。在很多城市中已发现，有毒化学物品和其他危险废物的垃圾堆放，会对健康造成严重的危害，垃圾圈外必须撤离许多人，甚至整座城镇。最近，原先为保护美国而成立的环境保护署竟然允许大公司继续污染环境。"酸雨"成了加拿大和美国间的外交问题，因为美国产生的污染物被风和雨携带到了加拿大，落下了污染雨，杀死了远方湖泊滋养的鱼类和作物。甚至超音速飞行也在技术进步和人类需要之间造成了类似的两难困境。1976 年，法、英两国合资制造的第一架超音速客机"协和"号，将飞越大西洋的时间几乎缩短了一倍。"协和"号飞行于巴黎、伦敦、纽约和华盛顿之间，时间只需 3 个多小时。但许多人对超音速运输的生态影响忧心忡忡。何况，"协和"号的机票价格高不可攀。由于这些理由，美国众议院拒不批准为美国的超音速运输提供资金。

法国人对铁路交通的改进尽了责任。当 1981 年 9 月法国人开创了他们的高速铁路时，日本早已有了在其大城市之间运行的"子弹头"列车。法国人的列车更快，能够以每小时高达 220 公里的速度安全行驶。该列车把巴黎到法国第二大城市里昂的 275 公里的旅程缩短到不足 2 个小时，平均速度几乎是每小时 150 公里。这种列车每天输

酸雨

送数千人，其速度堪与飞机媲美。

　　酸雨、有毒废物、空气和噪声污染相对而言是新问题。在20世纪70年代期间，世界上的老问题——饥饿，仍同以前一样严峻。到1974年底，全球存粮达到了26年来的低点。当时估计，全世界有5亿人口缺乏足够的食物。在非洲，每周有大约1万人饿死。专家估计，在西孟加拉，1 500万人因饥饿致死。所谓的绿色革命已经增加了农业收成，并在世界的许多地方开辟了更多的可耕地。但即使这样的好消息，面对人口的迅速增长和全球气候的变化，仍不足以满足世界对粮食的需求。

我们星球上的人口继续以每天 20 万人或每年 750 万的速度增长。1984 年 1 月，地球上有大约 47 亿人口。据估计，这样的速率会在 20 世纪末将世界人口翻上一番，这个日子可并不遥远。像新加坡、墨西哥城、加尔各答和里约热内卢这样一些城市，在巨大的人口压力下，资源已经绷紧，到处都是乡下来的穷苦移民，许多人都住在这些大都会郊外搭建的棚户区中。过去几年中有一些国家减慢了人口增长速度——例如中国、印度和一些西方国家——但食品仍因不停增长的人口而日益紧张。与这一可怕问题搅在一起的是，全球气候在 1920 年前后开始变化。寒冬和干旱在世界的许多地方已成常事。一些洋流改变了，带来了灾难性的后果。比如说，当秘鲁的洋流改变时，小鳀鱼几乎绝迹。鳀鱼是动物蛋白食品的来源。其结果是肉品供应减少。20 年来，世界的食品总产量第一次下降，估计减少了 3 300 万吨。

气候的变化无论看来多么不起眼，对一些国家生长季节的影响都是引人注目和灾难性的。例如，自从 20 世纪 40 年代以来，世界平均气温已经下降了华氏

1 度。这样一来，处于中纬度的主要粮食生产国的生长季节就要减少 10 天之多。与绿色革命关系最大的小麦和稻米这些庄稼，对气候变化反应特别脆弱。湿度的降低也减少庄稼产量。从北到南四处横扫我们星球的寒风的加剧，妨碍了充满湿气的赤道风的形成，无法给许多地区带来降雨。西非和印度便遭受了严重的旱灾。另一方面，大

气污染的增加可能会形成"温室效应",残害到地球的一些地区。假如巨大的极地冰区开始融化,海平面会危险地升高,说不定会淹没世界上的一些滨海城市。

人口增长、气候变化、绿色革命的局限,都扩大了贫富国家之间的裂痕。人们开始谈论"北南"差别,而不仅仅是"东西"差别,把世界上比较富裕的北方国家与它们不那么发达的南方邻国加以对比。

饥饿威胁会导致全球的冲突。人们有时把那些没有工业化的资本主义或共产主义国家称作第三世界,虽然许多这些国家随着时间的流逝,投奔过一个或另一个阵营。国家间在经济发展上的差异,使得一些经济学家把拥有20亿人口的第三世界进一步划分为三大部分:"第三世界",即具有充分的原料可以吸引外国投资和技术的国家(如扎伊尔、摩洛哥和巴西);"第四世界",即具有一些原料但缺乏资金的国家(如秘鲁和多米尼加共和国);"第五世界",即不具有原料且无法生产足够的粮食供其自身人口生存的国家。这些国家,如非洲的乍得和埃塞俄比亚,亚洲的孟加拉国,都在20世纪70年代的大部分年份里遭受过致命的旱灾。这些贫困国家的境况由于国内战争而雪上加霜。

仿佛这还不够,阿拉伯国家暂时拒绝把石油卖给西方,即1973年10月的石油禁运,开启了在世界许多地方能源价格猛涨的序幕。随后的10年中,原油价格增长了4倍,在美国从大约每加仑30美分到达140美元的高点,不过远低于西欧的油价。石油禁运对美国当即产生了冲击，在加油站前排起了长队。为了节约油耗，车速限制从每小时 70 千米压到 55 千米。美国人减少汽车和航班，航班机票的花费随着油价的飞涨也提高了。许多城市和公司开始了"汽车合用"项目，鼓励搭乘人和驾车人共同负担使用能源的费用。总爱拥有大型轿车的美国人如今购买了小型和更节能的轿车，在日本，增加了制造低油耗的车型的比例。在随后的年月中，人们在冬季把住房和办公室保持在较低温度，减少使用高耗费的能源。一些美国人苦涩地对这些"剥夺"措施做出反应，他们指责石油生产国，尤其是阿拉伯国家，改变了美国的生活方式。一位专家就能源危机评论说："我们就像一座城堡，一座光彩夺目的中世纪城堡，保卫着自身，抵御外国进攻。后来我们突然发现，水源却在城堡之外。"英国人在北海发现了石油；墨西哥和委内瑞拉作为产油国而繁荣，至少在油价于 20 世纪 80 年代初滑回原来水平之前是如此。普通的美国人以及欧洲人只好改变他们的生活方式。他们嫉妒埋在中东沙漠下的石油。石油和能源问题把美国置于与拥有更多石油储备的苏联相比相当不利的地位，以致影响到美国总统的外交政策和面对上涨的油价和寒冬的普通百姓的家庭抉择。

1978 至 1979 年的伊朗革命带来了石油涨价的第二阶段。每桶油的价格比起第一次涨价和禁运前上涨了 10 倍多。但由于美国减少了使用能源，耗油也降低了。在全世界全部耗油量中，美国份额从 1970 年的 31% 下降到 1982 年的 25%。1983 年普通美国家庭用油比起禁运期间减少了 20%。政府停止了对石油工业的控制，它们增加了生产，

汽油短缺

使石油公司获得了巨大的"横财利润"。与此同时，对污染的放松管理允许使用其他燃料，尤其是煤——在美国仍是贮藏巨大的。1977年，投资77亿美元的阿拉斯加输油管道开通，将石油从那个富有矿藏的大州输送出来。与此同时，汽车制造公司证实，他们能够生产耗油少的汽车。1973至1983年间，每加仑燃油的平均行车里程提高了一倍。

　　1983年，出现了供应石油的"过剩"现象；石油价格稳定，甚至有暂时的下降；一些比较贫穷的石油生产国，如委内瑞拉、墨西哥和尼日利亚，得到了可观的贷款，却难以偿还它们的国债，以致引起了对一场国际金融危机的恐惧。但由石油短缺造成的经济成本仍然存在。石油危机和更高的油价在许多缺少自己能源的不发达国家中造成了前进中的"短路"。另一方面，中东的石油富国却发现自己有了更多的钱——尤其是美元——以致不知如何去花。科威特的石油供应使之成为按人口收入计算世界上最富的国家（无论大小），欧洲和美国的大批房地产都被阿拉伯人用美元买了去。对很多欧洲人和美国人来讲，由于西方世界成了石油富国"讨价的底层"，世界仿佛站到了他们的头上。能源危机侵蚀了美国的自信，使美国人怀疑，一切是不是仍有可能，美国在世界经济中的地位也改变了。美国的钢铁工业及汽车和电子工业，面对着来自国外的激烈竞争裹足不前，而日本和德国制造的产品往往技术优越，成本较低，充斥了美国市场。

在对外政策方面，没有哪一场冲突像越南战争那样压抑着美国人的灵魂。美国正式卷入那块麻烦不断的土地始于 20 世纪 50 年代。胡志明的共产党军队于 1954 年 5 月在奠边府战役中打败了使该国沦为殖民地的法国。在瑞士日内瓦举行的会议上，越南被分成南北两部分，胡志明在北方建立了共产党政府。吴庭艳在美国的支持下成为越南共和国的总理。1955 年，当美国随着吴的决定拒不同意以大选来实现越南统一时，重新统一的可能性消失了。在南方，共产党支持者和越南共和国政府间的游击战成为日益频繁的场景。1959 年 7 月，好几名美国军事顾问被打死。

4 年之后，吴的专制政府面临着抗议的浪潮。在美国人袖手旁观之际，他被推翻，随后被处决。在 19 个月中，政府更迭了 13 届，而越共——越南南方的共产党人，却在农村中增强了力量，并羽翼丰满地发动反对越南共和国政府的战争。

美国卷入越南内战是"逐步升级"的——这是 20 世纪 60 年代象征性的词语之一。1964 年，林顿·约翰逊总统请国会通过一项决议，给予他在东南亚采取"一切必要步骤"的权力。他宣称，越南民主共和国船舰在东京湾攻击了美国的驱逐舰。到 1965 年，美国海军陆战队被派往越南。由越南共和国军队发动的一次在越南共和国的军事政变，使阮文绍将军成为越南共和国政府的领导人，阮高祺元帅当上了总理。到 1965 年底，大约 15 万美国军队进入越南，3 年之后，驻越美军人数超过 50 万。

美国就此陷入了在地球另一端的一场不宣而战的战斗，而越来越多的美国人则不相信有此必要：在道义上、生命和金钱大量消耗上都得不偿失。涉及并反对这场战争的第一次公开讨论早在 1965 年春天就在大学校园里发生了。学生们挑战性地焚烧了他们的兵役应征卡。当战火于 1967 年蔓延到南北分界的非军事区时，美国飞机开始对北方轮番轰炸。但是无论是空中轰炸还是地面部队都无法摧毁得到北方军队支援的越共，1968 年 1 月 30 日，他们发动了新年（春节）攻势，实际上进攻了南方所有重要的城市。尽管这场攻势失败了，共产党军队终归对越南共和国实施了重大打击。他们证明了，他们在继续以游

越南

击战袭击对方阵营和美国人的同时，也能在南方发起大型军事战役。
新年攻势也给了全世界一个最可怕的战争形象，成千上万的人在他们
的电视机屏幕上看到了一幅画面。

越南共和国国家警察署长对准一个囚犯的太阳穴开枪的镜头被拍
摄下来，永远存到了胶片上。一个更令人毛骨悚然的形象是一个吓慌
了的农妇带着一个孩子被美国飞机投下的凝固汽油弹的化学溶解烧得
肢体变了形。

在美国，约翰逊总统宣布他不谋求在 1968 年连任第二届，美国和越南民主共和国双方代表的和谈终于在巴黎召开。参议员尤金·麦卡锡竞争民主党的总统候选人，以反对越战作为他的第一号话题。击败民主党总统候选人赫伯特·汉弗雷的理查德·尼克松，强调巴黎的秘密会谈，并谋求越南战争"越南化"。但反战抗议席卷了美国，尤其在 1969 年秋季达到了高峰。

1970 年 4 月，尼克松总统派遣军队进入柬埔寨，攻击越共一直牢固控制着的边境地区。大规模的轰炸杀死了成千上万的村民。在美国，抗议浪潮，尤其在大学生中间，随之而来，高潮是由在肯特州立大学由国民卫队射杀 4 名手无寸铁的大学生这一事件引起的。1972 年春，共产党发动了又一次主要攻势。尼克松这时命令美国军舰在海防港及其他主要港口设下水雷。但秘密谈判已经指向美国撤出战斗的内容了。1972 年 6 月，"水门事件"爆出，给尼克松总统和美国政治生活投下了巨大的阴影的同一个月，大部分美国军队从越南撤退了。

1973 年 1 月签订了和平协议，但对越南人来说，战争远没有结束。双方都在破坏停火。共和国军队失去了来自美国的军援加之自身的腐败等因素，逐渐放弃了高地。越共则一个接一个地夺取了南方的城市。1975 年，共和国政府落入共产党军队之手。电视摄像机再一次捕捉到了那场灾难性战争的最难忘的时刻：美国人和平民绝望地挤进直升机，以逃出"陷落"或"解放"了的西贡（使用哪一个词取决于个人的观点——历史再一次遭遇常有的问题："谁的牛被抵伤"）。到

1976 年底，柬埔寨和老挝也成了共产党的天下。

美国为时最长的战争结束了。5.6 万多美国人死在了越南，比起大约 125 万死于战争的越南人要少得多。越南给 20 世纪 70 年代和 80 年代初的美国留下了很多印象。只举一例来说，越南被电视带进了美国人的起居室。越战的耗费是巨大的：1400 亿美元被花掉，这笔款项引发了国内的通货膨胀。其他耗费也不在少数。这场战争使 20 世纪 60 年代和 70 年代许多处于大学年龄的青年人离心离德。一些学生为逃避征兵而前往加拿大，以自觉的反对者记录在案，甚至为他们认为越战和一切战争都是错误的信仰而坐牢。美国的大学校园爆发了愤怒的抗议，有时是暴力的活动。一些抗议者中的坚定的核心分子谋求"把越战带回家"的目标。1970 年在一所美国大学中，一个反战活动分子引发的爆炸杀死了一名研究者。但越战触及了美国的良知，一名美军中尉被控因在 1968 年于越南美莱屠杀平民而犯有集体谋杀罪。1972 年，就在当年 11 月的大选前夕国务卿基辛格保证和平即在"手头"之后，对越南民主共和国的圣诞节野蛮轰炸激怒了许多美国人。不仅如此，越战还造成美国及其盟友之间的关系紧张。驻世界各国的美国使馆几乎都成了游行示威的地点。丹尼尔·艾尔斯伯格揭发了"五角大楼文件"涉及美国在本应是"中立的"柬埔寨进行的一场秘密战争，迫使美国面对其政策中的道义问题。不过，尽管发生了屠杀，美国平民倒还在促使越战结束。越战的经历迫使美国反省其在世界上的作用。

在越战中严重受挫的美国人的自信，被继之而来的水门丑闻进一步削弱了。从 1952 到 1960 年担任艾森豪威尔副总统的理查德·尼克松，从来没有彻底改变他的"狡猾的狄克"的坏名声，那是从他早年的政治生活时期就得到的。在 1968 年大选中战胜赫伯特·汉弗雷之后，共和党的尼克松又于 1972 年以压倒优势战胜乔治·麦加文。没有多少人去注意当年早些时候在 6 月里被捕的 5 个人，他们在首都华盛顿水门大厦中民主党全国委员会的办公地点安装窃听器当场被抓。这 5 名窃听人被顺藤摸瓜到中央情报局和尼克松的竞选委员会，这一事实当时对大选的影响甚微。

然而，对这 5 名水门窃听人的审讯揭发出，他们在代高层人士受过。随着水门丑闻逐渐吸引了公众的注意力，这件脏事的责任就更近地转移到了尼克松本人。他的前任顾问约翰·狄恩，称总统是掩盖水门事件的阴谋家。尼克松曾经在他的椭圆形办公室对谈话进行录音，此事闹得尽人皆知。总统试图不让人检查录音带，并要司法部长艾略特·理查森解雇水门事件的专案检察官阿奇伯尔德·科克斯。理查森拒绝后便辞职了。尼克松暗中破坏司法程序的胆大妄为被称作"周六夜大屠杀"，引发了进一步要求尼克松下台或予以弹劾的呼声。当录音最终拿到水门检察官手中时，有一段 18 分钟长的空白。原来，水门窃听案只不过是"冰山的顶端"，是尼克松政府官员的一整套肮脏手段和非法行为的一环，包括从大公司接受非法的竞选捐资。磁带本身揭示了尼克松任期中的大量的阴暗面。他身边的一些从事了错误行径的人被控有罪并被捕入狱，其中就有总统最亲近的人。尼克松本人对此撒了谎，在他可能被参议院弹劾之前，就于 1974 年 8 月灰溜溜地辞职了。杰拉德·福特接任。福特只是新近才受命接替斯皮罗·阿格纽——他为逃避所得税的指控辩护后辞职——担任副总统一职的。杰拉德·福特提出了一个对尼克松"全面、自由及绝对的豁免"，而尼克松则回到他在加利福尼亚州圣克莱门特的家中撰写他的回忆录去了。美国总统的名声当然染上了污渍，但美国宪法和美国人民却恢复了声誉。杰拉德·福特在某些方面表现得不大像能当美国总统的人。一个电视评论员就曾问过他，他能否"成长从而胜任他的工作"。当水门事件中的一些次要罪犯都被投入监狱时，福特先生却给予尼克松总统以豁免，在许多人看来，福特的公众信任有所动摇。虽然福特重振了总统职务的正直，他却无法在 1976 年的大选中击败佐治亚州州长吉米·卡特。代表南方、劳工和少数民族联合参选的卡特是个备受欢迎的人物。但他的声望很快就消退了，因为事实证明他无力应对日益增长的国内经济问题和外交政策危机。公众对他作为有经验的果断的国家首脑的信心逐渐消失。1980 年的大选中他只在两个州和哥伦比亚特区中获胜，被伦纳德·里根以压倒优势击败。

新当选的总统承诺减少政府的作用并平衡联邦的预算，同时恢复美国在世界上的强大形象并带领国家走出经济困境。不过，对某些人来说，里根仍然看来不像是担任世界上最关键职务的人。里根这位演员的当选，表明了强大的金融后盾和娴熟的表演，对我们电视时代即将担任总统的人来说是最重要的财富。

美国历届总统都在选举中具有比竞争者巨大的优势，而在 20 世纪 60 和 70 年代中，由于福特先生和卡特先生两人的失败而改变了这种模式。美国总统的表演已经成为媒体密切甚至即时审视的对象。他们的演讲很快受到分析并以同样的速度评分，其强度如同美国职业棒球大联盟世界大赛中的棒球运动员或世界杯期间的足球运动员。然而，近来总统在当选中遇到的问题，也指向了公众对他们信任的减少，他们缺乏富兰克林·罗斯福、艾森豪威尔和约翰·肯尼迪所特有的让公众信任的能力。

20 世纪 70 年代目睹了，尤其在美国，妇女权力的进展。1972 年，参议院通过了对宪法中平等权利的修正案，结束了性别歧视。但 10 年之后，该修正案没有得到足够数量的州的认可，

未能成为法律。不过仍有其他的变化改变了妇女的法律地位。1973 年，最高法院使怀孕初期的流产合法化。更多的妇女加入了劳动大军，包括法律、医务、商业、大学教师等职业；不过，在许多职业中，妇女依旧比男性工资要低。妇女角逐和赢得政治职务不再不寻常。1974 年，康涅狄格州的埃拉·格拉索，没有继任她丈夫的职位，而是成为第一个当选的女性州长。桑德拉·戴·奥康纳被里根总统指定为最高法院的第一位女性。由于联邦法律保证了妇女在高中和大学中体育活动的财政支持而使妇女们在体育上取得重大成绩。网球运动员比莉·简·金和克里斯·埃弗特·劳埃德成了全国的运动明星。玛格丽

特·撒切尔使她的保守党赢得了 1979 年的大选，成为英国的第一位
女首相。1983 年，萨莉·莱德成为进入太空的第一位美国女宇航员。
成千上万的妇女逐渐被称为"女士"而不是"小姐"或"夫人"——
这个新称谓和男人被称为"先生"是并列的——由此有助于她们的形
象更像是一个完整的人，而不涉及其婚姻状况。这一切都是良好的开
端。我们永远不该忘记，人类的故事同样是妇女的故事。

民权运动是 20 世纪 60 年代最有意义的事件之一。在 70 年代，
黑人开始获得政府职务，特别是在许多美国的城市，如底特律、洛杉
矶和亚特兰大，担任了市长。在 1963 年 8 月伟大的"向华盛顿进军"20
周年之际，即马丁·路德·金发表他的著名演说《我有一个梦想》之
时，很少有人能够否认，美国黑人已经取得更多的进展。当然还有更
多的目标有待实现。在许多学校制度中仍存在着种族隔离现象。最高
法院在加利福尼亚大学生艾伦·贝基的"逆向歧视"案例中的裁定，
限制了法院规定的在教育和商业领域中对少数民族的优先权。当里根
政府设法对废除了种族歧视的学校免除税款时，民权运动又一次胜利
了。黑人青年的经济前途仍然暗淡，因为他们仍饱受美国高失业率之
苦，而政府又压缩了许多帮助穷人的福利项目。

20 世纪 70 年代，同性恋者开始维护得到公正对待的权利。尽管
保守派的反应强烈，同性恋的团体在许多城市，尤其是纽约和旧金
山，大行其道，而且远比以前为人所接受，还有了政治上的诉求。

20 世纪 70 年代和 80 年代初的生活反映了持续和变化二者的结合。

交响乐队、歌剧以及来自欧洲的艺术大师的展览大张旗鼓地到来，在美国各大城市里得到了热情的观众。但是，电视、广播、唱片和畅销小说榜——都得到了技术进步的支持——仍然是群众性娱乐活动的核心。有线电视把更多的频道送进了越来越多的美国家庭。电视接收不再受地形、天气或天线尺寸及位置的制约。一些频道一天24小时播放完整的故事影片。人们只需按一下电钮，就可以全天观看从远方通过卫星发来的新闻、气象或体育节目。电子科学的发展可以让我们把电视节目录下留待日后再看，也可以租用通俗电影的磁带在家中随时放映，旁边的厨房里就有现成的爆米花。[1] 调频收音机仍受欢迎，不同的电台播放着古典音乐（通常是公共电台）或者摇滚乐。70年代末，唱片业开始经历一些难关，主要因为磁带录音技术的进步，似乎使唱片濒临废弃的边缘。摇滚音乐会，一方面与60年代末、70年代初的群众事件不那么吻合（诸如1969年在纽约州伍德斯托克有上万人参加的最著名的那次活动），另一方面仍被年轻一代热切期待，期待的人群还包括60年代那些不愿成长的一代，他们仍挤满了音乐厅或体育场，倾听"滚石"或"谁人"这样的演出组合。"滚石"的领唱明星米克·贾格尔在1983年已经40岁了，这一事实似乎并没有使他或他的追星族劲头稍减。"迪斯科舞迷"（迪斯科舞厅音乐）这样的热风，事实证明是短命的，反倒是让20年前摇滚乐的留恋又回潮了。同样

1　美国人喜欢在看电影时吃爆米花，此处指已把影院搬到家中。

的留恋我们还可以在《美国风情画》这类电影的巨大成功中看到，该
影片讲的是 60 年代中期成长的高中学生的故事，另一部成功的电影
是《动物屋》，表现了越战之前处于天真无邪年龄的大学生的恶作剧
和易犯的错误。

这种留恋伴随着新一代大学生的出现，他们仿佛放弃了 60 年代
后期的社会行动主义。在一个高度竞争的时代里，取得好的学习成绩
和担心个人前途成为首要的事情，而这时恰逢美国的教学质量，尤其
在高中，明显下降，至少没有进步。一些人用"向外看，求第一"的
口号表达了在理想主义终结之际的沮丧。另一些人则争辩说，为了建
立一个更好的世界，人应该讲求实际。

不过，尽管 60 年代那一代人必然在成长而且人类的寿命也在不
断延长，至少在一个发达的世界上，我们的许多文化仍在围绕着青春
及青年这个中心。波姬·小丝和朱迪·福斯特这样的年轻女演员在成
功的影片中是青年人崇拜的偶像，而比起 40 年前的秀兰·邓波儿，却
要世俗得多而且不那么天真了。恰如"想要年轻"成了商业广告的箴
言一样，"保持年轻"作为生活的共识出现了。慢条斯理，摇摇晃晃
地走动成了美国全国性的蠢行，而且许多人把"吃什么就像什么"那
句老话认真实践，尽量吃更健康的食品。所谓天然食品，曾一度与现
已销声匿迹的嬉皮士联系在一起，如今可以在每个家庭中看到了。科
学家在搜寻我们世纪一大杀手——癌症病源上取得了长足的进步，他
们警告我们吸烟有害，还提醒我们，数百年来我们理所当然地吃的食

物，如盐和带血的肉，对我们不一定有好处。科学家们尽管在诊断癌症的技术上有所改进，并由此引起公众的警觉，但在治疗癌症的巨大斗争中仍收效甚微。

几年前，一位苏联作家写了一本小书，叫作《苏联到 1984 年还会存在吗？》，然而，迄今为止，苏联已经证明，无论经济问题、压制不同政见和那些国家所凭借并在境内存在的民族主义的抬头，它都能挺过来。在列昂尼德·勃列日涅夫（他死于 1981 年）领导时期，苏联没有显露出什么变化的迹象。持不同政见者的日子依旧不好过。苏联内部最著名的反对声音是作家亚历山大·索尔仁尼琴发出的，他已经作为避难者移居美国。离开苏联迁到美国和以色列的犹太人数量在增加。吉米·卡特总统在 1976 年寄给物理学家安德烈·萨哈罗夫一封信，保证要"谋求释放良心犯"，以人权为名，对持不同政见者给予鼓励。

虽然卡特总统和苏联领导人列昂尼德·勃列日涅夫于 1979 年共同签署了第二个限制战略武器条约，但两个超级大国仍是死敌。从那时起，尽管有不少谈判，双方看来都没有认真削减其核武库，美国不顾欧洲和美国强大的反核运动，把强大的潘兴导弹部署在欧洲。当然，苏联的行径，哪怕在勃列日涅夫死后，也没有在西方激起信心。1973 年，当苏联支持的阿富汗一派在那个贫瘠的山国面临着无法压制的反对时，苏军入侵了这个邻国。苏联在镇压波兰的团结工会中起了作用，并卷入了非洲的事件，特别是在安哥拉、莫桑比克和埃塞俄比亚。1983年9月，苏联人把一架偏离航线越过日本北部的苏联战略要地库页岛的韩国民航飞机当作间谍飞机击落，随即招致了国际上的愤怒抗议。我们仿佛又回到了冷战的边缘，尤其是苏军在苏联开始扮演更有力的政治角色，而苏联政治局核心的领导权仍保留在年长的成员手中，一切还不是定局。

在20世纪50~60年代，美国人，包括那些执行美国外交政策的人，惯于把苏联和中国捆在一起，作为敌视西方世界利益的社会主义国家。越战中，苏联援助越南民主共和国和越共；越战后，西方世界逐渐清楚地意识到，历史的、领土的和意识形态的许多问题分裂了这两个国家。到70年代，有时候看上去这两个巨大的邻国更会彼此交战而不是和美国开打。

由于美国和苏联都拥有大批武装，可以在1小时之内就互相摧毁，遂认识到军事力量并不足以在全世界加强他们的意志或赢得朋友。1968年，苏联扑灭了捷克斯洛伐克以"布拉格之春"为特点表现出来的相对的自由火花。他们在1979年入侵阿富汗之后，发现自己陷入了一场针对他们拼死进行的游击战而不能自拔。

1980年，在波兰掀起了一场叫作团结工会的运动。反对以自由的名义推行专断的国家决策的这一运动得到了波兰人民的支持，表明在东欧集团内也可能出现其他的裂痕。苏联军队的威胁和波兰当局实行戒严的措施，无法平息要求更大自由的呼声。来自1970年反政府骚乱现场格但斯克的工人莱赫·瓦文萨，由于他在那次事件中是团结工会的领袖而于 1983 年获得诺贝尔和平奖。

如同苏联一样，美国也应该对世界上一些地方出现的民主问题负有责任。1973 年 9 月，智利军队在美国中央情报局的援助和鼓励下，行动起来反对公众选举产生的总统，马克思主义者萨尔瓦多·阿连德。军事政府随后开始了恐怖统治，刑讯和处决横行一时。10 年之后，美国依旧支持那个倒霉国家的独裁者皮诺切特将军。美国还支持拉丁美洲其他国家的专制统治，如阿根廷（虽然美国在 1982 年就马尔维纳斯群岛英阿的短暂战争中支持了英国）和巴西。在中美洲，美国支持危地马拉和萨尔瓦多的压制民主的政权。在亚洲，美国的支持使菲律宾和韩国的政府合法而有权，但许多国家的人民则认为那是镇压民主的政权。一场左翼革命结束了尼加拉瓜的独裁之后，美国政府却为此及中美洲的政治事件指责苏联人和古巴人。这样的政策招致了美国许多盟友的批评，如法国及美国的邻国墨西哥。

1983 年 10 月，美国入侵了委内瑞拉海边的加勒比小岛国格林纳达（人口只有 11 万）。这一入侵虽然蓄谋已久，却发生在刚上台的左翼派系要求美国撤出其岛屿之际。里根总统宣称岛上的美国医学生处境危险，并以岛上有古巴和苏联的顾问及军队为口实，使其入侵合法化。这一行径在美国大受支持，却在联合国招来包括一些美国最亲密盟友在内的 100 多个国家铺天盖地的批评，痛惜其对国际法的粗暴践踏。美国的干涉虽然规模不大，流血不多，却让人联想起苏联对阿富汗的入侵，表明两个超级大国为达到它们的目的可以不顾世界舆论。

与此同时，美国公开行动，推翻了中美洲的尼加拉瓜政府，而苏联则在非洲采取了类似的行径。当年的马基雅维利如果还在世的话，就会引用那句谚语："万变不离其宗。"

在伊朗，美国的支持无法让面对占压倒优势的反对力量的强大又富有的国王继续掌权。他于 1979 年被赶下台并先后在美国和埃及避难，最终客死他乡。伊朗革命后上台的是阿亚图拉·霍梅尼，他是力图创建伊斯兰教义国家的一位宗教领袖。原先痛恨国王的恐怖秘密警察的许多伊朗百姓，如今有理由畏惧这个新政权了，特别是他们若是共产党人或巴哈教派的话。

由于伊朗国王与美国关系密切，伊朗就出现了对美国及美国人的极大仇恨。1979 年 11 月的一个星期天上午，一群愤怒的群众冲进了驻德黑兰的美国使馆，抓走了 150 名人质。伊朗人把这些人在恶劣的条件下关押，引起了全世界的瞩目。美国虽然强大，却无法救出他们。一次武力解救的尝试失败了。最后，他们被囚禁了一年多才获释。

虽然当时中国仍是美国在越南战争中未曾宣布的敌人，却在 1972 年接待了尼克松总统的访问。在随后的 10 年中，这两个大国之间的关系发生了戏剧性的改进。卡特总统成了第一位正式承认中国的美国国家元首。开辟了与西方改善关系的令人尊敬的中国领导人周恩来于 1976 年 1 月逝世。20 世纪的一个重要人物毛泽东也在同年 9 月去世。

在新的中国领导人物的带领下，中国取得了显著的发展成就。农民对土地有了更多的自主权，他们积极劳动，生产便增加了。工业生产的水平惊人增长，仅北京一城生产的钢铁就是 20 世纪 40 年代初全中国产量的 10 倍多。中国的工业中心开始出产更多的商品，有些还销售到西方。不久前，商业广告开始出现在中国的电视上。政府继续应对巨大的人口过多的问题：自第二次世界大战以来，其人口已经翻了一番，达到了 10 亿这个惊人的数字。中国想与苏联保持良好关系，同时也改进同美国的关系。在美中关系中仍有三个重大问题阻碍他们向更好的方向发展。美国继续支持台湾的分裂势力。其次，当中国人愿意美国与他们国家增加贸易时，美国的制造商却担心中国产品会以低得多的价格充斥市场。最后，中国不满美国政府限制向中国出口一些敏感的技术设备。不过，抛开这些问题不谈，大城市里的中国人不再对美国游客目瞪口呆地看着那些最不可思议的文明古迹而好奇，中华文明对世界的光辉贡献，恰如其先辈曾使最早的欧洲来访者惊叹不已一样，他们当中就有几个世纪之前的马可·波罗和利玛窦。

20 世纪 70 年代，中东成了世界上最危险的火药桶，在苏联和美国紧张的关系之外，又增加了危险。阿拉伯国家和以色列之间长期动乱的状态，继续笼罩着整个地区。1973 年，在第一次阿以战争的 6 年之后，以色列的各阿拉伯邻国在犹太教赎罪日的那天，发动了一场突然袭击。他们在初期的一些胜利之后，便被占优势的以色列军队和空军打得大败。西方强国，尤其是美国，给以色列支持，导致了阿拉伯的石油禁运，如我们已然看到的，这一禁运对西方经济产生了灾难性的后果。以色列和埃及最后开始商谈和平的可能性。1978 年，埃及总统安瓦尔·萨达特和以色列总理梅纳赫姆·贝京签署了《戴维营协议》。萨达特于 1977 年访问了以色列，由于他在这些艰难的谈判中的作用，一些阿拉伯国家对他产生了永久的敌意。他在 1981 年遭到暗杀。卡特总统在其中起了重大作用的《戴维营协议》，使以色列将西奈半岛归还给埃及。

但中东和平并未由此而得。阿拉伯国家拒不承认以色列的存在及合法性，因为以色列的国土是从犹太人和阿拉伯人占据了几千年的土地中分割出来的，巴勒斯坦人民的问题仍然悬而未决。大约 320 万巴勒斯坦人依旧是没有乡土的民族，成为在阿拉伯国家中难以相处的难民和以色列国内的二等公民。他们当中有数十万人在约旦河西岸及约旦境内的难民营中的非人条件下生活。在绝望和贫困之中涌现了巴勒斯坦解放组织。其激进的派别以暴力手段袭击以色列，在他们流血的进攻下，以色列无处能有安宁。

巴解组织的战术掩盖了这样一个现实：应该为巴勒斯坦人民做些事情。以色列扩张到约旦河西岸，谋求建立《圣经》中的那个以色列王国，这就必然使巴勒斯坦人进一步无家可归。1983 年 9 月辞职的贝京总理的强硬路线政策阻止了任何让步。贝京本人在第二次世界大战后的反英斗争中就是一个恐怖分子，他下令进攻黎巴嫩，因为巴勒斯坦游击队能够从那里发动对以色列的进攻。1982 年夏天，以色列人把包括其领袖亚西尔·阿拉法特在内的许多巴解组织人员驱逐了出去。有了以色列人，黎巴嫩境内的基督徒武装取得了对穆斯林的不稳定胜利，并由基督徒在贝鲁特的萨卜拉和莎蒂拉巴勒斯坦难民营中屠杀了数百名穆斯林。令人痛心的是，由于巴解组织的激进分子杀死了犹太人和以色列空袭贝鲁特的平民，巴勒斯坦问题并没有朝解决的方向前进一步。与此同时，黎巴嫩的悲剧还在继续。那片饱经战火的土地仍然存在着基督徒和穆斯林的尖锐对立。甚至在这两大宗教集团的内部，也不顾驻有国际维和部队，仍有武装精良的小派别为争权而互斗。1983 年 10 月，大批炸弹撕破清晨，杀死了派去维持和平的 200 多名美国海军陆战队官兵和 100 多名法国军人。那次失去生命的美国人是越战以来美国军队在一天内遭受最多的伤亡，此事引起了人们对美国在中东作用的质疑。

在欧洲，1970 年之后的一段时期内，地中海沿岸诸国左翼上台，而在北欧，则是右翼占优。一场革命掀翻了葡萄牙的独裁者萨拉查。而自 1939 年国内战争结束后即以铁腕统治西班牙的佛朗哥将军，于 1975 年 11 月死去，比起他所佩服的希特勒和墨索里尼活得长多了。凭着个人的威望和决心，胡安·卡洛斯国王在那个长期受困扰的国家中实现了向民主制度的惊人的和平过渡，1982 年社会党人随之上台。在军官把西班牙议会控作人质之后，一场政变最终还是流产了。法国也在 1981 年 5 月选举了社会党人弗朗索瓦·密特朗担任总统；他接替了瓦雷利·吉斯卡尔·德斯坦，却比这位右翼的前任还要反苏。戴高乐派于 1970 年 11 月失去了他们的英雄戴高乐之后，其继承人乔治·蓬皮杜在几年之后越来越求助于巴黎市长雅克·希拉克，希拉克则在 1995 年当选为法国总统。在意大利，政府不断更迭。来自极端左翼和极端右翼的恐怖活动加剧了那个国家的动荡不安。在希腊，1967 年的一次军事政变把乔治·帕帕多普洛斯送上台。1973 年，一次学生起义之后的另一次军事政变，组建了一个麻烦不断的社会党政府，使得美国为在那个战略要地国家的军事基地的命运忧心忡忡。

天主教会经历了一个变化时期。1962 年，第二次梵蒂冈会议同意教会内部可以自由讨论。在使人人都能直接听懂教义的努力中，会议规定，弥撒不一定要用拉丁文，可以用各国的语言。1978 年，从传统的梵蒂冈大厦中宣布了使全世界 7 亿天主教徒震惊的消息：枢机主教们 455 年以来第一次挑选了非意大利人的教皇：波兰克拉科夫的枢机主教卡罗尔·沃伊蒂瓦。新教皇在世界大部分地区受到了极大的欢迎，他比以往前任访问了更多的国家，还逃过了 1981 年的一次暗杀。他以特殊的精力密切关注着祖国的事件，支持团结工会反对共产主义政府。

非洲仍是一个惹是生非的大陆，由于贫困、饥饿和国内战争而疲惫不堪。比夫拉要从尼日利亚独立出来的三年战争在死了 200 万人之后于 1970 年结束。白人占据优越地位的种族隔离的种族主义政权仍在南非继续。经过一场国内战争之后，罗得西亚完成了一次从少数白人统治到多数黑人统治的和平过渡，并更名为津巴布韦。由利比亚支持的武装在乍得打了一场反对以美国和前殖民主义宗主国法国为后盾的政权的国内战争。在乌干达，疯子独裁者伊迪·阿明的残暴统治震

恐怖分子的爆炸

惊了文明世界，他于 1979 年被坦桑尼亚军队驱逐。

　　当然，并非所有独裁政权的政治暴行都针对其平民。政治谋杀仍是一时的悲惨迹象；对许多旨在反对强国来达到目标的团体来说，恐怖主义成了一种生活方式。暗杀肯尼迪总统（1963）、他弟弟罗伯特（1968）和伟大的民权领袖马丁·路德·金（1968）之后，接连又有试图谋害总统候选人乔治·华莱士（1972）和两次刺杀杰拉德·福特总统的未遂事件。1981 年，教皇和里根总统从暗杀的子弹下逃生。世界上许多地方都哀悼了前披头士歌手约翰·列侬，这位歌唱和平的人于

1980 年在纽约市被一名疯汉开枪打死。

恐怖主义是作为暴力集团的致命武器而出现的。堪称国际合作及和平竞赛象征的奥林匹克运动会，于 1972 年在联邦德国的慕尼黑举办。8 名武装精良的巴勒斯坦激进分子将以色列运动员劫持为人质，当警察冲向拘留人质的大楼时，11 名人质遇害。受到如此血腥行径和如此冷血地加害，并被谋杀惨况震惊的世界，还看到了其他这类悲剧。在北爱尔兰，始于 1969 年的暴力活动逐步升级，无法无天的天主教爱尔兰共和军常常野蛮地攻击他们的敌人——爱尔兰和英国的新教徒，要求北爱尔兰从英国分离出去。新教徒集团也以牙还牙。20 世纪 70 年代世界还目睹了许多攻击犹太人的流血事件。人们难以忘记1980 年在巴黎犹太教堂门前或是犹太人聚居区陈尸的骇人景象。还有亚美尼亚人发动的多起袭击官员和客机的事件，他们抗议的是第一次世界大战之前土耳其人对他们同胞的屠杀。在意大利，极左派的红色旅发动了一系列反政府的血腥攻击。右翼恐怖主义分子则炸毁了博洛尼亚的火车站，杀死了近 100 人，他们还对 1980 年在慕尼黑十月节的谋杀性爆炸负有责任。恐怖分子似乎有能力攻击所有地方，甚至在伦敦的白金汉宫附近的游行也不放过。一些恐怖行动可以追溯到利比亚和独裁者卡扎菲的政权。1976 年，以色列回击恐怖主义，一批突击队员解救了飞往乌干达恩特比机场的 104 名人质。有一两个铁了心的人宁可为他们认定的正义事业去死，这样就能够制造一种恐惧情绪，使敌对人群间的仇恨尖锐化，结果便使政治和国际问题的合理解决在我们这个麻烦丛生的世界上较前更加棘手。

人类恢复活力的主题当然对人类历史来说不是什么新鲜事。被经济危机和环境恶化弄得千疮百孔，易于受到专制统治和恐怖主义伤害，在两个超级大国的权力之争的夹缝中苟延的地球上的居民，在了解了人类如何从先前的危险中延续下来后，得到了许多慰藉。我们已经看到了好几座受损的美国城市的复兴，如巴尔的摩和底特律，还有一些一时遭到破坏的自然资源的再生，如英国的泰晤士河和美国的伊利湖。或许我们所面临的巨大的环境挑战能够以坚定迎接。我们应该从欧洲大规模的反对原子武器的运动中，从美国的日益高涨的支持生态的运动中，找到希望。在这个世界上也有这样的例子：我们能够敬佩许多把勇气、诚实和精力奉献给全人类的人，如雅各布·齐默尔曼，那位在阿根廷为遭迫害的犹太人和维护民主挺身而起的知识分子；如安瓦尔·萨达特，一个努力使他的同胞团结一致并为中东创造和平的人；如特蕾莎修女，那位小修女多年来匿名在加尔各答绝望的穷人中工作，后来荣膺诺贝尔和平奖，引起世人关注广大的南亚次大陆及其他地方的被遗忘的饥饿贫苦的人们；如加布里埃尔·加西亚·马尔科斯，另一位从智利的专制统治下存活下来并赢得诺贝尔文学奖的作家；如剧作家阿托尔·富加德，他从南非的种族隔离世界中走出来，他的剧作使观众开心；还有里奇·瓦文萨，他领导的波兰团结工会，为自由而奋斗。这些男人和女人都曾为了一个更好的世界而无私地工作。将来面临的挑战越艰巨，我们就越应该同心同德。

新千年

新的自由和全球联系。

20世纪的最后20年以政治突变为标志，而且最引人注目的是其和平特色，结果就是专制统治的许多国家迎来了自由。与此同时，日益丰富且兴趣盎然的技术变化使这个世界仿佛变小了。可以肯定地说，后来一直影响人类的一些问题——饥饿、疾病、暴力和战争——仍然沉甸甸地压在千百万人的头上。不过，由于国家间的互相依赖和通讯上的重大改进，对许多人性问题有理由持乐观态度，未来确实是可以期许的。

毫无疑问，自第二次世界大战以来颇具争议的近几十年中的重大事件，就是苏联和东欧。当苏联和美国的代表在 20 世纪 80 年代减少核武器的谈判中，隔桌倨傲地盯着对方时，谁也想不到，没过几年，苏联和东欧的制度会垮台，苏联会解体，其卫星国会一个接一个地离开。在相互联系的诸因素中，最重要的一条便是：尽管承诺了经济上的富足，但东欧国家并未做到。再者，在苏联及其较小的卫星国中缺乏政治自由，这引起了许多人广泛而阴沉的不满。

1985 年，米哈伊尔·戈尔巴乔夫成为苏联共产党的总书记并由此成为国家的首脑。与其年长的前辈相比，戈尔巴乔夫年轻而有活力。他认识到，如果像他所希望的那样让共产主义继续存在下去，就必须实施必要的经济甚至政治改革。他把一些主张改革的人士引进政府，并下令放松长期以来束缚艺术和政治观点表达的审查制度。而且，作为一位苏联的领袖，他第一次公开谈论起这样一个冷酷事实：除非工人和农民有了真正的经济刺激去努力工作，苏联的经济是不能发展的。戈尔巴乔夫宣布要重组苏联经济，以提高效率和提供更多的消费品。他力主"我们需要一场头脑的革命"，号召在苏联增加私人所有制，并希望说服西方国家到苏联投资。与此同时，因与美国在军备竞赛中不能落后而造成的高额耗费，以及非法交易"黑市"的繁荣，动摇了苏联的经济。

80 年代末，强大的民族运动在立陶宛、拉脱维亚和爱沙尼亚这些北方的波罗的海国家，以及苏维埃帝国广阔的南方外延的乌克兰、格鲁吉亚和亚美尼亚中，影响日益加剧。在苏联境内的许多地方，要求民主的呼声取得了信心，要求进一步的自由，并在一些地方与民族主义团体结合在一起。此时，苏联内部的经济危机加剧，生产率降至1988年的一半。这就使得苏联许多具有改革头脑的人确信，共产党系统内部的改革还不够，自1917年以来就实行的制度应该让位了。

与此同时，戈尔巴乔夫极其成功地访问了华盛顿、伦敦和巴黎，到处受到朋友般的拥抱。戈尔巴乔夫开始结束苏联对阿富汗长期流血的内战的卷入。尤其是，当东欧的民族主义运动在对经济的强烈不满中迅速壮大时，戈尔巴乔夫明确表示，苏联再不会派遣坦克和士兵去支持波兰、东德和其他国家的领导人镇压他们的平民。

摆脱了苏联干涉威胁的东欧各国，接二连三地发生变革。在反对派组织良好的匈牙利，在反对派与颇具影响力的天主教会紧密结合的波兰，政府领导都在寻求妥协。在匈牙利，具有改革头脑的领导人们在1988年就已掌权。如今，政府于1989年5月，搬掉了与奥地利边界的防御铁丝网。在波兰，政府在一年前就开始了与团结工会的谈判，那个政治反对派组织是从1980年港城格但斯克的造船厂罢工运动中崛起的。1989年，自第二次世界大战以来在波兰首次进行自由选举。由团结工会支持的候选人取得极大的成功，迫使政府分权。一年之后，当波兰共产党改变了名称，并和其他政党起着同样的作用时，波兰一个漫长的历史时期走到了尽头。

改革的风暴迅速吹到东德和捷克斯洛伐克这两个国家。在苏联、匈牙利和波兰的变化的鼓舞下，东德百姓开始要求自由。数以千计的人以创纪录的数量逃向西德，用他们的脚做出了选择；东德警察越来越半心半意地制止他们的努力，尽管东德领导人埃里希·昂纳克拒绝对改革做出任何迁就。1989 年 10 月，戈尔巴乔夫的一次来访，使更多的示威者高呼他的名字走上街头。昂纳克被迫让权，其继任者宣布：东德人从此将有权到西方旅游，从 1961 年起横亘在东西城区之间象征性的柏林墙将被推倒。热切的群众蜂拥来到墙前，卫兵无能为力或者是不情愿，并不制止他们翻墙而过去拥抱另一侧的人。就在几天之内，300 万东德人越境到联邦德国，多数人还是平生第一次离开东德。一位东德诗人评论说："事情发生得如此迅速和简单，我应该因高兴而落泪。而竟然拖得如此之久，我也应该因愤怒而哭泣。"在东德举行的第一次自由选举中，主张与联邦德国统一的保守派轻易地获胜。1990 年 12 月，东西德统一成一个德国。

在捷克斯洛伐克，柏林墙垮掉的消息导致了民众游行，没过 10 天，大批激动的人群聚集在首都布拉格的中心，要求改革并抗议警察殴打游行群众。政府领导没有了苏联军队的支持，被迫与那些要求自由选举的人谈判。1989 年 12 月，联邦议会投票终止了现政府的权力。一位作品遭到政府禁止、本人也因政治活动遭过牢狱之灾的年轻剧作家瓦茨拉夫·哈维尔被选作总统。哈维尔称之为"天鹅绒革命"的这次民选为捷克斯洛伐克带来了不流血的自由。然而，捷克与斯洛伐克

柏林墙倒了

之间的对立，最终于 1993 年导致了两个分离的国家：捷克共和国和斯洛伐克。

在保加利亚、罗马尼亚和阿尔巴尼亚的政府也于 1989 年在经济危机和普遍争取更好生活的行动中垮台。在保加利亚，一些官员和军官认定变化不可避免，他们推翻了试图把群众的目标转向反对土耳其少数民族，以此来讨好群众、换取支持的冷酷无情的领导。在罗马尼亚，腐败的尼古拉·齐奥塞斯库及其妻子，在示威游行蔓延时，试图动用武力维持权力。当他开始演讲时，抗议者高呼要他下台，罗马尼亚的治安部队向人群开火。齐奥塞斯库企图乘直升机逃跑，但他被逮捕，由一个迅速组成的法庭审判并判处死刑立即执行，他死后被抛尸野外，被电视摄影师拍了下来。最终，甚至在欧洲最落后和封闭的国家阿尔巴尼亚，1991年6月，食品匮乏导致了罢工、骚乱和政府倒台。

东欧国家政权突然而意外的崩溃，对苏联内部的迅速变化施加了压力。早在1990年，非共产党的党派获准成立，对宗教活动的限制也解除了。戈尔巴乔夫被人民代表大会选作总统，这一权威地位不再自动地与共产党相关联。苏联的好几个加盟国都肯定地表示，他们可以通过法律宣布由苏联加诸给他们的法律无效。立陶宛是第一个宣布从苏联独立出来的加盟国。

不过，戈尔巴乔夫依旧相信，只要进一步改革，就仍能挽救共产主义。在俄罗斯共和国内部，鲍里斯·叶利钦这位讲话强硬、饮酒过度，而且越来越受欢迎的改革者，开始挑战戈尔巴乔夫的权威，尤其是在1991年初，这时戈尔巴乔夫受到不想改革的强硬派共产党人的批评，似乎就要偏离改革路线了。戈尔巴乔夫在4月份又改变态度，接受了苏联各加盟国应该自主的观念——这将有效地终结苏联的存在，从而进一步激怒了强硬派。8月，在军内、党内及克格勃内有影响的人物，将戈尔巴乔夫软禁在他的克里米亚消夏别墅中。在莫斯科，叶利钦鼓励抵制政变，因为政变的军队仍然效忠于合法政府。失败的政变加速了苏联的垮台。戈尔巴乔夫作为英雄返回莫斯科。俄罗斯议会主席叶利钦将自己的共产党身份闲置起来。戈尔巴乔夫任用了更多的改革派部长，而苏联政府承认了那些自己立宪并加速反对苏联意志的加盟国的自主权。到 1991 年末，原先的 15 个社会主义阵营成员中有 13 个宣布了独立。1991 年圣诞节那天，精疲力竭的戈尔巴乔夫在执政非同寻常的 6 年岁月之后辞职。从此苏联不复存在。

苏联东欧政权的垮台结束了冷战，并把世界从美苏间核战争的威胁中突然解救了出来。然而，无论对前社会主义阵营的成员还是对东欧的前社会主义国家来说，通向经济和政治稳定的道路并非平坦。多数这样的国家缺乏议会制政府的传统。何况，由政府控制的计划经济转入自由市场经济被证明极其困难。不造成当即的混乱和持续的通货膨胀是不可能落实自由市场经济的。于是，各地物价飞涨，西方经济学家认为，为了增加生产和消费品的贮存，这种剧烈的震撼是必要的。但急剧的通货膨胀给普通百姓带来了巨大的艰辛。到 1992 年 1 月叶利钦宣布在俄罗斯停止物价控制时，许多基本消费品的费用已增长了 3 倍。不仅如此，无论政府当局曾经怎样实施高压政策，如今效力已经式微，这就鼓励了犯罪和暴力，而地下帮派则利用了这一混乱的局面。自由需要付出代价。

苏联东欧剧变也激化了不同民族间极其激烈的敌对情绪——他们在苏维埃时期，曾被迫生活在一个相对和谐的环境中。其中尤以南斯拉夫为最，其境内的三大民族：塞尔维亚、克罗地亚和波斯尼亚，各有各的宗教：俄罗斯东正教、罗马天主教和伊斯兰教。南斯拉夫分裂成好战的民族集团，克罗地亚和波斯尼亚先后宣布从塞尔维亚人控制的南斯拉夫中独立出来。在波斯尼亚境内紧接着发生了带有明显的"民族清洗"和种族灭绝特征的国内战争。"欧洲正在萨拉热窝死去",德国的一幅招贴画对波斯尼亚的首都发出如此警告,那里正不断地遭到塞尔维亚人的炮轰。波斯尼亚的战斗可能造成了 15 万人死亡,而且有 280 万人成了难民。最后于 1995 年,美国政府鼓励塞尔维亚人、克罗地亚人和穆斯林签订了《代顿和平协议》,并由 6 万维和部队(其中三分之一是美国人)进驻那里,监督执行。维和部队理应保护少数民族,但在许多情况下,他们却对一次又一次的停火失败无能为力。其他地方长期存在的民族对立也并不易于消除。尤其是在那些存在不可忽略的少数民族的国家,如俄罗斯、罗马尼亚和拉脱维亚。在东欧,激进的民族主义仍是威胁。从苏联时代留存下来的核军事设施仍留在乌克兰、白俄罗斯和哈萨克斯坦,对世界和平继续构成威胁。

由于苏联的垮台,古巴成为亚洲之外的唯一社会主义前哨。古巴领导人菲德尔·卡斯特罗的统治地位岿然不动,尽管美国妄图用经济封锁限制同这个加勒比岛国的贸易并造成古巴人民的艰难来推翻他。1991 年苏联突然撤销原先每年提供的数百万美元援助,恶化了古巴的经济形势,这是连游客带来的可观的外币也无法补偿的。

经济制裁在世界的其他地区确有致命的效果。在南非,种族隔离法(针对黑人进行不平等的区分隔离)终于结束,这是国内改革派的英勇斗争和国际上对在任白人政府加大外交和经济压力的结果。赢得 1984 年诺贝尔和平奖的德斯蒙德·图图大主教曾经向他的信众许诺"我们将会自由。"随着暴力在南非大部分国土上的蔓延，政府于 1985 年宣布戒严，并对一些黑人领袖施行血腥的监禁。南非政府受到国际经济制裁，最终，许多公司出售了他们在南非的经营权。1991 年 6 月，南非的种族隔离法被撤销。两年之后，南非的白人政府接受了与多党过渡行政委员会分权的安排，使黑人第一次有可能在政府中占有一席之地。国际经济制裁也随之结束。1994 年，在南非的首次自由民选中，作为政治犯被监禁 27 年的纳尔逊·曼德拉成为南非第一位黑人总统。南非正在缓慢地设法克服几十年来的不平等以及部族对立和暴力行动。

在非洲的许多地方，人民遭受战争和自然灾害的涂炭，大多数人挣扎在贫困之中。20 世纪 80 年代，饥荒在干旱肆虐的埃塞俄比亚、乍得、尼日尔、苏丹和其他非洲国家蔓延，90 年代又在饱受战争之苦的索马里、卢旺达和扎伊尔横行。安哥拉的内战于 1991 年结束，而莫桑比克的内战却在猖獗。来自更繁荣国家的红十字会的捐赠和礼物使可怕的灾难稍有缓解。

1992 年，应联合国之请，美国派遣了两万军队到非洲之角索马里。"恢复希望行动"的目标是恢复秩序。在推翻了长期的独裁统治之后，军阀内战阻碍了分配从国外运抵该国的食物，那里的一个军队头目说："如果你有枪，你就是个人；你要是没枪，就什么也不是。"由联合国派出的维和部队作用甚微，而且还有多名士兵被杀了。

难民

在 20 世纪 90 年代，中非成了焦点。在卢旺达，政府受到的威胁
来自经济垮台，胡图人和图西人的部族纷争，以及对立政党的形成。
当胡图人政府勉强控制着政权时，60 多万人被杀，大约 200 万人逃往
邻国：扎伊尔、坦桑尼亚和布隆迪。当霍乱在悲惨的难民营中爆发时，

上千人染病死去，还有许多人被扎伊尔的军队赶回卢旺达。而卢旺达的图西人新政府随后又逮捕了数千胡图人，指控他们参与了大屠杀，联合国则组建了一个法庭，审判了许多被控犯有反人道罪行的人。从卢旺达流落出来的大批难民也造成了扎伊尔和布隆迪的不稳定，这两个国家刚刚更替了政权。

所幸，其他非洲国家还不致这么凄惨。在一些国家，如赞比亚，90年代初就有了更多的政治自由：逐渐削弱的专制统治和政党政治的出现。在扎伊尔，独裁多年的蒙伯托·塞塞·塞科把大量的国家财产攫为己有，他被赶下台，扎伊尔遂称为刚果。

在南美，也可以看到朝向民主统治的明显趋势，一个接一个的专制政府被民选政府所取代。在阿根廷，70年代右翼军队统治的时期中，数以千计的普通百姓惨遭刑罚和杀害，1984年，一个温和的保守派成为总统。在巴西，一次群众性的动员在20年的军事政权之后，于1985年将民主统治带给该国。在乌拉圭，也是温和派在另一个军事独裁消失于黑夜之后上台执政。在智利，选民们在1988年推翻了一项延续奥古斯托·皮诺切特将军的军事统治的法案。在巴拉圭，那个曾把他的拉美小国变成纳粹战犯天堂的独裁者阿尔弗雷多·斯特罗斯纳，在1990年的一场军事政变中被赶下台。

在尼加拉瓜，右翼"考迪罗"发动内战反对信奉马列主义的"桑地诺"政府。从1985年开始，"考迪罗"派从美国向伊朗非法销售武器的利润中分到一部分资助。除去试图推翻尼加拉瓜政府之外，此次行动的另一个目标是取得伊朗支持，以释放在黎巴嫩被控制的人质（他们在海湾战争期间获释）。当"武器换人质"交易的细节于1986年公之于众时，白宫宣称对此一无所知。然而，翌年漫长的国会听证会揭发出来，总统的高级官员卷入其中。国会报告宣称，里根总统曾经"制造了或者至少容许了一种环境"，便于这样的非法行径。这一丑闻将越来越脱离其职权的总统暴露于光天化日之下。包括国家安全顾问在内的好几名总统高级顾问，都因"伊朗门事件"被迫引咎辞职，并被控有罪。

1987年，哥斯达黎加、萨尔瓦多、洪都拉斯、尼加拉瓜和危地马拉的总统们签署了一项协议，试图结束中美洲的流血内战。该协议号召停火、自由选举和结束外界对叛乱的支持。1990年，中美洲诸国的总统们签署了另一项协议，宣布尼加拉瓜的"考迪罗"武装应予解散。那一年，尼加拉瓜的政权和平地移交给一个非马列主义的政府，在当时的一次选举中，奥莱塔·巴利奥斯·德·查莫罗击败了马克思主义者前总统丹尼尔·奥尔特加。在巴拿马，铁腕人物曼努埃尔·安东尼奥·诺列加因与美国进行赚钱的毒品交易而受到牵连，美国军队于1990年入侵该国，逮捕了这位巴拿马领导人并将他带回美国，另外安插了一个他们更中意的政府。诺列加在佛罗里达的法庭上承认了输送毒品的罪名，被判长期监禁。1991年，萨尔瓦多的左翼叛乱分子和政府达成协议，使长期内战得以告终，不过，零星的暴力运动仍在继续。在危地马拉，长达36年之久的国内战争因1996年签订的和平协议而宣告结束。

在世界的其他地方，戏剧性的政治变化同样给那些长期生活在专制政府下的国家带来民主政治。在菲律宾，费迪南德·马科斯这位从1965年当选总统的人，在1972年却受阻未能第三次连任。然而，由于这个岛国对美国海军和空军的战略重要性，他始终得到美国的无条件支持，便宣布了戒严法，然后又监督着通过了新的法律，允许他在1981年再次当选。然而，来自国内外的改革压力加大了，而且左翼的游击战不断袭击政府军。反对派领袖贝尼格诺·阿基诺在多年流放之后于1983年8月返回马尼拉，他刚刚走下飞机，便被暗杀了。这一行动是马科斯统治集团的高层策划的。1986年，马科斯在总统竞选中的对手是科拉松·阿基诺，就是那位被暗杀的反对派领袖的遗孀。马科斯对于广泛流传的选举舞弊难以招架，之后便逃出了他和他的家人巧取豪夺、敛财达数十年的菲律宾。

其他国家也都经历了类似的剧变，只是没有那么坚定。在柬埔寨，20世纪70年代末，独裁者波尔布特及其支持者在"杀人场"中确曾消灭了几百万人。即使在越南军队占领了10年多之后于1990年撤出了柬埔寨，这个满目战争疮痍的国家能够看到和平及政府稳定的希望仍很渺茫。1991年，诺罗敦·西哈努克亲王按照一项和平协议返回他原先的首都金边，就任国家元首。与此同时，在持续的政治不稳定和西哈努克再次被迫流亡之后，仍然埋在地表的数以百万计的地雷，其中有上千个被人不幸踏上，造成人民，主要是儿童的伤亡。

中东大概依旧是世界上最动荡的地区。1980 年，伊拉克和伊朗开战，一直持续到 1988 年最终签订了停火协议。在 20 世纪 80 年代，美国与伊朗的关系恶化到了极点：伊朗的宗教领袖鲁霍拉·霍梅尼号召打败他称作"大撒旦"的美国。1985 年，一艘美国军舰在海湾击落了一架伊朗客机——把那个庞然大物误认作伊朗的战斗机了，259 人因此罹难。不过，随着霍梅尼在 1989 年去世，美国和伊朗的关系逐渐得到改善，原因是美国和伊朗的对手伊拉克之间的关系恶化了。

伊朗和伊拉克之间的战争旷日持久，拖了多年，而 1991 年的海湾战争却是速战速决。1990 年 8 月，伊拉克的独裁者萨达姆·侯赛因下令入侵毗邻小国科威特。与伊朗的长期作战使伊拉克濒临经济崩溃的边缘，并对科威特和其他阿拉伯国家欠下了大笔未偿还的债务。萨达姆宣称，科威特的过度生产把世界市场的石油价格压了下来。这个独裁者小邻居的巨大石油储备是个无法抗拒的诱惑。

伊拉克入侵科威特破坏了阿拉伯国家的团结：阿拉伯联盟谴责了这次侵略。1990 年 11 月，联合国安理会授权对伊拉克采取军事手段——如果其军队在一月内尚未从科威特撤退的话。伊拉克军队沿着与沙特阿拉伯——美国同盟国的边界已方一侧展开，并在科威特沿海踌躇满志地守在防御工事和大片布雷区的后面，还有谣传说，伊拉克在准备化学战。在集结了 50 多万军队之后，乔治·布什下令开赴波斯湾的美国军队和军用飞机组成联合国军，于 1991 年 1 月 17

日开始对伊拉克及其在科威特的驻军实施空中打击。联军迅速取得了制空权，地面上的伊拉克军队在优越的计划和装备面前土崩瓦解。天空中充满了黑色浓烟，那是伊拉克军队撤退时在上百座油井放火造成的。2月24日，对科威特境内和伊拉克南部部队的地面进攻开始了。"沙漠风暴行动"很快就将伊拉克部队逐回，军事分析家对其军队的数量和质量事先都估计过高了。电视把战争现场播放到世界的大部分地区，当来自主流媒体的记者播送伊拉克苏制"飞毛腿"导弹从地面发向美国基地和以色列时，仿佛在播放什么视频游戏一样。联军损失了340名战斗人员，而至少有11万伊拉克人，包括平民，死于空袭和海湾战争期间的战斗。在3月中旬，科威特的王子们返回了他们的宫殿。海湾战争以一纸停火协定宣告结束。伊拉克同意由联合国检查其军事设施，因为联合国怀疑萨达姆藏着化学和生物武器。

不过，海湾战争并没有终止萨达姆的权力。他继续向联合国，特别是向美国挑衅。当萨达姆于1997年和1998年拒绝对其化学武器生产和贮存的可疑地点检查时，美国就以轰炸相威胁。与此同时，由联合国实施的对伊拉克的贸易封锁，给普通的伊拉克人带来了极大的灾难，他们仍在为他们领导人的自大付出代价。

在中东的其他地方，巴勒斯坦问题长期以来都在毒化以色列及其阿拉伯邻国的关系。1988年，当巴解组织同意停止使用恐怖手段并承认以色列作为国家而存在时，巴勒斯坦问题得以持久解决的希望闪现

海湾战争

了。那一年，约旦国王侯赛因放弃了被以色列占据的约旦河西岸和加沙地带的主权要求。1992 年，伊萨克·拉宾成为以色列总理，一个中左联盟掌控了政权。在拉宾的倡议下，以色列内阁宣布停止在被占领地修建有争议的新的犹太人定居点，消除了对持久和平的障碍。那一年，以色列内阁准许了巴勒斯坦人在加沙地带和约旦河西岸实行有限的自治。一项为巴勒斯坦人正式提供自治的协议于 1994 年 5 月签订，并于同年 7 月在华盛顿的白宫依法由以色列总理伊萨克·拉宾和巴勒斯坦领导人亚西尔·阿拉法特握手保证践行条约。

在阿拉法特和拉宾努力实现和平之际，还存留着许多问题。阿拉法特面对着来自继续要求成立巴勒斯坦国的好战分子的强大压力。对以色列的恐怖进攻逐步升级，这招致以色列的强烈反应，使以色列的右翼反对派坚决反对任何妥协。随后在1994年11月，当拉宾总理走出一次和平集会时，被一名年轻的以色列极端分子开枪射杀。1996年，保守的本杰明·内塔尼亚胡勉强凭借多数票当选为内阁总理，使得持久和平在很大程度上成了空中楼阁。

尽管世界上原先敌对方之间的紧张缓解了，但容易得到的枪支、炸弹、毒气和防不胜防的暴力行为，即恐怖分子发动的战斗，造成许多无辜者的死伤，仍然造成了全世界持续的不安定感。20世纪80、90年代的许多政治恐怖主义，都在某种程度上与中东的不稳定局势相关。以色列和犹太人特别容易遭受恐怖袭击。最严重的恐怖主义谋杀行动发生在1988年，来自中东的恐怖主义分子安放的炸弹，使一架泛美航空公司的波音747客机在苏格兰的洛克比上空炸毁，机上的259人全部遇难。来自中东的恐怖主义分子于1993年在纽约城的世界贸易中心大厦的地下室引爆了一颗炸弹，炸死6人，炸伤多人。

全世界的极端分子继续使用暴力，以期达到他们的目的。宗教极端主义者对阿拉伯国家的恐怖袭击负有责任，他们想要建立一个严格的宗教政府。原宗教极端主义集团于90年代中期袭击在埃及的外国游客；在阿尔及利亚，原宗教极端主义分子屠杀了数千男女及儿童，以示他们反对世俗的阿尔及利亚政府在宗教极端主义分子可能掌权并建立严格的宗教国家时取消了大选。在美国，虽然在20世纪90年代全面的犯罪率有所下降，但右翼的反政府军事团体实施了多次可怕的袭击。1995年，在俄克拉荷马城政府大厦外面爆炸的一颗炸弹，炸死了 168 人，其中包括大厦幼儿园内正在玩耍的儿童。另一次袭击发生在 1996 年夏季奥运会期间的亚特兰大的公园内，死亡 2 人。反对堕胎的极端分子引爆了医生正在做人工流产的诊所，折磨甚至射杀里面的医生。在北爱尔兰，极端分子继续进行恐怖主义袭击，以破坏新教徒和天主教徒之间的和平谈判。就是说，尽管停火协议已于 1994 年和 1997 年两次生效，尽管"新"工党领袖托尼·布莱尔努力取得了解决办法，暴力行动仍然时断时续。

往往由政府更迭引起的经济困扰、国内战争和政治动乱，大大增加了涌过边境，在经济更繁荣和更自由的社会谋求更好生活的难民的人数。数以千计的海地人驾着小破船，驶过时有暴风巨浪、总有鲨鱼出没的加勒比海域，试图到达美国。库尔德人逃离伊拉克和土耳其的压迫。阿尔巴尼亚人为了渡过亚得里亚海抵达意大利，挤进任何能够漂洋过海的船只中。一名阿尔巴尼亚记者在评论他的国家时，为世界上许多国家的难民辩护说："面包房里没有面包，没有牛奶，缺乏食盐。……一切都幻灭了。没有钱也没有指望。"成千上万的北非人取道西班牙来到法国和其他西欧国家，他们逃避着警察，干些零活。1995年，差不多有 300 万人非法居住在西欧各国。

在 20 世纪 90 年代的经济衰退中，在相对繁荣的国家中生活的移民，有时成了失业这类经济问题的替罪羊，他们被指责为了极低的工资而打黑工。西欧的仇外及种族主义比起第二次世界大战前的任何时候都愈发明显，在法国、奥地利和德国，多数选票投给了极右势力，在这些国家中，极右的"光头党"和极端分子对移民寄寓的旅店发动了多次致命的袭击。在美国，担心非法移民会湮没这个国家和吸干医疗和教育资源的情绪，反映在试图限制给予移民的福利、反对多元文化教育及坚持只以英语为官方语言等方面。

不过，在多数时间里，美国经济还是繁荣发展的。在美国，从1982 年股票市场开始暴涨，接连 5 年的"容易钱"使许多美国人更富了。"雅皮士"（城里的职业青年）是许多玩笑的笑柄，一路嬉笑着前往银行，把那里当作带来巨大回报的高收入岗位，许多人都奢侈消费。

时常发生的疯狂合并和收购活动，导致了大公司吞并小企业。高风险的低档债券激增。许多有前途的华尔街交易人因非法的"内部交易"而入狱：他们利用优先获取的各公司的发展信息投资，并捞取大量钱财。不依法办事是 20 世纪 80 年代的又一标志。在美国加剧竞争的新时代，甚至动摇了美国电话电报公司，这家历史悠久的"贝尔大妈"失去了享有几十年的垄断地位，给用户带来了低价格。

主要由于里根任期最初几年国防开支的剧增，美国联邦政府债务增长了 3 倍，且外贸赤字每个季度都在加大。华尔街股票被估值过高，而突然在 1987 年 10 月 19 日那个"黑色星期一"猛跌。道琼斯指数平均下跌 500 点或 23%，许多投资者担心再次出现大萧条。纽约股票交易中心的主席悲观地评论说："这是我最不想看到的最接近的财政灾难了。"不过，经济挺过了风暴，股票价格很快又回升了。

　　20 世纪 90 年代美国经济的增长是由各公司依靠信息技术迅速提高了生产和生产效率而引发的，许多信息产业都是在加利福尼亚州的硅谷诞生和发育的。经济的迅猛发展在美国创立了许多工作，那里接近 60% 的成年妇女如今都在工作，而在 30 年前则只有 35%。妇女的工资也提高到接近男性，在大学和专业级别上，妇女的运动水平也取得了快速的进步。不过，"玻璃天花板"仍存在于某些行业，尤其是某些商业中，阻碍了称职的妇女做得更好。与此类似的是，非裔美国人的工资也提高了，虽然在黑人青年和其他少数民族群体，如拉美血统的人群当中，失业率之高不合比例。

　　美国经济在美国政治中起着决定性的作用。1992 年，阿肯色州前州长比尔·克林顿击败了乔治·布什总统，而布什在竞选中受到了经济衰退和失业上升的伤害。克林顿是抱着造就有意义的变化的希望上台的，可是，他那套创建全民医疗保险的方案，很快就遭到美国医疗协会和许多担心该方案的成本和限度的普通百姓的反对。1994 年，共和党人在国会选举中大获全胜，使他们 50 年来第一次控制了参众两院。然而，依靠经济大潮的支持，虽然他继续受到财务和绯闻的纠缠，克林顿于 1996 年再次当选。克林顿的成功，一部分是由于他迈向了政治中心，有时响应共和党的立场，号召减少政府的作用。1996 年，他签署了一项法案，用他的话说，旨在"结束我们所知的福利"。1998 年，克林顿总统提交了一份 30 年来第一次平衡的预算。

美国经济并非存在于真空管中。世界经济已经越来越互相依赖了。《马斯特里赫特条约》于1992年在荷兰那座同名城市，由欧洲共同体的12个成员以及欧洲自由贸易联盟的大多数国家签署。1994年，奥地利、挪威、瑞典和芬兰也正式应邀加入了欧盟，不过挪威公民于1994年反对成为成员国。该条约期望能够创建一个欧洲经济区，以消除国家间的贸易壁垒，并在原则上消除过境检查站。欧洲共同体在国家间的经济计划及合作上发挥了更大的（但并非无争议的）作用，还准备采用一种通用货币——称作"欧元"——按计划于1999年开始试用，从那时开始经一个过渡时期，预计在2003年全面施行。不过，与此同时，对增加欧洲经济和政治一体化的相当大的反对之声，来自好几个方向，主要来自保守的英国"欧洲怀疑论者"，他们担心，布鲁塞尔更大权力的巩固会对英国主权釜底抽薪。同时，更多的英国人在精神上靠近了欧洲大陆，而且事实也的确如此。1994年，一条连接英国和法国的50公里长的海底铁路隧道开始运行，将伦敦到巴黎和布鲁塞尔的行程缩短到几小时。

面对欧洲共同市场的竞争，美国国会于1992年通过了《北美自由贸易协定》。有了这项协议，美国、加拿大和墨西哥之间的贸易限制就逐渐消失了。

当1997年末亚洲尤其是在韩国首尔和新加坡市场和股市下跌时，其冲击让全世界的股票市场都受到了影响。这些国际金融的反冲反映出地区经济变得越来越互相关联。国际经济的全球化需要对惹事的经济提供巨大的担保，以免牵一发而动全身，冲击全球经济。1995 年一笔 550 亿美元的美国贷款援助了墨西哥摇摇欲坠的经济，其货币"比索"贬值，从而增加了政治不稳定的风险。在欧洲，与美国相比，其失业率居高不下：在西班牙接近 20%，在法国是 13%，而德国也紧随其后。失业特别影响青年人，他们面对着似乎没把握的未来，表现出更高的犯罪率和吸毒率。

在 20 世纪的最后 20 年里，美国和欧洲非法使用毒品的问题已经失控，当局无法阻止毒品从东南亚、拉丁美洲，尤其是哥伦比亚进入。1985 年由毒品贩将其引进美国之后，可卡因瘾君子在中产阶级中、在市中心的穷人中都在增加，他们求助于毒品是为了逃避失业及贫困引起的无望心情。遍及全美国的各种禁止非法毒品的措施，联邦拨款增加机场和边境的检查，以及教育节目，都收效甚微。事实证明对于越来越多的青年人来说，越来越难于对非法毒品"只说不"了。

除去人为的问题——战争、犯罪、毒品和恐怖主义——之外，人类面对灾难性的事故和自然灾害的能力仍然是脆弱的。作孽的地震 1988 年在亚美尼亚造成了至少 3 万人死亡，1993 年在印度造成了 1 万人死亡，1995 年在日本的神户造成了 5 000 人死亡。在哥伦比亚，1985 年的一次火山爆发引发致命的泥石流，埋葬了 25 000 多人。

除去自然灾害之外，灾难性的事故也烦扰着世界。1984 年 12 月，在印度博帕尔的联合碳化物杀虫剂厂泄漏出毒气时，死亡了 2 500 多人，成为有史以来最严重的工业事故。1986 年 4 月，有史以来最严重的核事故发生在乌克兰的切尔诺贝利核电站。一台核反应器破裂，喷出了放射性废料及尘埃，被风吹到了欧亚两洲的部分地区。"请告诉世界帮助我们，"一名业余无线电报务员求告说，将住在反应器附近的大批居民疏散，并不能制止许多人死亡、重病和先天性缺陷的后遗症，以及某些农产品和水源的污染。

石油泄漏虽然死伤较少，但对环境的损害却不可小视，会危及野生物及河滩的鱼类。1990 年 3 月，一艘"埃克森·瓦尔德兹"号油轮在阿拉斯加的威廉王子湾搁浅，把 25 万桶原油倒进水中，造成历史上最大的生态灾难。其他的主要泄油事故污染了波多黎各和英国南部海岸的环境。

污染还严重地损害了我们的大气。环绕地球的卫星摄影显示，保护地球不受太阳直射危害的臭氧层在减少。环境破坏也来自天空。源于地面上化学工业污染的"酸雨"，引起环境学家和科学家越来越多的关注。"酸雨"已经开始毁坏西德、美国和加拿大的森林，以及东德和捷克共和国的森林。对环境遭损的日益增长的关切，导致了 1982 年在巴西里约热内卢召开的"地球峰会"，有来自 178 个国家的代表出席。

即使科学和医学的进步继续减少甚至消灭了世界上大部分地区许多疾病的威胁，一些致命的系列旧疾以及一些新病，还在夺取人类的生命。在中非，一种致命的"埃博拉"病毒传染病于 1995 年夺取了上千人的生命，提醒了科学家某些疾病依旧超出了现有的医疗能力。

臭氧层污染

艾滋病病毒（HIV）能引发破坏人类免疫系统的致命慢性病，首先在
20世纪80年代初被科学家观察到，并于1984年被分离出来。艾滋病
在中非共和国和刚果肆虐，而且也没有放过其他国家。在西方，同性
恋者特别易受此病感染，而且还波及不吸毒的异性恋人群。1991年职
业篮球巨星"魔术师"约翰逊感染HIV后退役的消息，将该疾病暴

露于西方世界的公众目光之下，起到了有益的作用。虽然许多艾滋病患者由于延长寿命药物的综合治疗而比以前活得长久，但是目前尚未发现有效的治疗方法。

医疗保健的费用在每一个国家都上涨了。在美国，1990 年家庭用于医疗保健的费用是一年 7 300 亿美元，是 10 年前的两倍；而相当多的少数民族人群——大约占九分之一的工作家庭——根本没有健康保险，没有定期的保健。医生、医院及其他保健设备的昂贵价格，以及不必要的看护，造成了这种天价。在法国、英国和瑞典这样一些具备公共救助和广泛低廉保健体系的国家，医疗费用大有超出政府支付能力之势。科学和医学的明显进步也产生了一些伦理学的问题。最清晰的要首推基因医学领域的飞速变化，在该领域中，科学家已经确定基因与疾病有关。这种研究能够用来确认和改变导致如肌营养不良症或镰状细胞贫血这类遗传性疾病的不良基因，但也会被未来的父母滥用（对易得癌症的胎儿进行人工流产）或者被雇主苛待（不雇用有易发早老性痴呆症基因的人）。还会陷入道德和法律的泥潭。其他的伦理问题由于 1997 年在英国克隆了一只羊而出现。人们担心，人也可能会被克隆，从而引起了一场轩然大波。

与 1969 年宇宙飞船第一次登陆月球相比，空间探索在 20 世纪 80、90 年代简直成了家常便饭。两名美国宇航员成为最早的不用安全带，脱离飞船而在太空中行走的人，一年之后空间计划遭到了悲剧性的打击。1986 年，航天飞机"挑战者"号升空之后 73 秒在空中爆炸。

克隆羊多利

卡纳维拉尔角的观察员和电视机前观看现场直播的观众，眼睁睁地看着 7 名宇航员罹难，飞船的密封舱坠入大海。死者中有一个是新罕布什尔的中学教师、当了母亲的克里斯塔·麦考利夫，她是作为空间计划中的一个宣传形象搭上飞船的。

直到两年之后，美国才有另一架载人航天飞机升上太空。与此同时，随着空间计划逐渐恢复，美国鼓励发展商用火箭。他们发射了无人火箭搜集星球的情况。"旅行者 2"号于 1986 年飞经天王星，4 年后抵达离海王星 5 000 公里的空间。1991 年，"哥伦比亚"号航天飞机成功地在轨道上飞行了 11 天，完成了科学使命，发射了一颗通信卫星。1997 年，由"发现"号航天飞机发射的哈勃空间望远镜，向地面发回了宇宙深处的有趣的新景观，包括之前不为人知的数百个星系的照片。与此同时，作为冷战结束的象征，1995 年"亚特兰蒂斯"

号航天飞机和俄国的"和平"号空间站在太空中对接。1997 年，一个无人宇宙飞船在火星着陆。

对于几乎习惯于空间戏剧性探索的好几代人来说，20 世纪 80、90 年代，地球上的通信革命似乎更加卓越。最初在美国，逐渐推广到许多其他国家的有线电视及随后的卫星电视，把世界更紧密地连在了一起。当 1998 年冬季奥林匹克运动会在日本以奏响贝多芬的《欢乐颂》开幕时，指挥站在长野的乐队面前，来自南非、澳大利亚和其他 3 个大陆的 5 支合唱队的歌声由卫星同步传送。

由于电视缩短了各大洲及国家间的距离，美国的篮球明星迈克尔·乔丹成为世界上最知名的人物之一。职业运动的运动衫、帽子和昂贵的名牌运动鞋（往往由亚洲的穷人以可怜的工资制造）被西方和地球上偏远地区的许多年轻人穿戴。

从 80 年代中期开始，个人电脑改进了我们制作、发现和交流信息的方式。在个人电脑及电脑程序上的进展如此之快，这就需要一支空前庞大的高科技奇才队伍来保持其发展。由于电脑芯片的惊人改进成倍地提高了电脑的存储能力，电脑变得体积更小同时更可靠了。电子邮件 (E-mail) 实现了地球各地拥有电脑的人之间的即时通信，例如，使住得遥远的科学家们之间可以合作。"因特网"为坐在电脑前的每个人打开了一个信息"网站"世界。为了写他们的书面作业，学生们开始"网上漫游"来寻找资料；大学对他们的网站全力以赴；家长用因特网来办理银行业务、预订机票和酒店、订购书籍甚至服装、追随他们喜爱的运动队、阅读找得到的外国报纸。同样在 20 世纪 90 年代中期，手机成了在街角、银行、公共汽车、餐厅和咖啡馆（往往惹其他就餐者心烦）、私人汽车里通话的常用工具。

不过，电子革命也引起了伦理问题和棘手的法律问题，诸如言论自由（能不能把色情内容上传到网上）和隐私权。同时，还引起了担心：技术革新和通过网络的全球互联会使程序感染"病毒"，并且由于未制止不道德的电脑"黑客"搜集情报，如涉及财务、私生活方面或涉及使用私人电脑的个人信息，从而对隐私构成威胁。

在 20 世纪开始之际，当时唯一可用的环球旅行方式就是乘船，绕行地球一周需要几个星期。世界看起来当真大极了，世界上的多数人似乎是对西方的事后反思。如今，喷气飞机把我们迅速带到地球的远端，有关日本经济动向的信息，在中国、印度、东南亚、中东以及世界上任何其他地方可能发生的政治变化的信息，都可以在瞬间获得，并且对我们所有人都十分重要。类似的是，过去可能只在自己的国家引人瞩目的某些人，可能具有了普遍意义。于是，世界的许多人都渴望知道英国戴安娜公主的八卦——从她嫁给查尔斯王子，到她生下两个儿子，到她食欲过盛和婚姻破裂，而且都对她于 1997 年在高速行驶的汽车事故中不幸身亡而哀悼，千百万人通过传遍世界的电视直播看到了悲伤的送葬行列。

交通运输上的卓越革命改变了人们的视野，先是乘汽车，后来是坐飞机，其重要性超过了乘船甚至火车——那些 19 世纪的发明。通

全球网

信上的革命堪称更加惊人，先是发明了电话，随后又相继发明了无线电、电视和电脑。20世纪末，生活在世界上许多地方的普通人，拥有一个就在他（她）指尖上的信息世界，依靠在个人电脑上漫游，便可知晓天下新闻。

与此同时，对多数人来说，生活条件在过去的100年有了惊人的改变。在 20 世纪的最后几十年中，世界人口中没有足够食物的人的百分比，已经下降到 25%，尽管在非洲和亚洲，以及其他地方，还存在着严重的悲惨景象，而且还有许多事情要去完成。但是，随着法西斯恐怖在世界上大部分地区已淡化成往事，我们有各种理由希望而且应持乐观态度，新千年的第一个世纪不仅一定会带来科学技术上的继续进步，而且对世界上更多的人来说，还有更美好的生活。

一条分界线

我们自认为在新千年开端之际看到的一条分界线，如何成为一场庸人自扰。

我们在回顾历史时，喜欢用线或点——就是那些事情前后截然不同的精准时刻，来划分历史。然而，以个人为基础的某些日期，对于我们会比对于他人更加重要（随便举一个例子，比如说，你的生日吧），我们也清楚，挑出一个日子、一个星期或一个月份作为时间点不一定是可靠的，犹如从变化着的潮汐中取出一滴水，就说："就是这东西。就是它了。潮汐正是随着这滴水变化的。"于是乎，对你来说，在你出生之后的那一天，亲爱的读者，事情可能变得全然不同，可是对于这个星球上的数以亿计的其他人中的绝大部分来说，日常生活仍在照常进行，而毫无眨眼间的变化。不过，说了这么多，我们可以认为，在 21 世纪开始时，有一条线似乎至少暂时可见。

但是，在我们讨论这条线之前，我们先来扫视一眼另一条线，那条线曾经得到认同，并公之于众，最终却被忘却了，那是因为公元第三个千年，即公历纪元划分的年代，始于一片惊慌失措之中，后来却最终证明有惊无险。它以 Y2K 为起点，Y2K 是 "Year 2 Kilo" 的缩略词，指的是 "计算机系统漏洞" 现象。[1]

Y2K 并非一条实际存在的线，也不像是一颗彗星的尾巴，或者一条马其诺军事防线，而是计算得出的一条线，将公元 1999 年和 2000年隔开，落实在数码钟表或电脑系统之上。就是字符串从 99 至 00 的变化，使得世界各国担心会造成大灾大难。或许你如今难以置信，可是当时的政府官员们想象着电力网和市政系统会出现困境。于是，政府便以将来面临潜在危机时的姿态，没日没夜地尽其职责：他们研究着这个课题。围绕这一课题展开的争论充斥了全世界主要城市的报纸（那时候，人们还读报，而且博客尚未普及），都为实时报道留出

1　Y2K，又称千年虫问题，或千禧年危机。该问题出现的根源在于 20 世纪中叶，计算机编程人员为了节省计算机内存，而使用两位十进制数来表示年份。当系统进行跨世纪的日期处理运算时，无法自动辨识 00/01/01 究竟代表 1900 年的 1 月 1 日，还是代表 2000 年的 1 月 1 日。由此产生了世界范围内的系统紊乱、程序出错等问题。

了版面。评论员们提醒,既然飞机是按照潜在的混乱的电脑系统飞行的,就可能从空中坠落。人们还关切城市的供水系统会关闭,医院无法运转,各地电网会停止供电。(在美国的某些地方,人们甚至开始储存食物和生活必需品。)不过,当临近子夜,我们从已知的20世纪90年代进入新千年的最初几秒时——那是我们有时候叫作"理应",而更经常是无法称谓的时刻——问题其实微不足道。事实上,如同偶然出现的电脑故障一样,如果我们没有盯着我们的数字手表看的话,Y2K原来也是从我们可能注意到的其他问题中分析出来的一种庸人自扰。

话说回来,"理应"的开始,也就是公共纪元的第三个千年,倒可以看成是我们在现代的时日里,办事情会有一种什么趋势的范例。回顾当时的Y2K危机,或者说无中生有的危机,不过是许多政府和新闻,在21世纪的曙光中观察世界时寻找出路的一种模拟,在美国和欧洲尤其如此:我们在伴随着电脑和因特网的发展而来的一切信息技术中关注着革命性的进程。不过,我们也同样让那个与未来息息相关的迷人的东西在那一特定时刻能够进入我们的视野。由于对Y2K忧心忡忡,我们忽略了一些年代久远的复杂问题,诸如贫穷、战争以及与此相关的持续的不满,这些问题仍然纠缠着我们,这一切都会对基于宗教信仰的一系列的偏狭,产生激化作用。

20世纪90年代,是我们未曾操心的许多迫切命题——前文所述的极端贫穷和政治不稳定——从而造成以世界许多地区停顿为结束的

10 年。不幸的是，以交通和廉价旅游方式将国与国之间连在一起的许多新兴的关联得以使用，结果就使人们共享股票价格、通俗歌曲，或者彼此传递愤怒与恐惧。

接近的信号

几乎未曾有过的大选：乔治·布什、阿尔·戈尔以及疯狂的『悬空票』。

由于全部注意力都在前一年可能发生的电脑的灾难性错误上，美国人怀着震惊的心情注视着 2000 年的大选，在几周之内陷入了一场围绕着选票的计算问题——并非靠极端复杂的电脑，而是靠手工操作——的大争论。

那是一场十分接近的竞选，一场莫名其妙得乏味的竞选，从荧屏或电台离开的任何一个候选人，都没有理直气壮地相信，他是最佳的候选人，抑或他当真对赢得总统职位感兴趣。历时整个 2000 年秋季。竞选终于结束，得克萨斯州州长前任总统 H·W. 布什之子乔治·布什，似乎在大幕落下时获胜。布什的对手是阿尔·戈尔，一位来自田纳西州的前参议员，曾在比尔·克林顿手下任副总统，一位颇受欢迎的民主党人，尽管所有的共和党人对他大加攻讦，但他竭力在政治游戏中摆出超然的姿态。1998 年，克林顿的民主党在中期选举中，将众议院的多数席位输给了共和党，随后，他个人的不检点行为又恰好公之于众，导致了众议院在一次弹劾的程序中几乎要把他赶下台。然而，在这一片个人丑闻的喧嚣声中，他居然挺了过来，在总统的座位上干了许多人认为是颇有成果的最后 4 年——他们指的是在就业和投资方面。

回到 2000 年布什和戈尔的那场竞选。在选举日之夜，竞选的接近程度让人们惊诧不已。当选举结果计算出来，报纸先是说，布什州长占先，随后又把话颠倒过来。《圣路易斯信使报》早先的标题称"布什险胜"。随后的标题继续称，"国家在等待"。最终，记者们和人们在街上和家中开始讨论"悬空票"一事。（我们本来不必将那个短语置于引号之内，不过我们却觉得理应如此。）

虽说听起来像是你得了重感冒，或是水管出了问题，一个"孔屑"不过是在投票时从选票上打孔打下来的小圆点大小的小纸片。若是"孔屑"未能彻底脱落，或者停留在那儿，选举机就不会将选票计算在内。一个悬着的孔屑到底算不算一张选票？如若这类问题发生在新近才举行大选的国家，而不是在拥有 200 多年选举总统的传统的地方呢？关于选票和孔屑的争议中的一个焦点，使得整个选举落实在狗腿状的佛罗里达州的数张选票之上——在一个拥有 2.81 亿人口的国家中，当计算实际投票的人数时，只有不足 1 700 张选票，在全部投下的选票中，仅占低于一个半百分点的比例。美国等待了不是几天，而是几个星期。在一个多月的时间里，那些通常并不关注政府功能的人们，讨论起了国会和最高法院之间权力的均衡，想不出谁会控制权力机构。平常观看棒球或篮球比赛的人，此时都在盯着佛罗里达，嘴里念叨着：简直是发疯！

大选终于定局，不是由投票的大众，不是由一位孔屑专家或是掷硬币的方法，而是由最高法院对"布什对戈尔"案的裁决。要精确解释这次裁决的进行过程，需要写上好几本书，不过一个简短的说法是：法庭介入，停止了对佛罗里达选票的重新计算。法庭说，就涉及宪法而论，大选不能合法地继续。当然，这是占法庭多数的 5 个人的说法。另外 4 名法官与他们同事意见不一，使得法庭的决定更加有趣（也更加引起争议）。

尽管副总统戈尔获得了更多的选票，大选的结果却有利于布什州长：在佛罗里达计算出来的选票是他领先时，他就赢得了选举团的多数，那是一个最终决定总统选举结果的复杂体制。

回顾起来，因为这件事连政治学家们都理不出头绪，最高法院的决定使得 9 名法官中有 4 个人感到不快，他们对获得较少票数的那家伙竟然在大选中胜出表示愤慨。投票人会不会沮丧？体制是否失效？
这是美国政治的 Y2K 吗？就是说，如今我们的政体是否像是一台破旧
的电脑，已经不能用了呢？这是否意味着那支法律代理人，即共和党
和民主党的团队，先是下到佛罗里达，然后又去了最高法院，承办他
们的案子呢？

那是一个令人束手无策的时刻，人们并不清楚事情会如何进展，
什么时候每一个细微的仪式程序会被澄清。2001 年 1 月的一个灰蒙
蒙的阴雨天，新当选的总统乔治·布什在国会山举行就职典礼，在
布什宣誓就职新千年的第一位美国总统之后，副总统戈尔面对着他，
简短地握了手，似乎表明了，即使这次选举混乱不堪，肯定很丑陋，
很可能还腐败，但美国的政治试验在此时此刻总算在勉强前行。

一个伤心的日子

一小撮恐怖主义分子袭击了纽约，并改变了世界。

2001 年 9 月 11 日的上午，天空清澈湛蓝，若是你看到那片蓝天，而且加以回顾，尽管那当然仅仅是一片蓝天，可是那种清新劲却似乎意味着什么，不管你当时设想那是什么意思。纽约的扬基棒球队在前往季后赛的途中，那场比赛的对手是他们的宿敌波士顿红袜队，不过，由于头一天夜间的大雨而推迟了比赛。有两架飞机从波士顿起飞，进入了那片天空。可是，那两架飞机未能继续飞往其目的地，而是很快就被恐怖主义分子劫持了，恐怖分子将那两架飞机变成了武器，指向了世界贸易中心的两座大楼——在下曼哈顿区地标式的110层的双子摩天楼。

第一座楼于8点46份遭到撞击，第二座楼在17分钟之后也遭到撞击。而飞机中的燃油助长了火势，终于将两座楼烧毁。曼哈顿周围的邻近地区，以及数公里之外的村镇的居民们，都站到山上远观，并窥视着纽约的港区。从那里升起的烟云和灰尘，遮得下曼哈顿地区一片昏黑，还吹向了其他邻区，一大团黑色的羽状物，令人哀伤地歪歪斜斜地飘进那一片清新的蓝天。

数以千计的救援人员——警察、消防队员和各种紧急施救人员，有些来自附近的几个街区，许多则是从邻近的各州远道而来——赶往现场，在两座摩天楼最终悲惨地坍塌以前的几分钟内，他们其中的许多人在爬楼时献出了生命。没过多久，另一架遭劫持的飞机撞向美国国防部的总部五角大楼，还有一架在乘客成功地制服了劫机者之后坠落到了宾夕法尼亚州的田地里。若非乘客的努力，人们认为恐怖分子可能会会试图驾驶那架飞机撞向白宫或国会山。在世界贸易中心遭袭中几乎有3 000人罹难，这在美国历史上是最致命的一次灾难，后来，还有援救人员由于灾难现场的危险环境造成的伤害而继续丧生。

起初，人们并不清楚是谁发起了那次攻击，而且也难于——事情总是如此——想象为什么会有人要杀死正在从事自己工作的无辜的人们。劫机者的身份慢慢地为人所知，他们原来是自称为"基地"的恐怖组织的成员。其领导人奥萨玛·本·拉登已经向美国宣战。

不过在数年之前，美国还曾经支持过本·拉登。在20世纪80年代，拉登为反对苏联占领阿富汗而战，那场战争最终以苏联的失败而告终。（要记住：在冷战期间，美国与一些国家集团友好，只是因为那些集团与苏联并不友好——这始终是一种冒险的意图。）就此而论，苏联不过是陷入了广袤而贫瘠的阿富汗国土的一系列民族和帝国的最近的一个。因为在那个国家境内，有一条连接欧洲至亚洲的古老通道，长期以来始终是人们——如亚历山大大帝和成吉思汗——的必争之地。

本·拉登推行一种极端主义和极其死板的他所谓的伊斯兰教信仰，由于他对教义的诠释过度极端，四下里的伊斯兰教信徒们都表示反对。他以一场圣战看待世界，相信西方世界中的基督徒和犹太人一心要毁灭伊斯兰教。他的部队不是传统意义上的军队，而是用自杀的炸弹攻击平民。他们同任何特定的政府都无关。

人们认为，作为这些信仰的结果，本·拉登对美国及其盟国宣战。初期，基地组织成员曾经成功地对美国进行了一些小型的致命攻击。1998年，他们在驻非洲肯尼亚和坦桑尼亚的美国使馆引爆了炸弹；1993年，他们袭击了美国访问也门的军舰。同一年，一名与基地组织有关联的恐怖分子在世界贸易中心的底层，引爆了一颗炸弹，造成6人死亡，并损坏了双子大厦之中的一座（不过未曾炸毁）。

多年以来——可能直到你读到这里的此时此刻——那些导致了2001年驾机攻击的诸多事件一直在争议之中。美国政府报道的信息中说，某种进攻即将发生，因此，为何不采取措施加以制止呢？那种事情可能是什么？在回应这些问题时，人们的回答有些还是有道理的，有些则意义不大，甚或是瞎说一气，比如说，有一伙人宣称，双子大厦依然耸立在那里，只是被巨型的天空刮刷器大小的镜子遮蔽了。

在我们如今称作"9·11"事件的袭击之后，110层的双子大厦原先的所在地点——零号地界，成了朝拜观光的目的地，人们在那里表达哀伤和回顾出事当时的情景。在大厦倾倒之后不久，人们就开始参观那处地方，尽管在最初的几个星期里，下曼哈顿区的街道都还封闭着。生意停顿了，住宅都埋在死寂的灰尘之下。数日之内，飞机禁止从美国的机场起飞，警察检查着进出纽约城的卡车和轿车。在全国各地，公共安全官员警惕地四处巡逻，防止恐怖活动。几个月之前，人们刚刚从Y2K并非世界末日的重负中松了一口气，这时候却重新紧张起来，9月11日似乎改变了事物。那日子成了一条分界线，之后的世界从此大不一样了。

回击

> 美国得到了同情，却决心报复。

还记得就在几页之前，我们谈论的最近一次的美国总统大选吗？在那次大选中获胜的乔治·布什不是由于普选，而是由选举人团（Electoral College）的投票——那并非一座真正的学院，而是选出来代表联邦的一伙人——才产生的吗？还记得我们如何说过，在那之后的美国有些动荡不稳了吗？还记得我们提及，当普选中的胜者阿尔·戈尔副总统说道，"行，好啊，你就当你的总统吧，"而不是说，"不行！"是啊，我们干脆说，选举过后，乔治·布什总统似乎没有得到多少授权。

什么是授权？该词来自一个拉丁语"mandatum"，意思是"指挥权"。换句话说，这位总统没有从美国选民那里得到什么指令。他也没有获得多少支持。可是在"9·11"袭击之后，他一下子就有了这两种权力。如若你比较仔细地阅读本书，你就会不难想象这样一个时刻：一伙人感受到受了攻击，便聚拢在他们领袖的周围。自从很早以前，希腊人向特洛伊进攻的时候，人们就自然而然地在一次进攻之后围拢在他们领袖的周围。"9·11"之后，由于遭到劫机的突然袭击而感受到伤害之苦和绵延不去的恐惧的美国人，聚拢在乔治·布什的身边。的确，布什总统突然之间有了指挥权，或者说，反正看起来是如此。首先，就是要确信，即使可能，也不会再次发生袭击了。

总统站在还在燃烧的碎石瓦砾堆，就是称作"零号地界"的边缘，身处消防队员和营救人员当中，手提一部扩音器，他叫道："我听得到你们。世界上的其余地方也能听到你们，而把这两座大厦撞倒的人，不久就会听到我们大家的声音。"

营救人员欢呼起来，不过，这是让不是美国人的人们忧心忡忡的声明。这就仿佛邻里中的一条大汉被击倒后，准备挥拳反击之时提出的问题。"9·11"事后的几个星期之内，世界上的许多人都屏住了呼吸。美国这个世界上的头号军事强国会做出什么举动呢？

世界各国方面提供了同情。许多政府表示了对美国的支持。法国的《世界报》采用的标题是"Nous sommes tous Americans",可以译成"我们都是美国人",这种说法参照了在冷战高峰时期,柏林被苏联从欧洲割裂开来之际,美国总统约翰·F·肯尼迪在柏林的那次著名讲演。肯尼迪说:"Ich bin ein Berliner",意思是"我是柏林人。"伊斯兰的领袖们和神学家们谴责"基地"组织的这次攻击。在伊朗首都德黑兰的街道上,人们秉烛举行斋戒。

大约在一个月之后,经美国国会授权,布什总统宣布,他将轰炸阿富汗。目标就是"基地"组织的营地。世界上好几国政府支持他的决定,但仍有许多国家担心,美国人会利用这个问题,以其他方式做出反击,比如说,在中东保卫他们获得石油的途径,那是美国经济,如同许多国家一样,始终渴望获得的。为了进攻"基地"组织,美国军队还瞄准了"基地"生存的阿富汗国土上大部分地区的统治者——伊斯兰极端组织塔利班。

我们业已提及,阿富汗是世界上的一个点,多年来,各个国家都曾经试图加以控制,那是欧亚两个大陆间的一个交点,一条从欧洲到亚洲的古老的丝绸之路通道上的地形崎岖的国家。那里还有一件值得反复述说的事情,就是在阿富汗境内,朋友和敌人时时都在变换。有时候,美国对任何想要苏联离开阿富汗的人,以及那些通常倾向于正统的宗教信仰的农民和地方领袖的群体示好。那是在冷战时期。在苏联撤离,其帝国瓦解之后,上述那些群体统治了阿富汗,建立了一个伊斯兰极端主义的军事国家,比如说,那里的妇女没有什么权利可言。此时，美国在清剿塔利班，声称那个军事政权为策划"9·11"袭击负责的奥萨玛·本·拉登提供庇护。

人类故事的一部分，似乎随着时间的推移而与人类所居住的那一块土地相关：历史和地理——古老的通道和山口，占据要冲的河流和水路——一如既往，影响着世界上的变故，其结果，就是使用同样优势和同样防御的同样战斗一次次地打起来。你可以用卫星和电脑覆盖那片土地，可是那片土地依然如故。

这样，我们只消记住这一切，我们就可以说 19 世纪时，不列颠曾经试图统治阿富汗，却未能成功。随后，苏联的意图又遭到失败。（顺便说，那次失败部分地造成了集权帝国苏联对其在 20 世纪中所征服的国家失控，乃至退回到较小却仍然强横的俄罗斯。）到 2002 年，美国军队最终将塔利班赶下阿富汗的强权，只是让奥萨玛·本·拉登成了漏网之鱼。数以万计的美国大兵进入原先苏联军队和更早之前的英国军队的阵地——他们陷在那里，同比他们更熟悉那块土地的当地农民作战，几个世纪以来，当地人已经对企图控制他们的外来势力反复进行过斗争。美国军队的处境十分艰难。成千上万的美国人和阿富汗人死去，搅动了欧洲和亚洲的历史。世界上唯一存留下来的超级大国，在古老的敌人和地理中纠缠，我们不要忘记，那是始于两栋摩天大楼冒烟的一系列的事件，那两栋楼被毁的形象在电视上，尤其在互联网上，曾经一再播放。

一枚新币

我们只看上一眼，一枚新币能够意味着什么，它代表着以往的成就和未来的困境。

　　当乌云飘过阿富汗和中东地区的时候，欧洲则在欢庆 2002 年明朗、欢快的新年夜。新的 1 月份的最初几分钟，数以百万计的人群，聚集在柏林，他们欢庆的不是一位政治领袖、一名说唱歌星或者什么知名人士，而是一种新币的诞生。那是一种取代德国的马克，以及法国的法郎和西班牙的比塞塔一类的通用货币。那种新货币就是欧元！

世界经济正在开始显示一种重大崩溃的迹象——我们将于下文中简论，欧元以一种世界货币的身份初次登台之日便升值，算是良好的开端。这种欧洲货币在欧盟成员的一切（至少是在大多数）国家中通用。那个 1 月份，欧元迅速用来购买从香槟到咖啡的各种物品。第一次使用欧元是在印度洋上的法属留尼汪岛。在其行政中心的圣丹尼斯，该市市长在一个水果摊上花掉了 67 分欧元，购买了 1 公斤荔枝。

可是，欧元不是零钱，而是做大笔交易用的。乃至有时候当真很烦人——我们要面对这一现实，因为你的衣兜里放着欧元是用来买苏打水和薯片的。在那个新年到来之际，欧元标志着"二战"后在欧洲开始的一种进展的胜利。在那一刻的前后，一位法国的内阁部长罗伯特·舒曼号召成立"维护和平的欧洲联邦"。舒曼在德法交界的地区长大，那是两国不断争议的地带。他出生时是德国公民，但在第一次世界大战之后，法国兼并了他的故乡，他就成了法国人。当他成为法国总理之后，他曾建议成立某种欧洲集团，一种联盟，以便相处在一起，而不要点燃战火，重开另一次世界大战。你只消翻回这几页，就会注意到，欧洲各国彼此曾多次兴兵作战。

思路是这样的：如果欧洲通过贸易、货币、议会和宪法，而且在某种程度上通过军事，可以更深层次地连接在一起，那么，欧洲各国就不大会彼此兵戎相见。以往，两三个国家会结盟保卫自己不受他国侵犯，或者在某种情况下，向他国进攻。希特勒在"二战"中与斯大林结盟时，就是这样想的。

现在回过头来，我们看到，舒曼身为法国部长，大概也想到了一个欧洲联盟可能使他免受侵略成性的德国发动另一次战争之苦。联盟以建立欧洲煤炭钢铁共同体起始，该共同体由法国、西德、意大利、荷兰、卢森堡和比利时组成。英国与之无关；莎士比亚的故乡认为自己同美国的联系比起同欧洲邻国要更加紧密。英国死死抱住英镑，离开欧元。挪威的情况也一样，经过多次投票，决定不使用欧元。

然而，越来越多的欧洲国家签署了组成先称欧洲共同体，后于20世纪90年代更名为"欧盟"。把军队和海军结合起来自然要更加复杂，尤其是在"二战"之后西德重新成为一个经济上的巨人。因此，在欧元背后挺立着的是德国马克，这就意味着德国有某种超过其他欧洲国家的强势，是啊，也使得其他国家感到心悸。

这就是有关欧盟的一切，确实把德国的利益绑缚在了他人的利益之上。这样做总能有效吗？非也。我们即将看到，欧元会有其困境，即使如此，欧盟最终还是获得了诺贝尔和平奖，尽管不久即将面临许多挑战。欧元是在欧洲相结合的冲动中诞生的，可是又不断地将欧洲拉开。

中东重开战端

美国如何决定投入战争以防止另一场战争，却反倒以开始一场战争而告终。

权力是危险的。权力能成为自身的敌人。不难理解，一名领袖，哪怕在不作战的时候，也愿意有更大的权力。而更强大的权力通常是难以企及的，布什总统所做的一切就是为了那个目标，他也被给予了更多的权力。

2012 年 10 月，美国国会通过了一项《美国爱国者法案》。那个名称是缩写，代表的是"通过提供为拦截和阻止恐怖主义所需的适当的工具来团结和加强美国"。该法案赋予了总统更大的权力去同恐怖主义作战。没有人说，与恐怖主义作战轻而易举。要考虑他们何以被称为"恐怖分子"。制造恐怖必然与恐吓平民相关，还有什么比起深埋于我们的日常生活之中，在我们最不情愿的时候干等着挨揍的恐惧更加可怕的呢？在同恐怖分子作战时，很容易失去目标的踪迹，当恐怖分子就藏身于我们当中的时候，尤其如此。我们的日常生活连同我们享受到的一切自由，在我们进攻恐怖分子的时候都会受到伤害。为自由而战和攻击自由的观念很快就纠缠在一起。我正在为了自由而放弃自由吗？我在用剥夺他人的自由权的方式来捍卫自由权吗？在哪一点上捍卫自由的战斗恰恰摧毁了自由呢？

这就是"9·11"之后，美国要应对的问题，而政府所要求的许多权力原来是向公众保守的秘密。我们只是在报道发现了之后才晓得。不过我们知道，布什总统竭力要通过因互联网和电话通话来扩大政府搜集情报的能力。美国政府还将成千上万的移民聚集起来，拘禁在集中营中。在某种情况下，这些囚犯连同来自阿富汗的塔利班战士一起，被送进关塔那摩湾古巴境内一处美国海军基地上的监狱中。那里的美国官员并不遵守诸如《日内瓦公约》这类国际条约的规定。在关塔那摩湾和其他地方——美国悄悄地利用数个国家的海外基地——恐怖分子受尽折磨，后来证明，某些人并非恐怖分子。

如果说，2000 年的竞选是对美国民主的一次测试——即使并不清楚谁赢得了大选，还会有权力的和平过渡的话——随后，使用刑罚和无视公民权利，在很多人的心目中，则是美国民主的失败。

然而，布什总统所要求的（而且得到了的）最大的权力扩展，或许正是他发动战争的目的。布什总统争辩说，要保卫美国，就必须提前进攻另一个国家，这就是所谓的"先发制人的战争"。自从本书的早先几章的时代，中东地区就一直为边界争端而战。以色列和巴勒斯坦就始终为边界争斗，而由于工业国家醉心于石油，外来者也一直对那里虎视眈眈并纷争不已。布什总统决心要进行先发制人进攻的国家是伊拉克，那个中东国家的版图比起爱达荷州要稍大一些，是世界早期文明的一个发祥地。

2002年初，布什总统将伊拉克、伊朗和朝鲜定义为"邪恶轴心"。这是美国在历史上惯用的做法——宣称一个敌人为"邪恶"，而且往往在事后，例如在人们普遍要求结束战争的时候，造成美国难以处理与该国的关系。越南就是一例。但是，布什总统就是这么做的。他还为了对伊拉克发动先发制人的战争着手寻找借口。布什说，伊拉克残酷的独裁者萨达姆·侯赛因，已经发展了可怕的武器，估计是强大的和有毒的炸弹。布什总统和他的副总统迪克·切尼说，那些武器是"大规模杀伤性武器"。尽管国际监察人员未能发现"大规模杀伤性武器"，但美国仍然宣称拥有特殊的情报来源。即使许多人持怀疑态度，但《纽约时报》的一名记者前往伊拉克，声称"大规模杀伤性武器"确实存在。

美国人在总统的新闻发布会上，甚至在向联合国的一次戏剧性的陈述中，坚持认定伊拉克不仅拥有"大规模杀伤性武器"，而且萨达姆·侯赛因还与袭击世界贸易中心的"基地"组织联手。美国攻打了伊拉克，抓住了萨达姆·侯赛因，后来将他处死，还造成数以万计的美国人和伊拉克人送了性命，却始终未见任何"大规模杀伤性武器"。连布什总统控制下的美国中央情报局都说，那种武器从来不存在。同样，萨达姆·侯赛因和"基地"组织的联系原来也是子虚乌有。2013年，在入侵伊拉克的10周年之际，《纽约时报》撰写的一篇社论称："伊拉克战争是没必要的，在各个层面上都是耗费和损害。那是建立在虚假的情报之上，为了意识形态的理由而运作的。在过去的10年中，可怕的人力和物力的消耗表明了再也不能发生这类战争的理由。"

就在入侵伊拉克之前的数日，布什总统在电视上发表了一篇新的最后通牒，要求萨达姆·侯赛因及其幕僚在48小时之内离开伊拉克。3天过后，即2003年的3月20日，美国及其少数盟国先发制人地入侵了伊拉克。不久就清楚了，美国并没有部署一支大军足以控制伊拉克，治理那个国家，使之确保其人民能够得到食物和饮水，平安地生活，而无论在那里作战的美国士兵有多么艰苦。然而，在2003年5月2日，萨达姆·侯赛因尚未被捕之时，布什总统登上处于战斗序列的美国航空母舰"亚伯拉罕·林肯"号甲板，身着正装，表示"负有使命"，他站在一面旗帜之下发表演说："在伊拉克战争中，美国和我们的盟国已经取胜。"随后，伊拉克开始了一场国内战争，而美国的战争使命直到2010年也没有完结，仍有5万大军留驻在那里，按照继任总统的说法，那是"一支过渡性的部队"，要驻扎到有其他事情发生。（美国军队最终于2011年全部撤离。）

把世界想成一个没有什么法规可言的繁忙又危险的十字路口吧。若是人们认为你是一辆尤其危险的车辆，正在横穿那里的街道，那就更加危险。人们会为了自身的安全而无视那里仅有的法规。即使你是个小心、稳妥又遵纪守法的驾驶员，那条街上的其他人仍会先是担心后是害怕你，继而或许会认为你会对任何人干出更糟糕的事情，把你看成一个威胁，应该加以某种约束，应该做出应对。

你自己生命的安危——在世界舞台上，则是国家的安全——同其他人如何理解你有极大的关系。正是出于这一原因，伊拉克战争处于低点的时刻，迎来了2004年，这时来自美国在伊拉克的一座叫作"阿卜·格雷博"监狱的一组照片公之于众，并通过互联网传播，随后，经由报纸和电视节目传遍了全世界。那组照片显示出囚犯遭到酷刑、虐待并可能遇害，那种方式使得全世界——甚至有良心的美国士兵——都感到恶心。

这种暴行事实上对每一个国家的每一个人都是冒犯，而对于伊斯兰教信仰者来说，尤其感到愤怒。在"9·11"之后，有些人可能原本对美国缺乏好感，那些不喜欢恐怖分子的人们曾经以伊斯兰教的名义攻击过无辜的人民，那时开始感觉美国还不错。自从美国和苏联之间的冷战结束以来，美国成了唯一的超级大国，如今，人们生怕那个超级大国会随心所欲地四处宣布先发制人的战争，而且会恣意地为所欲为。

重新审视大城市

城市人满为患，我们认识到，那里是人们的生存所在，这就意味着我们还有许多工作要做。

公元 21 世纪在其开始之时，如若你是个在泥土中生长的作物，会觉得这个世纪看着很不错。为什么呢？这需要几页的篇幅来解释，我们将通过观察长期以来人们移居的城市来做到这一点。在 20 世纪时，人们移居到城市大多是为了谋求工作，或者因为更难依靠土地生活了。人们往往迁离农村是因为没活可干，没东西可吃，以及与之相关的树木之类的匮乏，或者水源被毁，工厂污染或耕地用了过多的化肥和农药。在过去的那个世纪里，世界范围内的农耕活动，从小家庭和村社作业发展成由大型公司来经营，通常得以对较少的人手支付较少的工资。但问题在于，到了21世纪开始的时候，世界人口的半数已经迁入城市，全世界的发展中国家一个月就要增加500万的城市人口。是啊，一个月就是500万。想象一下吧，在一个8月份，新加坡的全国人口流入你们的城市！再设想一下，俄亥俄州托莱多的20倍人口，每隔几周就在你那个镇子上露面！

身上没有多少钱就进入城市，可不是什么好事，但人们还是被吸引到那里去，因为在城里还有可能得以生存。城里边有各种形态的经济，其中一些是在经济停滞的规律之外运行的。不过，在许多大城市里，如今存在着大面积的拥挤不堪的叫作"贫民窟"的地方。虽然住在城市贫民窟里的人，面对着许多诸如安全和取得洁净饮水的问题，但联合国的报告还是发出了令人心存希望的信号：城市中的环境卫生和饮用水在1990至2008年之间得到了改善。不过，飞速增长的贫民窟，意味着那里的积极改善已经处于紧张状态。预期，到21世纪中期，将有20亿人住在城市贫民窟里，是如今那里人口的两倍。

让我们来看一看，人们为什么愿意住在城里，这里有几个问题有待回答。

人们为什么要住在城里？

部分原因是城里已经有人居住。人们总是喜欢靠近别人而居。住在人群当中，他们会感到有机会通过各式各样的交往或交易来存活——通过良好的交易，当然往往是十分糟糕的交易来生存。不过，大多数人互相紧靠着定居。你可能想有个地方独自往来，而且你需要安宁和休憩，但是作为一个生灵，你还是喜欢群居。

我们如何结束大城市的现状呢？

人们在他们感到安全，免受狂风暴雨和巨浪之苦的地方建房居住，那里的自然环境——河流、港湾、海洋——会为他们提供食物。有时候，出于同样的理由，人类建造城市，也是看中了那处地方。太子港是海地的一座城市，其形成是因为环城的高山保护了港湾中的船只，并为造访者提供了建筑所需的木材和餐饮的燃料。加利福尼亚州的旧金山也是如此。事实上，这两座城市都有高山环绕，而且易受地震威胁，同样的地球力量造成了保护性的山脉——我们这里所谈的是地质学，我们从中像历史书一样读到了地球本身的变迁。

我们看似安全的地方，在短时期内偶尔也会是危险地带。设若你在 20 世纪初，在其经历了惨遭地震蹂躏的太子港的街道上漫步，你所看到的是一座缺水的城市，男女老少都没有安全可言——委实是一处危险的城市贫民窟。入夜之后，街上燃起了篝火，没有电力，少有安全——像是没有军队的交战地区。

在我们思考我们城市的生态之时，是什么启动了变化呢？

随着更多的人开始住进大型城市，而且许多西方国家的大型城市着手关注在城里城外流过的河流——例如，在 1972 年，共和党总统理查德·尼克松就签署了美国的《清洁水法案》——对我们而言的大自然的观念在扩展。我们开始把我们的城市更加看作是一处自然之地——如果该地保持清洁和友好的环境，就可以为我们的大量人口造福。要记住：当我们谈论"我们"之时，我们在谈论的是我们当中的大多数人。

生态和经济之间是什么关系？又与城市有何关联？

如同经济学一样，生态学的词根也来自一个希腊语词语"oikos"，意为"住房"，而生态学家则在观察动物、昆虫或禽鸟所谓的"家"究竟是什么，它们又是如何住在其中的。或许并非巧合的是，就在那前后，世界上的人们开始从乡村移居城里，生态学家于是开始设想城市的本质。在 20 世纪 70 年代，当《清洁水法案》初次实施，且工业化国家开始对其令人恶心的河流采取措施时——在俄亥俄州的克利夫兰，一条河流遭到严重污染，乃至引起大火——一只球开始滚动了，于是，在 21 世纪最初几年的今天，美国的居民区已经动手拆除水坝，疏通了河流，让河中的鱼能够自由地游来游去。但我要在此强调的是，城市是人类的自然聚居区。城市，连同其一切生态和经济的活动，终归是我们的家园。

一个地区鱼的数量如何关系到那里人类的数量？

人们肯定早就这样想了，但是在 21 世纪的头一个十年，这种想法变得普遍了——甚至形成了经济上的意识——人们开始忧虑一个城市的生态。在 20 世纪 50 年代，美国城市——例如纽约市的大量人口，在污染的云层悬浮在他们的头顶上的时候，感到不适。如今，要是想让人们没有不适的感觉，要是想让他们的空气不受污染，要是想让城里的空气洁净，让许多人得到保护，关照他们的花费要比较低廉了。而且不仅是空气，还要使人们得以生活在美好的环境里。早在20世纪初期，事情就已经清楚：人们健康时，就工作得更好；他们受过教育后，工作就更出色；当他们能够在公共图书馆阅读书籍，或是在公园中自由欣赏音乐时，就会感到身心愉悦！通过良好的公共设施，接近城市里的不同经济，还可以有助于人们摆脱贫困。

更加清楚的是，全世界的大型城市有许多共同点。你可以说，它们的生态是相似的。如我们所讨论过的，城市趋向于在靠近有良好的食物供应的地方，往往是水边，或者水流入海或接近入海的地方形成。一座城市的景观在某种意义上说是一种保护，例如，港口之于船只。而且如前所述，城市建于有丰富食物供应的附近，如若人们回顾该城的历史，食物供应很可能就始于鱼类。说来并非巧合，大批鱼类生存和繁衍之地，也就是大型城市形成的同一地区。世界上的30多座大城市中，几乎有70%都处于河口。

河口是什么地方呢？

"河口"一词来自拉丁语的"潮汐"，河口就是河流与海洋交汇的地方。河口是世界上最富生态之处，为生存于其中或周围的大量生物提供营养。举例来说，在香港附近的珠江河口中生长的最微小的生物，可以在中国沿海的中华白海豚和江豚的胃中发现。来自马萨诸塞州各条河流的鲱鱼能够在加拿大海豹的胃中结束其生命，泰国的昭披耶河（即湄南河）盆地的防汛影响了曼谷城市的防汛，也波及了曼谷粮食作物的生产。

在 20 世纪 90 年代，全世界的科学家起草文件，指出了城市河口的重要性及其惊人的复原力。尽管城市河口遭到重创，被有毒物质和污染沉重打击，当科学家对那里回访时，却难以置信地发现一切恢复如故。如今，由于一些地方有了比较洁净的水，泥沼中的生物迎来了大好时光，那可是我们食物链的最底层啊。

泥沼中的生物的未来是什么？

这很难说。由于海洋中鱼的数量越来越少，我们最好还是寄希望于泥沼中生物的前途。科学家们正在逐渐理解：伸展着的陈旧的沼泽中的泥浆，可以用来再次种植。另一方面，由于全球在变暖，科学家们同样警觉到海洋的水平面在迅速升高。今天处于港湾边缘的沼泽，看上去就像是明天的港湾。我们难道要把老城区的闹市变成明天的沼泽吗？这些都是我们必须立即应对的那种棘手的难题，善于思考的人们和城市总是像生物一样，也将其视为自然界循环的一部分。

联合国世界气象组织确认，在 2000 到 2010 年之间，是自从 19 世纪 50 年代开始有记录以来，所记下的最暖的时期，尤以非洲以及亚洲和南极洲的部分地区的温度读数为最——哪怕你在阅读本书时，注意到了比当时更暖的年份。2010 年，在非洲出现了极端的夏天季风，在俄国出现了极端的夏季温度，在印度尼西亚、澳大利亚、非洲、欧洲和南美洲降下了非同寻常的倾盆大雨，造成了罕见的水灾。亚马孙河泛滥成患。欧亚两洲间穿过北极圈西北部的著名航道在那年的夏天，几乎没有冰冻，与早些时日相比，简直是微风和煦。可是在 19 世纪，穿过北极圈冰层的航道危险重重，难以成行，许多探险家为此付出了生命。

如若之前的 20 世纪有过全球变暖的问题，那么就在 21 世纪得到了答案。大气层诚然在变暖，显然是人类的工业排放产生了变暖的环境。通过燃烧煤炭和石油类燃料，我们使大气中充满了瓦斯，产生了一种温室效应，瓦斯控制住了温度。

温度将多快地上升？

对此问题的答案尚不十分清晰。切勿被某些人所谓的地球经历的温度上升是一场骗局的说法所迷惑，那些人指着暴风雪证明世界没有变暖。他们在迷惑自己，或许是没有区别开"气候"与"天气"之间的区别与时间相关。天气是 2 月份某个星期三下了雪，而气候指的是在许多个 2 月份中的许多个星期三的那一时段的典型概率，冷到足以下雪。不过，如我们所述，气候和天气时常混淆。的确，在新英格兰的 3 月份的某个星期三还会下雪，但是到了 2010 年，我们可以回过头来看下雪的星期三的数量，就会发现，在以往下雪很多的地方，雪天像是变少了。

我们同样开始看到，天气确实变得越来越极端了，比人们所习惯的益发恶劣了。2012 年，飓风和沙尘袭击了纽约和新泽西两州，比 20 世纪中的任何一次飓风都要猛烈，造成了该地区及其经济命脉数十亿美元的损失。

沼泽中的生物怎么样了？

把城市看作人类在自然界的一个定居点，把城市看作与其所生存的地域自然相连——包括附近的河流和山脉，郊区和铁路及公路——政府部门于是开辟通道从城里吹走少量的污染物，修建较好的大型通道，为了水源供应和居民健康注重涵养树林。城市也开始反思，自己在某种程度上同人类可能自然生存的地方，同那些赖以在泥沼中繁衍滋生的小生物来饲喂的鱼类、昆虫和禽鸟，以及滋养暴风雨来临之际使沼泽吸取水分的水草都一样，都是大自然的一部分。

认为一座城市在某种程度上本身就是大自然的一部分的理念，是颇可期待的；比如说，这种理念使我们运用越来越多的手段来停止地球变暖。拥有最大量经济的国家——如美国，尽管科学家一再敦促，还是不情愿签署重视地球变暖，力图拉回温室效应的条约。青年人也在努力推动他们，说服他们签字。2012 年，大学生们开始敦促他们的学校和城镇，将它们的投资从导致地球变暖的公司中抽回。1992 年，一名 10 岁的女孩在联合国演讲，她是这样说的：

你们好，我是珊文铃木，代表儿童环境组织讲话。我们来自加拿大的一群十二三岁的孩子，分别是：范妮莎·苏迪、摩根·盖斯勒、米切尔·奎格和我。我们凑集了我们所有的钱，从上万公里之外赶来告诉你们这些大人们，你们要改变你们的做法了。今天来到这里，我没有什么可隐藏的。我在为我的前途而奋斗。失去我的前途可不像在竞选中失败或者在股票市场上损失几个点一样。我在这里代表未来的一代代儿童说话。我在这里代表全世界的忍饥挨饿的儿童说话，他们的哭叫声我们听不到。我在这里为在这个星球上的无数的垂死的动物说话，因为它们已无处可去。我们不能装聋作哑。……这一切都在我们的眼前发生，可是我们的行动却仿佛我们拥有足够的时间和解决办法。……我们列在你们的日程表上了吗？我父亲总说，"你的样子是你做出来的，不是你说出来的。"好吧，你们的作为让我在夜间哭泣。你们这些大人们说，你们爱我们。我向你们挑战，请用你们的行动来兑现你们的言辞吧。谢谢你们听我讲话。

85

一个黑人成了美国总统

在美国独立战争的一个半世纪之后，来自伊利诺伊州的参议院巴拉克·奥巴马赢得了历史性的大选。

你可以回顾一下，在本书的早些部分，我们讨论了 19 世纪中叶，一位来自伊利诺伊州的律师在大选中成为美国总统。我们记载了，那位总统在随后的 1863 年发布了《解放宣言》，用房龙的话来说，蓄奴制"从此在文明世界的每一处地方都来到了终点"。（彼时的例外在古巴，那里在西班牙人的治下，仍保留着蓄奴的机制。）

对与公开容忍蓄奴制相关的政府而言，这一宣言是千真万确的，在美国政府公开谈论的范围之外，蓄奴制还在以多种方式持续着。即使在 21 世纪开始之时，世界上足有 2 700 万人民依旧堪称是"奴隶"。我们怎样为奴隶下定义呢？人们被迫从事劳动，除去他们需要生存的食物之外，没有工资收入，他们被人用欺诈或暴力威胁的手段加以控制。（政府部门分辩说，奴隶只有那个数字的一半，但在涉及人权问题上小心翼翼地追随政府的民间组织估计，处于奴隶地位的人数是政府所说的两倍。）现代奴隶的高数量，部分由于地球上的人口数量——就在本书写到此处之时，这个星球上住有将近 70 亿人。不过，与此同时，此事还与人类的残酷程度有关，在围绕着金钱和贪欲的问题时，犹有甚之。

美国总是在把世界搅浑。它一方面宣称美国是一个基于自我证明的真理之上的国家——其中一条就是"人人生来平等"，这是美国从大英帝国统治下独立时所说的——而与此同时，乔治·华盛顿总统却经营着一座由奴隶劳作的种植园，《独立宣言》的起草人托马斯·杰弗逊亦是如此，就在当时，杰弗逊和华盛顿的法国友人们，甚至脱离不列颠的将军们，都告诉过美国人，要他们释奴。即使在来自伊利诺伊的前参议员林肯总统，通过总统宣言解放了奴隶之后，处于久远的偏见之上的不那么公开的蓄奴方式仍继续存在。

"然而，写在羊皮纸上的文字尚不足以将奴隶从桎梏中释放出来，或者为不同肤色和信仰的男男女女提供作为美国公民的充分权利和义务。"这是另一位来自伊利诺伊州的参议员巴拉克·奥巴马于 2007 年所说的话。"需要一代又一代的美国人心甘情愿地恪尽己责——通过在街道上和在法庭上，通过一场国内战争和国内的不服从运动来抗议和斗争，这往往是十分危险的——以缩小我们理想所允准的和所处时代的现实之间的缝隙。"

奥巴马说这番话时，正在竞选总统。他在费城的一次演讲中特别谈到了黑人和白人的种族关系，那是长期困扰着美国人的问题。奥巴马对听众说，他之所以竞选总统，是因为他相信，他在此处这样说，"我们可能看着不同，我们可能来自不同的地方，但我们都愿在同一个方向上前进——朝向我们的子孙后代的更加美好的未来。"

"这一信念来自我对美国人民的体面正派和慷慨大度的坚信不疑。但同样来自我本人的故事。"

奥巴马曾经写过一本畅销书，回顾他作为一名年轻的参议员的经历，而且他当时已经因演讲家而知名了。他讲到他是来自肯尼亚的黑人男子和来自堪萨斯的白人女子之子。他谈到他部分地由白人外祖父养育成人，外祖父在大萧条中得以幸存，后来参加了第二次世界大战，他那个白人外祖母在她丈夫渡海作战时，在一家工厂里制作炸弹。他进入了世界上最为昂贵的哈佛大学，还在世界上最贫穷的国家之一印度尼西亚生活过。"我娶了一位体内有着黑奴和奴隶主混血的黑人女子——那种遗传特征我们传给了我们的两个宝贝女儿，"他在演讲中说。"我有各类种族和肤色的兄弟姐妹、侄女、外甥、叔父和表亲，只要我活着，我就会永远牢记，在地球上别的任何一个国家，我的故事都是不可能的。"

　　《解放宣言》发表之后的 145 年，一名非洲裔的美国人成为美国总统。他得到了差不多 7 000 万张选票，是到当时为止总统大选中最多的得票。他的日子过得并不容易，他迅速地从高度同情的时刻坠落到一如既往的政治之中——他的第一次任期的大部分时间都花费在了应对共和党人的政治僵局之中，由于在如何处理政府预算上的分歧，对方在多次机会中造成了联邦政府停止办公。还好，奥巴马总统总算通过了主要的医疗法案。

　　奥巴马在 2012 年经历了全国各地爆出的多次选举人确定法案——那些法律都是旨在为选举制造困难的——之后再次当选。一份报告显示，遵照那些新法律，每个人要花费 11 美元才有投票资格，这要高于黑人选民要缴的人头税，那是 20 世纪 60 年代的民权法所禁止的。他的第二个任期开始的时候，恰恰是林肯宣布解放黑奴的 150 周年之后，后来才知道，非裔美国人选民参与投票的比例要高出全体选民的投票比例。

　　2007 年，奥巴马曾想关闭美国在古巴关塔那摩的监狱，但他没有出手。在他的命令下，美国的特种部队在巴基斯坦抓获并处死了奥萨玛·本·拉登。请注意，奥巴马并没有放弃前文所提及的《爱国者法案》所赋予这位新总统的许多权力，那也确实难以放弃。他还增加了美国军队对无人驾驶的远程遥控飞机，即大黄蜂的依赖，那种无人机不仅能够摧毁军事目标，而且也会杀死平民。不过，在他的总统任期内，他把注意力放了自他当选以来冲击世界的巨大的经济衰退之上。

86

道歉

> 各国政府更密切地关注他们自己的历史，简述世界各地越来越多发生的一些事情。

　　在我们离开奥巴马担任总统的话题之时，我想扼要地谈一谈道歉一事。尽管常常被轻描淡写，或者在新闻中带着嘲讽的口气加以讨论，但其实这是一个十分严肃的题目。我提及道歉，是因为在奥巴马任职的第一年偶然发生的一件事。他在开罗的一次讲话中寻求同全世界伊斯兰教徒的和解。那次讲话经常被认为是一次道歉。其实不然，讲话要求西方和伊斯兰世界都要检验他们的关系。这是有许多要问的。

"伊斯兰和西方之间的关系中包括几个世纪的共存与合作，但是也有冲突和宗教战争，"奥巴马着重说。那次讲话在中东受到了热切接受。"只要我们的关系由我们的分歧来确定，我们就会加强那些人的力量，他们谋求仇恨而不是和平，要促成冲突而不是有助于我们全体人民达到正义和繁荣的合作。这样的怀疑和不睦的怪圈应该结束了。"

如若你加以思考，就会认识到，美国人在外空间的进展取决于伊斯兰数学家所发展起来的代数学，就是说在我们的文化中有着一种关系。或者说，如乔治·华盛顿在论及保卫罗德岛的犹太人居民区的一次演讲中所说，"我们都是亚伯拉罕的子孙。"这里是第四十四任总统的说法："我来到这里是为了谋求美国和全世界伊斯兰教徒之间的新开端；一种基于相互有益，彼此尊重的基础之上的关系；而且也基于包括美国和伊斯兰都在内的真理，而无须竞争，"奥巴马说。"相反，他们交织着，分享着共同的原则——正义和进步的原则；全人类的宽容和尊严的原则。"

我在此援引奥巴马的讲话，出于两个原因。第一，这是一伙人——或者就此例而论，是一伙人即美国人的领导人，更密切地看待他们同另一伙人的关系的一例。是在看待那些人群之间关系的历史。我在此援引的第二个原因，是因为甚至在几年以前各国突然之间似乎更像是要做这种应该做的事情了。各国都在回顾已经发生过的事情，作为一伙人来理解那些事情。2010年在英国，政府为"血腥星期天"那次不列颠士兵在北爱尔兰杀死了十多名爱尔兰的天主教徒平民道歉。2013年，爱尔兰国家为在天主教会经营的洗衣房中拘禁和奴役一万名妇女和女孩一事道歉。1988 年，美国就在第二次世界大战中将日裔美国人关进集中营的做法道歉。在奥巴马竞选第二任总统时，他的对手也把他在开罗的讲话准确地描述成是一次道歉，尽管事实并非如此。然而，另一个政府在大约的同一时间准确无误地道歉了。

2008 年，一群人聚集在澳大利亚议会大厦外的广场上，流着眼泪聆听当时的总理陆克文的讲话，他向澳大利亚的原住民道歉，因为他们被剥夺了土地，由其他澳大利亚人居住。他特别向一群称作"被盗的一代"的成千上万的儿童道歉，因为他们被人从家中带走，强制他们与非土著居民同化，此举一直持续到 20 世纪 70 年代。"对于这些被盗一代所遭受的痛苦、不幸和伤害，他们的后人和他们失去亲人的家庭，我要说一声道歉，"陆说道。"对于他们的父母，他们的兄弟姐妹，对于破裂的家庭和社区，我们要说一声道歉。对于一个自豪的民族和一种自豪的文化由此造成的侮辱和堕落，我们要说一声道歉。"

下降的趋势

在我们观察的一段时间里，世界上许多人一下子丢失了工作，思考一下这种状况为什么会发生，关于我们又是如何说的。

到底什么是衰退呢？这问题听起来很冷静，就像是你希望你的感冒所造成的影响一样，而且也确实如此，因为衰退与不扩展在含义上倒是有共通之处。我们愿意听到新闻中的讨论，如同我们对一件事情进进出出一般，而且还可以用到一项工业、一种疾病，甚至一个国家。在 20 世纪 90 年代初期，当压缩光盘，或"CDs"成为演奏音乐的普及方式，而且 CD 业随着越来越多的音乐在便携式电脑上的数字归档中应用而得到广泛购买和欣赏时，密纹唱片业界——几十年来人们都称之为"LPs"，出现了衰退。当一个国家各个行业的国内生产总值（GDP），在连续两个季度中减少时，就被认为是处于衰退之中。这是对衰退的技术上相当烦人的描述。

思考一次衰退的另一种方式是从联系的有关方面入手。当密纹唱片业没有了生意的时候，那些工厂的老板很可能就会停止数量过少的唱片的生产，而且还可能解雇厂里的工人，失业的工人就没钱在附近的小店里购买，比如说冰激凌吧，充当每晚的甜点。那家冰激凌小店随后就会解雇人手，甚至关张，这就会使得更多的人在付出你可以称作他们生活中的额外需要（如饭后甜点）时，捉襟见肘。很快，他们就难于支付不仅是额外之需，而且还有面包这类生活必需品。当这种情况在全国范围内发生时，数以百万计的人们丢掉了工作，尽管往往并非出于他们自己的过错——如经济学家所说，仿佛他们被卷入了激流或漩涡。我们可能听到人们说，我们身处于衰退之中——例如，一名电视新闻的记者或者一位总统竞选人可以指责另一位候选人造成了这个问题，或者说，没有尽力制止这一现象，哪怕时常是一名领导人所能做的微乎其微，因为在某种意义上，衰退简直就像是一种自然现象，是随市场调节的。在 20 世纪的好多时候，都有过全球性的衰退，意味着地球上的各个国家经历了他们经济上的同时衰退，造成全世界的人们失去了他们的工作和收入。

在近期的历史上最著名的例证就是被称作"大萧条"的一次深刻

的衰退——我们早些时候在谈及希特勒在德国上台时曾经讨论过。大萧条于 1929 年始于美国，并持续到 20 世纪 40 年代早期。大萧条也波及了欧洲，那里的金融业在第一次世界大战之后尚未稳定下来，经济还在蹒跚而行。如前所述，希特勒的上台是借助了有大萧条的全球恶果造成的金融浩劫。当人们一无所有、没有食物、没有住房的时候，他们就一蹶不振了。

全球性的衰退在 20 世纪的 90 年代中屡有发生，于 2001 年又卷土重来。不过，始于 2008 年的那次全球性的衰退值得考察，因为它揭示了各国之间的关系。

首先，要注意到那时候国际银行家们在谈论 21 世纪的头一个 10 年的前景，他们在思考要向什么地方投资，以便获得更多的回报，他们不再死盯着像法国、西班牙和美国这样的所谓"发达国家"。银行家们认为，在这些国家，他们的资金会增长缓慢。他们青睐的国家是发展中的巴西、印度、中国和非洲的许多地区，那些地方才是银行家密切关注的所在。但是在 2008 年，美国经济的作用还很大，其他的发达国家的经济亦如是。

这样，我们就来检视一下 2008 年的世界经济，当时人们在决定经济如何运作时（例如，股票市场，那里所雇用的人数）所研究的东西，是一派大好，或者至少是看起来如此。没有人能够确切地说出，世界经济在任何特定时刻会发生什么。试图如此做的人简直就像是要说出全世界的海洋中全部的鱼的情况一样。但是，我们可以说，美国的经济是一条大鱼，或者是最大的一条鱼——美国所生产的各种东西，从喷气式飞机到一块块面包的总货币价值，大于任何一个其他国家的总价值（虽然如若看一看欧盟的所有国家的话，美国还没有大于欧洲的经济）。因此，那条大鱼发生的情况就至关重要。

然而，如果我们选择两件事后证实是小涟漪终于翻成巨浪效果的事情，我们就可以首选《格拉斯 - 斯蒂格尔法案》，那是大萧条时代通过的作为富兰克林·德拉诺·罗斯福历史性新政的一部分的关乎银行业的规定。该法案旨在防止本应照看你的钱财的银行却取走你的钱，用于在风险领域基本属于赌博性质的投资。在储蓄银行和投资公司之间不加区别，你就可能陷入一种局面，犹如你去上班的时候，让一头鲨鱼照看你的金鱼，只不过在现实生活中，你的那条金鱼是你一生的储蓄罢了。

诚然，并非所有的投资公司都是鲨鱼，但是在导致大萧条的 1929年股票市场崩溃之后，许多人都觉得鲨鱼吞吃了他们的金鱼，于是，《格拉斯 - 斯蒂格尔法案》便应运而生，以防那种事情重演。1999 年，该法案被共和党人占多数的众议院在民主党总统比尔·克林顿的支持下予以废除。投资银行和经纪人公司开始购进商业银行。看起来，鲨鱼还是在乎金鱼的。

另一件涉及 2008 年全球性衰退的值得注意的事情是，美国经济的爬行问题突然之间变成了世界性的问题了。我们如今终归都在同一个金融海洋中游泳，比起我们刚刚走出洞穴的时代要普遍得多，尽管我们还记得，路易斯和克拉克探险队于 1804 年巡游北美大陆时，曾经造访了印第安人的曼丹国，并且记下了在太平洋沿岸来自中国和其他地方的舶来商品。

现在回到美国，我们看到了在 21 世纪的开始阶段有过一次抵押危机。"抵押危机"一词，初听起来没有那么糟糕，直到你认识到"抵押"在拉丁文中的意思是"死约"。抵押指的是一家银行在帮人购房时支付的钱，而人们会用毕生的大部分时间来偿还那笔抵押贷款。危机之所以发生是因为借贷方把抵押贷款提供给了通常不够借贷资格的借款人。这种新型的抵押贷款叫作"次级抵押贷款，"意为"非最优"。大批的这种次级抵押贷款，在各机构间买进卖出，一时之间，该进展良好。随后，那种借贷被捆绑到了更大的交易和投资当中，那种投资由鲨鱼始作俑，继而由金鱼跟进，经营部门、家庭和政府纷至沓来，人人都在投资。

大众投资沿着赚大钱的途径滚滚向前，却没有人意识到在其底部存在着什么问题。之后，规模并不大的抵押贷款的买卖，由于房价在 2007 年涨到天价，大家都期盼着赚到比往常更多的钱。更多的人感觉成了鲨鱼。

终于，由于经济的下滑，人们开始付不起他们的抵押贷款。交易和投资开始松懈。这又反转来波及经济，首先是美国的经济——尤其是当金融机构开始收走百万人的住房时就益发严重了。随后在全世界发生的局面是美国事态的变本加厉。全球的银行都在紧盯着他们拥有的股票债券，意识到在过去的 10 年左右的时间里，购进了许多劣质的成捆投资。犹如你去看你的厨房，发现里面只有快餐，而没有肉类。

一个接一个的国家看到了他们的经济遭罪——人们失去了工作，政府只好解雇工作人员，而提供不了多少服务。银行和借贷机构在出纳资金时，如履薄冰。纵观全球，金钱停止易手。抗议之声在全世界比比皆是。冰岛政府发现自身已经破产，在人们沿街抗议之时，干脆关门大吉。在希腊出现了总罢工，中国也有抗议之声，那里为中国境外的人制造产品的工厂开始裁退工人。

自然地，由于这么多人处境糟糕，可指责的地方就太多了：人们指责银行，似乎忘记了平安储存人们的钱财的己责，反倒对使用存款进行赌博更有兴致；人们指责政府，竟然听凭这类事情发生；人们还指责到处都有的人，他们似乎不仅要乐于尽力比素常赚更多的钱，而且从事后的观点来看，简直是贪婪了。

就世界范围而论，千夫所指的还是大萧条之后受到指责的同样的人，在一些人看来，政府在迫不及待地帮助那些争先恐后地把事情搅乱的银行和投资机构，而没有迅速出手帮助那些住房被收走的人们。更多的抗议开始了。在美国，一伙称作"占领华尔街"的抗议活动出现在全球金融之都纽约股票交易所的附近。他们说，称作"大衰退"的原因和当年的大萧条的起因相似：是少数富人的财富和广大普通百姓的财富的巨大差异。"占领"派的抗议者在世界各地成立。一幅标语牌上的口号写着："华尔街说的——太多了！"

假如你是一位总统或者政府部长或者选举出来的官员或者任何在制定政策的人（这事听起来不大像，但确实存在），对经济的关心意味着逐日保持其形态，随时准备应对伤风或流感的来袭。盯住鲨鱼和照看金鱼，都是重要的。而政府中的人和生意界的领导人的目标是注重公民、消费者和投资人的长期利益，让他们健康地保持耐心，这样，感冒便不会危及他们的生命。

88

中国回归

中国从未离开。

　　只要关乎世界历史时对中国加以考虑，就不难想象，你正在阅读的这本书如若由一位 1882 年在中国出生的人撰写，一个亨德里克·房龙之外的人写出，例如身处 1599 年伊丽莎白女王宫廷中的莎士比亚吧，他完全可能把注意力集中到清朝的宫廷，和那位戏剧家孔尚任的身上——孔尚任在 1699 年前后写出了有关明朝最后时日的《桃花扇》一剧。从中国人的观念出发，欧洲人地理大发现的时代——当西班牙、法国、葡萄牙和不列颠的开拓者寻求接近中国的捷径之时——可以被称作人们在试图发现的同时，往往感到失落和困惑的时代。1405 年，一位中国的军事指挥官率领着一支由 62 艘战船，载着 28 万人的舰队出海远航，开拓世界，在波斯湾、非洲，可能还有澳大利亚停泊。

认为中国在 2008 年才登上世界舞台的说法是愚蠢的。不过，从外交关系的观点来看，中国似乎沉默了好几十年的时间。在 19 世纪开始应对欧洲侵略者，以及处理国内战争之后，可以说，中国许多年来自顾不暇。

在 20 世纪 80 年代领导中国的邓小平推动了经济改革，允许自由市场，并从国外引进经营模式，中国的经济开始高速增长。中国开始成为非洲大陆的大投资国，彼时人们都在议论，非洲正在进入一个和平时期——如果还算不上更大的繁荣的话。中国政府大力加强其基础建设的投资，因此，到了世界经济不那么令人振奋时，2008 年，中国恰恰体会到了快速起步。在世界性经济下降到最低的时刻，中国却掌握着大量的美钞，当欧洲经济感受到了欧元的虚弱时，中国才刚刚开始看到其经济放缓了发展速度。

89

春天

中东的革命和世界各地的人权运动。

2010 年 12 月，一个人在突尼斯出售水果——突尼斯是公元前 1100 年前后由腓尼基建立的一处古老的地方。那个卖水果的人，更确切地说，是在突尼斯的首都突尼斯城。他在街上出售水果，养活他一家。他做的是小生意，而且是最小的那种：就他一个人。一天，一名政府监察员拿起他的水果，与他争论起来，还打了他，据最佳叙述，在公开场合打了他，对他进行了羞辱。（那个监察员是女性，使得局

722

面更加复杂。)那人向政府申诉,但申诉如石沉大海。几天过后——由
于没有生意可做,没钱买食物养家——他便放了一把火点燃了自己,
用这种可怕的方式表示抗议。

不用说,这是一次极端的做法。作为一种绝望的行为,还不仅
是一个人的绝望,而且是在政府中没有话语权的一名公民的绝望,
在他眼中,政府不仅没有作为,而且腐败,不务正业,如此不近人
情。那名水果小贩死去数日之后,突尼斯的全城人走上街头,声援
他的诉求,但更主要的是抗议他们所目睹的从商业监察员到最上层
领导的腐败。

难以置信的是,抗议愈演愈烈。局面犹如不断蔓延的野火,改变
了整个国家的景象。突尼斯的腐败又官僚的统治者,还没有反应过来,
已被一脚踢开,而突尼斯人正准备建立一个新政府,取而代之。抗议
活动即使在改变了突尼斯之后,依旧方兴未艾。它疯狂蔓延到阿拉伯
世界,数周之内,就在埃及掀起了抗议浪潮,那里的人们同样走上街
头,与警察发生了冲突,声讨他们眼中没有充分代表他们的政府。最
后,埃及的独裁者被掀翻,一个代表民意的政府上台了。

在开罗,人们齐声高呼"人民要打倒专制。"各种声潮响彻巴林、
突尼斯、叙利亚,那个季节不久便被称作"阿拉伯之春",评论者写
到,青年人利用他们的手机和电脑燃起政治火焰,在统治者的背后散
播信息。成群的人们塞满了广场,歌唱着,点燃了蜡烛,聆听着演讲。
在抗议者的队伍中还有许多妇女。这一点尤其意义非同凡响,因为在

中东地区，妇女的合法权益始终受到限制。不久之后，利比亚的抗议者造成了其独裁者穆阿迈尔·卡扎菲的倒台。在约旦和黎巴嫩的抗议之后，两个国家都有了新政府，而在沙特阿拉伯，经过妇女的抗议，国王突然承认了妇女的选举权。

想象一下突尼斯的一日之间，以及随后中东一年和翌年之间的变化吧。想象一下你的邻人们出门上街，在广场上高声歌唱；再想象一下你的政府倒台吧。这种事情似乎随处发生。可以令人激动，也可以令人惊惧，因为一如既往，当今天变成昨日之时，就会使我们不晓得明日又将如何。历史造就了疑问：在这场野火被扑灭之后，中东还会发生什么？还会波及其他政府吗？顺便说一句，这火势又是从何而起的呢？可以想到的一件事情是，1765年的法国大革命和美国的抗议运动。然而这一次，是在全球的广大地域内，人们高呼着要控制他们的政府，而且完全在一个春天的时间里——何况世界各地的人都能在电视或电脑上观看到事情的进程呢。

你可以看到一些抗议的模式——或者是表象如此。那些被推翻的政府曾经是腐败的政权，依靠军队力量和强大的警察，来维持其统治，然而突然之间那样的政权却被一伙较原先那一代人更年轻、受过更好教育的平民所推翻。几十年来，西方人都在声称：阿拉伯人搞不成民主，选举对他们还远不可及——西方人一向都是这么说的，带有传统的种族主义观念，仿佛只有他们能够处理一切，而别的地区的人则不成。但是在2011年，民主在中东好像不再是一个问题或理论了：

阿拉伯人民迅速地控制了他们的政府。

一些革命失败了，或者说道路漫长，却从未终结。随后的许多选举产生了结果——政府将政权移交给伊斯兰党派团体——这涉及了西方世界。伊斯兰的政治势力，在埃及等地虽有政党形式，但自从拿破仑入侵埃及之前就从未扩大过。这就带来了更多的问题：会发生什么事情呢？哪些国家会与哪些国家结盟呢？犹太人在这一地区建立的以色列（在一个世纪的岁月里，纳粹企图毁灭犹太民族），会不会因为激烈的对以色列的仇视，以及以色列跟居住在其控制区内的巴勒斯坦人的复杂的麻烦。看到他们的安全受到了更大的威胁呢？

民主会否意味着宗教的激进主义者赢得选举，继而控制政府，举例说，反倒不准妇女拥有选举权，或者取消妇女的进一步的权利呢？妇女的权益被美国国务卿希拉里·克林顿在 2012 年的一次演讲中描述为"21 世纪中尚未完成的事情"，而妇女拥有言论自由遭到质疑，是否同下列事实不谋而合：威胁到世界安全的国家是否也恰恰是那些妇女及女童没有尊严和机遇的地方呢？

"这并非巧合，"希拉里继续说，"在众多的国家中，法制和民主正在努力扎根，那里正是妇女及女童无法作为充分和平等的公民参政的地方。比如在埃及，妇女曾经站在革命的第一线，如今却被排斥在议席之外，并且面临着日益增长的性暴力的浪潮。这并非巧合，在众多的国家中，一方面在从贫穷跃向繁荣，同时却在为赋予妇女的权利而战。我认为，这是 21 世纪余下的时日里待决的问题之一，对于像印度这样的国家，能否持续增长，作为全球的经济强国而出现，在相当大的程度上取决于妇女及女童身上会发生什么样的事情。"

这并非巧合，妇女的权益自然而然地与土地、与地球，或者换句话说，与维持生命的食物和饮水，例如养儿育女——这样的日常生活资源的凑集相关联。任何人坐下来研究阿拉伯之春发生的始末，或者只是观察一下那一年在世界范围内的抗议活动，都会注意到，那场运动往往与土地、与饮水、与食物、与清洁的空气这类问题相关。在叙利亚，干旱让牧民损失了牲畜，影响了超过 100 万人的食物供应。而中东地区本身——井水源已近乎干涸——在无水的情况下，无法重新充实其地下水资源：称作地下水库的巨大的地下水池，在 21 世纪初已经危险地降低了水位。沙特阿拉伯运用钻探石油的技术开发巨大的地下水源，并花费了几十年的时间为本国种植小麦，然而，阿拉伯之春一来，水便枯竭了。在有记录的最温暖的世纪开始之际，也门国内的科学家就曾预言，该国会是第一个完全缺水的国家。与此同时，那一地区的居民人口却在增长，有着日益增多的青年人在寻找工作，有着越来越多的人需要干净的饮水和食物。

而像美国这样的工业国家，却失去了工作和工业，那些经济增长而公民却缺少权利的国家正是更可能发生抗议滥用地球资源的地方。在中国，向政府请愿反对工业污染的人数，同抗议活动一样，在剧增。在新千年开始之际，北京有好几次因为工业空气污染而关闭工厂——雾霾在戕害人们。

　　这可以看作是惊慌失措，或者看来还有希望。人们用抗议来捍卫他们的土地，难道不好吗？或许，人们的权益，随着世界的前进，越来越多地束缚在他们的土地上了。或许我们的安全越来越多地取决于我们彼此间如何善待而不是我们进行多么野蛮的战争。2001年，旺加里·马塔伊去世了。她是发起了在肯尼亚重新植树的一名当地妇女。她给贫困的妇女不多的钱，要她们植树。树木遏制了水土流失，保护了种植业。树木还可以被穷苦人家用作烧柴。当她抗议政府在内罗毕的中心公园修建一座摩天大厦时，警察将她打得昏死过去，但这并未吓退她。一位联合国官员称她是"自然界的力量。"她是获得诺贝尔和平奖的第一位非洲妇女。

　　日历是人类的一项发明，把日期记在纸面或屏幕上。那是逝去的日子和即将到来的日子的记录。但是当你到达一个世纪的终点或另一个世纪的起点之时，你可能会感到站在一个门口，一个门限之上，正在留下一段时日而迈向另一个时日。我们在那个门限上看到了我们身后的什么呢？欧洲的战争，巨大的世界大战，仅仅第二次世界大战就死了6 000多万人，几乎是全球人口的2%。我们看到了我们的星球惨遭蹂躏，原料遭到剥夺，其中的一些还会再生，另一些却有去无还了。我们看到人们试图组织一些机构来防止世界大战，制止一些国家对另一些国家发动侵略。我指的是第二次世界大战之后，欧洲涉及德国的事务，甚至还有美国同日本建立紧密的经济和政治联系。我们看到了人们试图勒紧缰绳，防止毁灭地球的倾向。我们看到了青年一代迈步向前。而且我们越来越理解，争取基本人权的斗争是一场彼此帮助的战斗，共同举起人类之舟，使我们高踞于始终汹涌的海洋之上，保持干燥。

朋
友

我们改变了彼此交往的方式。

我们在回顾我们以往曾经使用过的彼此交往的种种技术时，常常窃笑。岩洞绘画！多么原始啊！那可能就是埃及人在莎草纸上记下的符号，表达相互间要说的话。我们彼此间交往方式的改变，往往也改变了我们看待距离的方式。海洋本身曾经一度是交往的一种手段——腓尼基人在公元前 700 年的时候，曾使用了木筏，甚至用来传送信件，这种工具一直应用到在 19 世纪中铺设了第一条用于电报的跨洋电缆。

当摩斯密码的点点划划出现，及后来的电话电缆安置于海底之时，世界似乎变得小了一些。

在 21 世纪初，世界又发生了变化；那是我们彼此交往方式上的一场突变的时刻。谁又知晓诸位读者对 2004 年在交往方式上由一家叫作"脸书"（Facebook）的公司开启的看来如此大步前进的变化的想法呢？但是，由"脸书"所代表的那种互动——人们通过电脑终端或连到电脑终端上的电话相遇，又是闻所未闻。"脸书"为社交网络，为组织和收集联系点开辟了一个平台，这种功能被该公司命名为"朋友"。先是上百万的人，然后是上亿的人，通过"脸书"相互"连接"，哪怕在一页左右的长度上我们就得停下来，考虑考虑这样的连接到底意味着什么。

"脸书"成为人们通过电脑互相展示他们在做些什么和想些什么的一种方式，也是共享照片的一种方式。人们加入到意趣相投的"群组"里。这成了一种迷恋：四下的人们登记之后，与旁人联系。人们开始把"朋友"一词变成动词"交友"——我和他在"脸书"上交了友。其他的类似的社交网络在这时纷纷冒头——"汤博乐"（Tumblr）和"推特"（Twitter）——这些品牌名称可能会，也可能不会随时间消亡。"推特"用作撰写消息或可称为"标题"的方式，同样也联系并关注有共同兴趣的人们。"推特"和"脸书"一样也成为在传统的新闻媒体之外的交往群组的方式。例如，在全世界范围内，"群组"抗议政府使用"推特"的文字，甚至"脸书"的页面，来同他们的目标交流。埃及、突尼斯和摩尔多瓦的抗议活动，在 2010 年内及那一年的前后，就得到了"推特"在一定程度上的支持。(他们得到的声援不像原先报道所说的那么大，尽管"推特"还是起了一些作用。)结果，一些政府曾试图关闭"推特"账号。

有时候，有人利用社交网络混淆视听或中伤他人。2012年，为一家主要新闻社所写的一名"推特"的文字，被一家未经授权的使用者所采纳——换言之，被盗用了。在它报道了有关美国政府的虚假新闻后，股票市场突然跳水，因为公司已经将它们的电脑程序设计成关注"推特"的各种报道，来确定股票的买与卖。与此类似的是，各国政府也开始利用因特网的交流功能作为一种武器——一国的秘密黑客团队同另一国政府的秘密黑客团队作战。互相围攻，就如同冷战时期的核动力潜艇一般。

有关21世纪兴起的一切形式的社会化媒体的影响力，已经有了大量的文章和言论，21世纪的社会化媒体诚然改变了人际关系，但也提出了此前在交往的高潮中所提出的同样的问题。换句话说，人们可以争辩说，"推特"和互联网笔记本设备在2012年向人类发出的挑战同美国南北战争中电报所提出的挑战是同样的。19世纪的美国哲学家和诗人亨利·大卫·梭罗，看到了作为个人写作的新发明的到来所发出的挑战。"我们热衷于贯穿大西洋海底的隧道，以便将旧大陆到达新大陆的时间缩短几周，"他于1854年在《瓦尔登湖》一书中写道，"不过，最初流入美国人的宽大、扇动的耳朵中的，说不定是阿德莱德公主的大声咳嗽声。"

这是他的观点吗？大家都在竞相与他人连接，获取新闻，但事实上并没有那么多的新闻。作为技术的"大粉丝"，梭罗——你可能读到或听到过，尽管他不情愿经营他父亲的制造铅笔的生意，他还是设计出了当年在美国的最好的铅笔——把类似电服这样的发明叫作"器具"。他喜欢器具。在他拥有的器具当中，只要做一项测试：是我使用那器具来改善我的状况，还是听凭那器具来使用我呢？

将这一问题用于任何发明，用于你如今采用的任何交往器具或程序或记叙，用于你在同他人互动时的无论什么手段。向你自己沿着这些线索询问：我是否当真连接上了？我是否连接或者实际上理解了？我的生活是否互动了，抑或我只是敲打了键盘？我如何才能同我的真实世界里的观念和人们连接呢？什么才是真正的朋友呢？

如同大多数良好又清晰的思路一样，梭罗的测试仿佛就是在昨天设计的。这个世界也是一样，哪怕我们已经把它搅得一团糟，但似乎依旧新鲜，如同梭罗并不在遥远的地方，而就在他的家乡，着手一项荒野的开拓。他可能想不通我们为什么要用GPS为我们所在之处定位，我们完全可以看看上方和周围嘛。

732

时间线

生动的图画表现的年表

50 万年前至 20 世纪

史前时代（公元前50万-前6000年）

冰河时代

公元前4000年　　　　　　埃及的文化　　　　　　埃及最初的日历
建造金字塔

公元前3000年　　　　　　　　　　　　埃及帝国

公元前2000年　　　　美索不达米亚文化
尼尼微城　　　　　　　　　　在埃及的犹太人
　　　　　　　　　　　　　在巴比伦的汉谟
　　　　　　　　　　　　　拉比

公元前1000年
亚该亚人占领　　　　　　　　　　　　特洛伊战争
埃及

公元前900年
在巴勒斯坦的犹太王国犹太的庙宇　　　　希腊城邦国家的开端

公元前100年

罗马政府
罗马政府
地中海
庞培征服西亚
恺撒征服高卢
恺撒被杀害
奥古斯都成为皇帝

公元1年

基督教传到欧洲
基督降生
征服英格兰

公元100年

罗马帝国
统治世界
图雷真、哈
德良、马卡
斯·奥利欧斯
斯多葛派哲学

公元200年

公元300年

野蛮人袭击
罗马帝国

公元400年

圣奥古斯丁
开始实行
教皇统治
哥特人劫掠罗马
西罗马帝国灭亡
撒克逊人进入英格兰

在罗马的废墟上
基督教兴起
穆罕默德

公元700年

基督教徒在北欧传道

伊斯兰教徒
征服北非及西班牙

查尔斯·马特尔击败伊斯兰教徒

公元800年

查理大帝
在罗马加冕

北欧人入侵

企图在德意志的基础
上恢复罗马帝国

公元1000年

卡诺莎

教皇格雷哥
里七世
与
亨利四世
的冲突

征服者威廉

第一次十字军东征

公元1100年

多次十字军东征

武士制度开始

地中海为贸易中心

大学的开始

公元1200年

十字军东征结束

建造哥特式教堂

但丁

《大宪章》

文艺复兴在意大
利开始

公元1300年

火药的发明与封建骑士势力的衰落

议会和国
会的开始

公元1400年

贞德将英国人
赶出法国

印刷术的发明

土耳其人占据
君士坦丁堡
东罗马帝国
灭亡

公元 1500 年

麦哲伦

哥伦布

大发现的时代

宗教改革

埃拉斯姆斯、茨温利、路德、梅兰克松、加尔文

反对宗教改革

罗耀拉与耶稣会

无敌舰队被击败

伊丽莎白女王

荷兰人反抗西班牙
第一次要求海洋自由开放

菲利普三世公开放弃主权

公元 1600 年

宗教战争

世界各地的欧洲殖民地

英国革命

三十年战争
瑞典的古斯塔夫·阿道尔丰斯
查理一世被处死

文艺复兴结束

科学的兴起
伽利略、牛顿

莎士比亚
莫里哀
克伦威尔

公元 1700 年

俄罗斯成为
世界强国

路易十四与奥兰治的威廉王势均力敌
法国革命

普鲁士成为世界强国

美国革命

华盛顿、富兰克林、汉密尔顿、杰弗逊

路易十六被送上断头台

哲学家：斯宾诺莎
笛卡尔、狄德罗、伏尔泰、康德、歌德、巴赫、莫扎特

法兰西共和国

公元 1800 年

拿破仑之兴
起与灭亡

南美洲西班牙殖民地的叛乱

欧洲民族独立斗争

神圣同盟
大反动时代
蒸汽机的发明

现代医学
汽轮船

重建德意志帝国

卫生学与
社会研究

废除奴隶制

铁路

亚伯拉罕·林肯

电的发明

贝多芬
瓦格纳

公元 1900 年

内燃机的完善

世界各地经济不稳定
许多新国家成立

大量生产

商业竞争

德意志与俄罗斯帝国告终

军备竞赛

世界大战

按钮时代

国际联盟

公元 2000 年

继续至无穷